자동차 정비
산업기사 실기

임춘무 저

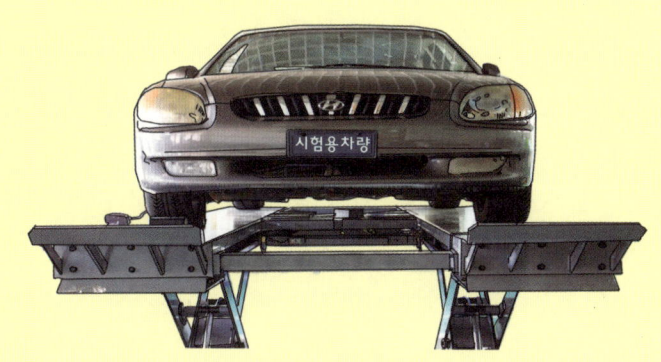

일진사

머리말

자동차정비산업기사 자격증을 취득하고자 하는 여러분께!

대한민국 경제는 1인당 국민소득 4만불과 무역 규모 2조 달러를 목표로 삼아 지금까지의 추격형, 기능형 경제 정책이 점차 선도형, 창조형 패러다임으로 변화되고 있습니다. 특히 소비자들의 소득 수준이 높아질수록 자동차는 단순한 이동수단을 넘어 자신의 삶의 즐거움과 예술품으로 진화하고 있습니다. 이제 자동차는 문화를 주도하는 도구로서 그 영역이 점점 더 넓어져 가고 있는 것을 실감하고 있습니다.

'자동차정비산업기사'는 자동차를 배우는 학생과 현업에 종사하는 자동차 전문가들에게 꼭 필요한 진정한 자동차 전문 자격증이라 할 수 있으며, 이를 목표로 준비하는 모든 사람들에게 도움이 될 수 있도록 나름대로의 강의 경험과 노하우를 담아 이 책을 출간하게 되었습니다.

이 책은 작업형, 장비사용법 및 측정에 이르기까지 수험자 입장에서 이해하기 쉽도록 다음과 같은 특징으로 구성하였습니다.

첫째, 국가기술자격 실기시험문제를 중심으로 수험자 입장에서 실기문제를 이해하기 쉽도록 작업형과 답안지 작성법으로 분류해 편성하였습니다.

둘째, 실기문항 작업형은 작업공정별로 사진을 첨부해 작업공정을 이해하기 쉽게 구성하였고, 답안지 작성법은 시험에 임하는 수험자 입장에서 문제의 요지에 맞게 예시를 하였습니다.

셋째, QR코드로 동영상 무료강의를 들을 수 있게 하여 실습과정을 이해하기 쉽고 언제 어디서나 편리하게 학습할 수 있도록 하였습니다.

넷째, 생생한 실기시험장의 분위기를 수험자에게 전달하고 편하게 공부할 수 있도록 컬러사진을 다양하게 수록하여 실제 시험장 분위기에 적응할 수 있도록 하였습니다.

다섯째, 시험장에서 주의할 사항과 실기시험 핵심포인트를 강조하여 문항별 특징을 이해할 수 있도록 구성하였습니다.

자동차정비산업기사를 목표로 준비하는 실무 종사자와 취업을 준비하며 상위 자격을 취득하기 위해 노력하는 학생 모두에게 꼭 합격의 영광이 있기를 소망하며, 혹여 책 내용의 오류를 지적해 주시면 겸허한 마음으로 수정·보완해 좀 더 나은 실기 책이 되도록 노력하겠습니다.

끝으로 이 책이 세상에 나올 수 있도록 물심양면으로 관심과 사랑으로 지원해주신 **일진사** 대표님과 편집부 직원들께 감사의 말씀을 전합니다.

저자 씀

차례 CONTENTS

국가기술자격 실기시험문제 1안

엔진
- 1-1 엔진 분해 조립 ········· 22
- 1-2 크랭크축 오일 간극 측정 (텔레스코핑 게이지 측정) ········· 27
- 1-3 크랭크축 오일 간극 측정 (플라스틱 게이지 측정) ········· 27
- 2-1 엔진 전기(시동회로, 점화회로, 연료회로) 점검 시동 ········· 31
- 3-1 엔진 공회전 속도 점검 ········· 40
- 3-2 배기가스 측정 ········· 42
- 4-1 맵 센서 파형 측정 분석 ········· 48
- 5-1 디젤 엔진 커먼레일 인젝터 탈·부착 ········· 51
- 5-2 연료 압력 점검 ········· 53

섀시
- 1-1 앞 쇽업소버 탈·부착 ········· 57
- 1-2 쇽업소버 스프링 탈·부착 ········· 58
- 2-1 종감속 기어 백래시, 런 아웃 측정 ········· 60
- 3-1 브레이크 패드 탈·부착 ········· 63
- 4-1 제동력 측정 ········· 64
- 5-1 자동변속기 자기진단 ········· 68

전기
- 1-1 시동모터 탈·부착 ········· 73
- 1-2 크랭킹 전류 소모, 전압 강하 시험 ········· 75
- 2-1 전조등 점검(집광식) ········· 79
- 3-1 감광식 룸 램프 출력 전압 측정 ········· 84
- 4-1 와이퍼 회로 점검 ········· 92

국가기술자격 실기시험문제 2안

엔진
- 1-1 엔진 분해 조립 ········· 96
- 1-2 캠축 휨 측정 ········· 96
- 2-1 엔진 전기(시동회로, 점화회로, 연료회로) 점검 시동 ········· 99
- 3-1 엔진 공회전 속도 점검 ········· 99
- 3-2 인젝터 파형 측정 분석 ········· 99
- 4-1 맵 센서 파형 측정 분석 ········· 104
- 5-1 연료 압력 센서 탈·부착 ········· 104
- 5-2 디젤 매연 측정 ········· 105

섀시
- 1-1 뒤 쇽업소버 탈·부착 ········· 113
- 1-2 뒤 쇽업소버 스프링 탈·부착 ········· 114
- 2-1 타이로드 엔드 탈·부착 ········· 115
- 2-2 최소회전반지름 측정 ········· 116
- 3-1 브레이크 패드 탈·부착 ········· 118
- 4-1 제동력 측정 ········· 118
- 5-1 ABS 자기진단 ········· 118

전기
- 1-1 발전기 탈·부착 ········· 121
- 1-2 발전기 발전 전압, 전류 측정 ········· 123
- 2-1 전조등 점검 ········· 127
- 3-1 센트롤 도어 록킹(도어 중앙 장금장치) 작동 신호 측정 ········· 127
- 4-1 에어컨 회로 점검 ········· 133

국가기술자격 실기시험문제 3안

엔진
- **1-1** 엔진 분해 조립 ········· 138
- **1-2** 크랭크축 축방향 간극(유격) 측정 ········· 138
- **2-1** 엔진 전기(시동회로, 점화회로, 연료회로) 점검 시동 ········· 141
- **3-1** 엔진 공회전 속도 점검 ········· 141
- **3-2** 배기가스 측정 ········· 141
- **4-1** 산소 센서 파형 측정 분석 ········· 141
- **5-1** 연료 압력 조절 밸브 탈·부착 ········· 146
- **5-2** 연료 압력 점검 ········· 147

섀시
- **1-1** 앞 쇽업소버 탈·부착 ········· 148
- **1-2** 쇽업소버 스프링 탈·부착 ········· 148
- **2-1** 휠 얼라인먼트 시험기에 의한 점검 ········· 148
- **3-1** 휠 실린더 탈·부착 ········· 155
- **4-1** 제동력 측정 ········· 157
- **5-1** 자동변속기 자기진단 ········· 157

전기
- **1-1** 시동모터 탈·부착 ········· 158
- **1-2** 크랭킹 전류 소모, 전압 강하 시험 ········· 158
- **2-1** 전조등 점검 ········· 158
- **3-1** 외기온도 센서 입력 신호값 점검 ········· 159
- **4-1** 전조등 회로 점검 ········· 162

국가기술자격 실기시험문제 4안

엔진
- **1-1** 엔진 분해 조립 ········· 166
- **1-2** 피스톤 링 이음 간극 측정 ········· 166
- **2-1** 엔진 전기(시동회로, 점화회로, 연료회로) 점검 시동 ········· 168
- **3-1** 엔진 공회전 속도 점검 ········· 168
- **3-2** 인젝터 파형 측정 분석 ········· 168
- **4-1** 스텝 모터 파형 측정 ········· 172
- **5-1** 연료 압력 센서 탈·부착 ········· 175
- **5-2** 디젤 매연 측정 ········· 175

섀시
- **1-1** 등속축 탈·부착 ········· 176
- **2-1** 셋백, 토 측정 ········· 179
- **3-1** 브레이크 라이닝(슈) 탈·부착 ········· 184
- **4-1** 제동력 측정 ········· 186
- **5-1** ABS 자기진단 ········· 186

전기
- **1-1** 발전기 분해 조립 ········· 187
- **1-2** 다이오드와 로터 코일 점검 ········· 189
- **2-1** 전조등 점검 ········· 193
- **3-1** 열선 스위치 입력 신호(전압) 측정 ········· 194
- **4-1** 파워윈도 전기 회로도 ········· 198
- **4-2** 파워윈도 회로 점검 ········· 200

차례 CONTENTS

국가기술자격 실기시험문제 5안

엔진
- **1-1** 엔진 분해 조립 ······ 202
- **1-2** 오일펌프 사이드 간극 측정 ······ 202
- **2-1** 엔진 전기(시동회로, 점화회로, 연료회로) 점검 시동 ······ 204
- **3-1** 엔진 공회전 속도 점검 ······ 204
- **3-2** 배기가스 측정 ······ 204
- **4-1** 점화 1차 파형 점검 ······ 204
- **5-1** 연료 압력 센서 탈·부착 ······ 207
- **5-2** 인젝터 리턴(백리크) 양 측정 ······ 207

섀시
- **1-1** 유압 클러치 마스터 실린더 탈·부착 ······ 211
- **2-1** 휠 얼라인먼트 시험기에 의한 점검 ······ 213
- **3-1** 휠 실린더 탈·부착 ······ 220
- **4-1** 제동력 측정 ······ 220
- **5-1** 자동변속기 자기진단 ······ 220

전기
- **1-1** 에어컨 벨트 탈·부착 ······ 221
- **1-2** 블로어 모터 탈·부착 ······ 223
- **1-3** 에어컨 라인 압력 점검 ······ 224
- **2-1** 전조등 점검 ······ 226
- **3-1** 와이퍼 회로도 ······ 227
- **3-2** 와이퍼 스위치 신호 점검 ······ 228
- **4-1** 미등, 제동등 회로 점검 ······ 231

국가기술자격 실기시험문제 6안

엔진
- **1-1** 엔진 분해 조립 ······ 236
- **1-2** 캠축 캠 높이 측정 ······ 236
- **2-1** 엔진 전기(시동회로, 점화회로, 연료회로) 점검 시동 ······ 238
- **3-1** 엔진 공회전 속도 점검 ······ 238
- **3-2** 연료 압력 점검 ······ 238
- **4-1** 점화 1차 파형 점검 ······ 241
- **5-1** 연료 압력 센서 탈·부착 ······ 241
- **5-2** 디젤 매연 측정 ······ 241

섀시
- **1-1** 자동변속기 분해 조립 ······ 242
- **2-1** 브레이크 페달 높이 및 자유 간극 측정 ······ 244
- **3-1** 브레이크 캘리퍼 탈·부착 ······ 246
- **4-1** 제동력 측정 ······ 248
- **5-1** ABS 자기진단 ······ 248

전기
- **1-1** 기동모터 분해 조립 ······ 249
- **1-2** 기동모터 점검 ······ 252
- **1-3** 마그네틱 스위치 점검 ······ 253
- **2-1** 전조등 점검 ······ 256
- **3-1** 점화키 홀 조명 출력 신호 점검 ······ 257
- **4-1** 경음기 회로 점검 ······ 261

국가기술자격 실기시험문제 7안

엔진
- 1-1 엔진 분해 조립 ········· 264
- 1-2 실린더 헤드 변형도 측정 ········· 264
- 2-1 엔진 전기(시동회로, 점화회로, 연료회로) 점검 시동 ········· 267
- 3-1 엔진 공회전 속도 점검 ········· 267
- 3-2 배기가스 측정 ········· 267
- 4-1 흡입 공기 유량 센서 파형 점검 ········· 267
- 5-1 연료 압력 센서 탈·부착 ········· 270
- 5-2 인젝터 리턴(백리크) 양 측정 ········· 270

섀시
- 1-1 클러치 어셈블리 탈·부착 ········· 271
- 2-1 최소회전반지름 측정 ········· 274
- 3-1 브레이크 마스터 실린더 탈·부착 ········· 274
- 4-1 제동력 측정 ········· 275
- 5-1 자동변속기 자기진단 ········· 275

전기
- 1-1 발전기 분해 조립 ········· 276
- 1-2 발전기 점검 ········· 276
- 2-1 전조등 점검 ········· 281
- 3-1 이배퍼레이터(증발기) 온도 센서 출력값 점검 ········· 283
- 4-1 방향지시등 회로 점검 ········· 285

국가기술자격 실기시험문제 8안

엔진
- 1-1 엔진 분해 조립 ········· 288
- 1-2 실린더 마모량 측정 ········· 288
- 2-1 엔진 전기(시동회로, 점화회로, 연료회로) 점검 시동 ········· 291
- 3-1 퍼지 컨트롤 솔레노이드 밸브 점검 ········· 291
- 4-1 점화 1차 파형 점검 ········· 295
- 5-1 디젤 엔진 커먼레일 인젝터 탈·부착 ········· 295
- 5-2 디젤 매연 측정 ········· 295

섀시
- 1-1 파워스티어링 오일펌프 탈·부착 ········· 296
- 2-1 종감속 기어 백래시, 런 아웃 측정 ········· 298
- 3-1 주차 브레이크 레버 탈·부착 ········· 298
- 4-1 제동력 측정 ········· 300
- 5-1 ABS 자기진단 ········· 300

전기
- 1-1 와이퍼 모터 탈·부착 ········· 301
- 1-2 와이퍼 모터 소모 전류 점검 ········· 302
- 2-1 전조등 점검 ········· 305
- 3-1 외기온도 센서 입력 신호값 점검 ········· 305
- 4-1 미등 및 번호등 회로 점검 ········· 306

차례 CONTENTS

국가기술자격 실기시험문제 9안

엔진
- 1-1 엔진 분해 조립 ········· 310
- 1-2 크랭크축 축 저널 측정 ········· 310
- 2-1 엔진 전기(시동회로, 점화회로, 연료회로) 점검 시동 ········· 312
- 3-1 엔진 공회전 속도 점검 ········· 312
- 3-2 배기가스 측정 ········· 312
- 4-1 스텝 모터 파형 측정 ········· 312
- 5-1 연료 압력 센서 탈·부착 ········· 312
- 5-2 공회전 속도 점검 ········· 313

섀시
- 1-1 파워스티어링 오일펌프 탈·부착 ········· 317
- 2-1 링 기어 백래시와 접촉면 상태 점검 ········· 317
- 3-1 브레이크 캘리퍼 탈·부착 ········· 317
- 4-1 제동력 측정 ········· 317
- 5-1 자동변속기 자기진단 ········· 317

전기
- 1-1 다기능 스위치 탈·부착 ········· 318
- 1-2 경음기 음량 점검 ········· 319
- 2-1 전조등 점검 ········· 322
- 3-1 센트롤 도어 록킹(도어 중앙 장금장치) 작동 신호 측정 ········· 322
- 4-1 와이퍼 회로 점검 ········· 322

국가기술자격 실기시험문제 10안

엔진
- 1-1 엔진 분해 조립 ········· 324
- 1-2 크랭크축 축 방향 간극(유격) 측정 ········· 324
- 2-1 엔진 전기(시동회로, 점화회로, 연료회로) 점검 시동 ········· 324
- 3-1 엔진 공회전 속도 점검 ········· 325
- 3-2 연료 압력 점검 ········· 325
- 4-1 TDC 센서(캠각 센서) 파형 측정 ········· 326
- 5-1 디젤 엔진 커먼레일 인젝터 탈·부착 ········· 329
- 5-2 디젤 매연 측정 ········· 329

섀시
- 1-1 앞 허브 너클 탈·부착 ········· 330
- 2-1 휠 얼라인먼트 시험기에 의한 점검 ········· 332
- 3-1 휠 실린더 탈·부착 ········· 332
- 4-1 제동력 측정 ········· 332
- 5-1 ABS 자기진단 ········· 332

전기
- 1-1 윈도 레귤레이터 탈·부착 ········· 333
- 1-2 윈도 모터의 전류 소모 시험 ········· 336
- 2-1 전조등 점검 ········· 339
- 3-1 컨트롤 유닛의 기본 입력 전압 점검 ········· 339
- 4-1 실내등 및 도어 오픈 경고등 회로 ········· 342

국가기술자격 실기시험문제 11안

엔진
- **1-1** 엔진 분해 조립 ····· 346
- **1-2** 크랭크축 핀 저널 오일(유막) 간극 측정 ····· 346
- **2-1** 엔진 전기(시동회로, 짐화회로, 연료회로) 점검 시동 ····· 351
- **3-1** 엔진 공회전 속도 점검 ····· 351
- **3-2** 인젝터 파형 측정 분석 ····· 351
- **4-1** 흡입 공기 유량 센서 파형 점검 ····· 352
- **5-1** 디젤 엔진 커먼레일 인젝터 탈·부착 ····· 352
- **5-2** 디젤 매연 측정 ····· 352

섀시
- **1-1** 차동 기어 탈·부착 ····· 353
- **1-2** 링 기어 백래시와 접촉면 상태 점검 ····· 355
- **2-1** 셋백, 토(toe) 측정 ····· 355
- **3-1** 브레이크 캘리퍼 탈·부착 ····· 355
- **4-1** 제동력 측정 ····· 356
- **5-1** 자동변속기 자기진단 ····· 356

전기
- **1-1** 에어컨 벨트 탈·부착 ····· 357
- **1-2** 블로어 모터 탈·부착 ····· 358
- **1-3** 에어컨 라인 압력 점검 ····· 358
- **2-1** 전조등 점검 ····· 358
- **3-1** 와이퍼 스위치 신호 점검 ····· 359
- **4-1** 파워윈도 회로 전기 회로도 ····· 363
- **4-2** 파워윈도 회로 점검 ····· 363

국가기술자격 실기시험문제 12안

엔진
- **1-1** 엔진 분해 조립 ····· 366
- **1-2** 크랭크축 오일 간극 측정 ····· 366
- **2-1** 엔진 전기(시동회로, 점회회로, 연료회로) 점검 시동 ····· 366
- **3-1** 엔진 공회전 속도 점검 ····· 367
- **3-2** 배기가스 측정 ····· 367
- **4-1** 점화 1차 파형 점검 ····· 367
- **5-1** 연료 압력 조절 밸브 탈·부착 ····· 367
- **5-2** 연료 압력 점검 ····· 367

섀시
- **1-1** 뒤 쇽업소버 탈·부착 ····· 368
- **1-2** 뒤 쇽업소버 스프링 탈·부착 ····· 368
- **2-1** 휠 얼라인먼트 시험기에 의한 점검 ····· 368
- **3-1** 브레이크 패드 탈·부착 ····· 368
- **4-1** 제동력 측정 ····· 369
- **5-1** ABS 자기진단 ····· 369

전기
- **1-1** 시동모터 탈·부착 ····· 370
- **1-2** 크랭킹 전류 소모, 전압 강하 시험 ····· 370
- **2-1** 전조등 점검 ····· 370
- **3-1** 열선 스위치 입력 신호(전압) 측정 ····· 371
- **4-1** 전조등 회로 점검 ····· 371

차례 CONTENTS

국가기술자격 실기시험문제 13안

엔진
- 1-1 엔진 분해 조립 ·········· 374
- 1-2 크랭크축 축방향 간극(유격) 측정 ·········· 374
- 2-1 엔진 전기(시동회로, 점화회로, 연료회로) 점검 시동 ·········· 374
- 3-1 엔진 공회전 속도 점검 ·········· 375
- 3-2 인젝터 파형 측정 분석 ·········· 375
- 4-1 맵 센서 파형 측정 분석 ·········· 375
- 5-1 연료 압력 센서 탈·부착 ·········· 375
- 5-2 디젤 매연 측정 ·········· 375

섀시
- 1-1 앞 쇽업소버 탈·부착 ·········· 376
- 1-2 쇽업소버 스프링 탈·부착 ·········· 376
- 2-1 브레이크 페달 높이 및 자유 간극 측정 ·········· 376
- 3-1 휠 실린더 탈·부착 ·········· 377
- 4-1 제동력 측정 ·········· 377
- 5-1 자동변속기 자기진단 ·········· 377

전기
- 1-1 발전기 분해 조립 ·········· 378
- 1-2 다이오드와 로터 코일 점검 ·········· 378
- 2-1 전조등 점검 ·········· 378
- 3-1 열선 스위치 입력 신호(전압) 측정 ·········· 379
- 4-1 방향지시등 회로 점검 ·········· 379

국가기술자격 실기시험문제 14안

엔진
- 1-1 엔진 분해 조립 ·········· 382
- 1-2 캠축 휨 측정 ·········· 382
- 2-1 엔진 전기(시동회로, 점화회로, 연료회로) 점검 시동 ·········· 382
- 3-1 엔진 공회전 속도 점검 ·········· 382
- 3-2 배기가스 측정 ·········· 383
- 4-1 산소 센서 파형 측정 분석 ·········· 383
- 5-1 연료 압력 조절 밸브 탈·부착 ·········· 383
- 5-2 연료 압력 점검 ·········· 383

섀시
- 1-1 등속축 탈·부착 ·········· 384
- 2-1 타이로드 엔드 탈·부착 ·········· 384
- 2-2 최소회전반지름 측정 ·········· 384
- 3-1 브레이크 라이닝(슈) 탈·부착 ·········· 385
- 4-1 제동력 측정 ·········· 385
- 5-1 ABS 자기진단 ·········· 385

전기
- 1-1 시동모터 탈·부착 ·········· 386
- 1-2 크랭킹 전류 소모, 전압 강하 시험 ·········· 386
- 2-1 전조등 점검 ·········· 386
- 3-1 와이퍼 회로도 ·········· 387
- 3-2 와이퍼 스위치 신호 점검 ·········· 387
- 4-1 미등, 제동등 회로 점검 ·········· 387

부록
국가기술자격 실기시험문제
1~14안 ·········· 388

자동차정비 실기시험 공구 목록 및 준비물

1 자동차정비 실기시험 공구의 활용

자동차정비 공구는 자동차 실기시험에 필요한 지참 공구로, 자동차정비작업을 안전하고 효율적으로 수행하기 위한 것이다. 특히 실기시험에서는 공구의 활용 능력 및 습득 상태를 확인하고 안전에 위배되지 않는지, 공구 활용이 충분히 발휘되는지의 정도를 확인하므로, 자동차 공구는 자동차정비 실기시험의 비중 있는 채점 요인이며 기본이 되는 주요 사항이다.

2 자동차정비 실기시험 공구 목록

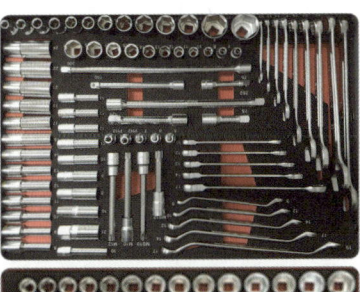

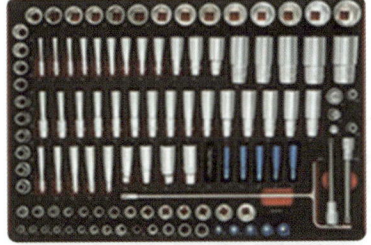
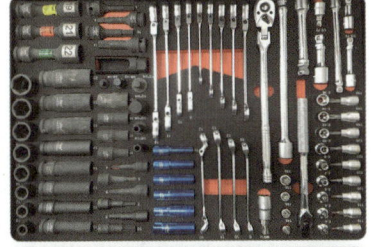
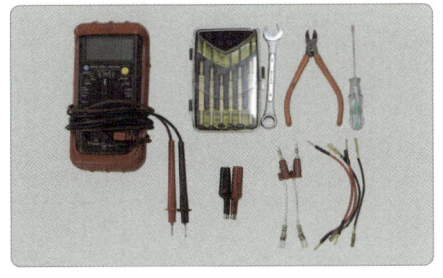
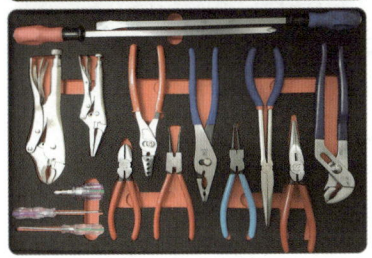

일반 공구 툴 박스

자동차정비산업기사 실기시험 공구 목록					
순번	재료명	규격	단위	수량	비고
1	소켓 렌치	mm용, inch용	조	1	13PC 이상
2	오픈엔드 렌치	mm용, inch용	조	1	6PC 이상
3	힌지 핸들	1/2 inch용	개	1	-
4	스피드 핸들	1/2 inch용	개	1	-
5	복스 렌치	mm용, inch용	조	1	6PC 이상
6	헤드볼트 렌치	6각, 별표형	조	1	-
7	고무 해머	450 g 정도	개	1	자루 포함
8	볼 핀 해머	500 g 정도	개	1	자루 포함
9	플라이어	150 mm	개	1	-
10	스크레이퍼	폭 10 mm 정도	개	1	철재용
11	바이스 플라이어	150 mm 정도	개	1	-
12	드라이버	+, -	조	1	대, 중, 소 각 1조씩
13	니퍼	150 mm	개	1	-
14	스냅 링 플라이어	150 mm	개	1	-
15	록 링 플라이어	3.7~25 mm	개	1	-
16	간극게이지	0.03~3 mm	조	1	-
17	피스톤 링 압축기	50~125 mm	개	1	-
18	브레이크 스프링 플라이어	400 정도	개	1	-
19	멀티테스터	디지털 또는 아날로그	개	1	-
20	필기구	흑색 볼펜	개	1	-

※ 자기진단 시험기 등 간단한 측정기와 기타 자동차정비에 필요한 수공구는 지참 시 사용 가능하다.

일반 공구 : 드라이버(+, -), 각종(오픈, 복스, 소켓, 토크 등) 렌치류, 니퍼, 각종(조합, 롱 노즈, 스냅 링 등) 플라이어, 힌지 핸들, 스피드 핸들, 해머(고무, 볼 핀), 간극게이지, 스크레이퍼, 자(줄자) 등 정비에 필요하고 지참 가능한 공구

3 수험자 준비물

수험표, 신분증, 체크리스트, 계산기, 헝겊이나 유지, 면장갑, 작업복 등

4 자동차정비 실기시험 공구 명칭과 종류

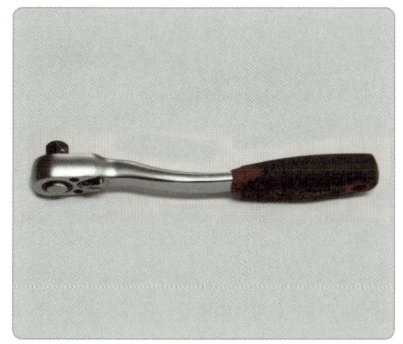

래칫 핸들(rachet handle) : 볼트나 너트에서 소켓을 빼지 않고 한쪽 방향으로 볼트나 너트를 조이거나 풀 때 사용한다.

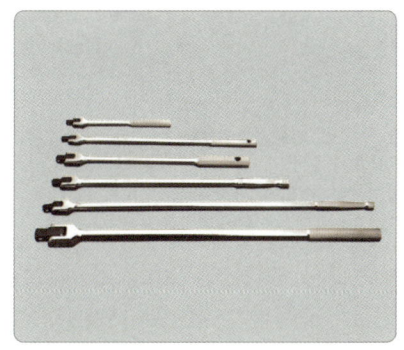

힌지 핸들(hinge handle) : 지렛대 힘을 최대로 활용할 수 있는 공구로, 조임 토크가 커서 볼트나 너트를 풀고 조일 때 사용한다.

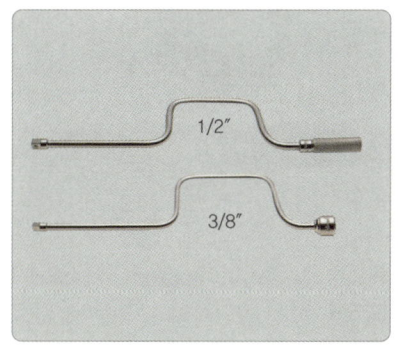

스피드 핸들(speed handle) : 볼트나 너트를 신속히 풀거나 조일 때 사용한다. 10 mm 이상은 힌지 핸들로 분해한 후 스피드 핸들로 작업한다.

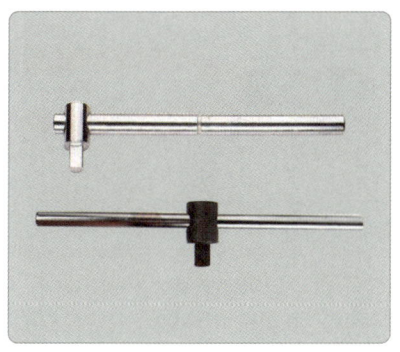

T 핸들(sliding T-handle) : 양 끝에 똑같은 힘을 가할 수 있으며, 한쪽으로 몰아서 힌지 핸들과 같이 볼트나 너트를 분해 조립할 수 있다.

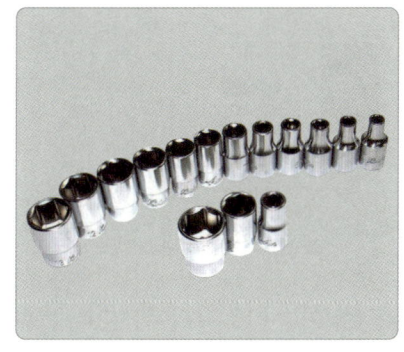

소켓(6각, 12각) : 래칫 핸들, 힌지 핸들 같은 렌치형 수동 구동 공구 사용 시 활용한다.

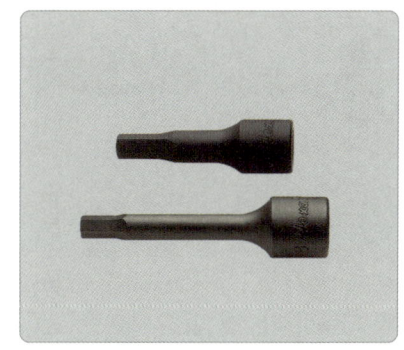

육각 렌치(실린더 헤드 분해 조립용) : 실린더 헤드 볼트나 일반 볼트 안지름이 육각으로 형성된 경우에 사용한다.

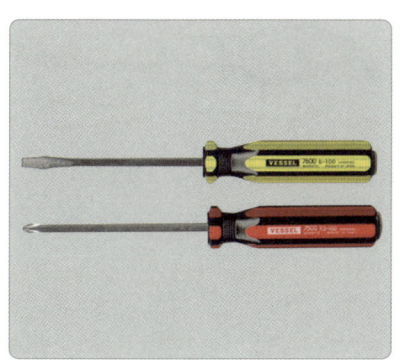

스크루 드라이버(screw driver) : 각종 나사나 피스를 조이거나 풀 때 사용한다.

오픈 엔드 렌치(open-end wrench, 양구 스패너) : 양쪽에 물림입이 달린 스패너로 양쪽 끝이 열려 있다. 볼트나 너트를 조이거나 풀 때 사용한다.

복스 렌치(box wrench) : 볼트나 너트에 힘이 고르게 분산되어 오픈 엔드 렌치와 달리 볼트나 너트를 완전히 감싸며 사용한다.

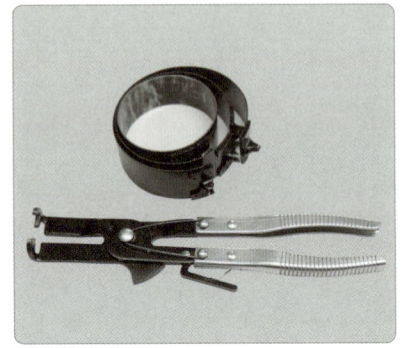
피스톤 링 플라이어(piston ring plier) : 피스톤 링을 확장하여 탈착할 때 사용하며, 피스톤 링을 압축하여 실린더에 조립할 때 사용한다.

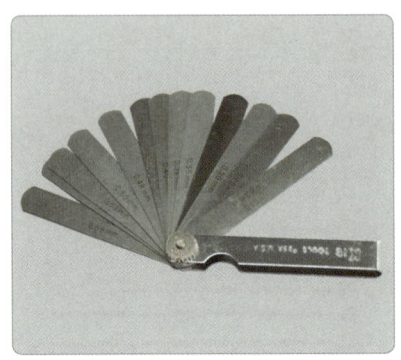
디그니스 게이지 : 기어나 축 사이드 간극을 측정하기 위한 게이지이다.

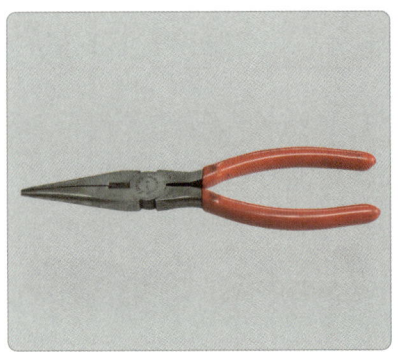
롱 노즈 플라이어(long nose plier) : 끝이 가늘게 되어 있어 좁은 곳의 전기 수리 작업에 유용하다.

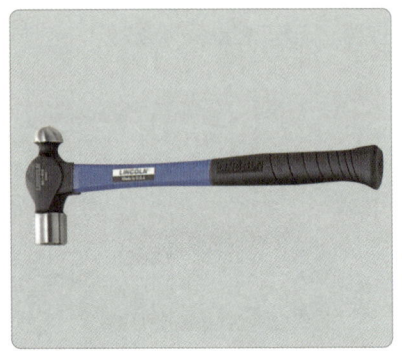
볼핀 해머(ball peen hammer) : 물체의 다목적 타격용 금속 해머로, 핀이 볼 모양으로 둥글게 되어 있다.

고무 망치(rubber hammer) : 물체에 타격을 가할 때 사용하는 공구로, 물체의 손상없이 충격을 가할 때 사용한다.

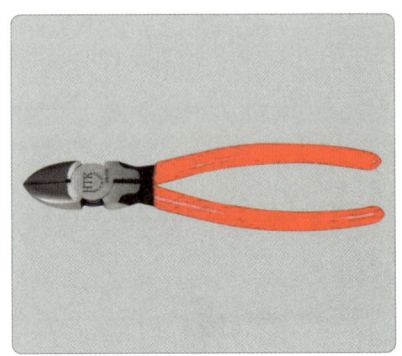
커팅 플라이어(cutting plier, 니퍼) : 동선류, 철선류, 전선류를 절단하거나 피복을 벗길 때 사용한다.

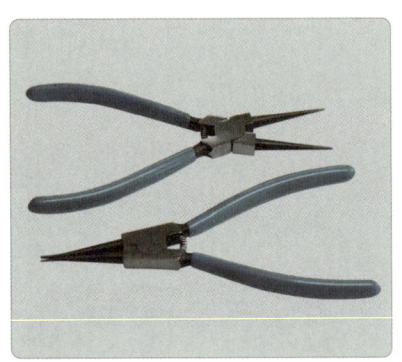
스냅링 플라이어 : 축이나 구멍 등에 설치된 스냅링(축이나 베어링 등이 빠지지 않게 하는 멈춤링)을 빼거나 조립 시 사용한다.

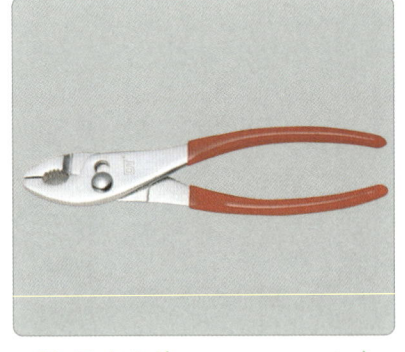
조합 플라이어(combination plier) : 물체 크기에 맞게 조의 폭을 변화할 수 있도록 지지점 구멍이 2단으로 되어, 큰 것과 작은 것 모두 돌릴 수 있다.

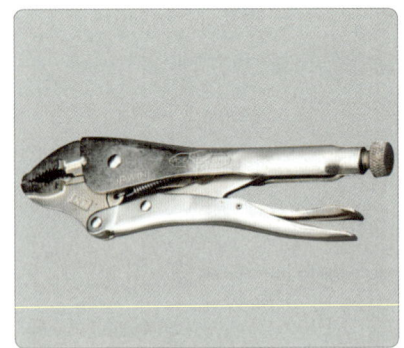
바이스 그립(클램프 플라이어) : 플라이어와 손바이스를 합친 기능으로, 압착 간격 조정이 용이하며 스패너, 파이프 렌치 등으로 사용 가능하다.

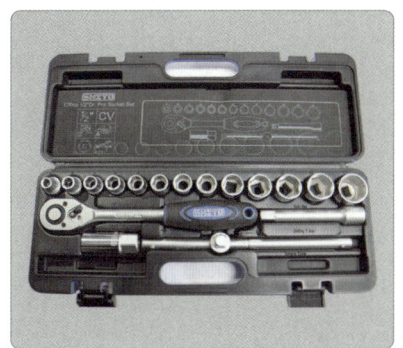  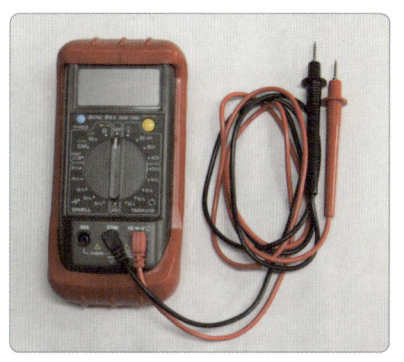

소복소 세트 : 필수 소복소 공구 세트로 구성되어 분해 조립 시 작업의 효율성을 높일 수 있다.

회로 시험기(아날로그) : 자동차 전기 회로를 점검하기 위한 휴대용 다용도 회로 시험기이다(전류, 전압, 저항 등).

디지털 멀티테스터 : 자동차 전기·전자 회로의 저항, 단선, 접지 및 센서의 단품 점검과 회로 내 직류와 교류 전압을 점검하기 위한 테스터이다.

5 자동차정비 실기시험 시 준비하면 도움이 되는 품목

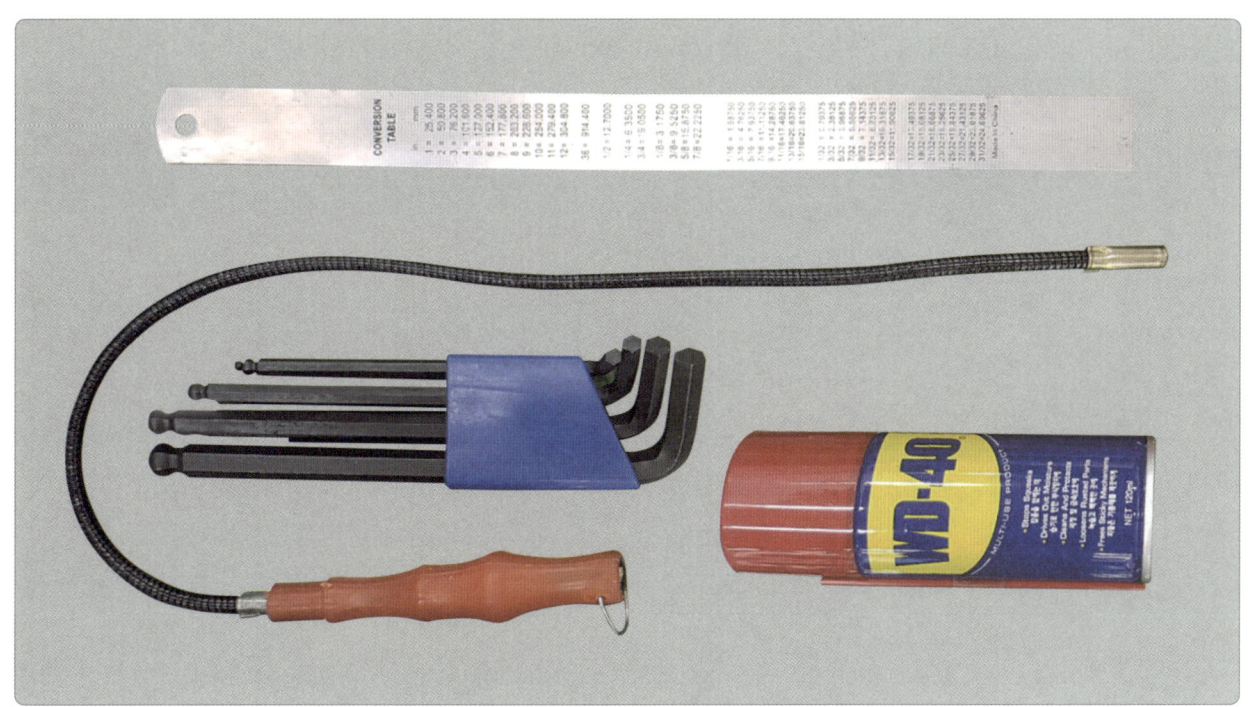

철자, WD40, 자바라 자석, 육각 렌치 세트, 절연테이프, 배선타이, 손전등 등

한국산업인력공단 시행 자동차정비산업기사 실기 안별 출제 문제

파트별		안별 문제	1	2	3	4	5	6	7
엔진	1	엔진 분해 조립/측정	엔진 분해 조립/크랭크축 메인저널 오일 간극 측정	엔진 분해 조립/캠축 휨 측정	엔진 분해 조립/크랭크축 축방향 유격	엔진 분해 조립/피스톤 링 이음 간극 측정	엔진 분해 조립/오일펌프 사이드 간극	엔진 분해 조립/캠축 양정 측정	엔진 분해 조립/실린더 헤드 변형도 측정
	2	엔진 시동/작업	17기 부품 탈·부착/엔진 시동(시동, 점화, 연료)	17기 부품 탈·부착/엔진 시동(시동, 점화, 연료)	17기 부품 탈·부착/엔진 시동(시동, 점화, 연료)	17기 부품 탈·부착/엔진 시동(시동, 점화, 연료)	17기 부품 탈·부착/엔진 시동(시동, 점화, 연료)	17기 부품 탈·부착/엔진 시동(시동, 점화, 연료)	17기 부품 탈·부착/엔진 시동(시동, 점화, 연료)
	3	엔진 작동 상태/측정	공회전 속도 측정/배기가스 측정	공회전 속도 측정/인젝터 파형분석 점검	공회전 속도 측정/배기가스 측정	공회전 속도 점검/인젝터 파형 분석	공회전 속도 점검/배기가스 측정	공회전 속도 점검/연료 압력 점검	공회전 속도 점검/배기가스 측정
	4	파형 점검	캠 센서 파형 분석 (급가감속 시)	캠 센서 파형 분석 (급가감속 시)	산소 센서 파형 분석 (공회전 상태)	스텝 모터 파형 분석 (공회전 상태)	점화 1차 파형 분석 (공회전 상태)	점화 1차 파형 분석 (공회전 상태)	AFS 파형 분석 (공회전 상태)
	5	부품 교환/측정	CRDI 인젝터 탈·부착/시동/연료 압력 점검	연료 압력 조절 밸브 탈·부착/시동/연료 맥동 측정	CRDI 연료 압력 조절 밸브 탈·부착/시동/연료 압력 점검	CRD 연료 압력 센서 탈·부착/시동/매연 측정	CRDI 연료 압력 센서 탈·부착/시동/인젝터 백리크 점검	CRDI 연료 압력 조절 밸브 탈·부착/시동/매연 측정	CRDI 연료 압력 조절 밸브 탈·부착/시동/백리크 측정
섀시	1	부품 탈·부착/작업	전륜 속업소버 탈·부착	후륜 속업소버 스프링 탈·부착	전륜 속업소버 코일 스프링 탈·부착	드라이브 액슬축 탈가/부트 탈·부착	클러치 마스터 실린더 탈·부착	SCSV, 오일펌프, 필터 탈·부착	클러치, 어셈블리 탈·부착
	2	정지별 측정/부품 교환 조정	링 기어 백래시, 런 아웃 측정	타이로드 엔드 탈·부착/최소회전반지름 측정	휠 얼라인먼트 시험기 (캠버, 토) 측정/타이로드 엔드 교환	타이로드 엔드 탈·부착/휠 얼라인먼트 시험기 셋백, 토(toe) 값 측정	휠 얼라인먼트 시험기 (캐스터, 토) 측정/타이로드 엔드 교환	브레이크 자유 간극/브레이크 페달 높이 측정	타이로드 엔드 탈·부착/최소회전반지름 측정
	3	브레이크 부품 교환/작동 상태 점검	ABS 브레이크 패드 교환/브레이크 작동 상태 확인	ABS 브레이크 패드 교환/브레이크 작동 상태 확인	후륜 휠 실린더(캘리퍼) 교환/브레이크 작동 상태 확인	브레이크 라이닝 슈(패드) 교환/브레이크 작동 상태 확인	휠 실린더 탈·부착/브레이크, 허브 케어링 작동 상태 확인	캘리퍼 탈·부착/브레이크 작동 상태 확인	마스터 실린더 탈·부착/브레이크 작동 상태 확인
	4	제동력 측정	전륜 또는 후륜 제동력 측정	전륜 또는 후륜 제동력 측정	전륜 또는 후륜 제동력 측정	전륜 또는 후륜 제동력 측정	전륜 또는 후륜 제동력 측정	전륜 또는 후륜 제동력 측정	전륜 또는 후륜 제동력 측정
	5	부품 탈·부착/이상 부위 점검	자동변속기 자기진단	ABS 자기진단	자동변속기 자기진단	ABS 자기진단	자동변속기 자기진단	ABS 자기진단	자동변속기 자기진단
전기	1	부품 탈·부착 작업/측정	시동모터 탈·부착/전류 소모, 전압 강하 점검	발전기 탈·부착/충전 전류 전압 점검	시동모터 탈·부착/전류 소모, 전압 강하 점검	발전기 탈·부착/다이오드, 로터 코일 점검	에어컨 벨트, 블로어 모터 탈·부착/에어컨라인 압력 점검	시동모터 분해 조립/솔레노이드 코일 점검	발전기 분해 조립/다이오드, 브러시 상태 점검
	2	전조등 점검	전조등 시험기 점검/광도, 광축	전조등 시험기 점검/광도, 광축	전조등 시험기 점검/광도, 광축	전조등 시험기 점검/광도, 광축	전조등 시험기 점검/광도, 광축	전조등 시험기 점검/광도, 광축	전조등 시험기 점검/광도, 광축
	3	편의 안전장치 점검	감광식 룸 램프 출력 전압 측정	도어 중앙 잠금장치 작동 시 (전압 측정)	에어컨 외기 온도 입력 신호값 점검	열선 스위치 입력 신호 점검	와이퍼 간헐 시간 조정 스위치 입력 신호 점검	전동기 홀 조명 작동 시 출력 신호 (전압) 점검	에어컨 이베퍼레이터 온도 센서 출력값 점검
	4	전기 회로 점검	와이퍼 회로 점검	에어컨 회로 점검	전조등 회로 점검	파워윈도 회로 점검	미등, 제동등 회로 점검	경음기 회로 점검	방향 지시등 회로 점검

※ 자동차정비산업기사 실기시험은 1~14(안)에서 엔진, 섀시, 전기 중 세부 항목을 조합하여 출제되며, 일부 내용이 변경될 수 있음.

파트별	안별 문제	8	9	10	11	12	13	14
엔진 1	엔진 분해 조립/측정	엔진 분해 조립/실린더 마모량 측정	엔진 분해 조립/크랭크축 메인저널 마모량 측정	엔진 분해 조립/크랭크축 축방향 유격 측정	엔진 분해 조립/핀 저널 오일 간극 측정	엔진 분해 조립/크랭크축 메인저널 오일 간극 측정	엔진 분해 조립/크랭크축 축방향 유격 측정	엔진 분해 조립/캠축 휨 측정
엔진 2	엔진 시동/작업	17지 부품 탈·부착/엔진 시동(시동, 점화, 연료)	17지 부품 탈·부착/엔진 시동(시동, 점화, 연료)	17지 부품 탈·부착/엔진 시동(시동, 점화, 연료)	17지 부품 탈·부착/엔진 시동(시동, 점화, 연료)	17지 부품 탈·부착/엔진 시동(시동, 점화, 연료)	17지 부품 탈·부착/엔진 시동(시동, 점화, 연료)	17지 부품 탈·부착/엔진 시동(시동, 점화, 연료)
엔진 3	엔진 작동 상태/측정	증발 가스 제어 장치 PCSV 점검	공회전 속도 점검/배기가스 측정	공회전 속도 점검/연료 압력 점검	공회전 속도 점검/인젝터 파형 분석 점검	공회전 속도 점검/배기가스 측정	공회전 속도 점검/인젝터 파형 분석 점검	공회전 속도 점검/배기가스 측정
엔진 4	파형 점검	점화 1차 파형 분석(공회전 상태)	스텝 모터 파형 분석(공회전 상태)	TDC(캠) 센서 파형 분석(공회전 상태)	AFS 파형(급가·감속 시)	점화 1차 파형 분석(공회전 상태)	맵 센서 파형 분석(급가감속 시)	산소 센서 파형 상태(공회전 상태)
엔진 5	부품 교환/측정	CRDI 인젝터 탈·부착 측정	CRDI 연료 압력 센서 탈·부착/공회전 속도 점검	CRDI 인젝터 탈·부착 시동/매연 측정	CRDI 인젝터 탈·부착 시동/매연 점검	CRDI 연료 압력 조절 밸브 탈·부착 시동/연료 압력 점검	연료 압력 탈·부착 시동/매연 측정	CRDI 연료 압력 조절 밸브 탈·부착/연료 압력 점검
섀시 1	부품 탈·부착 작업	파워스티어링 오일펌프, 벨트 탈·부착 후 공기 빼기 작업/작동 상태 확인	파워스티어링 오일펌프, 벨트 탈·부착 후 공기 빼기 작업/작동 상태 확인	전륜 허브 및 너클 탈·부착/작동 상태 확인	등속조인 기어(어셈블리 시임 교환)/링 기어 백래시, 점촉면 상태 점검	후륜 쇽업쇼버 코일 스프링 탈·부착	전륜 쇽업쇼버 코일 스프링 탈·부착	드라이브 액슬축 탈가/부트 탈·부착
섀시 2	장치별 측정/부품 교환 조정	링 기어 백래시, 런 아웃 측정	링 기어 백래시, 런 아웃 측정	휠 얼라이먼트 측정기(토) 측정/타이로드 엔드 교환	타이로드 엔드 교환/휠 얼라이먼트 시험기 셋백, 토(toe)값 점검	휠 얼라이먼트 시험기(캐스터, 토) 측정/타이로드 엔드 교환	브레이크 자유 간극/지유 간극과 페달 높이 측정	타이로드 엔드 탈·부착/최소회전반지름 측정
섀시 3	브레이크 부품 교환/작동 상태 점검	주차 브레이크 케이블 탈·부착, 브레이크 슈 교환/브레이크 작동 상태 확인	캘리퍼 탈·부착/브레이크 작동 상태 확인	브레이크 휠 실린더 탈·부착/브레이크 작동 상태 확인	캘리퍼 탈·부착/브레이크 작동 상태 확인	ABS 브레이크 패드 교환/브레이크 작동 상태 확인	후륜 휠 실린더(캘리퍼) 교환/브레이크 작동 상태 확인	브레이크 라이닝 슈(패드) 교환/브레이크 작동 상태 확인
섀시 4	제동력 측정	전륜 또는 후륜 제동력 측정	전륜 또는 후륜 제동력 측정	전륜 또는 후륜 제동력 측정	전륜 또는 후륜 제동력 측정	전륜 또는 후륜 제동력 측정	전륜 또는 후륜 제동력 측정	전륜 또는 후륜 제동력 측정
섀시 5	부품 탈·부착/이상 부위 측정	ABS 자기진단	자동변속기 자기진단	ABS 자기진단	자동변속기 자기진단	ABS 자기진단	자동변속기 자기진단	ABS 자기진단
전기 1	부품 탈·부착 작업/측정	와이퍼 모터 탈·부착 작동 상태 확인/소모 전류 점검	다기통 스위치 탈·부착/점등이 음량 점검	파워윈드 레귤레이터 탈·부착/작동 상태 전류 시험 점검	에어컨 벨트, 블로어 모터 탈·부착/에어컨라인 압력 확인 점검	시동모터 탈·부착/전류 소모, 전압 강하 점검	발전기 분해 조립/다이오드, 로터 코일 점검	시동모터 탈·부착/전류 소모, 전압 강하 점검
전기 2	전조등 점검	전조등 시험기 점검/광도, 광축	전조등 시험기 점검/광도, 광축	전조등 시험기 점검/광도, 광축	전조등 시험기 점검/광도, 광축	전조등 시험기 점검/광도, 광축	전조등 시험기 점검/광도, 광축	전조등 시험기 점검/광도, 광축
전기 3	편의 안전장치 점검	에어컨 외기 온도 입력 신호값 점검	도어 중앙 잠금장치 스위치 입력 신호 점검	자동차 편의장치 컨트롤 유닛 기본 입력 전원 점검	와이퍼 건별 시간 조정 스위치 입력 신호 이상 부위 점검	열선 스위치 입력 신호 점검	열선 스위치 입력 신호 점검	와이퍼 건별 시간 조정 스위치 입력 신호 점검
전기 4	전기 회로 점검	미등, 번호등 회로 점검	와이퍼 회로 점검	실내등, 도어 경고등 회로 점검	파워윈드 회로 점검	전조등 회로 점검	방향지시등 회로 점검	미등, 제동등 회로 점검

※ 자동차정비산업기사 실기시험은 1~14안에서 엔진, 섀시, 전기 중 세부 항목을 조합하여 출제되며, 일부 내용이 변경될 수 있음.

수험자 유의사항

1. 수험자 인적사항 및 답안 작성은 반드시 검은색 필기구만 사용하여야 하며, 그 외 연필류, 유색 필기구, 지워지는 펜 등을 사용한 답안은 채점하지 않으며 0점 처리됩니다.
2. 답안 정정 시에는 정정하고자 하는 단어에 두 줄(=)을 긋고 다시 작성하거나 수정테이프(수정액 제외)를 사용하여 정정하시기 바랍니다.
3. 감독위원의 지시에 따라 실기작업에 임하며, 모든 작업은 안전사항을 준수합니다.
4. 기록표 작성은 본인의 비번호와 엔진 번호, 작업대 번호, 자동차 번호 등을 먼저 기록하고, 감독위원의 지시에 따라 요구사항에 맞게 점검 및 측정하여 작성합니다.
5. 과제[엔진, 섀시, 전기]의 소항목 작업 중에서 기록표 작성이 요구된 항목은 매 작업이 끝날 때마다 감독위원에게 기록표를 제출합니다.
6. 과제[엔진, 섀시, 전기]의 소항목 작업시간은 감독위원의 지시에 따라 시행됩니다.
7. 부품 교체(또는 탈·부착) 시 감독위원의 확인을 받은 후 다음 작업을 합니다.
    ㉮ 수험자가 '완료'되었다는 의사표현이 있을 때 감독위원이 확인합니다.
    ㉯ 과제 확인을 요청(완료 의사표현)한 경우 해당 작업이 완료되었음을 의미하며, 완료 이후 동일 작업을 추가로 진행한 것은 채점대상에서 제외됩니다.
8. 모든 측정기 또는 시험기 등의 설치 및 조작은 반드시 수험자 본인이 직접 실시하며 필요한 특수 공구는 시험장에서 제공된 것 중 수험자 본인이 직접 선택하여 사용합니다.
9. 검정 장비, 측정기기 및 시험기기 등은 조심스럽게 다루며 안전사고 및 각종 기자재 손상이 발생하지 않도록 주의합니다.
10. 전자제어 시스템 취급 시 안전수칙을 지켜 전자부품의 손상이 없도록 합니다.
11. 기준값에 관한 사항
    ㉮ 회로도와 기록표의 규정(정비 한계, 기준)값은 시험장에서 제공하는 정비지침서, 측정 장비(스캐너 포함) 등에서 수험자가 직접 찾아 참조 및 기록합니다.
    ㉯ 자동차 검사에 관련된 기준값은 제시하지 않습니다.
    (자동차관리법, 자동차 및 자동차부품의 성능과 기준에 관한 규칙, 대기환경보전법, 소음·진동관리법 등)
12. 수치 기록에 관한 사항
    ㉮ 지침서 또는 장비 등에 표기된 단위를 사용하거나 SI 또는 MKS를 사용합니다.
    ㉯ 자동차 검사와 관련된 수치의 기록은 자동차 검사 관련 법규를 준용합니다.
13. 기록표 작성에서 다음 각 항에 해당하는 경우는 틀린 것으로 합니다.
    ㉮ 단위가 없거나 틀린 경우

㉯ 의미가 달라질 수 있는 단위 접두어의 대소문자가 틀린 경우
㉰ 측정 조건이나 환경에 따라 변화하는 측정값에서 측정값만 있고 측정 조건이 없는 경우
㉱ 정비 및 조치 사항에서 교체, 수리, 조정 후 연계되는 후속 조치 사항이 없는 경우
㉲ 기록표 기재 사항에서 정정 날인 없이 정정된 개소
  (정정 시 시험위원이 입회 · 정정 · 날인해야 함)

14. 다음 각 항에 해당하는 경우 해당 항목을 "0"점 처리합니다.
  ㉮ 요구사항 또는 감독위원의 지시사항과 다른 작업을 한 경우
  ㉯ 과제[엔진, 섀시, 전기]의 소항목 시험시간을 초과하여 작업한 경우
  ㉰ 소항목의 제한된 시간 또는 작업 횟수를 초과하는 경우
    (소항목이 "0"점인 경우 연계된 작업은 할 수 없습니다.)
  ㉱ 최종 작업을 완료한 자동차(또는 엔진 등)의 주행(작동)이 불완전한 상태인 경우
  ㉲ 분해 및 탈거 부품을 미조립 또는 규정 토크로 조이지 않고 최종 완료한 경우
  ㉳ 파형 분석에서 출력물이 감독위원이 제시한 측정 조건과 일치하지 않는 경우
  ㉴ 작업 미숙으로 안전사고, 기재 손상 등이 우려되어 "기능 미숙"에 해당되는 경우
  ㉵ 점검, 측정 항목에서 시험기 및 측정기 사용이 극히 미숙한 경우
  ㉶ 측정값의 단위는 SI 또는 MKS를 사용하여야 하며, 단위가 없거나 틀린 경우

15. 다음 사항에 대해서는 채점 대상에서 제외하니 특히 유의하시기 바랍니다.
  ㉮ 기권
    • 수험자 본인이 수험 도중 기권 의사를 표시하는 경우
  ㉯ 실격
    • 작업이 극히 미숙하여 안전사고 및 기자재 손상이 발생된 경우
    • 과제별[엔진, 섀시, 전기]로 응시하지 않거나 어느 한 과제 전체가 "0"점일 경우
    • 타인의 결과 기록표를 보고 기록하거나 보여주는 경우
    • 수험자 간 대화를 하거나 휴대폰 또는 기타 통신기기를 휴대하여 사용하는 경우
    • 기타 시험과 관련된 부정행위를 하는 경우

16. 수험자는 시험용 시설 및 장비를 주의하여 다루어야 하며, 자신 및 타인의 안전을 위하여 알맞은 복장을 반드시 착용하여야 합니다.

17. 시험 중 수험자는 반드시 안전수칙을 준수해야 하며, 작업 복장상태, 정리정돈 상태, 안전사항 등이 채점대상이 됩니다.

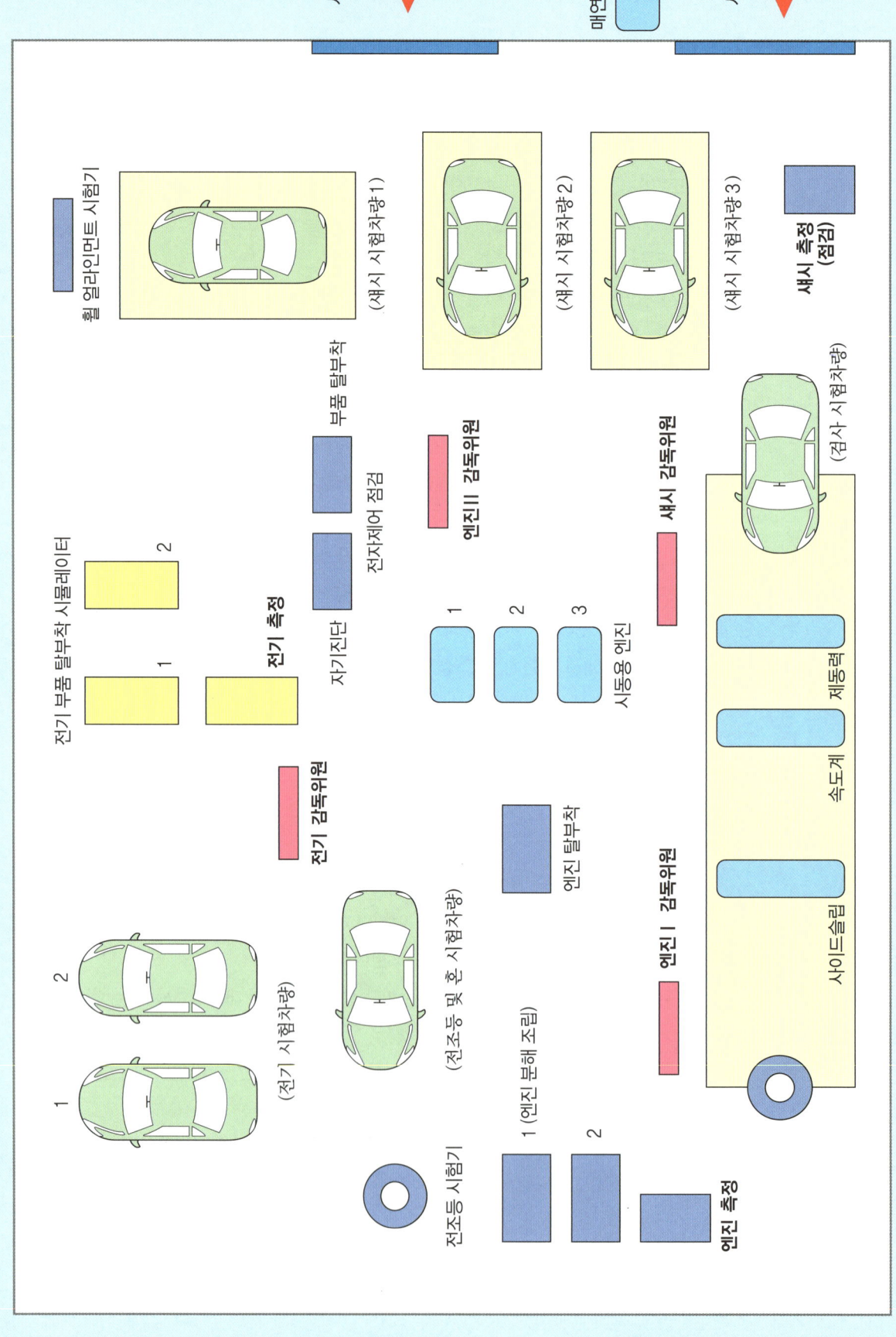

자동차정비산업기사 실기 1안

파트별		안별 문제	1안
엔진	1	엔진 분해 조립/측정	엔진 분해 조립/크랭크축 메인저널 오일 간극 측정
	2	엔진 시동/작업	1가지 부품 탈·부착/ 엔진 시동(시동, 점화, 연료)
	3	엔진 작동 상태/측정	공회전 속도 점검/배기가스 측정
	4	파형 점검	맵 센서 파형 분석(급가감속 시)
	5	부품 교환/측정	CRDI 인젝터 탈·부착 시동/연료 압력 점검
섀시	1	부품 탈·부착 작업	전륜 쇽업소버 탈·부착
	2	장치별 측정/부품 교환 조정	링 기어 백래시, 런 아웃 측정
	3	브레이크 부품 교환/ 작동 상태 점검	ABS 브레이크 패드 교환/ 브레이크 작동 상태 확인
	4	제동력 측정	전륜 또는 후륜 제동력 측정
	5	부품 탈·부착/이상 부위 측정	자동변속기 자기진단
전기	1	부품 탈·부착 작업/측정	시동모터 탈·부착/ 전류 소모, 전압 강하 점검
	2	전조등 점검	전조등 시험기 점검/광도, 광축
	3	편의 안전장치 점검	감광식 룸 램프 작동 시 출력 전압 측정
	4	전기 회로 점검	와이퍼 회로 점검

국가기술자격 실기시험문제 1안(엔진)

자격종목	자동차정비산업기사	과제명	자동차정비작업

비번호 :   시험시간 : 5시간 30분(엔진 : 140분, 섀시 : 120분, 전기 : 70분)

엔진 1
주어진 엔진을 기록표의 측정 항목까지 분해하여 기록표의 요구 사항을 측정 및 점검하고 본래 상태로 조립하시오.

1-1 엔진 분해 조립

(1) 엔진 분해

1. 팬벨트 장력을 이완시킨다.

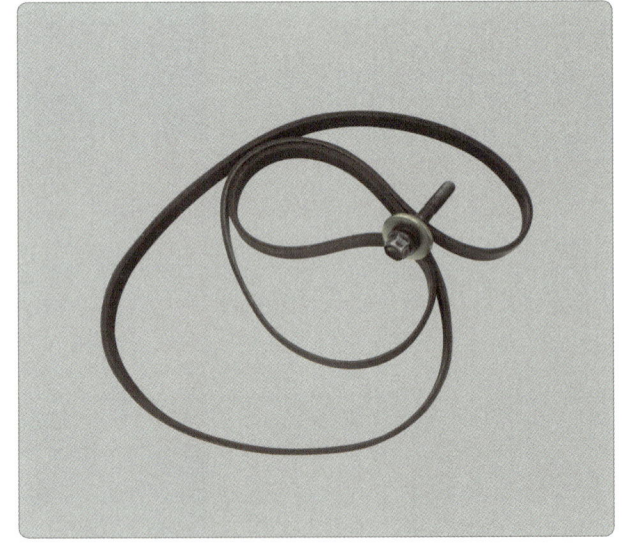

2. 팬벨트를 탈거한다(회전 방향 → 표시).

    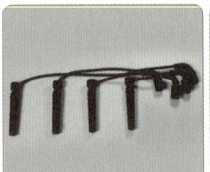 

3. 전기장치(발전기, 기동전동기, 고압케이블, 점화코일, 에어컨 컴프레서)를 탈거한다.

4. 크랭크축 풀리를 탈거한다.

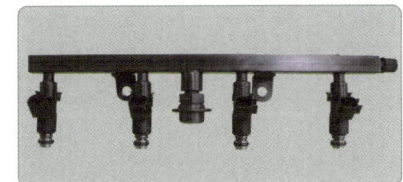

5. 연료 인젝터를 탈거한다.

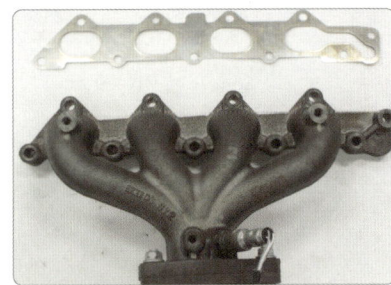

6. 배기 다기관을 탈거한다.

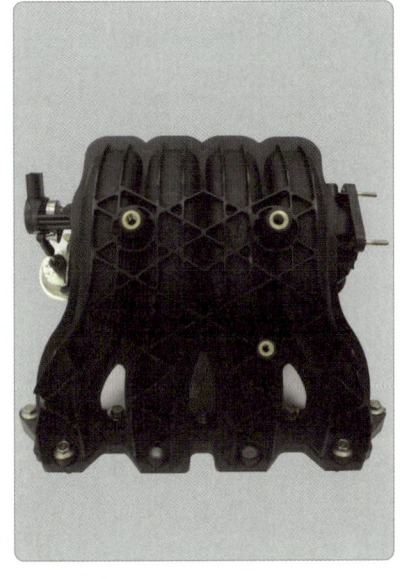

7. 흡기 다기관을 탈거한다.

8. 엔진 본체를 정렬한다.

9. 실린더 헤드 커버를 탈거한다.

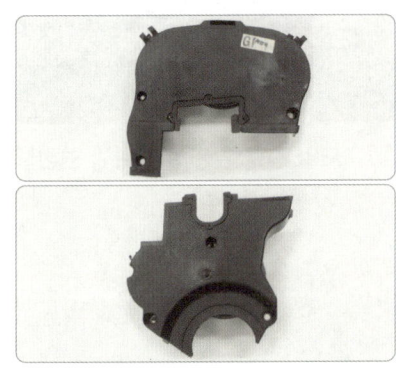

10. 타이밍 커버를 탈거한다(상, 하).

11. 타이밍 벨트를 탈거하기 전에 크랭크축 및 캠축 스프로킷 타이밍 마크를 확인한다.

12. 크랭크축을 돌려 캠축 스프로킷과 크랭크축 타이밍 마크를 세팅한다.

13. 물 펌프 고정 볼트를 풀고 시계 방향으로 돌려 타이밍 벨트 장력을 이완시킨다.

14. 타이밍 벨트 및 텐셔너, 물 펌프를 탈거한다.

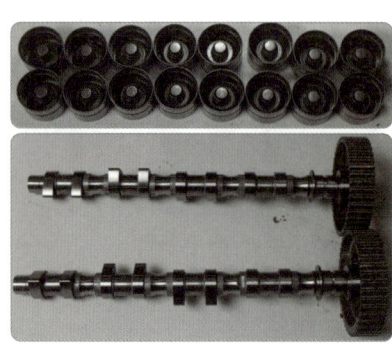

15. 캠축 기어 및 밸브 리프터(유압 태핏)를 탈거한다.

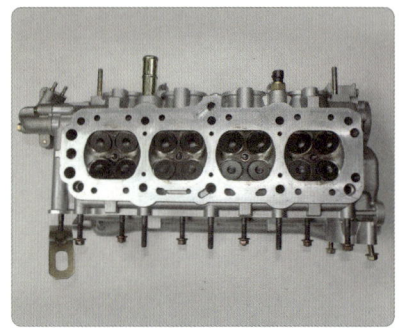

16. 실린더 헤드를 탈거한다(헤드 볼트를 밖에서 안으로 분해한다).

17. 오일 팬을 탈거하기 위해 엔진을 180° 회전시킨다.

18. 오일 팬을 탈거한다.

19. 오일펌프, 오일 필터, 오일 스트레이너를 탈거한다.

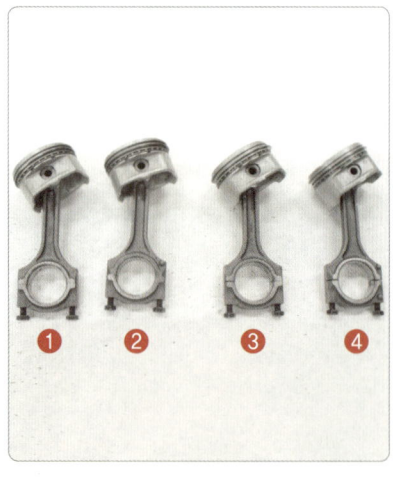

20. 실린더별 피스톤을 탈거한다. (❶-❹-❸-❷)

21. 크랭크축을 탈거한다(크랭크축 및 크랭크축 메인저널 캡 정리).

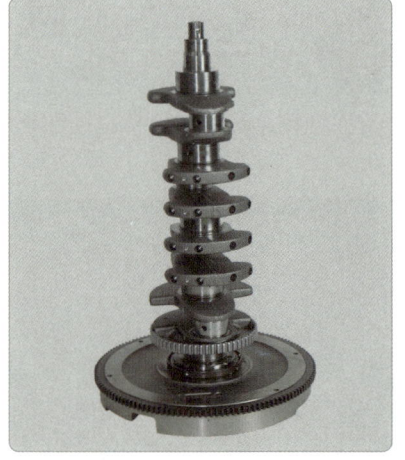

22. 크랭크축을 탈거한 후 엔진 부품을 정렬한다.

실기시험 주요 Point

엔진 분해 시기 및 결정 요인
❶ 압축 압력이 규정값의 70% 이하일 경우와 10% 이상일 경우
❷ 연료 소비율이 표준 소비율의 60% 이상일 경우 ❸ 윤활유 소비율이 표준 소비율의 50% 이상일 경우

(2) 엔진 조립

1. 실린더 블록 메인저널 캡 베어링을 헝겊으로 깨끗이 닦는다.

2. 크랭크축을 실린더 블록에 정위치 하고 메인저널 캡을 규정 토크로 조립한다(4.5~5.5 kgf·m).

3. 피스톤을 조립한다(❸-❷, ❹-❶). 조립이 끝나면 ❶, ❹번 피스톤이 상사점에 오도록 조립한다.

4. 오일펌프 및 오일 스트레이너를 조립한다.

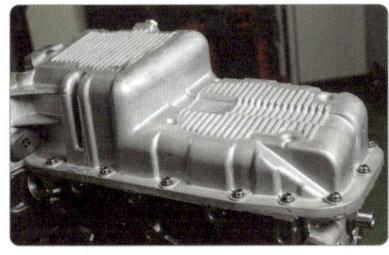

5. 오일 팬을 조립한다.

6. 물 펌프를 조립한다.

7. 엔진을 바로 정렬하고 헤드 개스킷을 조립한다.

8. 실린더 헤드를 블록 위에 설치하고 헤드 볼트를 규정 토크로 조립한다(7.5~9.5 kgf·m).

9. 캠축(흡기, 배기)을 헤드에 설치하고 조립한다.

10. 캠축 스프로킷의 타이밍 마크를 맞춘다.

11. 크랭크축 스프로킷의 타이밍 마크를 맞춘다.

12. 타이밍 벨트의 크랭크축과 캠축 스프로킷을 조립하고 물 펌프 몸체를 시계, 반시계 방향으로 돌려 타이밍 벨트 장력을 조정한다.

13. 엔진 고정 마운틴을 조립하고 타이밍 커버를 조립한 후 발전기 컴프레서를 조립한다.

14. 앞 원 벨트(팬벨트, 에어컨 벨트, 파워스티어링 오일펌프)를 조립하고 장력을 조정한다.

15. 공구 정리 후 주변을 정리한다.

실기시험 주요 Point

엔진 분해 조립 시 유의 사항

① 엔진 부품 조립 시 토크 렌치를 사용하여 규정 토크로 조립한다.
② 기계적인 마찰 부위(피스톤 및 실린더, 크랭크축과 베어링, 캠축과 베어링 등)는 윤활유를 미리 도포한다.
③ 피스톤 조립이 끝나면 피스톤 ❶, ❹번은 상사점 위치로 설정한다.
④ 크랭크축 타이밍 마크와 캠축 타이밍 마크는 정확하게 확인하고 조립한다.
⑤ 여러 개의 볼트를 조이는 부품은 조일 때는 안에서 밖으로 대각선 방향으로 조이고, 분해할 때는 밖에서 안으로 대각선 방향으로 분해한다(예 실린더 헤드 볼트, 크랭크축 메인저널 캡 볼트).
⑥ 일반 공구 사용은 작업 상태에 맞게 적절한 공구 교체로 작업 효율성을 높인다.

볼트의 머리 크기로 볼트 규격 알기 및 볼트 체결 토크 표

머리 크기	볼트 규격	머리 크기	볼트 규격
10 mm	6 mm	11 mm	1/4inch
13 mm	8 mm	12.7 mm	5/16(니브고링)
17 mm	10 mm	14 mm	3/8(삼부)
19 mm	12 mm	19 mm	1/2(음부)
24 mm	16 mm	24 mm	5/8(고부)
27 mm	18 mm	27 mm	3/4(로쿠부)
30 mm	20 mm	32 mm	7/8(나나부)
32 mm	22 mm	36 mm	24 mm

※ 머리 크기(SIZE)에 따른 볼트 규격 : 볼트의 머리 크기가 10 mm이면 규격은 6 mm 볼트이고 11 mm이면 1/4 inch이며 나비 볼트라고 한다.

1-2 크랭크축 오일 간극 측정(텔레스코핑 게이지 측정)

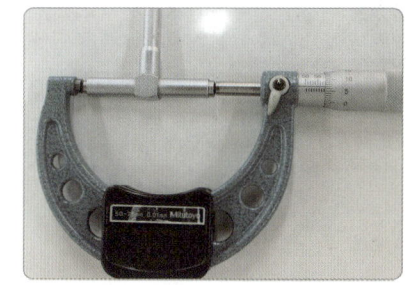

1. 측정용 엔진에서 크랭크축을 탈거하고 메인저널 캡을 규정 토크로 조립한다(4.5~5.5 kgf·m).
2. 텔레스코핑 게이지로 크랭크축 메인저널 안지름을 오일 구멍을 피해서 90° 방향으로 측정한다.
3. 측정된 텔레스코핑 게이지를 바깥지름 마이크로미터로 측정한다.

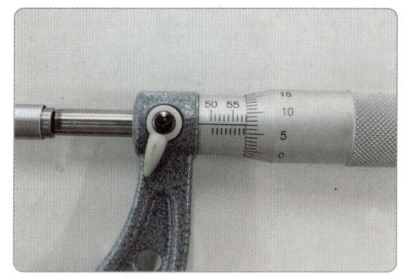

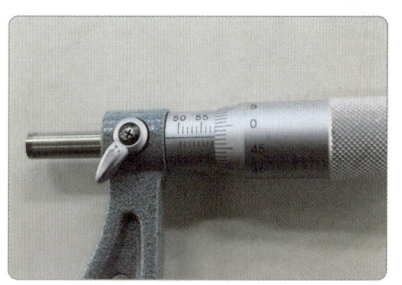

4. 크랭크축 메인저널 안지름 측정값을 확인한다(58.08 mm).
5. 크랭크축 바깥지름을 측정한다(핀 저널 방향과 직각 방향으로 바깥지름 최댓값 측정).
6. 마이크로미터값을 읽는다. (57.98 mm)
   ※ 크랭크축 저널 안지름 최솟값
    − 크랭크축 저널 바깥지름 최댓값
    = 58.08 mm − 57.98 mm
    = 0.1 mm(측정값)

1-3 크랭크축 오일 간극 측정(플라스틱 게이지 측정)

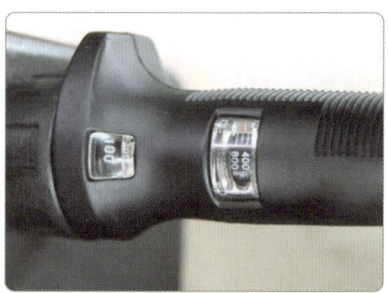

1. 크랭크축을 깨끗이 닦아 실린더 블록에 크랭크축을 놓는다.
2. 크랭크축 메인저널 위에 측정용 플라스틱 게이지를 저널 방향으로 올려놓는다.
3. 토크 렌치를 규정 토크로 세팅한다(4.5~5.5 kgf·m).

4. 메인저널 캡 1~5번을 조립한다. (스피드 핸들 사용)

5. 토크 렌치를 사용하여 안에서 밖으로 대각선 방향으로 조인다. (4.5~5.5 kgf · m)

6. 메인저널 캡 볼트를 밖에서 안으로 풀어준다.

7. 스피드 핸들을 사용하여 메인저널 캡을 분해한다.

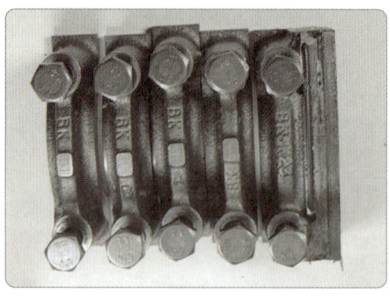
8. 메인저널 캡을 탈거한다(분해 후 정렬).

9. 압착된 플라스틱 게이지를 확인한다.

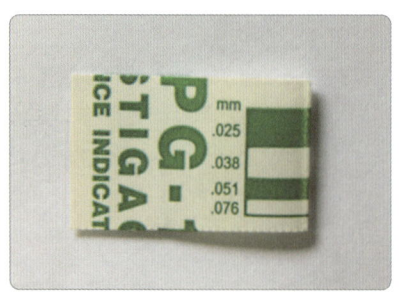
10. 플라스틱 게이지(1회 측정)를 준비한다.

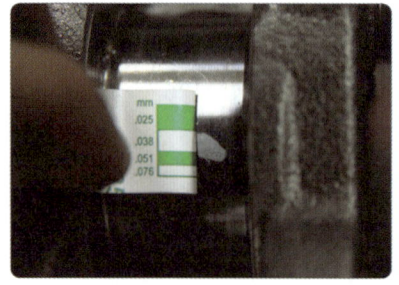
11. 크랭크축에 압착된 플라스틱 게이지를 가장 근접한 눈금에 맞춰 측정한다(0.038 mm).

12. 크랭크축 저널을 깨끗이 닦는다.

실기시험 주요 Point

크랭크축 오일 간극 측정(플라스틱 게이지 측정)

플라스틱 게이지로 오일 간극을 측정할 때는 반드시 규정 토크로 조여야 하며, 플라스틱 게이지는 크랭크축 메인저널 위에 놓고 메인저널 캡을 조립한 후 측정한다.

답안지 작성

엔진 1 크랭크축 오일 간극(유막 간극) 점검

측정 항목	① 측정(또는 점검)		② 판정 및 정비(또는 조치) 사항		(H) 득점
(A) 엔진 번호 : (B) 비번호 (C) 감독위원 확인					
	(D) 측정값	(E) 규정(정비한계)값	(F) 판정 (□에 'ˇ'표)	(G) 정비 및 조치할 사항	
크랭크축 메인저널 오일 간극	0.038mm	0.015~0.040mm	☑ 양호 □ 불량	정비 및 조치할 사항 없음	

1. 답안지 공통 사항(감독위원 확인 및 기록 사항)

(C) 감독위원 확인 : 감독위원 확인란으로 수험자는 기록하지 않습니다.
(H) 득점 : 감독위원이 해당 항목 점수를 채점 기록하며 수험자는 기록하지 않습니다.

2. 수험자가 기록해야 할 답안 사항

(A) 엔진 번호 : 측정하는 엔진 번호를 기록합니다(시험용 엔진이 2대 이상일 때 해당).
(B) 비번호 : 책임관리위원(공단 본부)이 배부한 등번호(비번호)를 기록합니다.
① 측정(또는 점검)
   (D) 측정값 : 크랭크축 메인저널 오일 간극을 측정한 값 **0.038 mm**를 기록합니다.
   (E) 규정(정비한계)값 : 감독위원이 제시한 값 또는 측정 차종 정비지침서 규정값을 기록합니다.
      0.015~0.040 mm
② 판정 및 정비(또는 조치) 사항
   (F) 판정 : 측정값이 규정(정비한계)값 범위 내에 있으므로 **양호**에 ☑ 표시를 합니다.
   (G) 정비 및 조치할 사항 : 판정이 양호이므로 **정비 및 조치할 사항 없음**을 기록합니다.
              판정이 불량일 때는 **메인 베어링 교체 후 재점검**을 기록합니다.

3. 메인저널 오일 간극(유막 간극) 규정값

차 종		규정값	차 종		규정값
아반떼 XD(1.5D)	3번	0.028~0.046 mm	EF 쏘나타(2.0)	3번	0.024~0.042 mm
	그 외	0.022~0.040 mm	쏘나타 Ⅱ·Ⅲ		0.020~0.050 mm
베르나(1.5)	3번	0.34~0.52 mm	레간자		0.015~0.040 mm
	그 외	0.28~0.46 mm	아반떼 1.5D		0.028~0.046 mm

● 크랭크축 메인저널 오일 간극이 규정값보다 클 경우

엔진 번호 :			비번호		감독위원 확 인	
측정 항목	측정(또는 점검)		판정 및 정비(또는 조치) 사항			득점
	측정값	규정(정비한계)값	판정(□에 'V'표)	정비 및 조치할 사항		
크랭크축 메인저널 오일 간극	0.090 mm	0.024~0.042 mm	□ 양호 ☑ 불량	메인 베어링 교체 후 재점검		
※ 판정 및 정비(조치)사항 : 크랭크축 메인저널 오일 간극이 규정값 범위를 벗어났으므로 ☑ 불량에 표시하고, 메인 베어링 교체 후 재점검합니다.						

● 크랭크축 메인저널 오일 간극이 규정값 범위 내에 있을 경우

엔진 번호 :			비번호		감독위원 확 인	
측정 항목	측정(또는 점검)		판정 및 정비(또는 조치) 사항			득점
	측정값	규정(정비한계)값	판정(□에 'V'표)	정비 및 조치할 사항		
크랭크축 메인저널 오일 간극	0.025 mm	0.024~0.042 mm	☑ 양호 □ 불량	정비 및 조치할 사항 없음		
※ 판정 및 정비(조치)사항 : 크랭크축 메인저널 오일 간극이 규정값 범위 내에 있으므로 ☑ 양호에 표시하고, 정비 및 조치할 사항 없음을 기록합니다.						

실기시험 주요 Point

크랭크축 오일 간극 측정 시 유의사항

❶ 일회용 소모성 측정 게이지인 플라스틱 게이지로 측정하며, 수험자 한 사람씩 측정하도록 게이지가 주어진다.

❷ 플라스틱 게이지는 크랭크축 위에 놓고 저널 베어링 캡을 규정 토크로 조립한 후 다시 분해하여 압착된 게이지 폭이 외관 게이지 수치에 가장 근접한 것을 측정값으로 한다.

❸ 시험장에 따라 실납으로 측정하는 경우도 있으며, 실납으로 측정 시 압착된 실납 두께를 마이크로미터로 측정한다.

엔진 2 주어진 자동차의 전자제어 엔진에서 감독위원의 지시에 따라 1가지 부품을 탈거한 후(감독위원에게 확인) 다시 부착하고 시동에 필요한 관련 부분의 이상개소(시동회로, 점화회로, 연료장치 중 2개소)를 점검 및 수리하여 시동하시오.

2-1 엔진 전기(시동회로, 점화회로, 연료회로) 점검 시동

(1) 엔진 장치별 점검 방법

엔진 시동 작업 (시동, 점화, 연료 계통)

1. 시동장치 점검
① 축전지 전압 확인
② 축전지 터미널 (+), (−) 체결상태 확인
③ 시동 메인 퓨즈 점검
④ 인히비터 스위치 점검 (P, N 출력 전압)
⑤ 기동전동기 점검 (B, ST단자 탈거)
⑥ 시동 릴레이 점검 (전원 공급, 단품 점검)
⑦ 점화스위치 커넥터 탈거

2. 점화장치 점검
① 고압 케이블 탈거
② 엔진 크랭킹
③ 고압 발생 확인
→ 발생되면 양호
→ 발생되지 않으면 점화 회로 점검
④ 점화 퓨즈 확인
⑤ 크랭크각 센서 점검 (커넥터 탈거, 센서 점검)
⑥ 점화스위치 점검
⑦ 점화코일 커넥터 전원공급 확인
⑧ 점화코일 점검
⑨ ECU 커넥터 탈거 확인

3. 연료장치 점검
① 메인 릴레이(연료펌프 릴레이 탈거 및 단품 점검)
② 연료펌프 퓨즈 점검 (탈거 및 단선)
③ 연료펌프 커넥터 탈거 (단선) 및 접지 확인 점검
④ 연료 인젝터 커넥터 탈거 및 단품 점검
⑤ ECU 커넥터 탈거
⑥ 연료 잔량 및 이종 상태 확인

(2) 엔진 작동회로

● 시동회로

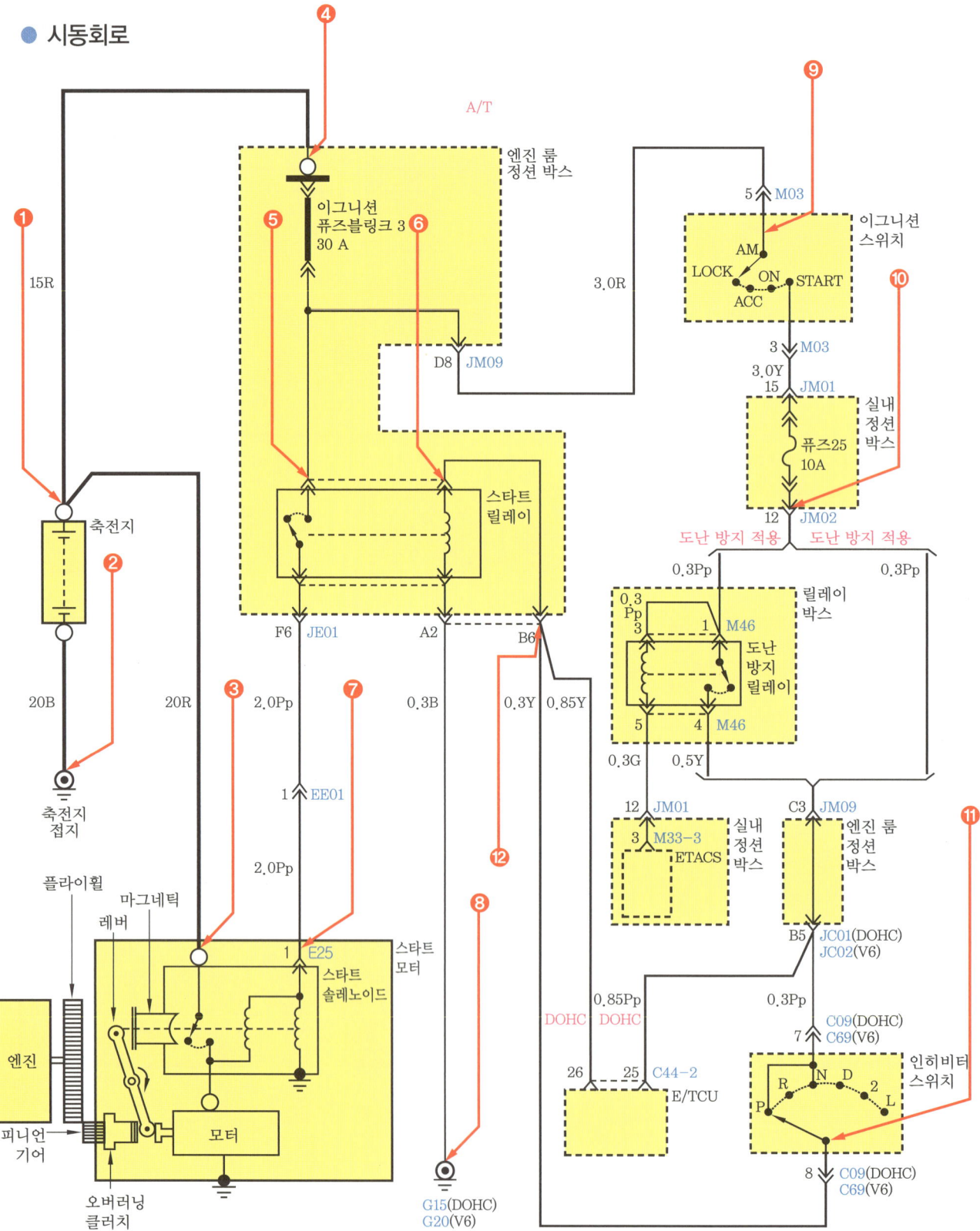

● 시동회로 점검

1. 축전지 단자 접촉 상태 (+), (−)를 확인한다.

2. 축전지 단자 전압을 확인한다. (12.11 V)

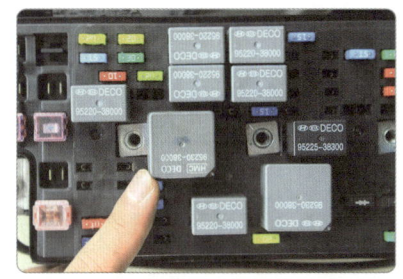

3. 이그니션 퓨즈 및 스타트 릴레이 단자 전압을 확인한다.

4. 스타트 릴레이 코일 저항 및 접점 상태를 확인한다.

5. 실내 정션 박스 시동 공급 전원 퓨즈 단선 유무를 확인한다.

6. 기동전동기 ST단자 접촉 상태 및 공급 전원을 확인한다(B단자 점검 확인).

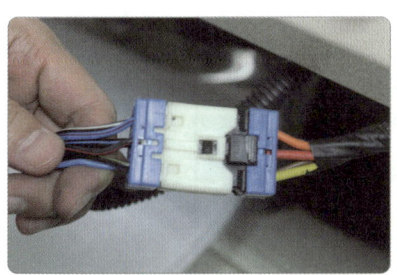

7. 점화스위치 체결 상태 및 공급 전원을 확인한다.

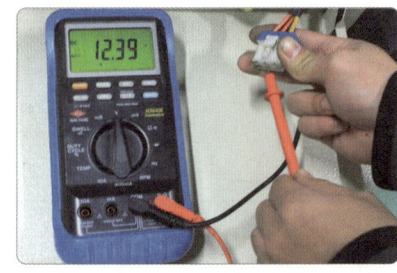

8. 점화스위치 공급 전압을 확인한다. (12.39 V)

9. 자동 변속기 시프트 패턴을 P, N 위치에 놓는다.

10. 인히비터 스위치 전원 공급 및 접점 상태를 확인한다(P, N 상태).

11. 자동 변속기 시프트 패턴을 P 또는 N 위치에 놓는다(시동용 엔진만 있는 경우 이 과정은 생략한다).

12. 엔진을 시동한다(엔진 크랭킹 상태 확인).

(3) 점화장치 회로

● 점화장치 회로도

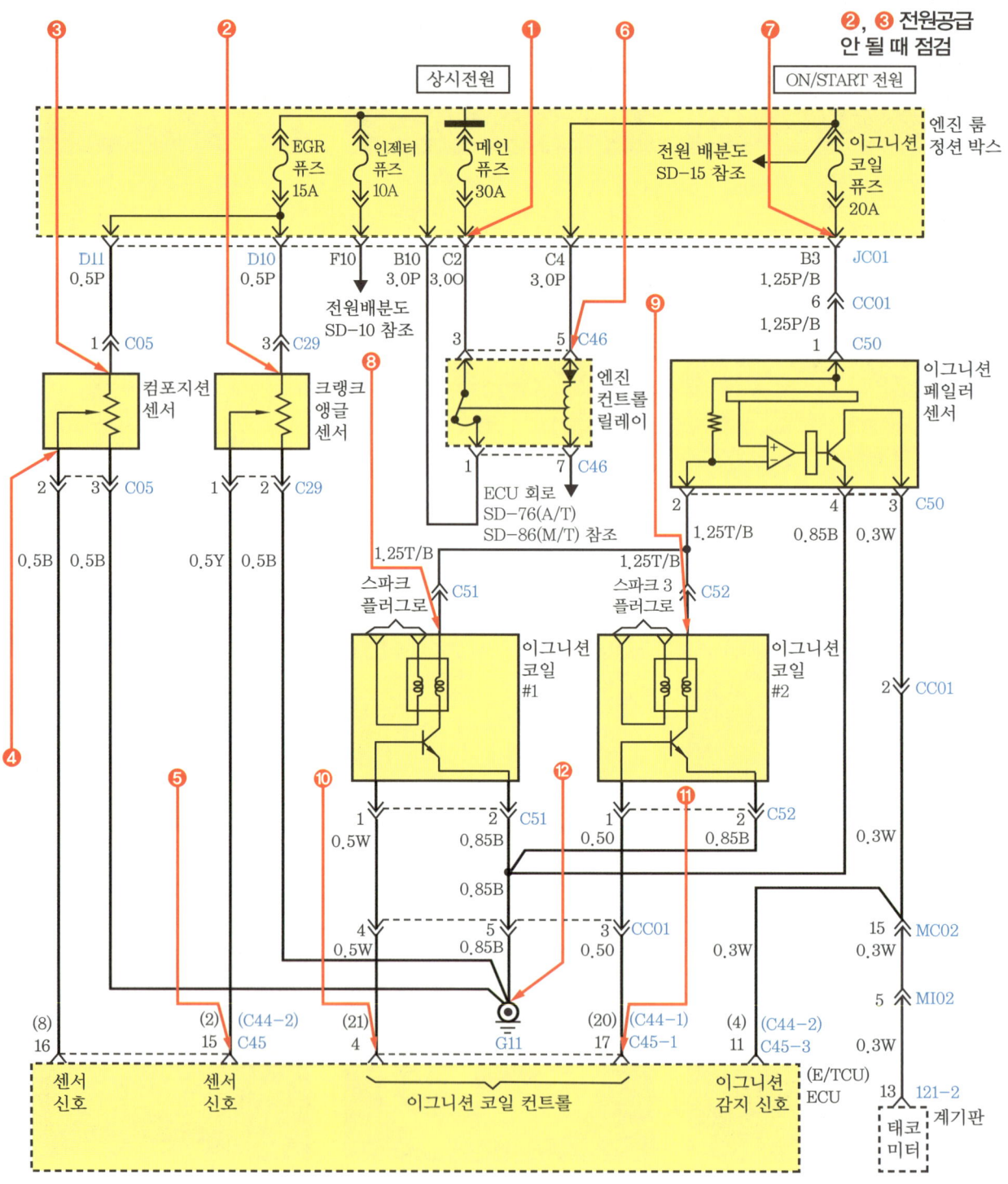

● 점화회로 점검

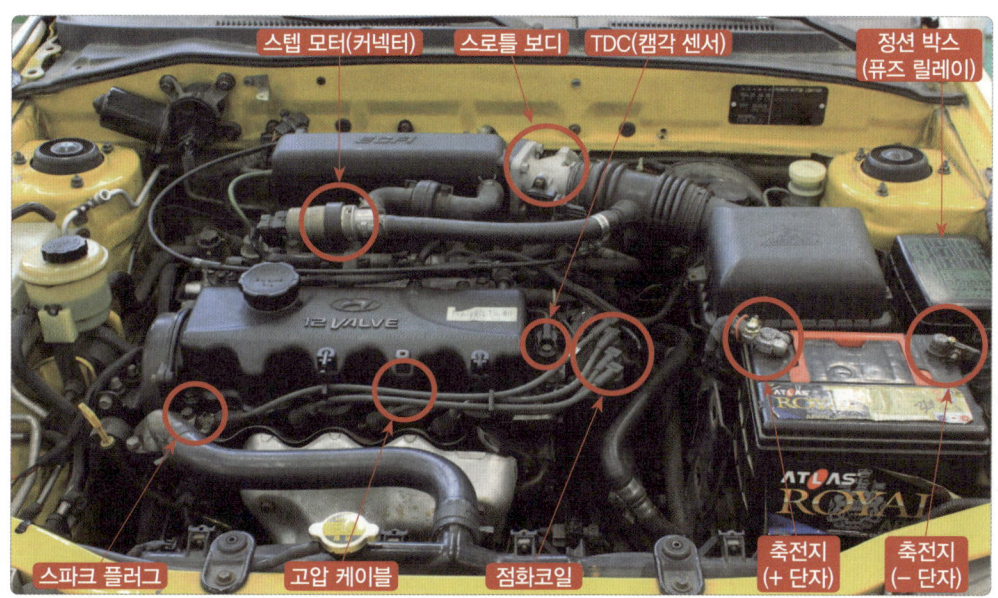

점화회로 점검

1. 축전지 (+), (−) 체결과 접지 상태를 확인한다.

2. 엔진 룸 정션 박스의 시동 릴레이 작동 상태를 점검한다(공급전압 및 코일).

3. 점화스위치를 ON시킨다.

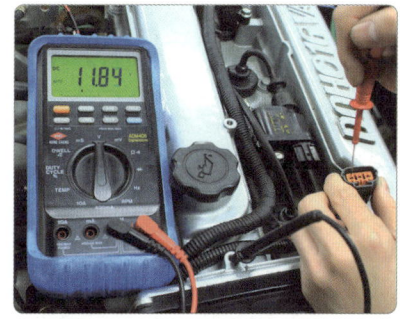

4. 점화코일 커넥터를 탈거하고 공급 전압을 확인한다(11.84 V).

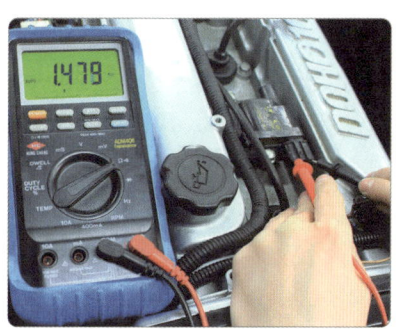

5. 점화코일 단선 및 저항을 점검한다.

6. 점화코일 체결 상태를 확인한다.

7. 고압 케이블 체결 및 점화순서를 확인한다.

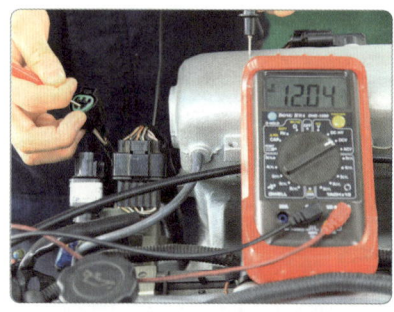
8. 크랭크각 센서 공급 전원을 확인한다(12.04 V).

9. 센서 공급 전원을 확인한다. (5.02 V)

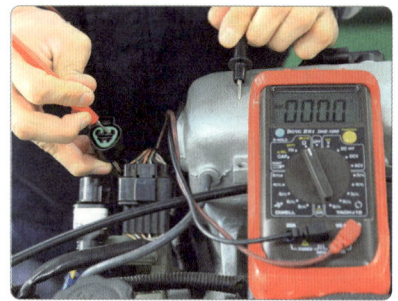
10. 크랭크각 센서 접지단자의 접지를 확인한다.

11. 캠각 센서(TDC) 공급 전원을 확인한다.

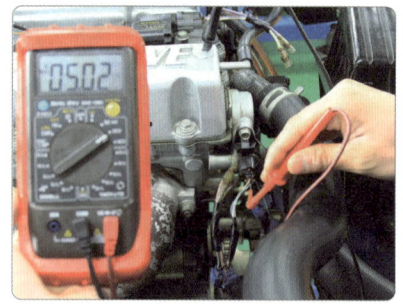
12. 캠각 센서 출력 전압을 확인한다.

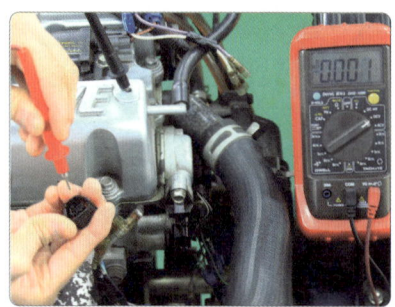
13. 캠각 센서 접지단자의 접지를 확인한다.

14. 캠각 센서 출력 전압을 확인한다(1.716 V).

15. 엔진을 크랭킹시키며 고압(불꽃) 발생을 확인한다.

실기시험 주요 Point

점화 플러그(spark plug)
중심 전극과 접지 전극으로 0.8~1.1 mm 간극이 있으며, 간극 조정은 와이어 게이지나 디그니스 게이지로 점검한다. 간극이 크거나 작으면 점화 전압의 저하로 엔진의 출력이 저하된다.

(4) 연료장치 회로도

● 연료장치 회로도-1

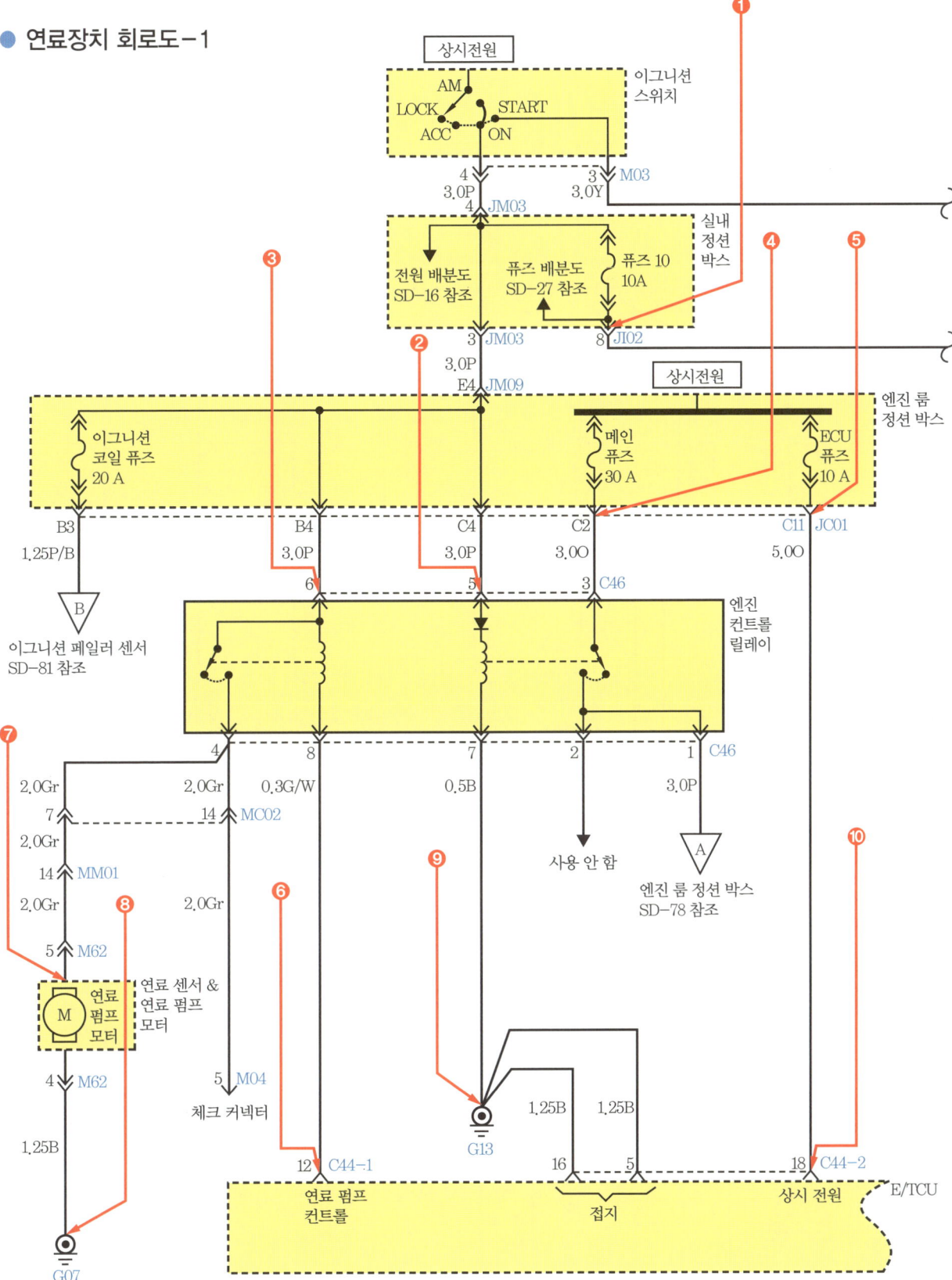

● 연료장치 회로도-2

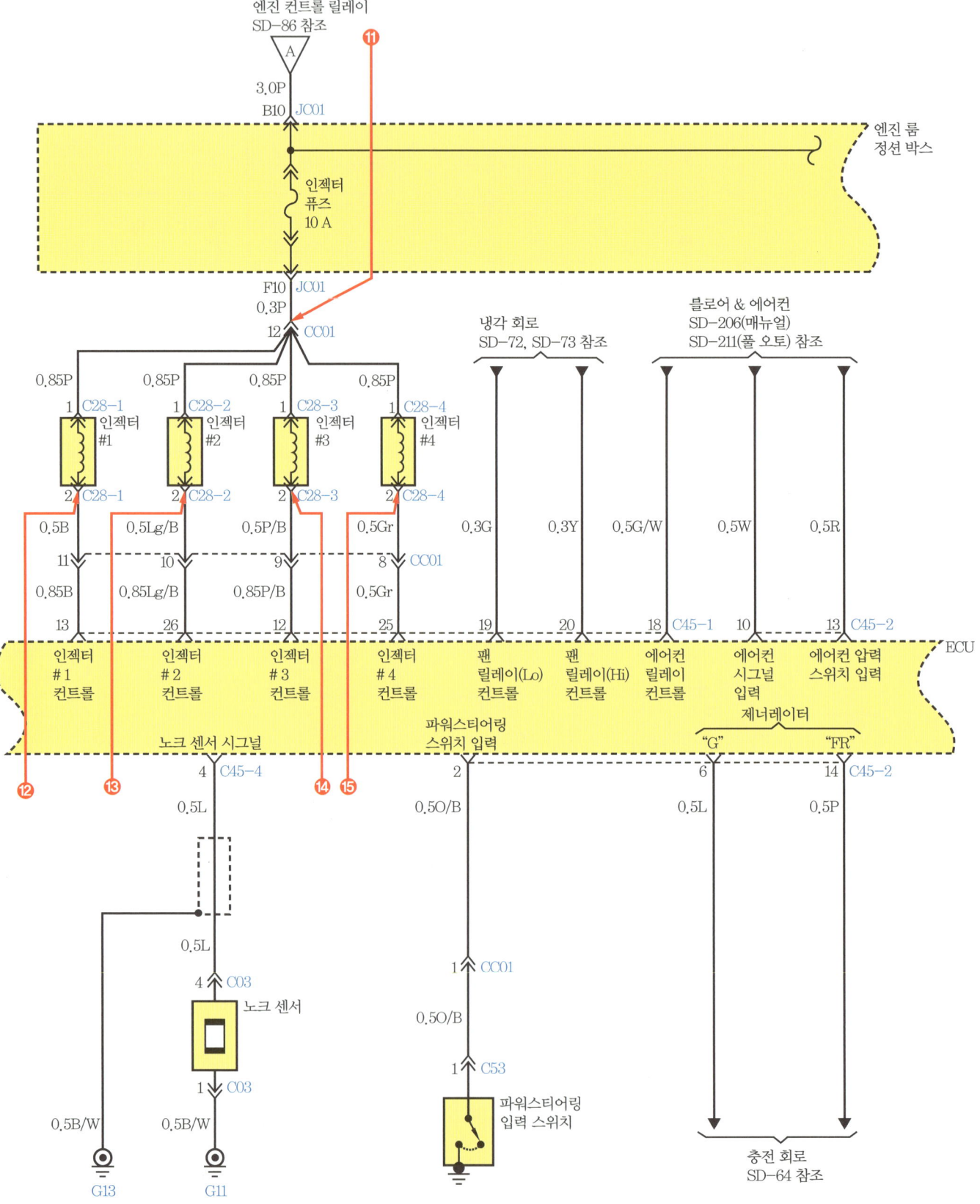

● 연료장치 회로 점검

1. 축전지 전원 및 단자 체결 상태를 확인한다.

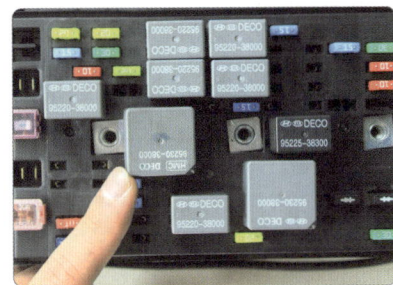

2. 스타터 릴레이 및 메인 퓨즈를 점검한다.

3. 인젝터 퓨즈를 점검하고 단선 시 교체한다.

4. 커넥터 체결 상태 및 전원 공급 상태를 확인한다.

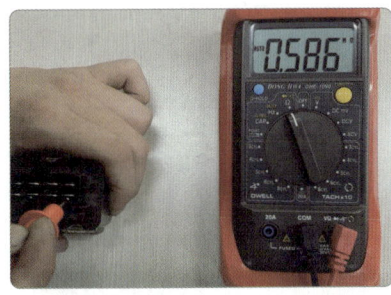

5. 컨트롤 릴레이 코일 저항을 점검한다.

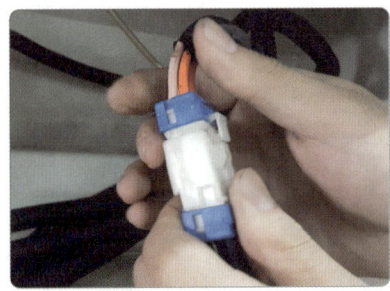

6. 점화스위치 점검 및 커넥터 접촉 상태를 확인하고 점검한다.

7. 인젝터 커넥터 체결 상태와 인젝터 저항을 점검한다.

8. 연료 펌프 커넥터 체결 상태 및 전원 공급 상태를 확인한다.

9. 연료 펌프의 접지 상태와 연료 잔량을 확인한다.

10. 크랭크각 센서 커넥터 체결 및 센서를 점검한다.

11. 크랭크각 센서 출력 전압을 확인한다.

12. ECU 체결 상태를 확인한다.

엔진 3

2항의 시동된 엔진에서 공회전 속도를 확인하고 감독위원의 지시에 따라 배기가스를 측정하여 기록표에 기록하시오(단, 시동이 정상적으로 되지 않은 경우 본 항의 작업은 할 수 없다).

3-1 엔진 공회전 속도 점검

(1) 공회전 속도 점검(스캐너 사용)

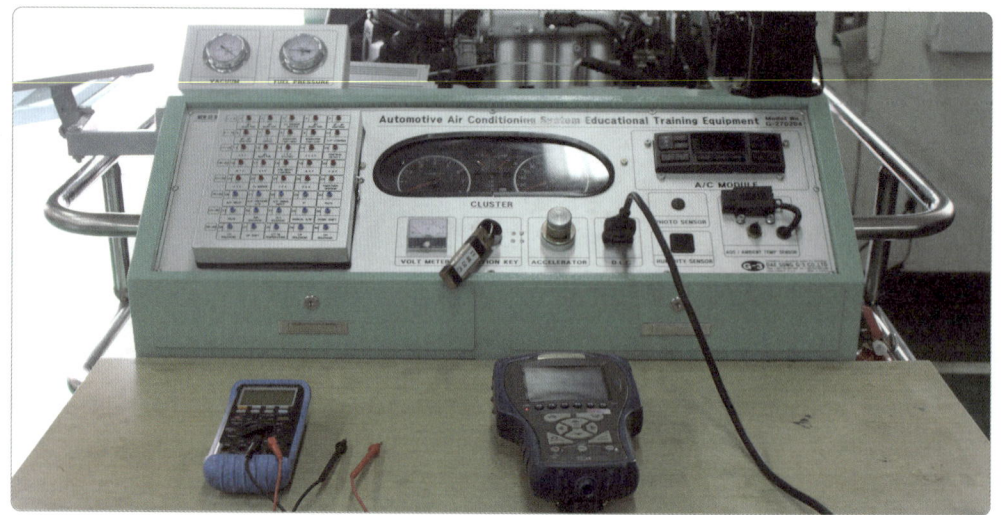

스캐너 전원 ON(점화스위치 KEY ON 또는 엔진 시동 ON 상태)

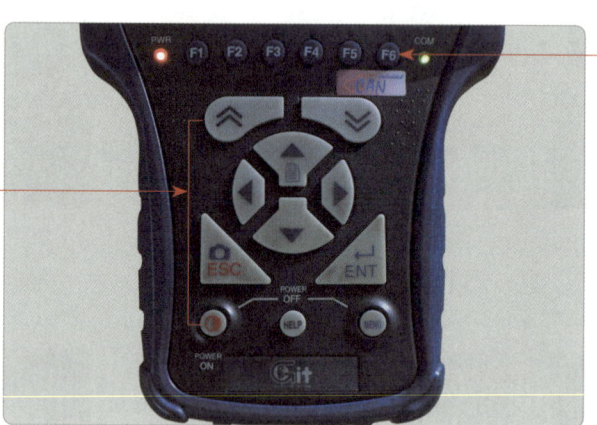

스캐너 작동 상태 확인

기능 버튼
시스템 작동 시 기능을 독립적으로 수행하기 위한 키

부가 기능 버튼
화면 하단 부가 기능 선택 시 사용

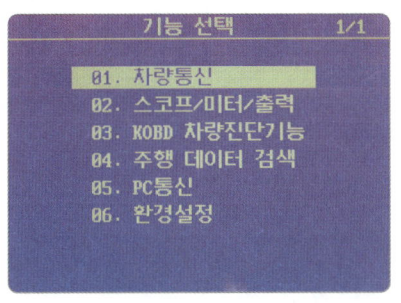

1. 기능 선택 메뉴에서 차량 통신을 선택한다.

2. 제조사를 선택한다.

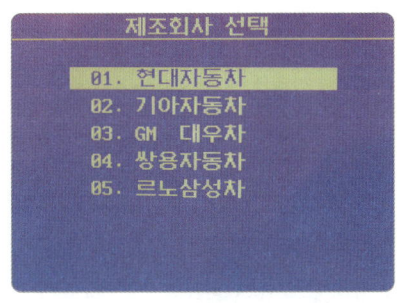

3. 시험용 차종을 선택한다(뉴-EF 쏘나타).

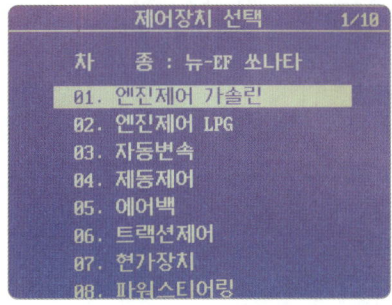

4. 점검할 장치를 선택한다(엔진 제어 가솔린).

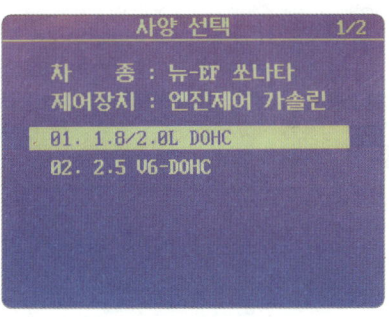

5. 차량 배기량을 선택한다.

6. 센서 출력 상태를 확인하기 위해 진단기능에서 센서출력을 선택한다.

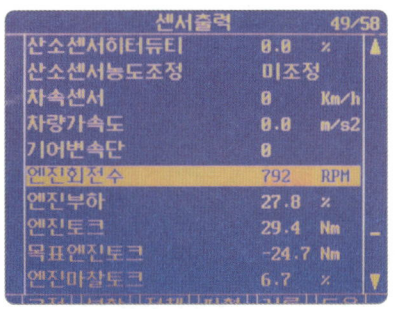

7. 센서출력에서 공회전 rpm을 확인한다(792 rpm).

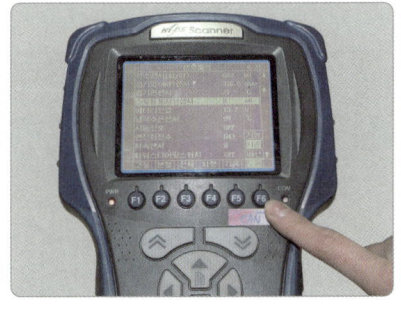

8. 도움 메뉴에서 기준값을 확인한다.

9. 측정이 끝나면 스캐너를 처음 위치로 놓고, 점화스위치를 OFF시킨다.

실기시험 주요 Point

엔진 부조에 영향을 주는 요인

❶ ISC 밸브 고장 및 고착으로 인한 부하 변동에 따른 대응을 따라가지 못하는 경우
❷ 맵 센서 : 흡기 매니폴드 내 압력을 측정으로 인한 연료 기본 분사량 설정 오류에 따른 공회전 부조
❸ 산소 센서 : 산소 센서의 고장으로 인해 엔진 ECU가 연료를 피드백을 제어하지 못하는 오류
❹ 기타 : 스파크 플러그, 점화코일, 퍼지 솔레노이드 밸브 고장 등

3-2 배기가스 측정

자동차(엔진 시뮬레이터)와 CO 테스터기 준비

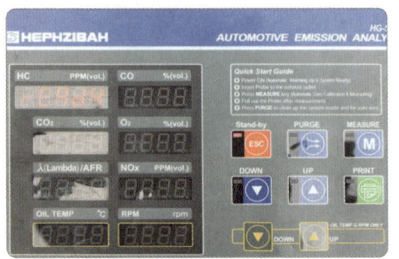

CO 테스터기 전면

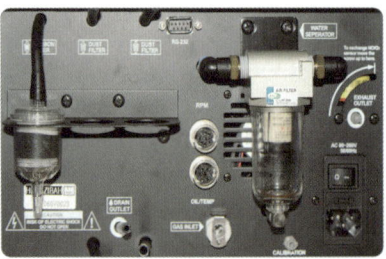

CO 테스터기 후면

1. 엔진을 정상온도로 충분히 워밍업한 후 시동된 상태를 유지한다.

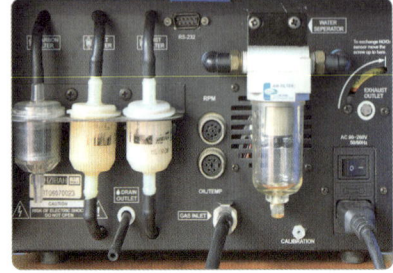

2. CO 테스터기 메인 전원 스위치를 ON한 후 테스터기 뒷면 프로브 연결을 확인한다.

3. 초기화 진행: 초기화는 6초간 제품명, PEF 값, 날짜 등의 순으로 순차적으로 표시된다.

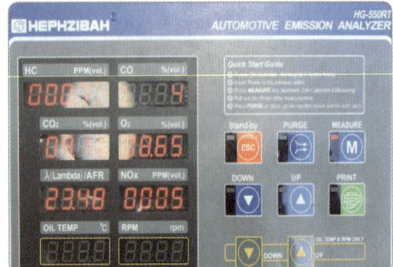

4. 자기진단: 내부 센서, 펌프 등을 진단하고, 그 결과가 디스플레이부를 통하여 표시된다.

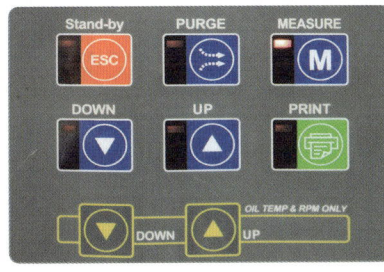

5. 테스터기 워밍업 실시 : 정확한 측정을 위해 자체 청정하는 과정이다. (5~10분)

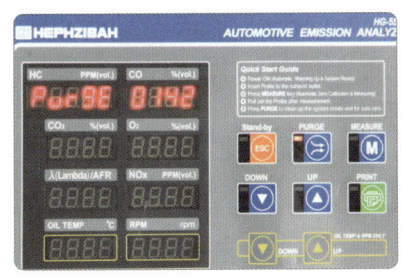

6. PURGE(퍼지) 실시 : 퍼지 모드는 180초간 진행된다(테스터기 내 샘플 셀과 프로브 청소). 이때 프로브(prove)는 머플러에 삽입하지 않고 대기 중에 위치한다.

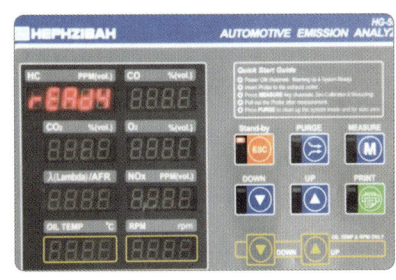

7. PURGE 모드가 끝나면 자동으로 대기 상태가 된다.

8. 0점 조정이 완료되고 측정이 시작되면 CO 테스터기 프로브를 자동차의 배기구에 견고하게 삽입한다.

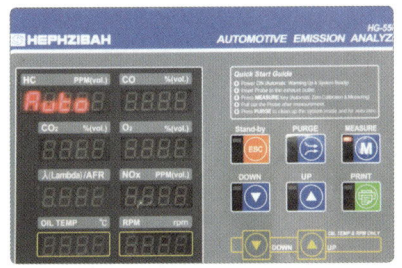

9. MEASURE(측정) : M(측정) 버튼을 누른다.

10. 출력된 배기가스를 확인한다.
HC : 163 ppm, CO : 0.4%,
CO_2 : 12.2%, O_2 : 21.3%,
λ : 2.1, NOx : 31.1 ppm

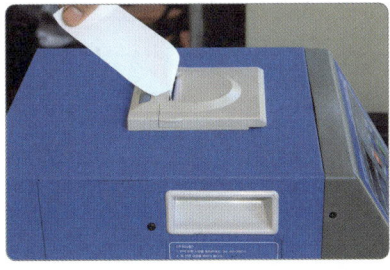

11. 배기가스 측정 결과를 출력한다.

12. CO 테스터기 측정이 끝나면 배기관의 프로브를 제거한다.

※ 연속 측정할 경우(시험 검정) M(측정) 버튼을 선택하고
PURGE → 0점 조정 → M
(퍼지)　　　　　　　(측정)
버튼을 선택하여 측정한다.

실기시험 주요 Point

CO 테스트기 측정 요령

❶ 전원 스위치를 ON 하면 분석기는 초기화 과정을 실행한다.
❷ 초기화 과정 후 분석기는 자기진단을 시작하며 진단 결과를 디스플레이부에 표시한다.
❸ 워밍업 실시 후 동작이 완료되면 분석기 디스플레이부에 측정 준비를 한다.
❹ 측정 전 퍼지를 시키고, 퍼지 후 측정키를 누르면 20초 동안 자동으로 0점 조정을 한다.
❺ 0점 조정 후 프로브를 자동차 배기관에 삽입하고, 측정값이 안정되면 측정값을 읽는다.
❻ 측정 동작이 10분 정도 지속되다가 멈추면 자동으로 펌핑을 멈추고 준비 상태가 된다.

자 동 차 등 록 증

제2000 - 3260호 최초등록일 : 2000년 05월 05일

① 자동차 등록번호	08다 1402	② 차종	승용	③ 용도	자가용
④ 차명	그랜저 XG	⑤ 형식 및 연식	2000		
⑥ 차대번호	KMHFV41CPYA068147	⑦ 원동기형식			
⑧ 사용자 본거지	서울특별시 금천구				
소유자 ⑨ 성명(상호)	기동찬	⑩ 주민(사업자)등록번호	******-******		
⑪ 주소	서울 특별시 금천구				

자동차관리법 제8조 규정에 의하여 위와 같이 등록하였음을 증명합니다.

2000 년 05 월 05 일

서울특별시장

1. 제원

⑫ 형식승인번호 1-10109-8765-4321			
⑬ 길이	4330mm	⑭ 너비	1830mm
⑮ 높이	1840mm	⑯ 총중량	2475kg
⑰ 배기량	2874cc	⑱ 정격출력	95/4000
⑲ 승차정원	5인승	⑳ 최대적재량	kg
㉑ 기통수	4기통	㉒ 연료의 종류	휘발유

2. 등록번호판 교부 및 봉인

㉓ 구분	㉔ 번호판교부일	㉕ 봉인일	㉖ 교부대행자확인
신 규			

3. 저당권 등록

㉗ 구분(설정 또는 말소)	㉘ 일자

*기타 저당권 등록의 내용은 자동차 등록 원부를 열람·확인하시기 바랍니다.

※ 비고

4. 검사유효기간

㉙ 연월일부터	㉚ 연월일까지	㉛ 검사시행장소	㉜ 검사책임자
2000-05-05	2001-05-04		

※ 주의 사항 : 29항 첫째 칸 란에는 신규 등록일을 기록합니다.

● 차대번호 식별방법

K	M	H	F	V	4	1	C	P	Y	A	0	6	8	1	4	7
①	②	③	④	⑤	⑥	⑦	⑧	⑨	⑩	⑪	⑫					
제작회사군			자동차 특성군						제작 일련번호군							

● 차대번호

차대번호는 총 17자리로 구성되어 있다.

KMHFV41CPYA068147

① 첫 번째 자리는 제작국가(K=대한민국)
② 두 번째 자리는 제작회사(M=현대, N=기아, P=쌍용, L=GM 대우)
③ 세 번째 자리는 자동차 종별(H=승용차, J=승합차, F=화물트럭)
④ 네 번째 자리는 차종 구분(B=쏘나타, E=EF 쏘나타, V=아반떼, 베르나, F=그랜저)
⑤ 다섯 번째 자리는 세부 차종 및 등급(L=기본, M(V)=고급, N=최고급)
⑥ 여섯 번째 자리는 차체 형상(F=4도어세단, 3=세단3도어, 5=세단5도어)
⑦ 일곱 번째 자리는 안전장치(1=엑티브 벨트(운전석+조수석), 2=패시브 벨트(운전석 + 조수석))
⑧ 여덟 번째 자리는 엔진 형식(D=1769cc, C=2500cc, B=1500cc DOHC, G : 1500cc SOHC)
⑨ 아홉 번째 자리는 운전석 위치(P=왼쪽, R=오른쪽)
⑩ 열 번째 자리는 제작연도(영문 I, O, Q, U, Z 제외)~Y(2000), 1(2001)~9(2009), A(2010)~L(2020)~
⑪ 열한 번째 자리는 제작 공장(A=아산, C=전주, M=인도, U=울산, Z=터키)
⑫ 열두 번째~열일곱 번째 자리는 차량제작 일련번호

실기시험 주요 Point

차대번호 확인 방법

❶ 자동차등록증 점검 시 자동차등록번호, 차종, 차명, 형식 및 연식, 차대번호를 확인한다.
❷ 자동차등록증과 차대번호를 비교하여 한 군데라도 틀리면 불량(부적합)이다.

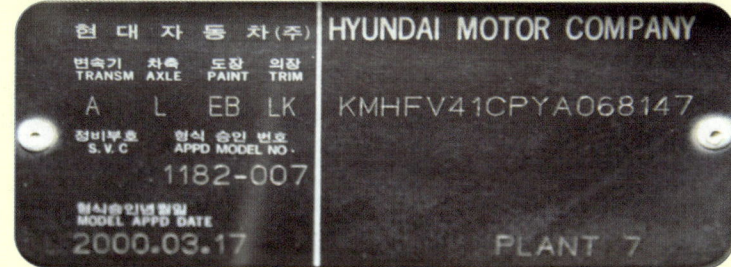

제작사별 차대번호의 예

답안지 작성

엔진 3 배기가스 측정

	(A) 자동차 번호 :		(B) 비번호		(C) 감독위원 확 인	
측정 항목	① 측정(또는 점검)		② 판정(□에 'V'표)			(F) 득점
	(D) 측정값	(E) 기준값				
CO	0.4%	1.2% 이하	☑ 양호 ☐ 불량			
HC	163 ppm	220 ppm 이하				

※ 감독위원이 제시한 자동차등록증(또는 차대번호)을 활용하여 차종 및 연식을 적용합니다.
※ 자동차 검사 기준 및 방법에 의하여 기록·판정합니다.
※ CO 측정값은 소수 첫째 자리까지만 기입하고 HC 측정값은 소수점 자리를 기록하지 않습니다.

1. 답안지 공통 사항(감독위원 확인 및 기록 사항)

(C) 감독위원 확인 : 감독위원 확인란으로 수험자는 기록하지 않습니다.
(F) 득점 : 감독위원이 해당 항목 점수를 채점 기록하며 수험자는 기록하지 않습니다.

2. 수험자가 기록해야 할 답안 사항

(A) 자동차 번호 : 측정하는 자동차 번호를 기록합니다(시험용 자동차가 2대 이상일 때 해당).
(B) 비번호 : 책임관리위원(공단 본부)이 배부한 등번호(비번호)를 기록합니다.
① 측정(또는 점검)
  (D) 측정값 : 배기가스를 측정한 값 CO : 0.4%, HC : 163 ppm을 기록합니다.
  (E) 기준값 : 운행 차량의 배출 허용 기준값 CO : 1.2% 이하, HC : 220 ppm 이하를 기록합니다.
       차대번호 10번째 자리 KMHFV41CP**Y**A068147 ➡ 2000년식
② 판정
  측정값이 기준값 범위 내에 있으므로 양호에 ☑ 표시를 합니다.

3. 배기가스 배출 허용 기준[개정 2015. 7. 21]

차 종	차량 제작일	CO	HC	공기 과잉률
승용 자동차	1987년 12월 31일 이전	4.5% 이하	1200 ppm 이하	1±0.1 이내 (기화기식 연료 공급 장치 부착 자동차는 1±0.15 이내, 촉매 미부착 자동차는 1±0.20 이내)
	1988년 1월 1일부터 2000년 12월 31일까지	1.2% 이하	220 ppm 이하(휘발유·알코올 자동차) 400 ppm 이하(가스 자동차)	
	2001년 1월 1일부터 2005년 12월 31일까지	1.2% 이하	220 ppm 이하	
	2006년 1월 1일 이후	1.0% 이하	120 ppm 이하	

● CO 배출량이 기준값보다 높게 측정될 경우

자동차 번호 :			비번호	감독위원 확 인	
측정 항목	측정(또는 점검)		판정(□에 'V'표)		득점
	측정값	기준값			
CO	2.0%	1.2% 이하	□ 양호 ☑ 불량		
HC	220 ppm	220 ppm 이하			

※ 판정 : CO 배출량이 기준값 범위를 벗어났으므로 ☑ 불량에 표시합니다.

● CO와 HC 배출량이 기준값 범위 내에 있을 경우

자동차 번호 :			비번호	감독위원 확 인	
측정 항목	측정(또는 점검)		판정(□에 'V'표)		득점
	측정값	기준값			
CO	0.8%	1.0% 이하	☑ 양호 □ 불량		
HC	100 ppm	120 ppm 이하			

※ 판정 : CO와 HC 배출량이 기준값 범위 내에 있으므로 ☑ 양호에 표시합니다.

● CO와 HC 배출량이 기준값보다 높게 측정될 경우

자동차 번호 :			비번호	감독위원 확 인	
측정 항목	측정(또는 점검)		판정(□에 'V'표)		득점
	측정값	기준값			
CO	1.5%	1.0% 이하	□ 양호 ☑ 불량		
HC	320 ppm	120 ppm 이하			

※ 판정 : CO와 HC 배출량이 기준값 범위를 벗어났으므로 ☑ 불량에 표시합니다.

※ CO 측정값은 소수 첫째 자리까지만 기입하고 HC 측정값은 소수점 자리를 기록하지 않습니다.

| 엔진 4 | 주어진 자동차의 엔진에서 맵 센서의 파형을 분석하여 그 결과를 기록표에 기록하시오(측정 조건 : 급가감속 시). |

4-1 맵 센서 파형 측정 분석

(1) 맵 센서 파형 측정

HI-DS 테스터기를 활용한 맵 센서 파형 측정

1. HI-DS 컴퓨터 전원을 ON시킨다.

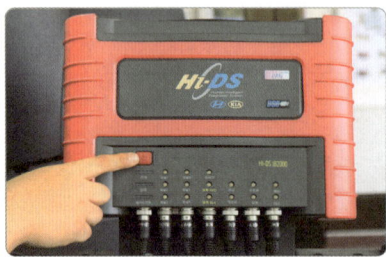

2. 계측모듈 스위치를 ON시킨다.

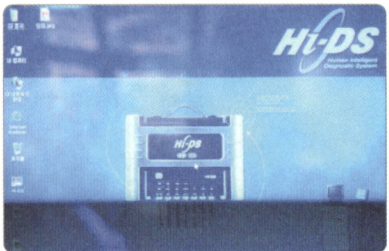

3. 모니터 전원 ON 상태를 확인한다.

4. HI-DS (+), (-) 클립을 축전지 단자에 연결한다.

5. 채널 프로브를 선택한다.

6. 맵 센서 출력선에 (+) 프로브를 연결한다.

7. (–) 프로브를 축전지 (–)에 연결한다.

8. 엔진을 시동한다(A/T 차량 P, N 위치).

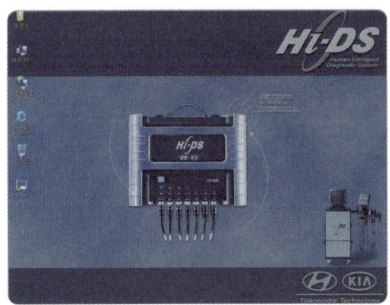

9. 바탕화면에서 HI-DS 아이콘을 클릭한다.

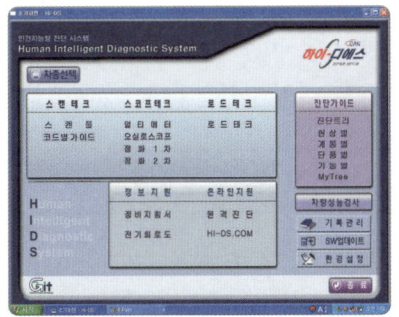

10. 차종을 선택한다.

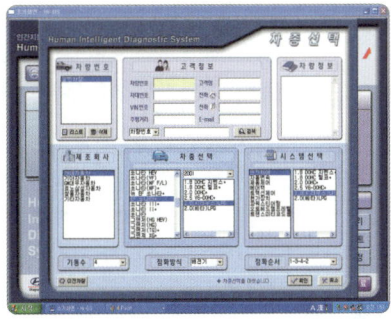

11. 차종 선택 : 제작사-차종-엔진 형식을 선택한다.

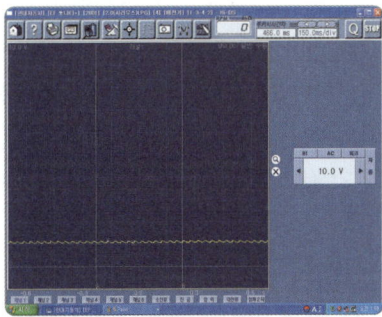

12. 환경설정에서 10 V, 150 ms/div 로 설정한다.

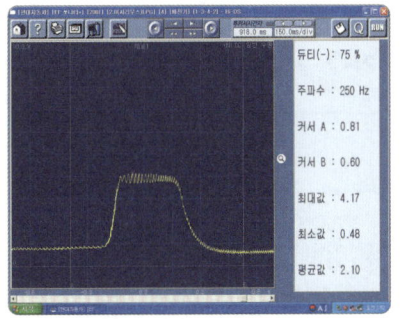

13. 화면을 정지시키고 파형을 출력한다.

14. 측정 프로브를 탈거한 후 정리한다.

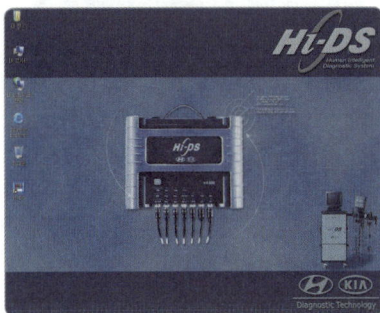

15. HI-DS 프로그램을 종료시킨다.

실기시험 주요 Point

맵 센서 파형 분석

① 흡입되는 공기의 맥동변화에 따라 전압이 반응하며 가속과 감속 시 출력되는 파형 상태가 양호하다.
② 공전 상태는 0.81 V(규정값 : 1 V 이하)로 완전히 열렸을 때 4.17 V(규정값 : 4~5 V)로 출력되었다.
③ 급가속 시 노이즈 발생 없이 가속과 감속에 따른 불규칙한 변화가 없는 정상 파형이다.

답안지 작성

엔진 4 맵 센서 파형 분석

	자동차 번호 :		비번호		감독위원 확 인	
측정 항목	파형 상태					득점
파형 측정	요구 사항 조건에 맞는 파형을 프린트하여 아래 사항을 분석 후 뒷면에 첨부합니다. ① 출력된 파형에 불량 요소가 있는 경우에는 반드시 표기 및 설명되어야 합니다. ② 파형의 주요 특징에 대하여 표기 및 설명되어야 합니다.					

1. 맵 센서 파형의 개요

(1) 맵 센서(MAP)는 흡기 엔진의 압력 변화를 전압으로 변화시켜 ECU(컴퓨터)로 보냅니다. 즉 급가속할 때에는 흡기 압력이 대기 압력과 동일한 압력으로 상승하게 되므로 실리콘 입자층의 저항값이 낮아져 ECU에서 공급하는 5 V의 전압이 출력됩니다.

(2) 감속할 때에는 흡엔진 내의 압력이 급격히 떨어지므로 맵 센서 내의 저항값이 높아져 출력값은 낮아집니다.

2. 맵 센서 정상 파형 및 점검

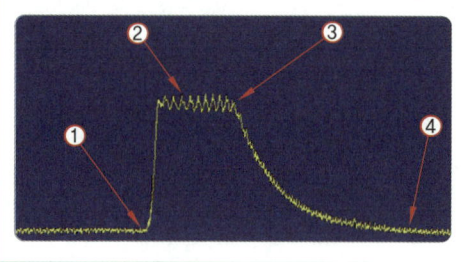

(1) ① 지점 : 공기 흡입 시작 – 1 V 이하
(2) ② 지점 : 흡입 맥동 파형 – 흡입되는 공기의 맥동이 나타납니다.
    (밸브 서징 현상 등에 의해 파형 증가)
(3) ③ 지점 : 스로틀 밸브 닫힘 – 감속 속도에 따라 파형 변화됩니다.
(4) ④ 지점 : 공회전 상태 – 0.5 V 이하

3. 맵 센서 측정 파형 분석

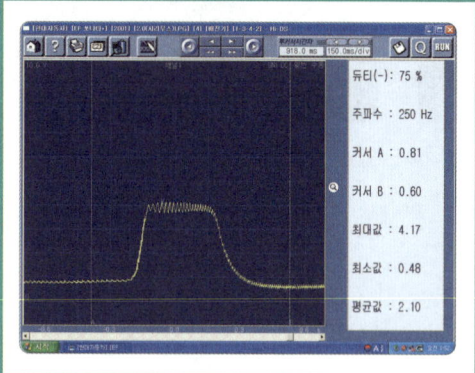

(1) 공전 상태 : 0.81 V(규정값 : 1 V 이하)
(2) 흡입 맥동 파형 : 흡입되는 공기의 맥동이 나타나며, 이때 가속 시 출력 전압은 4.17 V(규정값 : 4~5 V)입니다.
(3) 스로틀 밸브 닫힘 : 감속 속도에 따라 파형 변화되며 전압이 낮아지기 시작합니다.
(4) 공회전 상태 : 0.48 V(규정값 : 0.5 V 이하)로 안정된 전압을 나타내고 있습니다.

4. 분석 결과 및 판정

흡입되는 공기의 맥동 변화에 따라 발생되는 공전 상태는 0.81 V(규정값 : 1 V 이하)이고 가속 시 출력 전압은 4.17 V(규정값 : 4~5 V)이며 감속 속도에 따른 파형 변화도 안정된 상태이고 공회전 전압도 0.48 V(규정값 : 0.5 V 이하)로 안정된 전압을 나타내고 있습니다. 따라서 맵 센서 출력 파형은 **양호**하며 정상 파형으로 출력되었습니다.

엔진 5

주어진 전자제어 디젤 엔진에서 인젝터를 탈거한 후(감독위원에게 확인) 다시 부착하여 시동을 걸고, 공회전 시 연료 압력을 점검하여 기록표에 기록하시오.

5-1 디젤 엔진 커먼레일 인젝터 탈·부착

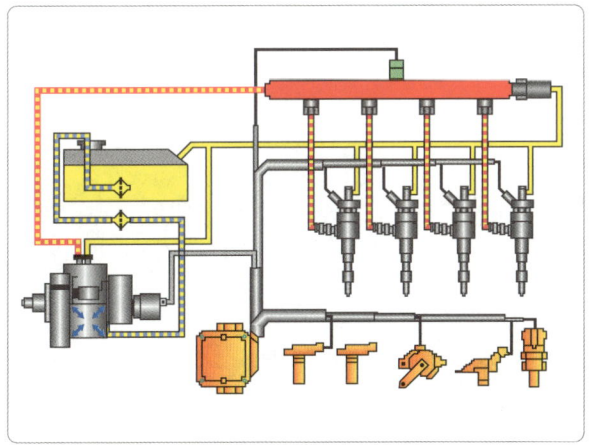

디젤(CRDI) 엔진 시스템

- 고압의 연료를 연소실로 분사하는 장치
- 실린더 헤드 중앙 직립 형태로 장착
- 엔진 ECU에 의해 제어됨
- 초기 작동 전류 80 V, 20 A

인젝터 작동

1. 커먼레일 인젝터 커넥터를 분리한다.

2. 연료 리턴 호스 고정키를 탈거한다.

3. 연료 공급 파이프를 탈거한다.

4. 인젝터 고정 볼트 플러그를 확인한다.

5. 인젝터 고정 볼트 플러그를 제거한다.

6. 인젝터 고정 볼트를 확인한다.

7. 인젝터 고정 볼트를 별표 렌치를 사용하여 분해한다.

8. 고정 볼트 홀에 드라이버로 지그를 밀고 분해된 볼트를 자석으로 꺼낸다.

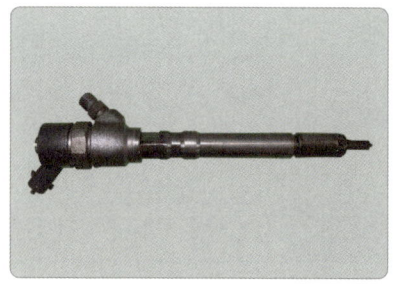
9. 인젝터를 탈거한 후 감독위원의 확인을 받는다.

10. 인젝터를 조립한다(고정 지그를 드라이버를 사용하여 고정 위치로 밀어 맞춘다).

11. 고정 볼트를 홀에 넣고 조립한다.

12. 별표 렌치를 사용하여 인젝터를 조립한다.

13. 인젝터 홀 플러그를 CLOSE로 돌려 플러그를 조립한다.

14. 연료 공급 파이프를 조립한다.

15. 연료 리턴 파이프 키를 조립한다.

16. 커넥터를 체결한다.

17. 엔진 시동 상태를 확인한 후 감독위원의 확인을 받는다.

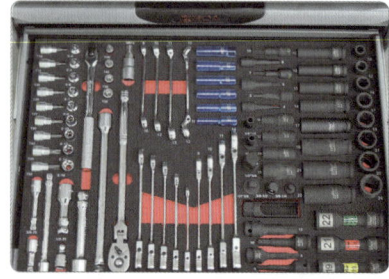
18. 공구 정리 후 주변을 정리한다.

5-2 연료 압력 점검

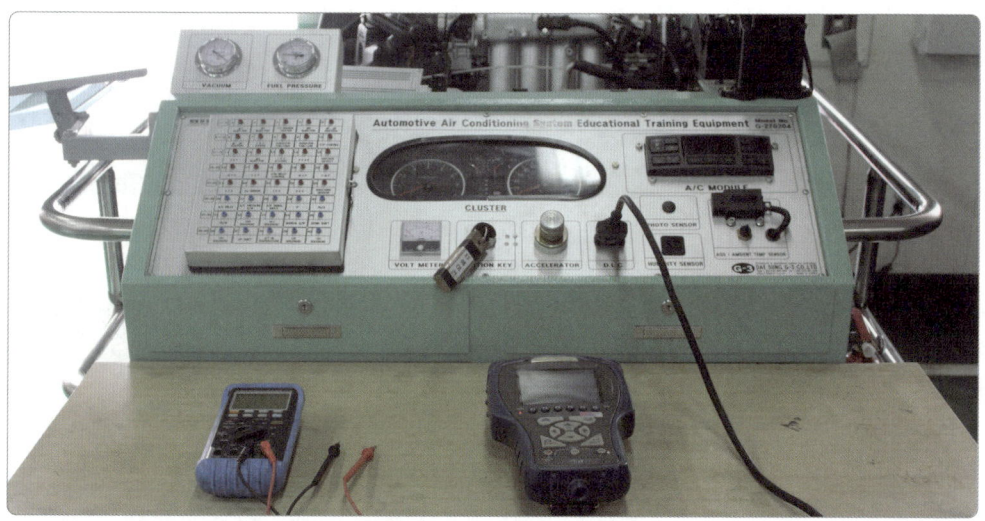

스캐너 전원 ON(점화스위치 KEY ON 또는 엔진 시동 ON 상태)

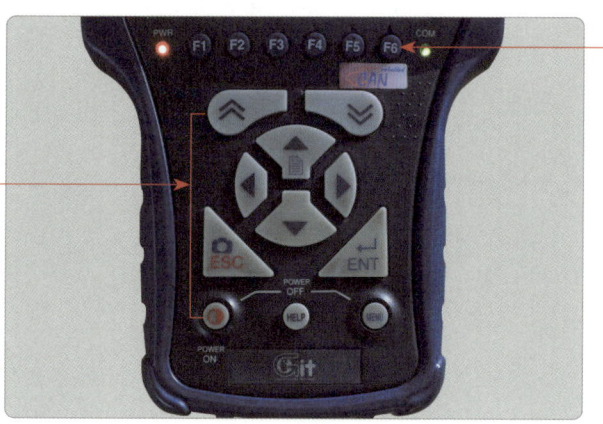

부가 기능 버튼
화면 하단 부가 기능 선택 시 사용

기능 버튼
시스템 작동 시 기능을 독립적으로 수행하기 위한 키

스캐너 작동 상태 확인

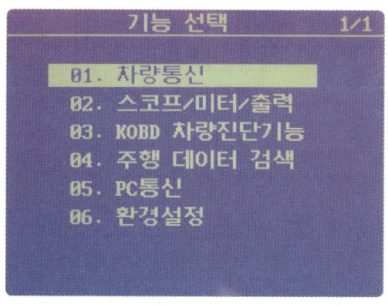

1. 기능 선택 메뉴에서 차량통신을 선택한다.

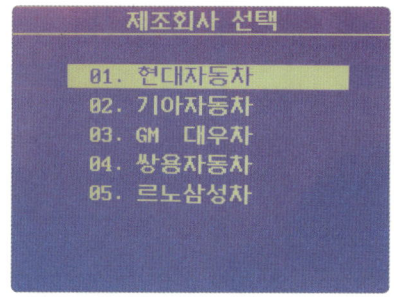

2. 제조사를 선택한다.

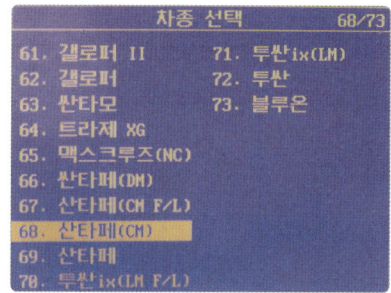

3. 시험 차종을 선택한다(싼타페 CM).

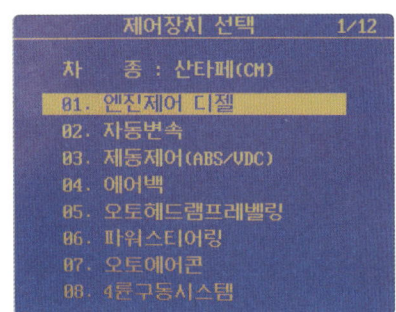
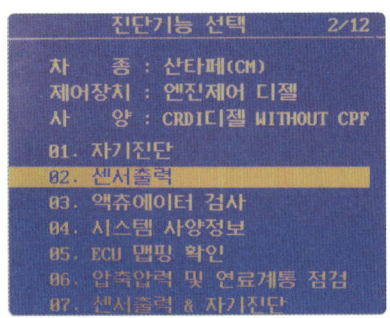

4. 엔진제어 디젤을 선택한다.

5. 사양을 선택한다.

6. 센서출력을 선택한다.

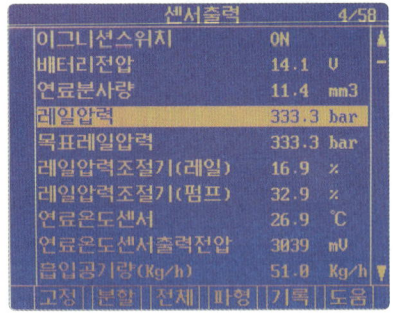
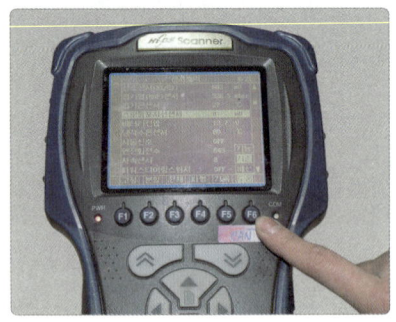

7. 센서출력에서 레일압력을 측정한다.
   (333.3 bar)

8. 도움 메뉴에서 기준값을 확인한다.

9. 연료 압력 측정이 끝나면 엔진 시동을 OFF하고 기록표를 작성한다.

실기시험 주요 Point

연료 압력 조절 밸브

❶ 레일 압력 조절기는 커먼레일 끝단부에 설치되어 고압 펌프에서 송출된 고압 연료의 리턴 양을 조절하며 커먼레일의 연료 압력을 조절한다.

❷ RPS, RPM, APS 정보를 입력받은 ECM을 이용하여 현재 운행 조건에 맞는 연료 압력으로 조절하기 위해 레일 압력 조절기의 듀티를 제어한다.

❸ 레일 압력 조절기는 100 bar의 스프링 장력에 의해 볼 밸브 시트를 막고 있는 구조로, 고압의 연료가 듀티 제어를 통해 연료의 리턴 양을 줄이게 되면서 연료 압력이 상승된다.

답안지 작성

엔진 5 · 전자제어 디젤 엔진 점검

측정 항목	① 측정(또는 점검)		② 판정 및 정비(또는 조치) 사항		(H) 득점
	(D) 측정값	(E) 규정(정비한계)값	(F) 판정(□에 'V'표)	(G) 정비 및 조치할 사항	
연료 압력	333.3 bar	280~340 bar	☑ 양호 □ 불량	정비 및 조치할 사항 없음	

(A) 엔진 번호 :   (B) 비번호   (C) 감독위원 확인

1. 답안지 공통 사항(감독위원 확인 및 기록 사항)

(C) 감독위원 확인 : 감독위원 확인란으로 수험자는 기록하지 않습니다.
(H) 득점 : 감독위원이 해당 항목 점수를 채점 기록하며 수험자는 기록하지 않습니다.

2. 수험자가 기록해야 할 답안 사항

(A) 엔진 번호 : 측정하는 엔진 번호를 기록합니다(시험용 엔진이 2대 이상일 때 해당).
(B) 비번호 : 책임관리위원(공단 본부)이 배부한 등번호(비번호)를 기록합니다.
① 측정(또는 점검)
  (D) 측정값 : 연료 압력 측정값 333.3 bar를 기록합니다.
  (E) 규정(정비한계)값 : 감독위원이 제시한 값이나 또는 정비지침서를 보고 280~340 bar를 기록합니다.
    (반드시 단위를 기입합니다.)
② 판정 및 정비(또는 조치) 사항
  (F) 판정 : 측정값이 규정(정비한계)값 범위 내에 있으므로 양호에 ☑ 표시를 합니다.
  (G) 정비 및 조치할 사항 : 판정이 양호이므로 정비 및 조치할 사항 없음을 기록합니다.
    판정이 불량일 때는 **연료 압력 조절기 교체 후 재점검**을 기록합니다.

3. 연료 압력 점검 시 조치할 사항

측정 결과	원 인	조치 사항
연료 압력이 낮을 때	연료 필터 막힘	연료 필터 교체
	연료 압력 조절기 밸브 미착불량으로 구환구 쪽 연료 누설	연료 펌프와 장착된 연료 압력 조절기 교체
	연료 펌프 공급 압력 누설	연료 펌프 교체
연료 압력이 높을 때	연료 압력 조절기 내의 밸브 고착	연료 펌프에 장착된 연료 압력 조절기 교체
		연료 호스 및 파이프 수리(교체)

● **연료압력이 규정값보다 높을 경우**

엔진 번호 :			비번호		감독위원 확 인	
측정 항목	측정(또는 점검)		판정 및 정비(또는 조치) 사항			득점
	측정값	규정(정비한계)값	판정(□에 'V'표)	정비 및 조치할 사항		
연료압력	350 bar	220~320 bar	□ 양호 ☑ 불량	연료압력 조절기 교체 후 재점검		

※ 판정 및 정비(조치)사항 : 연료압력 측정값이 규정값 범위를 벗어났으므로 ☑ 불량에 표시하고, 연료압력 조절기 교체 후 재점검합니다.

● **연료압력이 규정값보다 낮을 경우**

엔진 번호 :			비번호		감독위원 확 인	
측정 항목	측정(또는 점검)		판정 및 정비(또는 조치) 사항			득점
	측정값	규정(정비한계)값	판정(□에 'V'표)	정비 및 조치할 사항		
연료압력	110 bar	220~320 bar	□ 양호 ☑ 불량	저압 펌프 교체 후 재점검		

※ 판정 및 정비(조치)사항 : 연료압력 측정값이 규정값 범위를 벗어났으므로 ☑ 불량에 표시하고, 저압 펌프 교체 후 재점검합니다.

실기시험 주요 Point

연료압력이 규정값 범위를 벗어난 경우 정비 및 조치할 사항
❶ 연료압력 조절기 고장 → 연료압력 조절기 교체
❷ 연료 리턴 파이프 막힘 → 연료 리턴 파이프 교체
❸ 레일압력 센서 커넥터 탈거 → 레일압력 센서 커넥터 체결
❹ 저압 라인 연료압력이 규정값보다 낮을 때 → 저압 펌프 교체
❺ 연료압력 조절 밸브 커넥터 탈거 → 연료압력 조절 밸브 커넥터 체결

국가기술자격 실기시험문제 1안 (섀시)

자격종목	자동차정비산업기사	과제명	자동차정비작업

비번호 :   시험시간 : 5시간 30분(엔진 : 140분, 섀시 : 120분, 전기 : 70분)

섀시 1 주어진 자동차에서 전륜 현가장치의 쇽업소버를 탈거한 후(감독위원에게 확인) 다시 부착하여 작동 상태를 확인하시오.

1-1 앞 쇽업소버 탈·부착

쇽업소버 탈·부착 작업

1. 허브 너클과 체결된 쇽업소버 고정 볼트를 탈거한다.

2. 쇽업소버 상단 고정 너트를 탈거한다.

3. 쇽업소버를 하체에서 탈거한다.

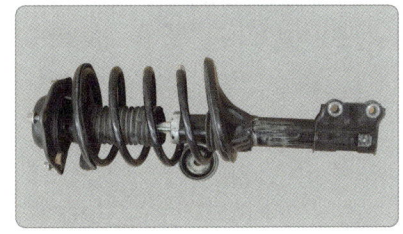

4. 탈거된 쇽업소버를 정렬한 후 감독위원의 확인을 받는다.

5. 쇽업소버 상부 너트를 체결한다.

6. 쇽업소버 하단은 허브 너클 고정 볼트로 체결한다.

7. 브레이크 파이프를 쇽업소버에 고정한다.

8. 타이어를 조립한 후 감독위원에게 확인을 받는다.

1-2 쇽업소버 스프링 탈·부착

1. 쇽업소버 어셈블리를 스프링 탈착기에 장착한다.

2. 스프링의 높이와 좌우 스프링 각도를 맞게 조절한다.

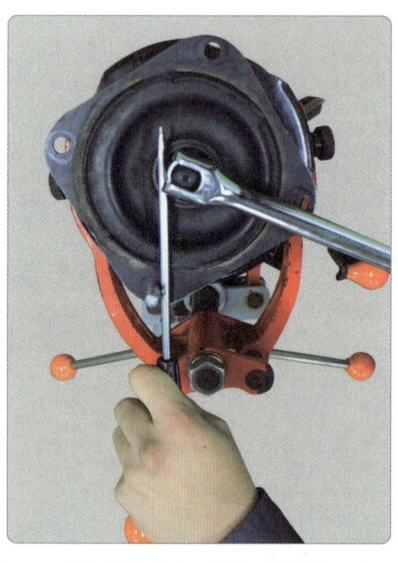
3. 고정 너트를 1~2바퀴 풀어준다.

4. 스프링을 시트에서 떨어질 때까지 압축한다.

5. 고정 너트를 풀고 더스트 커버를 탈거한다(1).

6. 고정 너트를 풀고 더스트 커버를 탈거한다(2).

7. 압축된 스프링을 반시계 방향으로 풀어 스프링 장력을 해제한다.

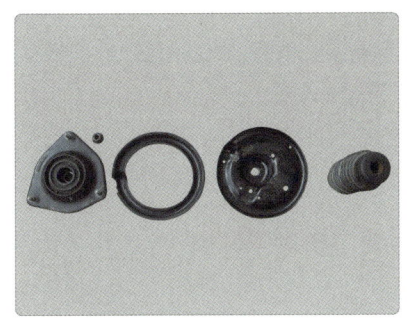
8. 쇽업소버 관련 부품을 탈거하여 정리한다.

9. 스프링을 탈거하고 점검한다.

10. 조립을 위해 다시 스프링을 쇽업소버에 장착한다.

11. 스프링 좌우 균형과 높이를 맞추고 압축한다.

12. 스프링을 압축하고 범퍼 고무 어셈블리를 장착한다.

13. 더스트 커버를 장착한다.

14. 고정 너트를 1~2회 조인다.

15. 압축된 스프링을 마저 푼다.

16. 고정 너트를 힘껏 조인다.

17. 스프링 장착기에서 쇽업소버를 탈거한다.

18. 탈착된 쇽업소버를 시험위원에게 확인받는다.

섀시 2
주어진 종감속 장치에서 링 기어의 백래시와 런 아웃을 측정하여 기록표에 기록한 후 백래시가 규정값이 되도록 조정하시오.

2-1 종감속 기어 백래시, 런 아웃 측정

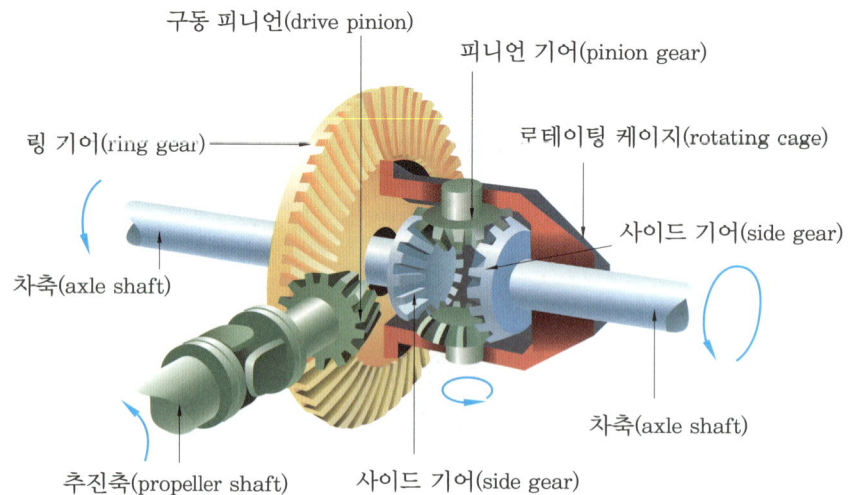

종감속장치 구성부품과 명칭

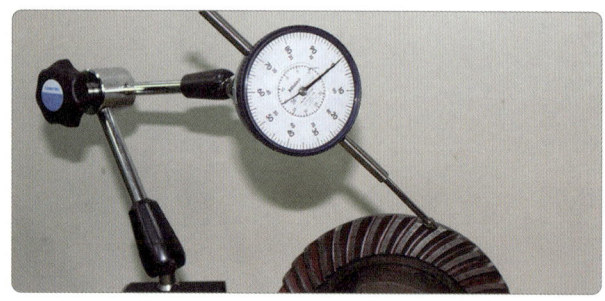

1. 다이얼 게이지 스핀들을 링 기어에 설치한 후 0점 조정한다.

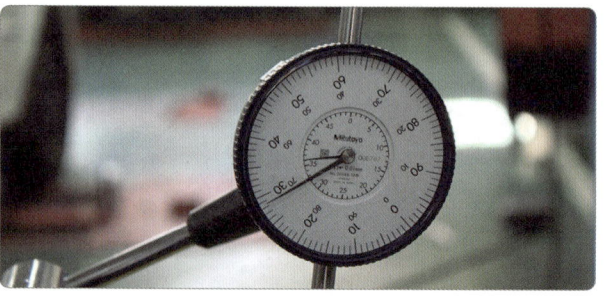

2. 구동 피니언 기어를 고정하고 백래시를 측정한다. (0.28 mm)

3. 링 기어 후면에 다이얼 게이지를 설치하고 0점 조정한다.

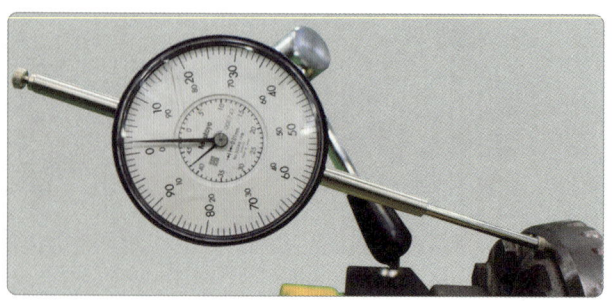

4. 링 기어를 1회전시킨다(런 아웃 측정값 : 0.02 mm).

답안지 작성

섀시 2 링 기어 점검

(A) 엔진 번호 :			(B) 비번호		(C) 감독위원 확인	
항목	① 측정(또는 점검)		② 판정 및 정비(또는 조치) 사항			(H) 득점
	(D) 측정값	(E) 규정(정비한계)값	(F) 판정(□에 'V'표)	(G) 정비 및 조치할 사항		
백래시	0.28 mm	0.11~0.16 mm	□ 양호	링 기어 안쪽 나사는 풀고 바깥쪽 나사는 조여줌		
런 아웃	0.02 mm	0.05 mm 이하	☑ 불량			

1. 답안지 공통 사항(감독위원 확인 및 기록 사항)

(C) 감독위원 확인 : 감독위원 확인란으로 수험자는 기록하지 않습니다.
(H) 득점 : 감독위원이 해당 항목 점수를 채점 기록하며 수험자는 기록하지 않습니다.

2. 수험자가 기록해야 할 답안 사항

(A) 엔진 번호 : 측정하는 엔진 번호를 기록합니다(시험용 엔진이 2대 이상일 때 해당).
(B) 비번호 : 책임관리위원(공단 본부)이 배부한 등번호(비번호)를 기록합니다.
① 측정(또는 점검)
  (D) 측정값 : 종감속 기어 백래시 측정값 0.28 mm, 런 아웃 측정값 0.02 mm를 기록합니다.
  (E) 규정값 : 규정(정비한계)값으로 백래시 0.11~0.16 mm, 런 아웃 0.05 mm 이하를 기록합니다.
② 판정 및 정비(또는 조치) 사항
  (F) 판정 : 측정값이 규정(정비한계)값 범위를 벗어났으므로 불량에 ☑ 표시합니다.
  (G) 정비 및 조치할 사항 : 판정이 불량이므로 링 기어 안쪽 나사는 풀고 바깥쪽 나사는 조여줌을 기록합니다.
  판정이 양호일 때는 정비 및 조치할 사항 없음을 기록합니다.

3. 백래시 규정값

차종	링 기어	
	백래시	런 아웃
스타렉스, 그레이스	0.11~0.16 mm	0.05 mm 이하

실기시험 주요 Point

링 기어 런 아웃(흔들림) 점검
❶ 링 기어의 런 아웃은 링 기어 뒷면의 다이얼 게이지 스핀들을 직각으로 설치한 후 링 기어를 천천히 1회전시켰을 때 다이얼 게이지 지침의 움직인 값을 읽는다.
❷ 링 기어의 런 아웃은 일반적으로 0.05 mm 이하이다.

● 백래시 측정값이 규정값보다 클 경우

측정 항목	측정(또는 점검)		판정 및 정비(또는 조치) 사항		득점
엔진 번호 :			비번호	감독위원 확 인	
	측정값	규정(정비한계)값	판정(□에 'V'표)	정비 및 조치할 사항	
백래시	0.20 mm	0.11~0.16 mm	□ 양호 ☑ 불량	조정 나사, 조정 심으로 조정 후 재점검(바깥쪽 나사는 풀고 안쪽 나사는 조여줌)	
런 아웃	0.05 mm	0.05 mm 이하			

※ 판정 및 정비(조치)사항 : 백래시 측정값이 규정값 범위를 벗어났으므로 ☑ 불량에 표시하고, 조정나사나 조정 심으로 조정 후 재점검합니다.

● 런 아웃 측정값이 규정값보다 클 경우

측정 항목	측정(또는 점검)		판정 및 정비(또는 조치) 사항		득점
엔진 번호 :			비번호	감독위원 확 인	
	측정값	규정(정비한계)값	판정(□에 'V'표)	정비 및 조치할 사항	
백래시	0.12 mm	0.11~0.16 mm	□ 양호 ☑ 불량	링 기어 교체 후 재점검	
런 아웃	0.35 mm	0.05 mm 이하			

※ 판정 및 정비(조치)사항 : 런 아웃 측정값이 규정값 범위를 벗어났으므로 ☑ 불량에 표시하고, 링 기어 교체 후 재점검합니다.

※ 감독위원이 규정값을 제시한 경우 감독위원이 제시한 규정값으로 판정합니다.

실기시험 주요 Point

링 기어 백래시 조정 방법

❶ 백래시 조정은 심으로 조정하는 심 조정식과 조정 나사로 조정하는 조정 나사식이 있다.
❷ 심으로 조정할 경우 바깥쪽 심을 빼고 안쪽 심을 넣어 백래시를 조정한다.
❸ 링 기어를 안쪽으로 밀고 피니언 기어를 바깥쪽으로 밀면 백래시가 작아지고, 반대로 하면 백래시가 커진다.

섀시 3

ABS가 설치된 자동차에서 브레이크 패드를 탈거한 후(감독위원에게 확인) 다시 부착하여 브레이크 작동 상태를 점검하시오.

3-1 브레이크 패드 탈·부착

1. 타이어를 탈거한다.

2. 작업의 편의를 위해 캘리퍼 어셈블리를 밖으로 돌린다.

3. 캘리퍼 하단 슬라이딩 볼트를 탈거한다.

4. 캘리퍼 피스톤 어셈블리를 상부로 들어올린다.

5. 브레이크 패드를 탈거한다.

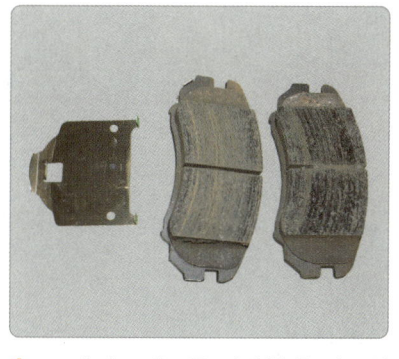

6. 브레이크 패드를 정렬한 후 감독위원의 확인을 받는다.

7. 브레이크 패드를 정위치하고 조립한다.

8. 유압에 밀린 피스톤을 압축기를 사용하여 압축한다.

9. 캘리퍼 어셈블리를 하단으로 내리고 슬라이딩 볼트를 조립한다.

10. 브레이크 공기빼기 작업을 실시한다.

11. 브레이크액을 보충한다.

12. 휠을 장착한 후 감독위원의 확인을 받는다.

섀시 4 3항의 작업 자동차에서 감독위원의 지시에 따라 전(앞) 또는 후(뒤) 제동력을 측정하여 기록표에 기록하시오.

4-1 제동력 측정

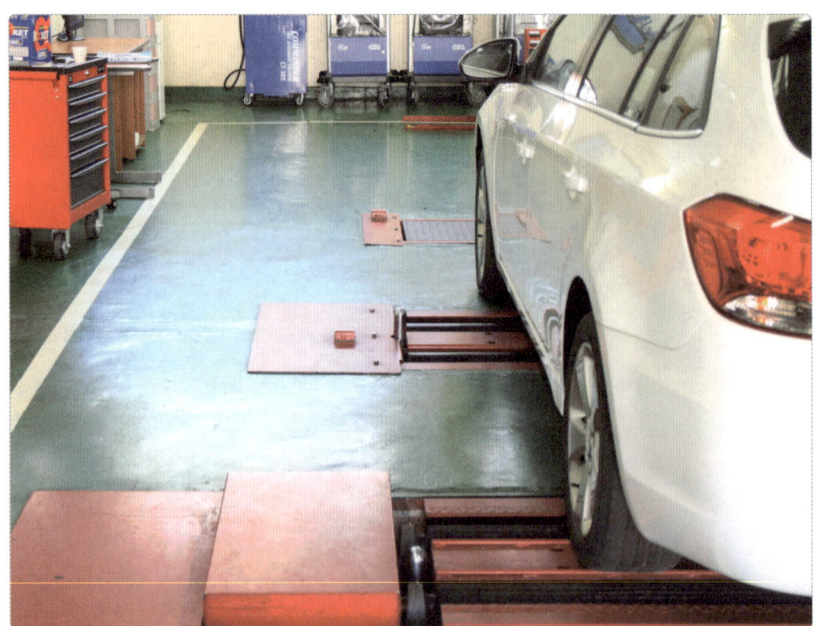

제동력 측정

1. 컨트롤박스의 전원을 확인한다.

2. 바탕화면에 ABS를 실행(클릭)한다.

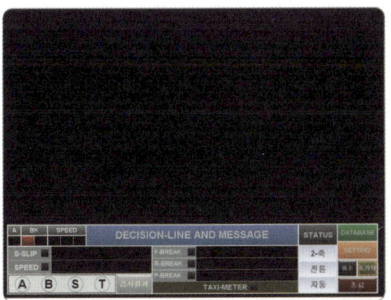
3. 화면에서 초기화 버튼을 클릭한다.

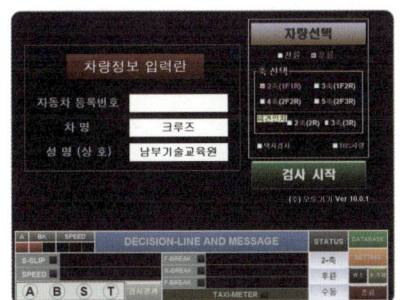
4. 차량정보 입력 후 브레이크 검사 시작을 클릭한다.

5. 측정용 차량을 서서히 진입시킨다(뒷바퀴 측정).

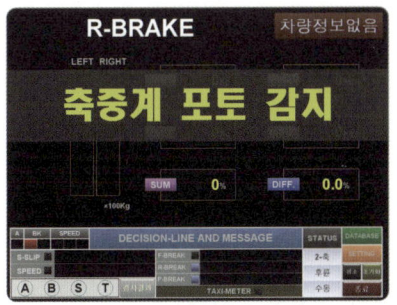
6. 축중계 포토 감지(자동)가 출력된다.

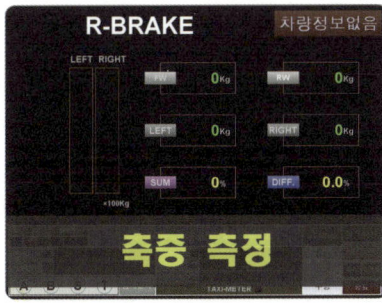
7. 축중 측정이 시작된다.

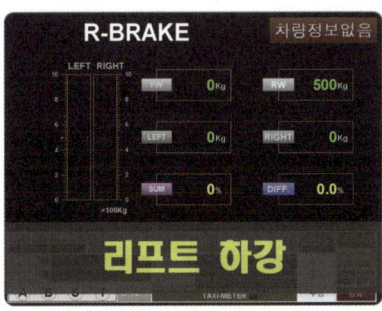
8. 리프트가 하강한다.

9. 브레이크를 밟지 않는다(대기).

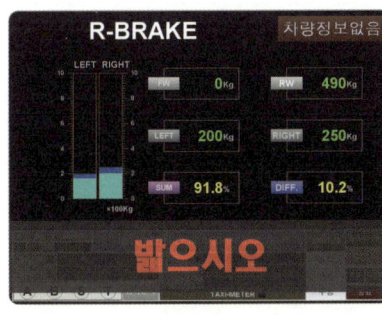
10. 브레이크 페달을 힘껏 밟는다.
(LEFT : 200kgf, RIGHT : 250kgf)

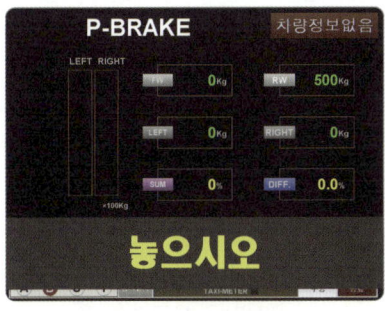
11. 브레이크 페달을 놓는다.
(뒤 축중 : 500kgf)

12. 주차(사이드) 브레이크를 당긴다.

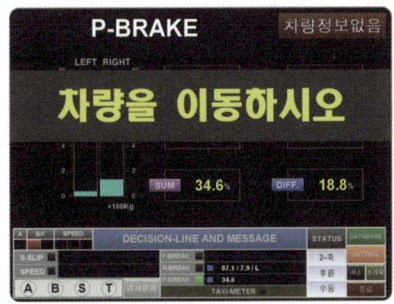
13. 주차 브레이크를 풀고 차량을 이동한다(리프트 업).

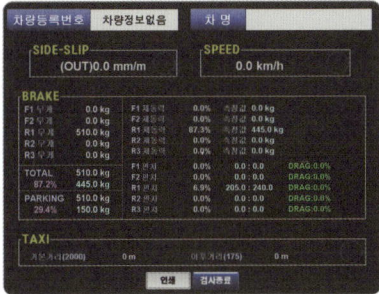
14. 차량이 이동되면 결과지를 프린트한다.

답안지 작성

섀시 4 제동력 측정

(A) 자동차 번호 :				(B) 비번호			(C) 감독위원 확 인	
① 측정(또는 점검)					② 산출 근거 및 판정			(I) 득점
(D) 항목	구분	(E) 측정값 (kgf)	(F) 기준값 (□에 'V' 표)		(G) 산출 근거		(H) 판정 (□에 'V' 표)	
제동력 위치 (□에 'V'표) □ 앞 ☑ 뒤	좌	200 kgf	□ 앞 ☑ 뒤	축중의	편차	$\dfrac{250-200}{500}\times 100 = 10$	□ 양호 ☑ 불량	
			편차	8% 이하				
	우	250 kgf	합	20% 이상	합	$\dfrac{200+250}{500}\times 100 = 90$		

※ 측정 위치는 감독위원이 지정하는 위치의 □에 'V' 표시합니다.
※ 자동차 검사기준 및 방법에 의하여 기록·판정합니다. ※ 산출 근거에는 단위를 기록하지 않아도 됩니다.

1. 답안지 공통 사항(감독위원 확인 및 기록 사항)

(C) **감독위원 확인** : 감독위원 확인란으로 수험자는 기록하지 않습니다.
(I) **득점** : 감독위원이 해당 항목 점수를 채점 기록하며 수험자는 기록하지 않습니다.

2. 수험자가 기록해야 할 답안 사항

(A) **자동차 번호** : 측정하는 자동차 번호를 기록합니다(시험용 자동차가 2대 이상일 때 해당).
(B) **비번호** : 책임관리위원(공단 본부)이 배부한 등번호(비번호)를 기록합니다.
① 측정(또는 점검)
  (D) **위치** : 감독위원이 지정하는 측정 바퀴에 ☑ 표시를 합니다. ☑ 뒤
  (E) **측정값** : 제동력을 측정한 값을 기록합니다. • 좌 : 200kgf • 우 : 250kgf
  (F) **기준값** : 제동력 검사 기준값을 기록하고 축중의 앞, 뒤 중에서 뒤에 ☑ 표시를 합니다(감독위원 지정).
    • 제동력의 편차 : **뒤 축중의 8% 이하**
    • 제동력의 합 : **뒤 축중의 20% 이상**(단, 앞바퀴일 경우 앞 축중의 50% 이상일 때 합격이다.)
② 산출 근거 및 판정
  (G) 산출 근거
    • 뒷바퀴 제동력의 편차 = $\dfrac{\text{큰 쪽 제동력} - \text{작은 쪽 제동력}}{\text{뒤 축중}} \times 100 = \dfrac{250-200}{500}\times 100 = 10 > 8\%$ ➡ 불량
    • 뒷바퀴 제동력의 총합 = $\dfrac{\text{좌우 제동력의 합}}{\text{뒤 축중}} \times 100 = \dfrac{200+250}{500}\times 100 = 90 \geq 20\%$ ➡ 양호
    (단, 축중은 크루즈 1.5 DOHC A/T의 공차중량(1130 kgf)의 뒤 축중(500 kgf)으로 계산합니다.)
  (H) **판정** : 뒷바퀴 제동력의 편차가 기준값의 범위를 벗어났으므로 **불량**에 ☑ 표시를 합니다.

● 자동차관리법 시행규칙 제동장치 제동력 검사기준(별표15)

검사기준	검사(정비) 방법
1. 제동력 (1) 모든 축의 제동력의 합이 공차 중량의 50% 이상이고 축의 제동력은 해당 축중의 50%(뒤축의 제동력은 해당 축중의 20%) 이상일 것 (2) 동일 차축의 좌우 차 바퀴의 제동력 차는 해당 축중의 8% 이내일 것 (3) 주차 제동력의 합은 차량 중량의 20% 이상일 것	주 제동장치 및 주차 제동장치의 제동력을 제동시험기로 측정한다.
2. 제동계통 장치의 설치상태가 견고하여야 하고, 손상 및 마멸된 부위가 없어야 하며, 오일이 누출되지 않고 유량이 적정할 것	제동계통 장치의 설치상태 및 오일 등의 누출 여부 및 브레이크 오일 양이 적정한지의 여부를 확인한다.
3. 제동력 복원상태는 3초 이내에 해당 축중의 20% 이하로 감소될 것	주 제동장치의 복원상태를 제동시험기로 측정한다.
4. 피견인자동차 중 안전기준에서 정하고 있는 자동차는 제동장치 분리 시 자동으로 정지가 되어야 하며, 주차브레이크 및 비상브레이크 작동상태 및 설치상태가 정상일 것	피견인자동차의 제동 공기라인 분리 시 자동 정지 여부, 주차 및 비상브레이크 작동 및 설치상태 등을 확인한다.
5. 드럼과 라이닝(또는 디스크와 패드)의 간격 및 마모상태가 정상일 것	점검구 등을 통하여 확인한다. 단, 점검구 또는 관능으로 드럼과 라이닝(또는 디스크와 패드)의 간격 및 마모상태 확인이 곤란한 차량의 경우에는 제동력 검사로 대신할 수 있다.

● 앞바퀴 제동력 측정(예시)

항목	측정(또는 점검)				산출 근거 및 판정		득점
	구분	측정값	기준값 (□에 'V'표)		산출 근거	판정 (□에 'V'표)	
제동력 위치 (□에 'V'표) ☑ 앞 □ 뒤	좌	240 kgf	☑ 앞 □ 뒤 축중의		편차 $\dfrac{260-240}{630} \times 100 = 3.17$	☑ 양호 □ 불량	
			편차	8.0% 이하			
	우	260 kgf	합	50% 이상	합 $\dfrac{260+240}{630} \times 100 = 79$		

■ 제동력 산출방법(앞바퀴)
- 앞바퀴 제동력의 편차 = $\dfrac{\text{큰 쪽 제동력} - \text{작은 쪽 제동력}}{\text{앞 축중}} \times 100 = \dfrac{260-240}{630} \times 100 = 3.17 \leq 8\%$
- 앞바퀴 제동력의 총합 = $\dfrac{\text{좌우 제동력의 합}}{\text{앞 축중}} \times 100 = \dfrac{240+260}{630} \times 100 = 79 \geq 50\%$

※ 편차가 3.17%, 합이 79로 제동력 검사기준에 적합하므로 제동력 측정 검사는 양호입니다.

※ 앞 측정 차량은 동일차종으로 차량 중량은 1130 kgf, 앞 축중 630 kgf으로 측정하였으며, 제동장치 검사기준은 해당차량 앞 축중의 합은 차량 중량(공차 상태)의 50% 이상, 좌우 편차 8% 이하를 적용하여 제동력을 산출하였습니다.

섀시 5. 주어진 자동차의 자동변속기에서 자기진단기(스캐너)를 이용하여 각종 센서 및 시스템 작동 상태를 점검하고 기록표에 기록하시오.

5-1 자동변속기 자기진단

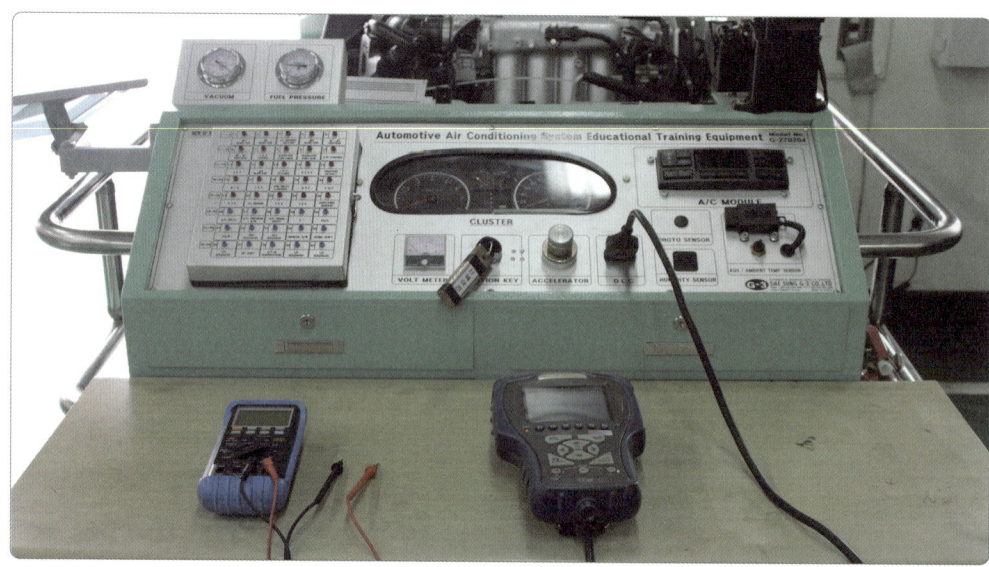

자동변속기 자기진단 차량을 확인하고 자기진단 커넥터를 연결한다.

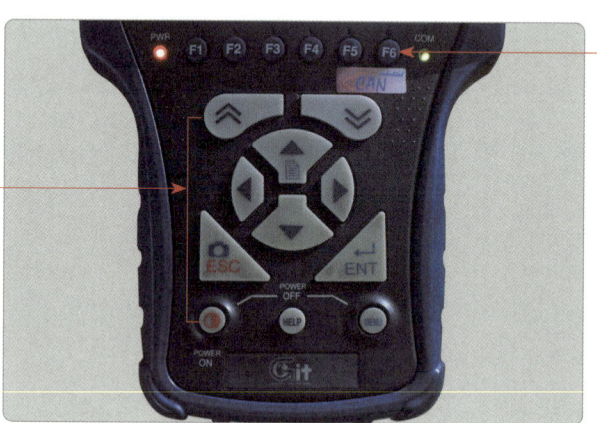

부가 기능 버튼
화면 하단 부가 기능 선택 시 사용

기능 버튼
시스템 작동 시 기능을 독립적으로 수행하기 위한 키

스캐너 작동 상태 확인

1. 점화스위치 ON 상태를 확인한다.

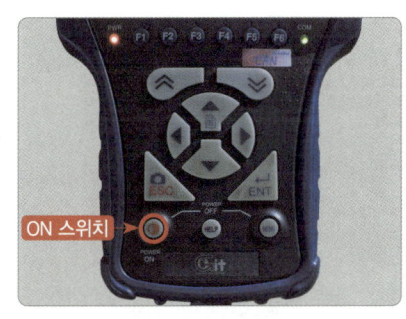
2. 스캐너를 ON시킨다.

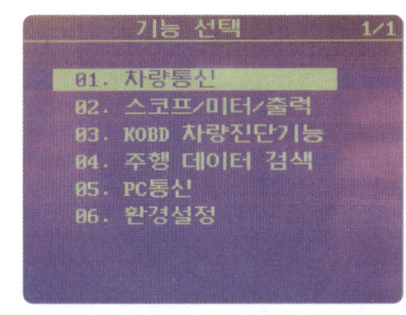
3. 차량통신을 선택한다.

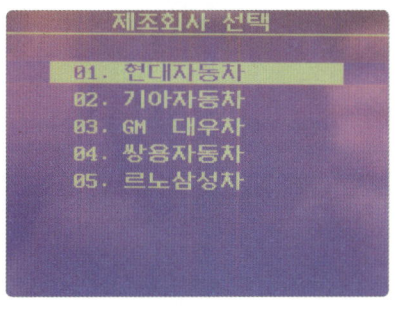
4. 자동차 제조회사를 선택한다.

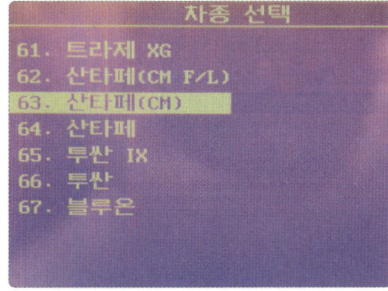
5. 시험 차종을 선택한다.

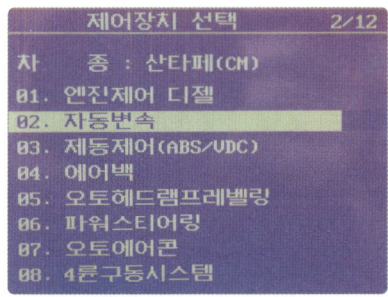
6. 시스템 선택에서 자동변속을 선택한다.

7. 자기진단을 선택한다.

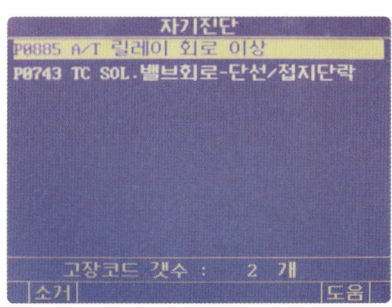
8. 출력된 고장 부위를 확인한다(A/T 릴레이 회로 이상, TC 솔레노이드 회로 단선).

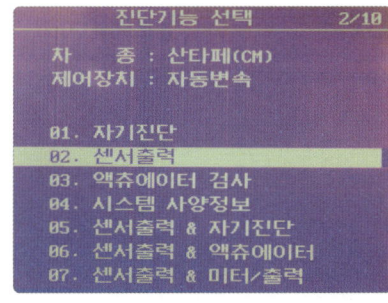
9. 고장 상태를 확인하기 위해 진단기능 선택에서 센서출력을 선택한다.

10. A/T 릴레이 출력전압을 확인한다(0 V 출력은 A/T 릴레이 전원 공급 안 됨을 확인한다).

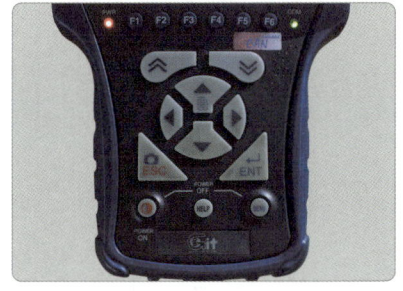
11. 스캐너 ESC를 선택하여 첫 화면으로 돌린다.

12. 점화스위치를 OFF한다.

13. A/T 릴레이 탈거 및 릴레이 이상 유무를 점검한다.

14. A/T 릴레이 전원공급 20 A 퓨즈 단선 유무를 확인한다.

15. TC(변속기 제어) 솔레노이드 밸브 커넥터 탈거를 확인한다.

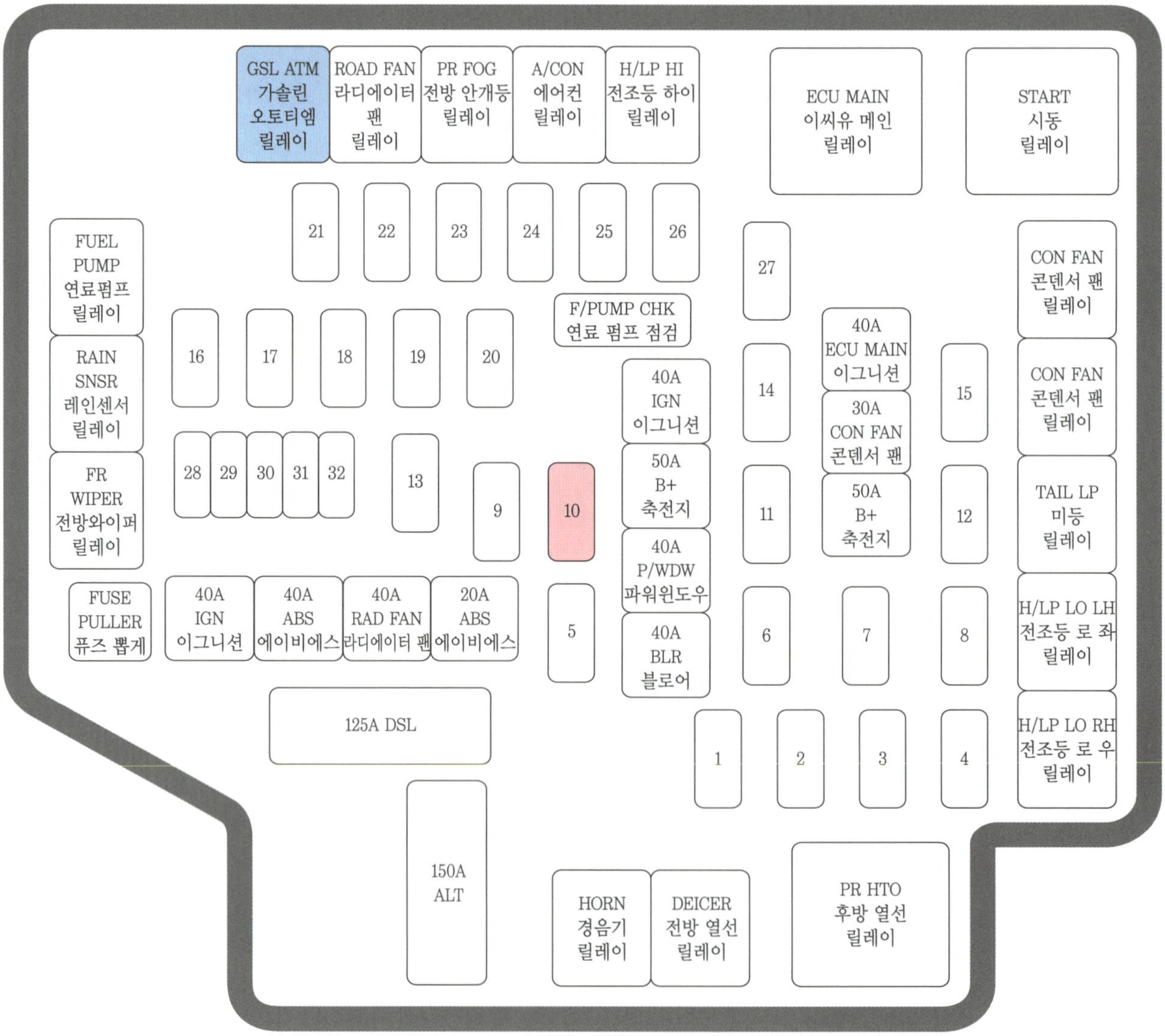

| GSL ATM 가솔린 오토티엠 릴레이 | ROAD FAN 라디에이터 팬 릴레이 | PR FOG 전방 안개등 릴레이 | A/CON 에어컨 릴레이 | H/LP HI 전조등 하이 릴레이 | | ECU MAIN 이씨유 메인 릴레이 | START 시동 릴레이 |

FUEL PUMP 연료펌프 릴레이
RAIN SNSR 레인센서 릴레이
FR WIPER 전방와이퍼 릴레이
FUSE PULLER 퓨즈 뽑게

21 22 23 24 25 26 27
F/PUMP CHK 연료 펌프 점검
40A IGN 이그니션
50A B+ 축전지
40A P/WDW 파워윈도우
40A BLR 블로어

16 17 18 19 20
28 29 30 31 32 13   9   10   5

40A ECU MAIN 이그니션
30A CON FAN 콘덴서 팬
50A B+ 축전지

14 11 6 7 8
15 12
CON FAN 콘덴서 팬 릴레이
CON FAN 콘덴서 팬 릴레이
TAIL LP 미등 릴레이
H/LP LO LH 전조등 로 좌 릴레이
H/LP LO RH 전조등 로 우 릴레이

40A IGN 이그니션
40A ABS 에이비에스
40A RAD FAN 라디에이터 팬
20A ABS 에이비에스

125A DSL
150A ALT
HORN 경음기 릴레이
DEICER 전방 열선 릴레이
PR HTO 후방 열선 릴레이

1 2 3 4

※ A/T 릴레이는 정션박스 내 또는 TCU 옆에 설치된다.

답안지 작성

섀시 5 자동변속기 자기진단

	(A) 자동차 번호 :		(B) 비번호		(C) 감독위원 확　인	
항 목	① 측정(또는 점검)		② 정비 및 조치할 사항			(F) 득점
	(D) 고장 부분	(E) 내용 및 상태				
자기진단	A/T 릴레이	릴레이 단선	A/T 릴레이 교체(체결), TC 솔레노이드 체결, ECU 과거 기억 소거 후 재점검			
	TC 솔레노이드	커넥터 탈거				

1. 답안지 공통 사항(감독위원 확인 및 기록 사항)

(C) 감독위원 확인 : 시험 전 또는 시험 후 감독위원이 채점 후 확인합니다(날인).

(F) 득점 : 감독위원이 해당 문항을 채점하고 기록하는 점수를 기록합니다.

2. 수험자가 기록해야 할 답안 사항

(A) 자동차 번호 : 측정하는 자동차 번호를 기록합니다(시험용 자동차가 2대 이상일 때 해당).

(B) 비번호 : 책임관리위원(공단 본부)이 배부한 등번호(비번호)를 기록합니다.

① 측정(또는 점검)

　(D) 고장 부분 : 스캐너의 자기진단 화면에 출력된 A/T 릴레이, TC 솔레노이드를 기록합니다.

　(E) 내용 및 상태 : 고장 부분의 내용 및 상태로 릴레이 단선, 커넥터 탈거를 기록합니다.

② 정비 및 조치할 사항 : A/T 릴레이 교체(체결), TC 솔레노이드 체결, ECU 과거 기억 소거 후 재점검을 기록합니다.

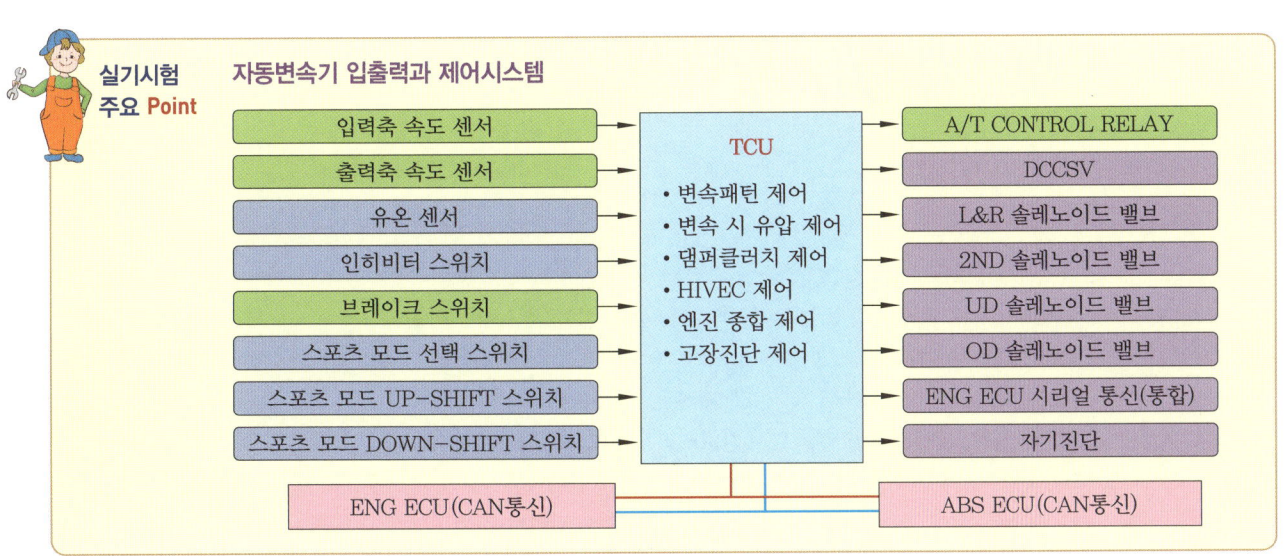

● 입력축, 출력축 속도 센서 커넥터가 탈거된 경우

자동차 번호 :			비번호		감독위원 확 인	
항 목	측정(또는 점검)		정비 및 조치할 사항			득점
	고장 부분	내용 및 상태				
자기진단	입력축 속도 센서(PG-A)	커넥터 탈거	입력축 및 출력축 속도 센서 커넥터 체결, ECU 과거 기억 소거 후 재점검			
	출력축 속도 센서(PG-B)	커넥터 탈거				

※ 정비 및 조치할 사항 : 입력축 및 출력축 속도 센서 커넥터가 탈거되었으므로 입력축 및 출력축 속도 센서 커넥터 체결, ECU 과거 기억 소거 후 재점검합니다.

● 입력축 속도 센서, 브레이크 스위치 커넥터가 탈거된 경우

자동차 번호 :			비번호		감독위원 확 인	
항 목	측정(또는 점검)		정비 및 조치할 사항			득점
	고장 부분	내용 및 상태				
자기진단	입력축 속도 센서	커넥터 탈거	입력축 속도 센서 및 브레이크 스위치 커넥터 체결, ECU 과거 기억 소거 후 재점검			
	브레이크 스위치	커넥터 탈거				

※ 정비 및 조치할 사항 : 입력축 및 출력축 속도 센서 커넥터가 탈거되었으므로 입력축 속도 센서 및 브레이크 스위치 커넥터 체결, ECU 과거 기억 소거 후 재점검합니다.

실기시험 주요 Point

자동변속기 자기진단 결과 고장 부분이 발견된 경우 정비 및 조치할 사항

❶ A/T 릴레이 단선 → A/T 릴레이 체결
❷ TC 솔레노이드 커넥터 탈거 → TC 솔레노이드 커넥터 체결
❸ 인히비터 스위치 커넥터 탈거 → 인히비터 스위치 커넥터 체결
❹ 입력축, 출력축 속도 센서 커넥터 탈거 → 입력축, 출력축 속도 센서 커넥터 체결
❺ 브레이크 스위치 커넥터 탈거 → 브레이크 스위치 커넥터 체결

국가기술자격 실기시험문제 1안 (전기)

자격종목	자동차정비산업기사	과제명	자동차정비작업

비번호 :   시험시간 : 5시간 30분(엔진 : 140분, 섀시 : 120분, 전기 : 70분)

전기 1 주어진 자동차에서 시동모터를 탈거한 후(감독위원에게 확인) 다시 부착하여 작동 상태를 확인하고 크랭킹 시 전류 소모 및 전압 강하 시험을 하여 기록표에 기록하시오.

1-1 시동모터 탈·부착

기동전동기 탈·부착

1. 점화스위치를 OFF한 후 축전지 (−) 단자를 탈거한다.

2. 기동전동기 ST단자를 탈거한다.

3. 기동전동기 B단자를 탈거한다.

4. 기동전동기 고정 볼트를 탈거한다.

5. 기동전동기를 탈착한 후 감독위원의 확인을 받는다.

6. 엔진에 기동전동기를 부착한다.

7. 기동전동기를 부착하고 볼트를 손으로 조립한다.

8. 공구로 기동전동기를 조립한다.

9. 기동전동기 B단자를 조립한다.

10. 기동전동기 ST단자를 조립한다.

11. 조립된 기동전동기를 감독위원에게 확인받는다.

12. 축전지 (−) 단자를 체결한다.

실기시험 주요 Point

기동전동기 부하 시험(전압) 방법

1. 크랭킹 : 차량 엔진의 축전지 (+) 또는 (−)에 연결하고 전류계 선택 스위치를 DCA에 선택한다.
2. 엔진 시동이 되지 않도록 크랭크 포지션 센서 또는 컨트롤 릴레이(연료 펌프 릴레이)를 탈거한다.
3. 기동전동기를 크랭킹하면서 축전지 전압 강하를 측정한다.
4. 기동전동기(크랭킹 시) 소모 전류 또는 스타트 모터가 회전 시 소모되는 축전지 전류의 소모량을 측정하여 역으로 기동전동기의 상태를 알 수 있다.
5. 전류는 최댓값을, 전압은 최솟값을 측정한다.
6. 크랭킹 중에는 축전지에서 기동전동기 방향으로 약 100 A의 큰 전류가 흐르며, 이로 인한 전압 강하로 ST단자에는 약 10 V의 전압이 측정된다.

1-2 크랭킹 전류 소모, 전압 강하 시험

크랭킹 전류, 전압 강하 측정(점검)

1. 축전지 전압과 용량을 확인한다.
(12 V, 90 AH)

2. 축전지 전압을 측정한다(12.46 V).

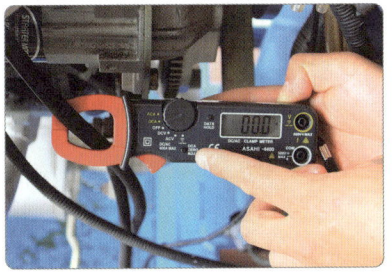

3. 기동전동기 B단자에 전류계를 설치한 후 0점 조정한다(DCA 선택).

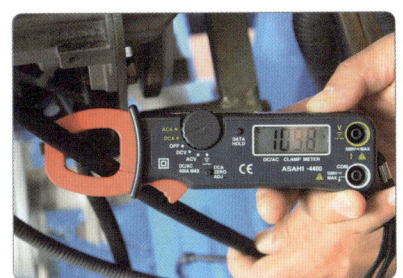

4. 점화스위치를 ST로 작동하여 크랭킹시키는데 4~6회 작동 시 측정값으로 홀드시킨 후 측정한다.
(109.8 A)

5. 엔진을 크랭킹시키며 축전지 전압을 측정한다(11.02 V).

6. 측정이 끝나면 전류계를 정리한다.

● 주요 부위 회로 점검

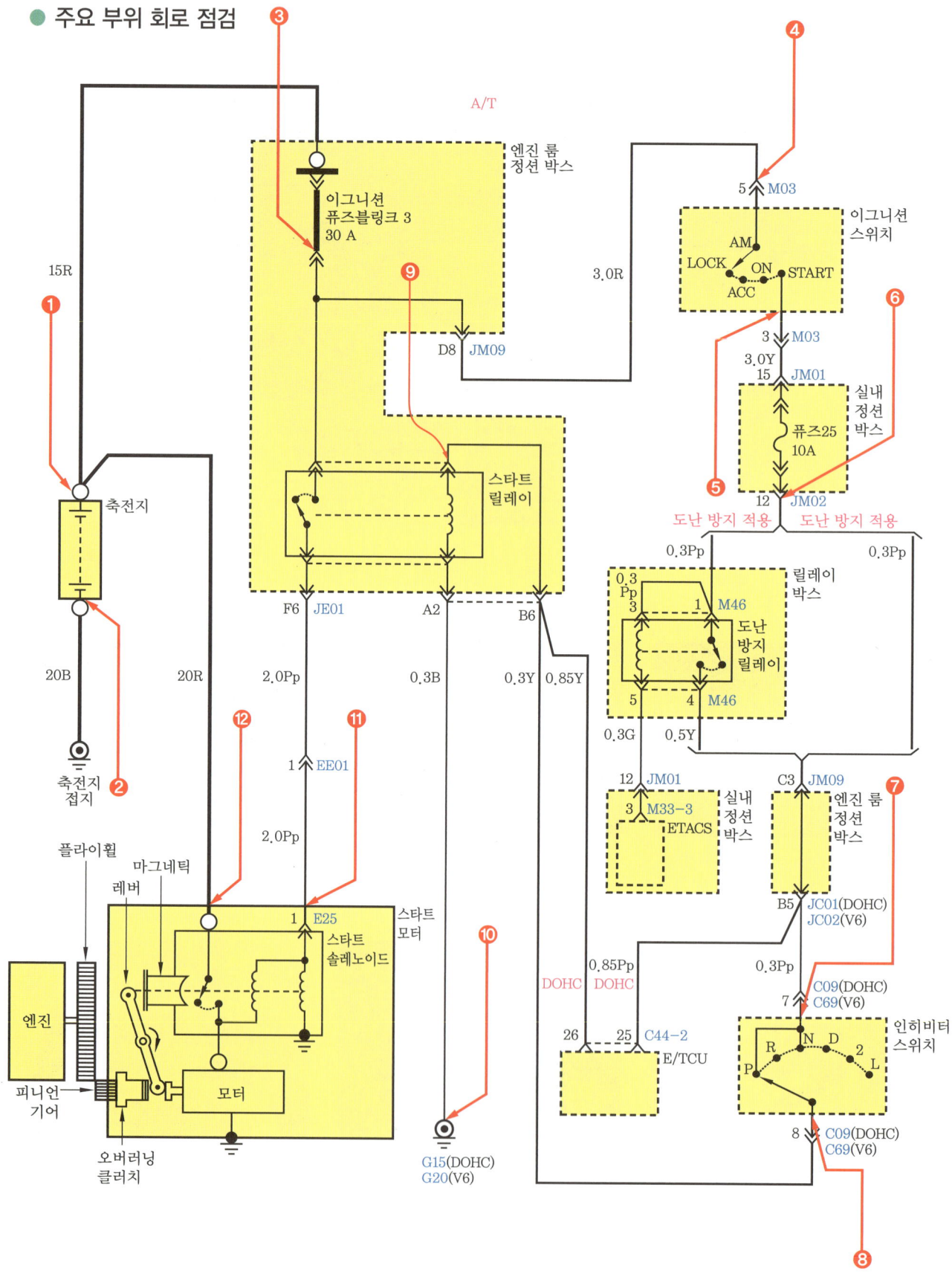

답안지 작성

전기 1 시동모터 점검

측정 항목	① 측정(또는 점검)		② 판정 및 정비(또는 조치) 사항		(H) 득점
	(D) 측정값	(E) 규정(정비한계)값	(F) 판정(□에 'V'표)	(G) 정비 및 조치할 사항	
전압 강하	11.02 V	9.6 V 이상	☑ 양호 □ 불량	정비 및 조치할 사항 없음	
전류 소모	109.8 A	산출근거 기록 90 × 3 = 270 A 이하			

(A) 자동차 번호 : (B) 비번호 (C) 감독위원 확인

※ 규정값은 감독위원이 제시한 값으로 작성하고, 측정·판정합니다. (예 축전지 용량이 90 AH일 때)

1. 답안지 공통 사항(감독위원 확인 및 기록 사항)

(C) 감독위원 확인 : 감독위원 확인란으로 수험자는 기록하지 않습니다.
(H) 득점 : 감독위원이 해당 항목 점수를 채점 기록하며 수험자는 기록하지 않습니다.

2. 수험자가 기록해야 할 답안 사항

(A) 자동차 번호 : 측정하는 자동차 번호를 기록합니다(시험용 자동차가 2대 이상일 때 해당).
(B) 비번호 : 책임관리위원(공단 본부)이 배부한 등번호(비번호)를 기록합니다.
① 측정(또는 점검)
 (D) 측정값 : 전압 강하, 전류 소모를 측정한 값을 기록합니다.
  • 전압 강하 : 11.02 V • 전류 소모 : 109.8 A
 (E) 규정(정비한계)값 : • 전압 강하 : 9.6 V 이상(축전지 공칭 전압의 80%(= 12 × 0.8 = 9.6 V) 이상)
          • 전류 소모 : 270 A 이하(축전지 용량의 3배(= 90 × 3 = 270 A) 이하)
② 판정 및 정비(또는 조치) 사항
 (F) 판정 : 측정값이 규정(정비한계)값 범위 내에 있으므로 양호에 ☑ 표시를 합니다.
 (G) 정비 및 조치할 사항 : 판정이 양호이므로 정비 및 조치할 사항 없음을 기록합니다.
       판정이 불량일 때는 기동전동기 교체 후 재점검을 기록합니다.

3. 규정값

항목	전압 강하(V)	전류 소모(A)
일반적인 규정값	축전지 전압의 80% 이상	축전지 용량의 3배 이하
예 (12 V, 90 AH)	9.6 V 이상	270 A 이하

● 전압 강하 측정값이 규정값보다 작을 경우

측정 항목	측정(또는 점검)		판정 및 정비(또는 조치) 사항		득점
	측정값	규정(정비한계)값	판정(□에 'V'표)	정비 및 조치할 사항	
전압 강하	8.3 V	9.6 V 이상	□ 양호 ☑ 불량	축전지 교체 후 재점검	
전류 소모	120 A	산출근거 기록			
		80 × 3 = 240 A 이하			

자동차 번호 : / 비번호 / 감독위원 확인

※ 판정 및 정비(조치)사항 : 전압 강하 측정값이 규정값 범위를 벗어났으므로 ☑ 불량에 표시하고, 축전지 교체 후 재전건합니다.

※ 규정값은 감독위원이 제시한 값으로 작성하고 측정·판정합니다. (축전지 용량이 80 AH일 때)
　크랭킹 전류 및 전압 측정 조건은 엔진 기계적인 저항이 없는 것으로 측정합니다.

● 전압 강하, 전류 소모 측정값이 규정값 범위를 벗어날 경우

측정 항목	측정(또는 점검)		판정 및 정비(또는 조치) 사항		득점
	측정값	규정(정비한계)값	판정(□에 'V'표)	정비 및 조치할 사항	
전압 강하	7.5 V	9.6 V 이상	□ 양호 ☑ 불량	시동회로 점검 및 기동전동기 교체 후 재점검	
전류 소모	243 A	산출근거 기록			
		80 × 3 = 240 A 이하			

자동차 번호 : / 비번호 / 감독위원 확인

※ 판정 및 정비(조치)사항 : 전압 강하, 전류 소모 측정값이 규정값 범위를 벗어났으므로 ☑ 불량에 표시하고, 시동회로 점검 및 기동전동기 교체 후 재점검합니다.

※ 규정값은 감독위원이 제시한 값으로 작성하고 측정·판정합니다. (축전지 용량이 80 AH일 때)
　크랭킹 전류 및 전압 측정 조건은 엔진 기계적인 저항이 없는 것으로 측정합니다.

실기시험 주요 Point — 전압 강하, 전류 소모 측정값이 규정값 범위를 벗어난 경우 정비 및 조치할 사항
❶ 축전지 불량 → 축전지 교체　　　❷ 기동전동기 불량 → 기동전동기 교체
❸ 전기자 축 휨 → 전기자 코일 교체　❹ 전기자 코일 단락 → 전기자 코일 교체
❺ 계자 코일 단락 → 계자 코일 교체　❻ 전기자 축 베어링 파손 → 베어링 교체

전기 2 주어진 자동차에서 전조등 시험기로 전조등을 점검하여 기록표에 기록하시오.

2-1 전조등 점검(집광식)

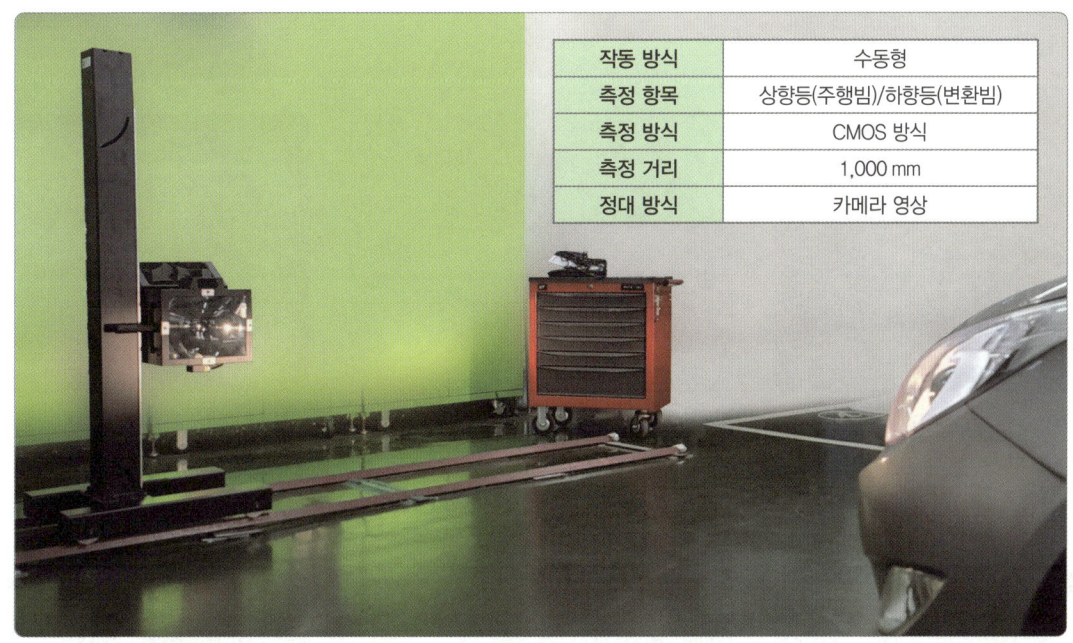

작동 방식	수동형
측정 항목	상향등(주행빔)/하향등(변환빔)
측정 방식	CMOS 방식
측정 거리	1,000 mm
정대 방식	카메라 영상

전조등 시험기와 측정 차량 전조등과의 거리(측정 거리)를 1 m로 유지시킨다.

실기시험 주요 Point

전조등 점검을 위한 확인사항

1. 전조등 시험기와 측정 차량 전조등과의 거리(측정 거리)를 1 m로 유지시킨다(시험기와 측정 차량이 직각 유지).
2. 전조등 시험기가 수평이 되는지 확인한다.
3. 측정 전조등의 좌 또는 우 상태를 정확하게 확인한다.
4. 엔진 시동 후 전조등을 하향등(변환빔)으로 ON한 후 전조등 작동상태를 확인한다.
5. 전조등 시험기를 ON한 후 측정 차량 번호를 입력한다(시험장에 따라 제시된 임의 번호를 입력).
6. 전조등 정대 화면에서 "정대"를 클릭한다(화면 가이드라인 중앙에 헤드라이트 검은 점을 확인하고 맞추면 정대 완료).
7. 정대 화면의 확대 슬라이더 및 밝기 슬라이더를 조절하여 점검하기 좋은 화면이 되도록 조정한다.

❶ 측정 : 전조등 검사를 위한 메뉴이며 선택 시 접수 화면으로 이동한다.
❷ 조회 : 전조등 검사 후 점검 결과를 확인하는 메뉴이다.
❸ 교정 : 장비 교정을 위한 메뉴이며, 장비를 교정할 필요가 있을 때만 적용한다.
❹ 설정 : 장비 설정을 위한 메뉴이다.
※ 시험장에서 전조등 점검 시 수험자는 측정 모드에서 점검한다.

1. 전조등 시험기를 ON한 후 메인 화면을 확인한다.

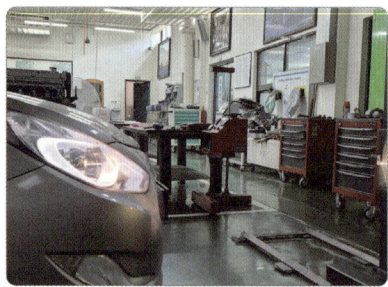

2. 전조등 시험기와 측정 차량 전조등과의 거리(측정 거리)를 1 m로 유지한다.

3. 메인 화면에서 측정을 선택한다.

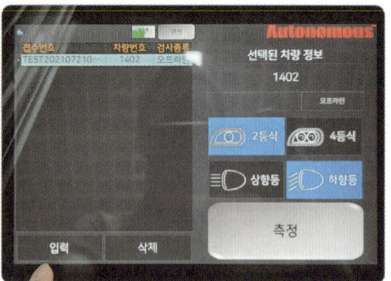

4. 접수 목록에서 측정 차량 번호를 입력한다(예 08다 1234, 점검 시 임의 번호를 입력).

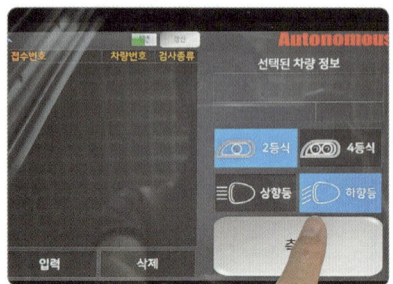

5. 측정하고자 하는 전조등의 등식과 광축을 지정한 뒤 측정한다.

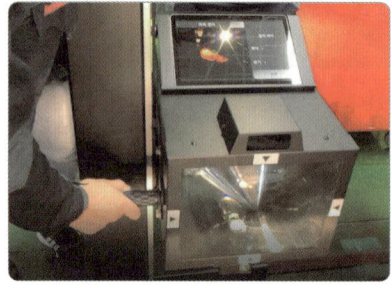

6. 전조등 정대 화면을 확인하고, 전조등 시험기 몸체를 좌우상하로 움직여 정대를 맞춘다.

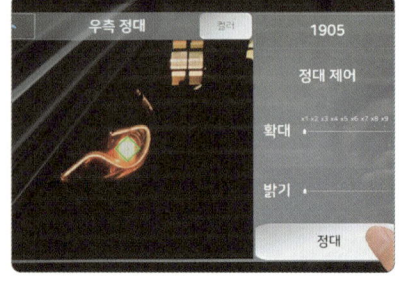

7. 정대 화면에서 정대를 선택한다.

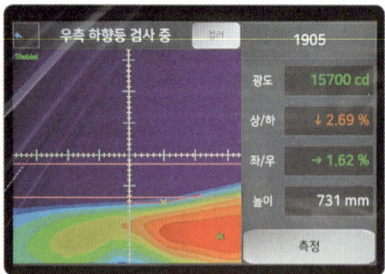

8. 측정값을 확인한다.
   (조회 기록 저장)

9. 메인 화면에서 조회를 선택한 후 측정값을 정리한다.

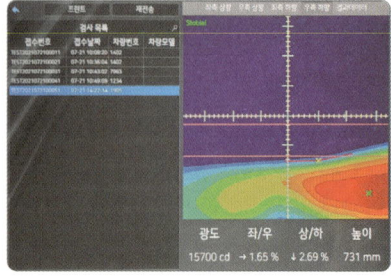

10. 측정 정보를 확인하고, 전조등 시험기를 초기 화면에 놓는다.

답안지 작성

전기 2 **전조등 점검** : 하향등(변환빔) 측정 ← 측정값이 불량일 때

(A) 자동차 번호 :			(B) 비번호		(C) 감독위원 확 인	
① 측정(또는 점검)					② 판정 (□에 'V' 표)	(H) 득점
측정 항목		(F) 측정값		(G) 기준값		
(□에 'V' 표) (D) 위치 □ 좌 ☑ 우	광도	15700 cd		3000 cd 이상	☑ 양호 □ 불량	
(E) 설치 높이 ☑ ≤1.0 m □ >1.0 m	진폭	2.69%		−0.5~−2.5%	□ 양호 ☑ 불량	

※ 측정 위치는 감독위원이 지정하는 위치의 □에 'V' 표시합니다.
※ 자동차 검사기준 및 방법에 의하여 기록·판정합니다.

1. 답안지 공통 사항(감독위원 확인 및 기록 사항)

> (C) **감독위원 확인** : 감독위원 확인란으로 수험자는 기록하지 않습니다.
> (H) **득점** : 감독위원이 해당 항목 점수를 채점 기록하며 수험자는 기록하지 않습니다.

2. 수험자가 기록해야 할 답안 사항

> (A) **자동차 번호** : 측정하는 자동차 번호(시험 차량)를 기록합니다(시험용 자동차가 2대 이상일 때 해당)
> (B) **비번호** : 책임관리위원(공단 본부)이 배부한 등번호(비번호)를 기록합니다.
> ① **측정(또는 점검)**
>   (D) **위치** : 감독위원이 지정하는 차량의 전조등 위치에 ☑ 표시를 합니다. ☑ 우
>   (전조등 위치 좌 또는 우의 기준은 운전석 착석 상태에서 확인합니다.)
>   (E) **설치 높이** : 측정 차량의 전조등 설치 높이가 1 m 이하이므로 □≤1.0 m에 ☑ 표시를 합니다. ☑ ≤1.0 m
>   (F) **측정값** : 광도와 진폭을 측정한 값을 기록합니다.
>   • 광도 : **15700 cd**   • 진폭 : **2.69%**
>   (G) **기준값** : 검사 기준값을 기록합니다(수험자가 숙지합니다).
>   • 광도 : **3000 cd 이상**   • 진폭 : **−0.5~−2.5%**
> ② **판정**
>   진폭이 기준값 범위를 벗어났으므로 **불량**에 ☑ 표시를 합니다.

답안지 작성

전기 2 · **전조등 점검** : 하향등(변환빔) 측정 ← 측정값이 정상일 때

(A) 자동차 번호 :			(B) 비번호		(C) 감독위원 확인	
① 측정(또는 점검)					② 판정 (□에 'V' 표)	(H) 득점
측정 항목		(F) 측정값		(G) 기준값		
(□에 'V' 표) (D) 위치 □ 좌 ☑ 우 (E) 설치 높이 ☑ ≤1.0 m □ >1.0 m	광도	11000 cd		3000 cd 이상	☑ 양호 □ 불량	
	진폭	−1.8%		−0.5~−2.5%	☑ 양호 □ 불량	

※ 측정 위치는 감독위원이 지정하는 위치의 □에 'V' 표시합니다.
※ 자동차 검사기준 및 방법에 의하여 기록·판정합니다.

1. 답안지 공통 사항(감독위원 확인 및 기록 사항)

(C) **감독위원 확인** : 감독위원 확인란으로 수험자는 기록하지 않습니다.
(H) **득점** : 감독위원이 해당 항목 점수를 채점 기록하며 수험자는 기록하지 않습니다.

2. 수험자가 기록해야 할 답안 사항

(A) **자동차 번호** : 측정하는 자동차 번호(시험 차량)를 기록합니다(시험용 자동차가 2대 이상일 때 해당)
(B) **비번호** : 책임관리위원(공단 본부)이 배부한 등번호(비번호)를 기록합니다.
① 측정(또는 점검)
　(D) **위치** : 감독위원이 지정하는 차량의 전조등 위치에 ☑ 표시를 합니다. ☑ 우
　　　(전조등 위치 좌 또는 우의 기준은 운전석 착석 상태에서 확인합니다.)
　(E) **설치 높이** : 측정 차량의 전조등 설치 높이가 1 m 이하이므로 □≤1.0 m에 ☑ 표시를 합니다. ☑ ≤1.0 m
　(F) **측정값** : 광도와 진폭을 측정한 값을 기록합니다.
　　　• 광도 : **11000 cd**　　• 진폭 : **−1.8%**
　(G) **기준값** : 검사 기준값을 기록합니다(수험자가 숙지합니다).
　　　• 광도 : **3000 cd 이상**　　• 진폭 : **−0.5~−2.5%**
② 판정
　광도와 진폭이 기준값 범위 내에 있으므로 **양호**에 ☑ 표시를 합니다.

 **실기시험 주요 Point**

하향등 및 상향등의 기준값(자동차 및 자동차 부품 성능에 관한 규칙)

구분	하향등(변환빔)의 기준값		상향등(주행빔)의 기준값	
광도(2등식)	3000 cd 이상		15000 cd 이상	
광도(4등식)			12000 cd 이상	
전조등 설치 높이	1.0 m 이하	1.0 m 이상	좌·우측등 상향 진폭	10 cm 이하
	−0.5~−2.5%	−1.0~−3.0%	좌·우측등 하향 진폭	30 cm 이하
좌측등 좌진폭	해당사항 없음		15 cm 이하	
좌측등 우진폭	해당사항 없음		30 cm 이하	
우측등 좌·우진폭	해당사항 없음		30 cm 이하	

자동차 검사 기준 및 방법(별표 15호) – 자동차 및 자동차 부품 성능에 관한 규칙

구분	검사 기준	방법
1	하향등(변환빔)의 광도는 3000 cd 이상일 것	좌·우측 전조등(변환빔) 광도와 광도점을 전조등 시험기로 측정하여 광도점의 광도를 확인한다.
2	하향등의 진폭은 10 m 위치에서 다음 수치 이내일 것 • 설치 높이 ≤ 1.0 m −0.5~−2.5% • 설치 높이 > 1.0 m −1.0~−3.0%	좌·우측 전조등의 컷오프선 및 꼭짓점의 위치를 전조등 시험기로 측정하여 컷오프선의 적정 여부를 확인한다.
3	컷오프선의 꺾임점(각)이 있는 경우 꺾임점의 연장선은 우측 상향일 것	변환빔의 컷오프선, 꺾임점(각), 설치상태 및 손상 여부 등 안전기준 적합 여부를 확인한다.

카메라 측정화면 – 의사 색채로 표현된 전조등 광분포

❶ 하향등의 경우 빨간색 ✕ 및 라인으로 엘보 포인트(elbow point)를 표시한다. 엘보 포인트가 없으면 좌우는 0으로 고정되고 상하만 표시되며, 빨간색 라인으로 표시된다.
❷ 광축은 초록색 ✕로 표시하고, 그 광도를 측정 결과에 표시한다.
❸ 1분은 작은 눈금으로 표시하고 1도는 큰 눈금으로 표시한다.
❹ 상향등의 경우 검사 기준이 사각형으로 표시되며, 하향등의 경우 상한과 하한만 표시된다. 검사 기준에 적합하면 라인이 초록색으로 표시되고, 부적합하면 빨간색으로 표시된다.

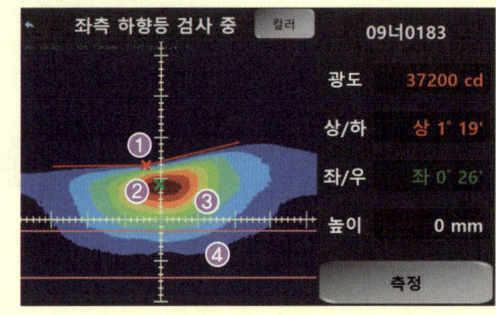

| 전기 3 | 주어진 자동차에서 감광식 룸 램프 기능이 작동 시 편의장치(ETACS 또는 ISU) 커넥터에서 작동 전압의 변화를 측정하고 이상 여부를 확인하여 기록표에 기록하시오. |

3-1 감광식 룸 램프 출력 전압 측정

(1) 시험 차량 에탁스 위치

시험 차량의 실내 정션 박스 및 에탁스 위치

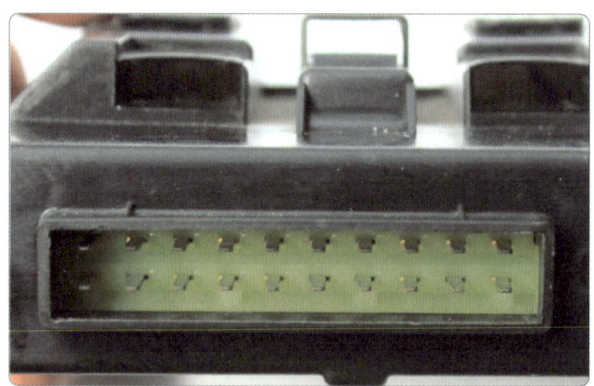

에탁스 커넥터 M33-3 커넥터 확인

[M33-3]

(2) 커넥터 M33-3 단자 회로

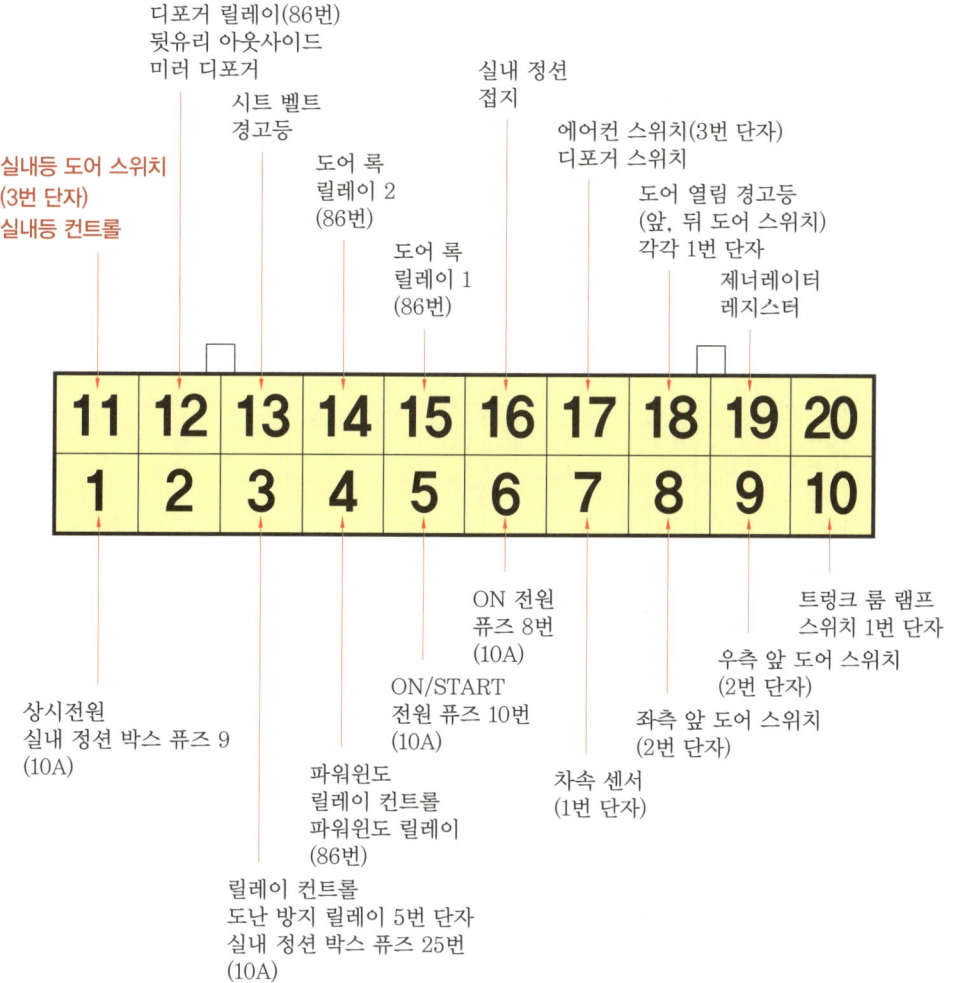

 **실기시험 주요 Point**

배선 색상 표기와 구분

기호	영문	색	기호	영문	색
B	Black	검정	O	Orange	오렌지색
Br	Brown	갈색	R	Red	빨간색
G	Green	녹색	Y	Yellow	노란색
L	Blue	파란색	W	White	하얀색
Lb	Lihgt blue	연청색	V	Violet	보라색
Lg	Lihgt green	연녹색	P	Pink	분홍색

❶ 커넥터는 록 레버를 눌러 분리할 수 있으며 커넥터를 분리할 때는 배선을 당기지 말고 반드시 커넥터 몸체를 잡고 분리한다.

❷ 회로 점검 시험기로 통전 또는 전압을 점검할 때 시험용 탐침을 리셉터클 커넥터에 삽입할 경우 커넥터의 피팅이 열려 접속 불량이 될 수도 있으므로 시험용 탐침은 배선 쪽에서만 삽입한다.

(3) 실내등 회로

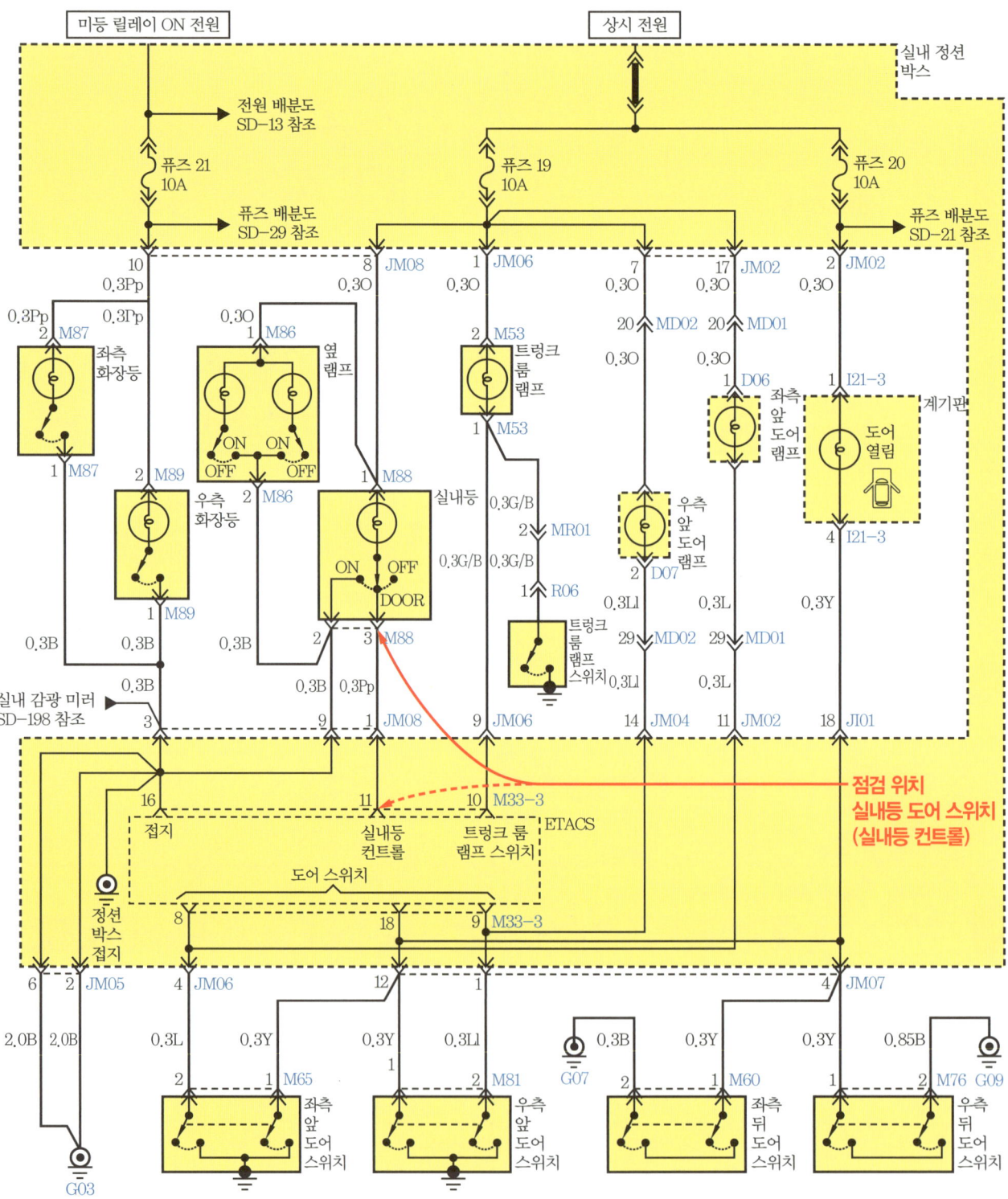

※ 도어 열림 시 룸 램프가 점등되고 도어 닫힘 시 즉시 75% 감광 후 서서히 감광되다가 4~6초 후 완전히 소등된다.
➡ 감광등 작동 중 IG/SW를 ON하면 출력이 즉시 OFF된다(룸 램프 점등 시 : 0V, 소등 시 : 12V(접지 해제)).

(4) 감광식 룸 램프 작동 시 출력 전압 측정

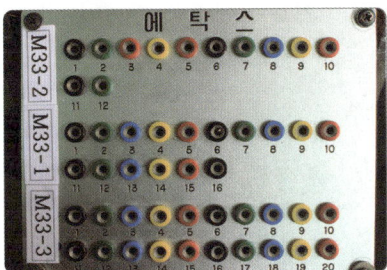

1. 컨트롤 유닛 커넥터 M33-3 11번 단자를 확인한다.

2. 도어 스위치의 작동 상태를 확인한다(ON, OFF). 스위치 접점이 OFF 되면 0 V→5 V를 확인한다.

3. 점화스위치를 OFF시킨다.

4. 실내등 스위치를 도어(중앙)에 놓는다(도어 열림 시 룸 램프 점등).

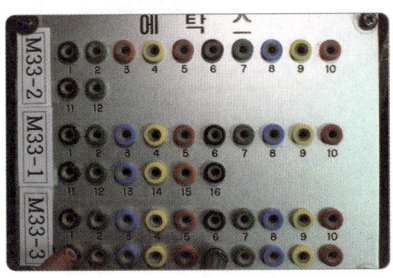

5. 스캐너 (+) 프로브를 11번 단자에, (-) 프로브는 차체(16번 단자)에 접지한다.

6. 스캐너 전원을 ON시킨다.

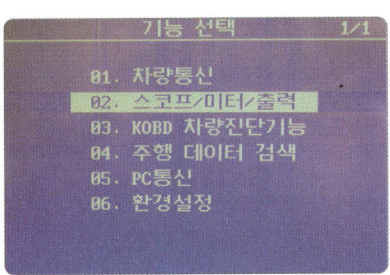

7. 기능 선택에서 스코프/미터/출력을 선택한다.

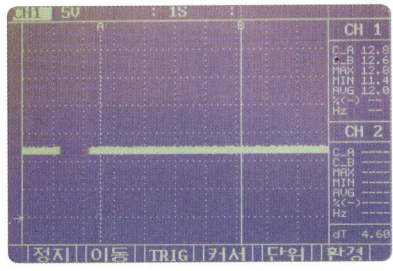

8. 파형 스코프에서 전압을 5 V, 시간을 1.0 s/div로 설정한다.

9. 운전석 도어를 열었다가 닫는다.

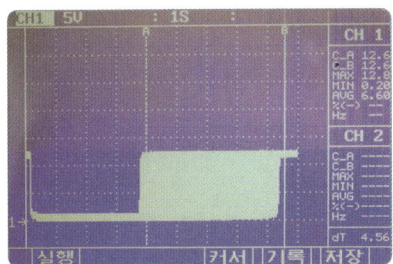

10. 실내등이 서서히 소멸되며 소등된다(이때 듀티 파형이 출력된다).

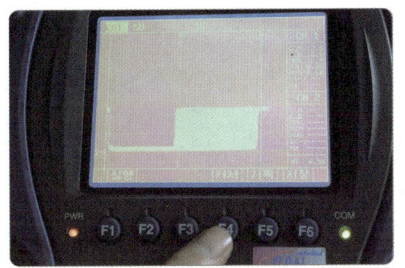

11. 출력된 파형을 확인하고 F4를 누른다.

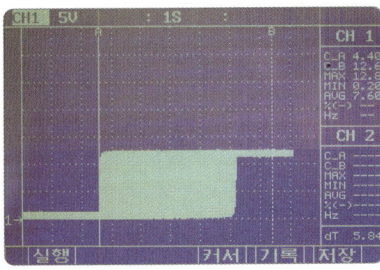

12. 커서 A를 듀티 제어 좌측 끝선에 일치시킨다.

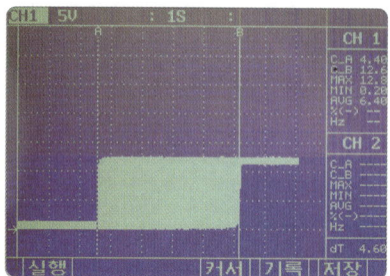

13. 커서 B를 듀티 제어 우측 끝선에 일치시킨다.

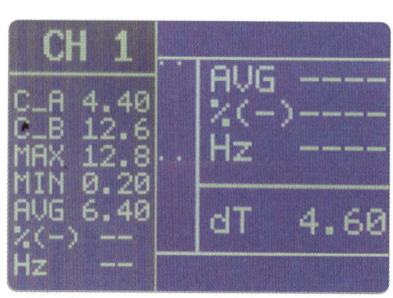

14. 커서 A와 B 구간의 시간과 전압을 확인한다.
시간 : 4.6 s
전압 : 0.2 V → 12.8 V

15. 멀티 전압 측정 : 도어가 닫힌 상태에서 전압을 점검한다.

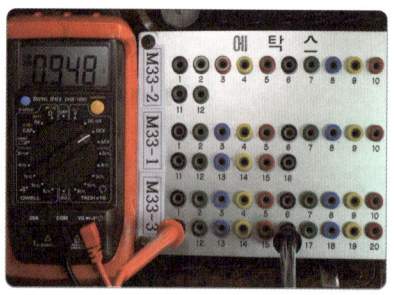

16. 도어가 열린 상태에서 전압을 점검한다.

17. 점화스위치를 탈거한다.

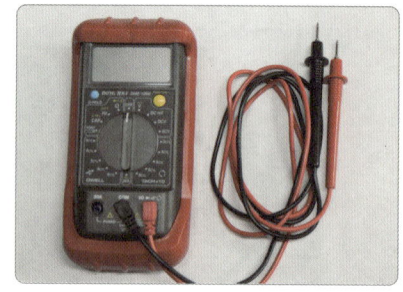

18. 디지털 멀티테스터를 정리한다.

실기시험 주요 Point

투 채널을 통한 감광 램프 작동 확인

❶ A채널 도어가 닫혀있다가 열린 시점 : B채널 룸 램프 접지
❷ A채널 도어가 열려있다가 닫힌 시점 : 펄스 파형 - 일정 듀티 파형 3.85s ➡ 룸 램프의 감광 제어가 이루어짐
❸ 도어가 열리면 스위치 접점이 ON되어 5 V→0 V로 전압이 변화된다.
❹ 이 신호를 근거로 에탁스는 룸 램프를 즉시 접지시켜 룸 램프가 작동된다.

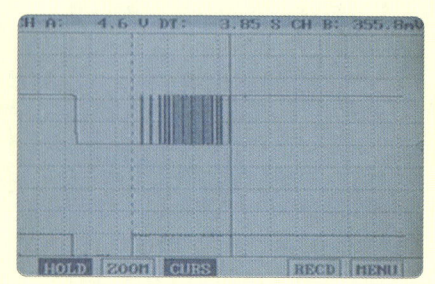

답안지 작성

전기 3 감광식 룸 램프 점검(스캐너 파형 측정 기준)

점검 항목	① 측정(또는 점검)		② 판정 및 정비(또는 조치) 사항		(H) 득점
(A) 자동차 번호 :		(B) 비번호		(C) 감독위원 확 인	
점검 항목	(D) 감광 시간	(E) 전압 변화	(F) 판정(□에 'V' 표)	(G) 정비 및 조치할 사항	(H) 득점
작동 변화	4.6초	0.2 V → 12.8 V	☑ 양호 □ 불량	정비 및 조치할 사항 없음	

1. 답안지 공통 사항(감독위원 확인 및 기록 사항)

(C) **감독위원 확인** : 감독위원 확인란으로 수험자는 기록하지 않습니다.
(H) **득점** : 감독위원이 해당 항목 점수를 채점 기록하며 수험자는 기록하지 않습니다.

2. 수험자가 기록 사항

(A) **자동차 번호** : 측정하는 자동차 번호를 기록합니다(시험용 자동차가 2대 이상일 때 해당).
(B) **비번호** : 책임관리위원(공단 본부)이 배부한 등번호(비번호)를 기록합니다.
① 측정(또는 점검)
  (D) **감광 시간** : 감광 시간을 측정한 값 **4.6초**를 기록합니다.
  (E) **전압 변화** : 도어 닫힘 시 측정한 작동 전압 변화 **0.2 V → 12.8 V**를 측정하여 기록합니다.
② 판정 및 정비(또는 조치) 사항
  (F) **판정** : 측정값이 규정값 이내이므로 **양호**에 ☑ 표시를 합니다.
  (G) **정비 및 조치할 사항** : 판정이 양호이므로 **정비 및 조치할 사항 없음**을 기록합니다.
    판정이 불량일 때는 **에탁스 교체 후 재점검**을 기록합니다.

실기시험 주요 Point 감광식 룸 램프 출력 전압 측정 시 유의사항
출력 전압 측정 시 커넥터를 분리할 때는 배선을 당기지 말고 반드시 커넥터 몸체를 잡고 분리한다.

● 감광식 룸 램프 측정값이 출력되지 않을 경우

점검 항목	측정(또는 점검)		판정 및 정비(또는 조치) 사항		득점
	자동차 번호 :		비번호	감독위원 확 인	
	감광 시간	전압(V) 변화	판정(□에 'V'표)	정비 및 조치할 사항	
작동 변화	0초	0 V	□ 양호 ☑ 불량	에탁스 교체 후 재점검	

※ 판정 및 정비(조치)사항 : 감광식 룸 램프 측정값이 출력되지 않아 규정값 범위를 벗어났으므로 ☑ 불량에 표시하고, 에탁스 교체 후 재점검합니다.

● 감광식 룸 램프 측정값이 규정값 범위 내에 있을 경우

점검 항목	측정(또는 점검)		판정 및 정비(또는 조치) 사항		득점
	자동차 번호 :		비번호	감독위원 확 인	
	감광 시간	전압(V) 변화	판정(□에 'V'표)	정비 및 조치할 사항	
작동 변화	5.2초	0.2 V → 12.4 V	☑ 양호 □ 불량	정비 및 조치할 사항 없음	

※ 판정 및 정비(조치)사항 : 감광식 룸 램프 측정값이 규정값 범위 내에 있으므로 ☑ 양호에 표시하고, 정비 및 조치할 사항 없음을 기록합니다.

실기시험 주요 Point

규정값

차종	제어 시간	소모 전류(A)
EF 쏘나타/옵티마/오피러스	5.5±0.5초	• 리모컨 언록 시 10~30초간 점등 • 룸 램프 점등 40분 후 자동 소등

컨트롤 유닛 기본 입력 전압 규정값

입·출력 요소		전압 수준	
입력	전도어 스위치	도어 열림 상태	0 V
		도어 닫힘 상태	12 V(축전지 전압)
출력	룸 램프	점등 상태	0 V(접지 시)
		소등 상태	12 V(접지 해제)

(5) EF 쏘나타 에탁스 커넥터 단자

● EF 쏘나타 에탁스 커넥터 단자

[M33-1]

1	2	3	4	5	6	7	8
9	10	11	12	13	14	15	16

1. 와이퍼 모터 릴레이
3. 키 조명등 컨트롤
4. 좌측 앞 도어 록/언록 입력
6. 우측 앞 도어 록/언록 입력
8. 스티어링 잠금 입력
11. 뒤 도어 록/언록 입력
14. 간헐 와이퍼 시간 지연 조절
15. 간헐 와이퍼
16. 와셔 신호

● M33-1, M33-2

[M33-2]

1	2	3	4	5	6
7	8	9	10	11	12

3. 우측 도어 언록 스위치 입력
4. 좌측 도어 언록 스위치 입력
5. 후드 스위치 입력
6. 코드 세이브
10. 사이렌 컨트롤
12. 트렁크 언록 스위치 입력

● M33-3

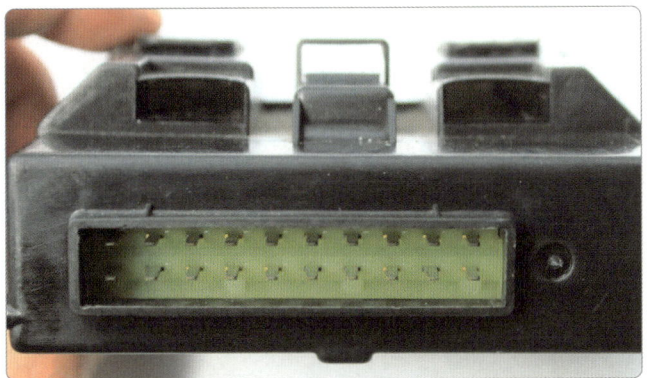

[M33-3]

11	12	13	14	15	16	17	18	19	20
1	2	3	4	5	6	7	8	9	10

1. 상시 전원　　3. 릴레이 컨트롤
4. 파워윈도 릴레이 컨트롤
5. ON/START 전원　　6. ON 전원
7. 좌우 센서　　8. 좌측 앞 도어 스위치
9. 우측 앞 도어 스위치
10. 트렁크 룸 램프 스위치
11. 실내등 컨트롤
12. 뒷유리 아웃사이드 미러 디포거
13. 시트 벨트 경고등
14. 도어 록/언록 릴레이 컨트롤　　16. 접지
18. 도어 열림 경고등 앞·뒤 도어 스위치

전기 4. 주어진 자동차에서 와이퍼 회로를 점검하여 이상개소(2곳)를 찾아서 수리하시오.

4-1 와이퍼 회로 점검

(1) 와이퍼 모터 위치

와이퍼 회로 점검

실기시험 주요 Point

와이퍼 회로 점검
1. 전기 회로도를 참고하여 주요 부품의 위치를 파악한다.
   (유관 점검으로 부품 및 스위치 커넥터나 릴레이 탈거를 확인한다.)
2. 기본적으로 축전지 충전 상태를 점검하고 단자 터미널 탈거 및 접촉 상태를 확인한다.
3. 릴레이를 중심으로 입력전원과 출력전원을 멀티테스터(전압계)로 확인한다.

와이퍼가 작동하지 않는 원인
1. 축전지 터미널 연결 상태 불량
2. 와이퍼 퓨즈의 탈거 및 단선
3. 와이퍼 스위치 커넥터 탈거
4. 와이퍼 릴레이 탈거, 릴레이 자체 불량
5. 와이퍼 모터 커넥터 탈거
6. 와이퍼 모터 불량

전기 93

● 와이퍼 회로도

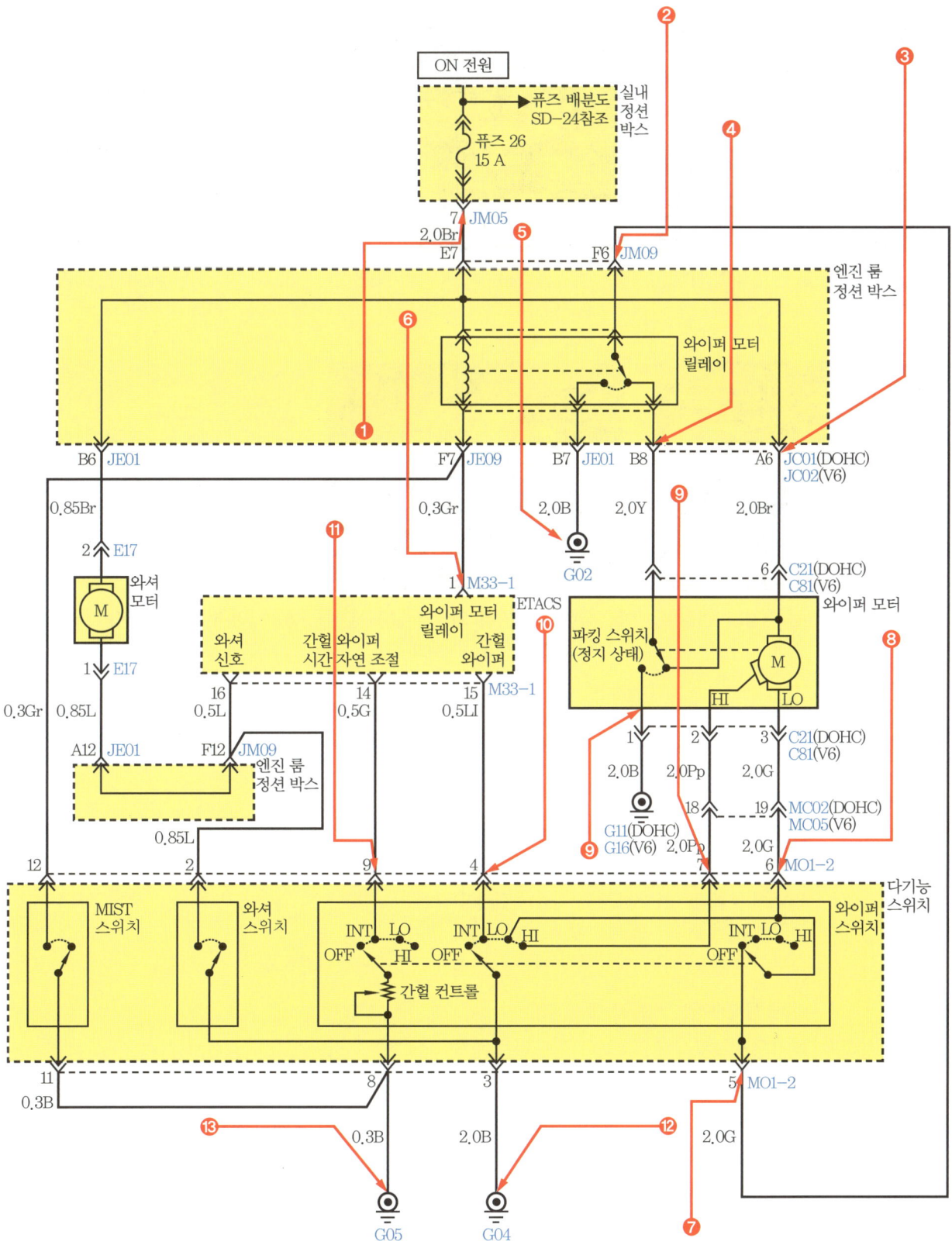

(2) 와이퍼 모터 회로 점검

1. 축전지 전압 및 단자 접촉 상태를 확인한다.

2. 엔진 룸 와이퍼 모터 릴레이를 점검한다.

3. 와이퍼 모터 커넥터를 탈거하고 공급 전원을 확인한다.

4. 와이퍼 모터 단품 점검을 한다.

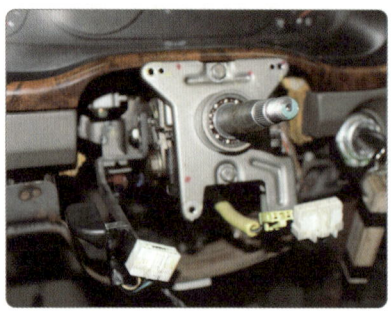

5. 와이퍼 스위치 커넥터 탈거 상태 및 단선 유무를 점검한다.

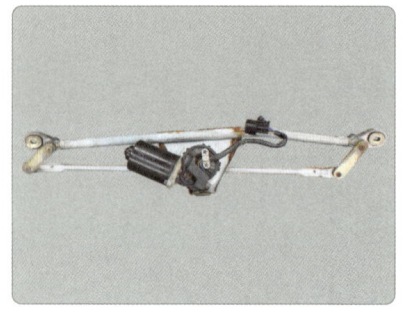

6. 와이퍼 링크 와이퍼 모터 체결 및 배선 상태를 점검한다.

실기시험 주요 Point

와이퍼 INT 기능이 작동하지 않는 경우
① 와이퍼 스위치 불량 예상 → 와이퍼 스위치 점검
② 와이퍼 릴레이 불량 예상 → 와이퍼 릴레이 점검
③ 관련 배선 및 조인트 불량 예상 → 배선 접속 점검
④ 와이퍼 릴레이 관련 배선 불량 예상 → 와이퍼 릴레이 관련 배선 점검

와이퍼를 OFF해도 계속 작동하는 경우
① 와이퍼 모터 불량 예상 → 와이퍼 모터 점검
② 와이퍼 스위치 불량 예상 → 와이퍼 스위치 점검
③ 관련 배선 및 조인트 불량 예상 → 배선 접속 점검

와셔가 작동하지 않는 경우
① 와셔 모터 불량 예상 → 와셔 모터 점검
② 와셔 스위치 불량 예상 → 와셔 스위치 점검
③ 관련 배선 및 조인트 불량 예상 → 배선 접속 점검

자동차정비산업기사 실기 2안

파트별		안별 문제	2안
엔진	1	엔진 분해 조립/측정	엔진 분해 조립/캠축 휨 측정
	2	엔진 시동/작업	1가지 부품 탈·부착/엔진 시동(시동, 점화, 연료)
	3	엔진 작동 상태/측정	공회전 속도 점검/인젝터 파형 분석 점검
	4	파형 점검	맵 센서 파형 분석(급가감속 시)
	5	부품 교환/측정	연료 압력 조절 밸브 탈·부착 시동/매연 측정
섀시	1	부품 탈·부착 작업	후륜 쇽업소버 스프링 탈·부착
	2	장치별 측정/부품 교환 조정	타이로드 엔드 탈·부착/최소회전반지름 측정
	3	브레이크 부품 교환/작동 상태 점검	ABS 브레이크 패드 교환/브레이크 작동 상태 확인
	4	제동력 측정	전륜 또는 후륜 제동력 측정
	5	부품 탈·부착/이상 부위 측정	ABS 자기진단
전기	1	부품 탈·부착 작업/측정	발전기 탈·부착/충전 전류 전압 점검
	2	전조등 점검	전조등 시험기 점검/광도, 광축
	3	편의 안전장치 점검	도어 중앙 잠금장치 신호 (전압 측정)
	4	전기 회로 점검	에어컨 회로 점검

국가기술자격 실기시험문제 2안 (엔진)

자격종목	자동차정비산업기사	과제명	자동차정비작업

비번호 :   시험시간 : 5시간 30분(엔진 : 140분, 섀시 : 120분, 전기 : 70분)

엔진 1
주어진 엔진을 기록표의 측정 항목까지 분해하여 기록표의 요구 사항을 측정 및 점검하고 본래 상태로 조립하시오.

1-1 엔진 분해 조립

 1안 참조 — 22쪽

1-2 캠축 휨 측정

(1) 측정 방법

캠축 휨 측정(흡기 캠축과 배기 캠축)

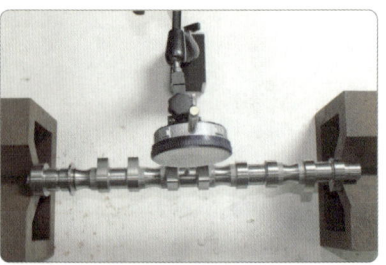

1. 다이얼 게이지를 설치하고(직각) 0점 조정 후 캠축을 1회전시킨다.

2. 1회전 측정값 0.06 mm의 1/2이 측정값이 된다(0.03 mm).

답안지 작성

엔진 1 캠축 점검

측정 항목	① 측정(또는 점검)		② 판정 및 정비(또는 조치) 사항		(H) 득점
	(D) 측정값	(E) 규정(정비한계)값	(F) 판정(□에 'V' 표)	(G) 정비 및 조치할 사항	
캠축 휨	0.03 mm	0.02 mm 이하	□ 양호 ☑ 불량	캠축 교체 후 재점검	

(A) 엔진 번호 : (B) 비번호 (C) 감독위원 확 인

1. 답안지 공통 사항(감독위원 확인 및 기록 사항)

(C) 감독위원 확인 : 감독위원 확인란으로 수험자는 기록하지 않습니다.
(H) 득점 : 감독위원이 해당 항목 점수를 채점 기록하며 수험자는 기록하지 않습니다.

2. 수험자가 기록해야 할 답안 사항

(A) 엔진 번호 : 측정하는 엔진 번호를 기록합니다(시험용 엔진이 2대 이상일 때 해당).
(B) 비번호 : 책임관리위원(공단 본부)이 배부한 등번호(비번호)를 기록합니다.
① 측정(또는 점검)
  (D) 측정값 : 캠축 휨 측정값 0.03 mm를 기록합니다.
  (E) 규정(정비한계)값 : 감독위원이 제시한 값 또는 정비지침서 규정값 0.02 mm 이하를 기록합니다.
② 판정 및 정비(또는 조치)사항
  (F) 판정 : 측정값이 규정(정비한계)값 범위를 벗어났으므로 **불량**에 ☑ 표시합니다.
  (G) 정비 및 조치할 사항 : 판정이 불량이므로 **캠축 교체 후 재점검**을 기록합니다.
       판정이 양호일 때는 **정비 및 조치할 사항 없음**을 기록합니다.

3. 캠축 휨 규정값

차 종	규정값	차 종	규정값
엑셀	0.02 mm 이하	프라이드	0.03 mm 이하
쏘나타	0.02 mm 이하	세피아	0.03 mm 이하
그랜저	0.02 mm 이하	크레도스	0.03 mm 이하

● 캠축 휨 측정값이 규정값 범위 내에 있을 경우

엔진 번호 :			비번호		감독위원 확 인	
측정 항목	측정(또는 점검)		판정 및 정비(또는 조치) 사항			득점
	측정값	규정(정비한계)값	판정(□에 'V'표)	정비 및 조치할 사항		
캠축 휨	0.01 mm	0.02 mm 이하	☑ 양호 □ 불량	정비 및 조치할 사항 없음		

※ 판정 및 정비(조치)사항 : 캠축 휨 측정값이 규정값 범위 내에 있으므로 ☑ 양호에 표시하고, 정비 및 조치할 사항 없음을 기록합니다.

● 캠축 휨 측정값이 0 mm(휨 없음)인 경우

엔진 번호 :			비번호		감독위원 확 인	
측정 항목	측정(또는 점검)		판정 및 정비(또는 조치) 사항			득점
	측정값	규정(정비한계)값	판정(□에 'V'표)	정비 및 조치할 사항		
캠축 휨	0.0 mm	0.02 mm 이하	☑ 양호 □ 불량	정비 및 조치할 사항 없음		

※ 판정 및 정비(조치)사항 : 캠축 휨 측정값이 0 mm인 경우 측정값이 규정값 범위 내에 있으므로 ☑ 양호에 표시하고, 정비 및 조치할 사항 없음을 기록합니다.

실기시험 주요 Point

캠축 휨 측정

❶ 캠축 측정 시 다이얼 게이지 스핀들을 캠축 중앙에 직각이 되도록 설치하고 측정한다.
❷ 캠축을 회전시킬 때 축이 측정부에서 이탈하지 않도록 천천히 회전시키며 측정한다.
❸ 캠축 휨 측정값은 다이얼 게이지 전체 측정값의 1/2이다.

엔진 2 주어진 자동차의 전자제어 엔진에서 감독위원의 지시에 따라 1가지 부품을 탈거한 후(감독위원에게 확인) 다시 부착하고 시동에 필요한 관련 부분의 이상개소(시동회로, 점화회로, 연료장치 중 2개소)를 점검 및 수리하여 시동하시오.

 1안 참조 — 31쪽

엔진 3 2항의 시동된 엔진에서 공회전 속도를 확인하고 감독위원의 지시에 따라 인젝터 파형을 측정 및 분석하여 기록표에 기록하시오(단, 시동이 정상적으로 되지 않은 경우 본 항의 작업은 할 수 없다).

3-1 엔진 공회전 속도 점검

 1안 참조 — 40쪽

3-2 인젝터 파형 측정 분석

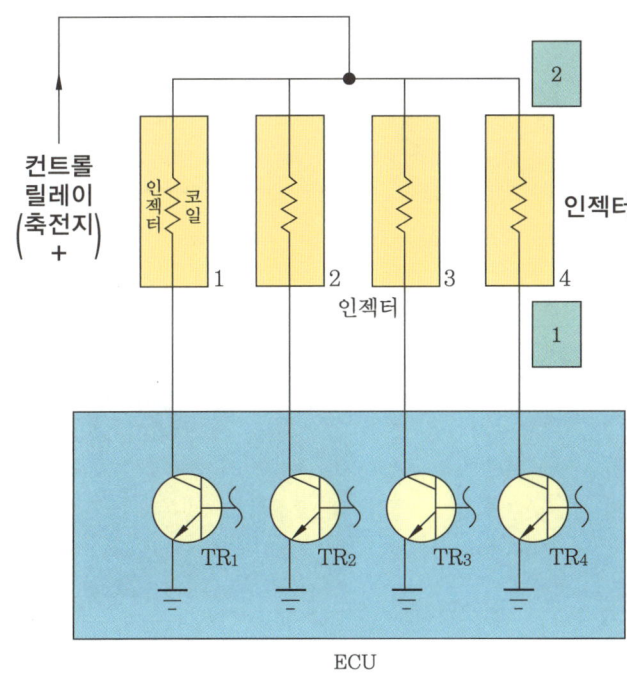
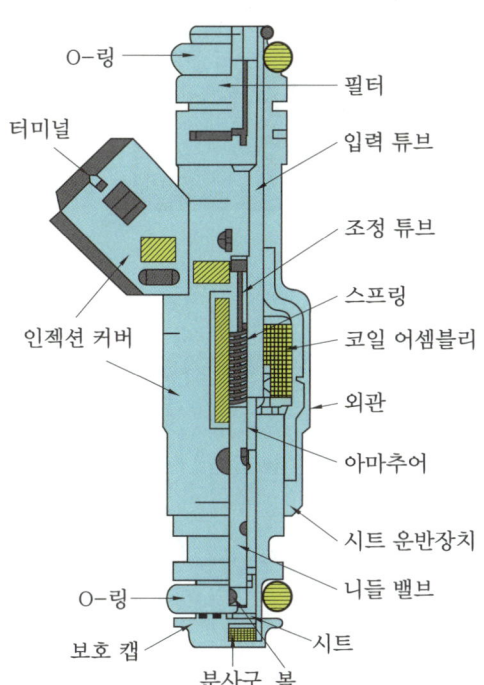

인젝터 회로 및 구조

(1) 인젝터 파형 측정 분석

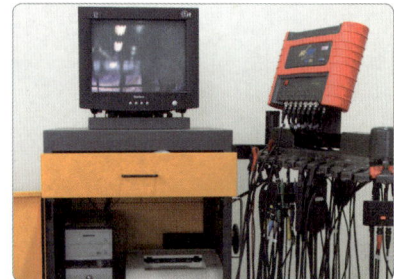
1. HI-DS 컴퓨터 전원을 ON시킨다.

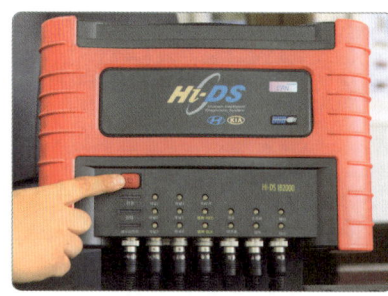
2. 계측모듈 스위치를 ON시킨다.

3. 모니터 전원 ON 상태를 확인한다.

4. HI-DS (+), (-) 클립을 축전지 단자에 연결한다.

5. 측정 채널 프로브를 선택한다.

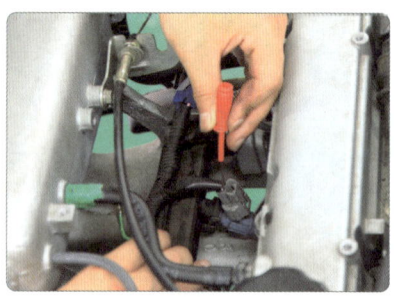
6. 인젝터에 프로브를 연결한다.

7. 엔진을 시동한다(시동 후 IG).

8. 바탕화면에서 HI-DS 아이콘을 클릭한다.

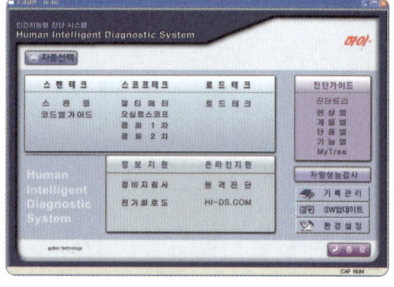
9. 차종을 선택한다.

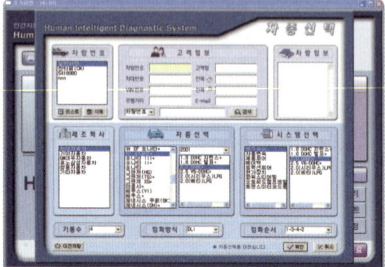
10. **차종 선택** : 제작사-차종-엔진형식을 선택한다.

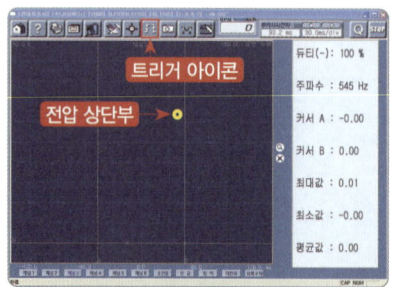
11. 트리거 아이콘을 클릭하고 화면 상단부(전압선 윗부분)를 클릭한다.

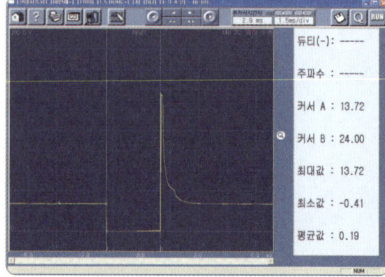
12. 화면 정지 후 커서 A(마우스 왼쪽), 커서 B(오른쪽)를 클릭하여 분사 시간을 측정한다(2.9 ms).

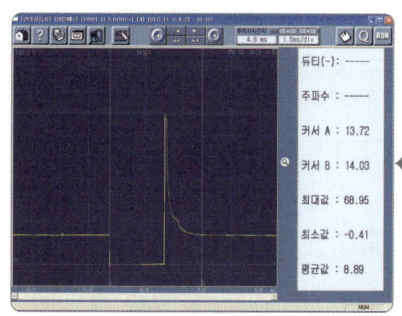

인젝터 파형 분석

① 축전지 전압은 13.72 V로 축전지에서 인젝터까지 배선 상태는 양호하다.
② 서지 전압은 68.95 V로 인젝터 내부 코일은 양호하다.
③ 인젝터 분사 시간은 2.9 ms(규정 2.2~2.9 ms)로 양호하다.
④ 접지 구간이 0.8 V 이하로 인젝터에서 ECU 접지까지 배선 상태는 양호하다.

13. 커서 A, 커서 B를 인젝터 작동 전압 범위로 지정하고, 인젝터 작동 전압(서지 전압)을 측정한다.
   (최댓값 : 68.95 V)

 **실기시험 주요 Point** 　인젝터 파형 주요 점검 부위

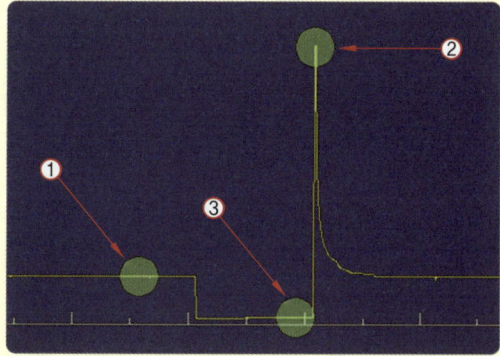

① **전원 전압** : 발전기에서 발생되는 전압(12~13.5 V 정도)이다.
   ➡ 전압이 낮으면 전원 쪽의 배선의 문제로 볼 수 있다.
② **서지 전압** : 서지 전압 발생 구간으로 서지 전압(70 V 정도, 아반떼 : 68 V)이 낮으면 전원과 접지의 불량이다.
   ➡ 인젝터 내부 코일의 문제로 볼 수 있다.
③ **접지 전압** : 인젝터에서 연료가 분사되고 있는 구간(0.8 V 이하)으로, 접지 전압이 상승하면 인젝터에서 ECU까지 배선이나 커넥터의 접촉 상태의 문제로 볼 수 있다.
   ➡ 인젝터 분사 시간은 공전 시 2.2~2.9 ms 정도이다(차량마다 다르다).

※ 파형 측정 후 출력하고 주요 부위를 표시한 후 감독위원에게 제출한다.

답안지 작성

엔진 3 인젝터 점검

(A) 자동차 번호 :		(B) 비번호		(C) 감독위원 확 인	
측정 항목	① 측정(또는 점검)		② 판정 및 정비(또는 조치) 사항		(H) 득점
	(D) 측정값	(E) 규정(정비한계)값	(F) 판정(□에 'V' 표)	(G) 정비 및 조치할 사항	
분사 시간	2.9 ms	2.2~2.9 ms	☑ 양호 □ 불량	정비 및 조치할 사항 없음	
서지 전압	68.95 V	60~80 V			

※ 공회전 상태에서 측정하고 기준값은 정비지침서를 찾아 판정합니다.

1. 답안지 공통 사항(감독위원 확인 및 기록 사항)

(C) 감독위원 확인 : 감독위원 확인란으로 수험자는 기록하지 않습니다.
(H) 득점 : 감독위원이 해당 항목 점수를 채점 기록하며 수험자는 기록하지 않습니다.

2. 수험자가 기록해야 할 답안 사항

(A) 자동차 번호 : 측정하는 자동차 번호를 기록합니다(시험용 자동차가 2대 이상일 때 해당).
(B) 비번호 : 책임관리위원(공단 본부)이 배부한 등번호(비번호)를 기록합니다.
① 측정(또는 점검)
  (D) 측정값 : 인젝터 분사 시간과 서지 전압을 측정한 값을 기록합니다.
    • 분사 시간 : **2.9 ms**   • 서지 전압 : **68.95 V**
  (E) 규정(정비한계)값 : 감독위원이 제시한 값이나 정비지침서를 보고 기록합니다.
    • 분사 시간 : **2.2~2.9 ms**   • 서지 전압 : **60~80 V**
② 판정 및 정비(또는 조치) 사항
  (F) 판정 : 측정값이 규정(정비한계)값 범위 내에 있으므로 **양호**에 ☑ 표시를 합니다.
  (G) 정비 및 조치할 사항 : 판정이 양호이므로 **정비 및 조치할 사항 없음**을 기록합니다.
※ 인젝터 파형 불량 시
  서지 전압은 일반적으로 60~80 V가 규정 전압이다. 서지 전압이 낮아져 불량으로 판정되면 인젝터 배선 또는 ECU 배선 접촉 불량으로 전압이 낮게 출력된다고 볼 수 있다.
  ㉮ 서지 전압이 불량일 때는 **인젝터 배선 및 ECU 배선 접지 상태 점검**을 기록합니다.
  ㉯ 분사 시간이 불량일 때는 **전자 제어 입력 센서 세부 점검**을 기록합니다.

● 분사 시간이 규정값보다 클 경우

자동차 번호 :			비번호		감독위원 확 인	
측정 항목	측정(또는 점검)		판정 및 정비(또는 조치) 사항			득점
	측정값	규정(정비한계)값	판정(□에 'V'표)	정비 및 조치할 사항		
분사 시간	3.8 ms	2.2~2.9 ms	□ 양호 ☑ 불량	전자제어 입력 센서 재점검		
서지 전압	68.95 V	60~80 V				

※ 판정 및 정비(조치)사항 : 분사 시간이 규정값 범위를 벗어났으므로 ☑ 불량에 표시하고, 전자제어 입력 센서를 재점검합니다.

● 서지 전압이 규정값보다 작을 경우

자동차 번호 :			비번호		감독위원 확 인	
측정 항목	측정(또는 점검)		판정 및 정비(또는 조치) 사항			득점
	측정값	규정(정비한계)값	판정(□에 'V'표)	정비 및 조치할 사항		
분사 시간	2.8 ms	2.2~2.9 ms	□ 양호 ☑ 불량	인젝터 배선 및 ECU 배선 접지상태 재점검		
서지 전압	48 V	60~80 V				

※ 판정 및 정비(조치)사항 : 서지 전압이 규정값 범위를 벗어났으므로 ☑ 불량에 표시하고, 인젝터 배선 및 ECU 배선 접지상태를 재점검합니다.

실기시험 주요 Point

인젝터 파형 점검 시 유의사항
시험장에서는 인젝터 파형을 출력(모니터)한 후 파형 측정값을 확인하여 분석·판정하는 경우도 있다.

분사 시간과 서지 전압이 규정값 범위를 벗어난 경우 정비 및 조치할 사항
❶ 분사 시간이 규정값을 벗어난 경우 → 전자제어 입력 센서 및 회로 재점검
❷ 서지 전압이 규정값을 벗어난 경우 → 인젝터 배선 및 ECU 배선 접지상태 재점검

엔진 4 주어진 자동차의 엔진에서 맵 센서의 파형을 분석하여 그 결과를 기록표에 기록하시오(측정 조건 : 급가감속 시).

 1안 참조 — 48쪽

  엔진 5 주어진 전자제어 디젤 엔진에서 연료 압력 센서를 탈거한 후(감독위원에게 확인) 다시 부착하여 시동을 걸고, 매연을 측정하여 기록표에 기록하시오.

5-1 연료 압력 센서 탈·부착

커먼레일 엔진 연료 압력 센서 탈·부착

1. 연료 압력 센서 위치를 확인한다.

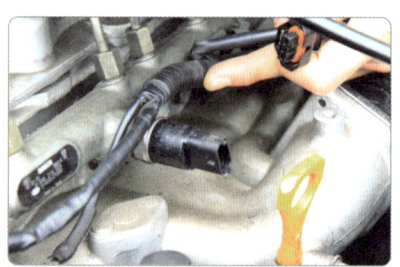

2. 연료 압력 센서 커넥터를 탈거한다.

3. 탈거한 연료 압력 센서 주변을 정리한다.

4. 연료 압력 센서 고정 볼트를 분해한다.

5. 연료 압력 센서를 탈거한 후 감독위원의 확인을 받는다.

6. 연료 압력 센서를 조립한다.

7. 연료 압력 센서의 조립된 상태를 확인한다.

8. 연료 압력 센서 커넥터를 조립한 후 감독위원의 확인을 받는다.

5-2 디젤 매연 측정

(1) 광학식 매연 테스터기 구조 및 기능

측정용 자동차(시뮬레이터)와 매연 테스터기를 준비하고 측정 유닛 프로브를 점검용 차량 머플러에 삽입한다.

1. 전면 지시부 및 기능키

2. 지시부 뒷면 연결 커넥터 및 기능

3. 측정 유닛 전면(측정부 호스로 측정차량 머플러로 연결된다).

4. 측정 유닛 뒷면(테스터기 작동 전원 코드와 통신케이블이 지시부에 연결된다).

● **리모컨 컨트롤 사용방법**

① Accelation 버튼을 두 번 누른다.

② 1회에 LED 불이 들어온다.

③ Accelation 버튼을 누른다.
측정신호 표시등이 지시되면 가속 페달을 밟는다.

④ 5초 후, 1회에 LED 불이 들어온다.

⑤ Accelation 버튼을 누른다. 그러면 2회에 LED 불이 들어온다.
이것을 반복적으로 작업하면서 3~4회까지 측정한다.

⑥ 4회에 LED 불이 들어온 후 Accelation 버튼을 누르면 Print되고
Continuous 버튼을 누르면 Print 없이 Continue로 돌아간다.

※ 배기가스 측정 중에 Continuous 버튼을 누르면 Continue 모드로 돌아온다.

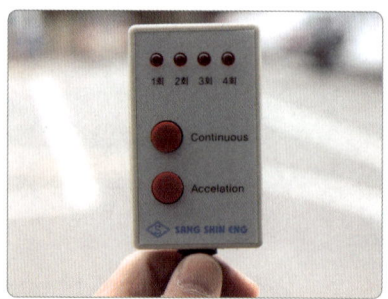

리모컨 컨트롤 지시부

● **지시부 및 기능키**

① 지시부 : 지시부는 고농도 LED 타입이며 6개 지시부 윈도에 지시된다. 불투과율, K값, RPM(옵션), 오일 온도(옵션), 상태에 대한 정보가 지시부에 지시된다.

② 기능키 기능 : 주요 키 기능은 각각 키 아래에 있는 문자와 화살표로 표시되어 있다.

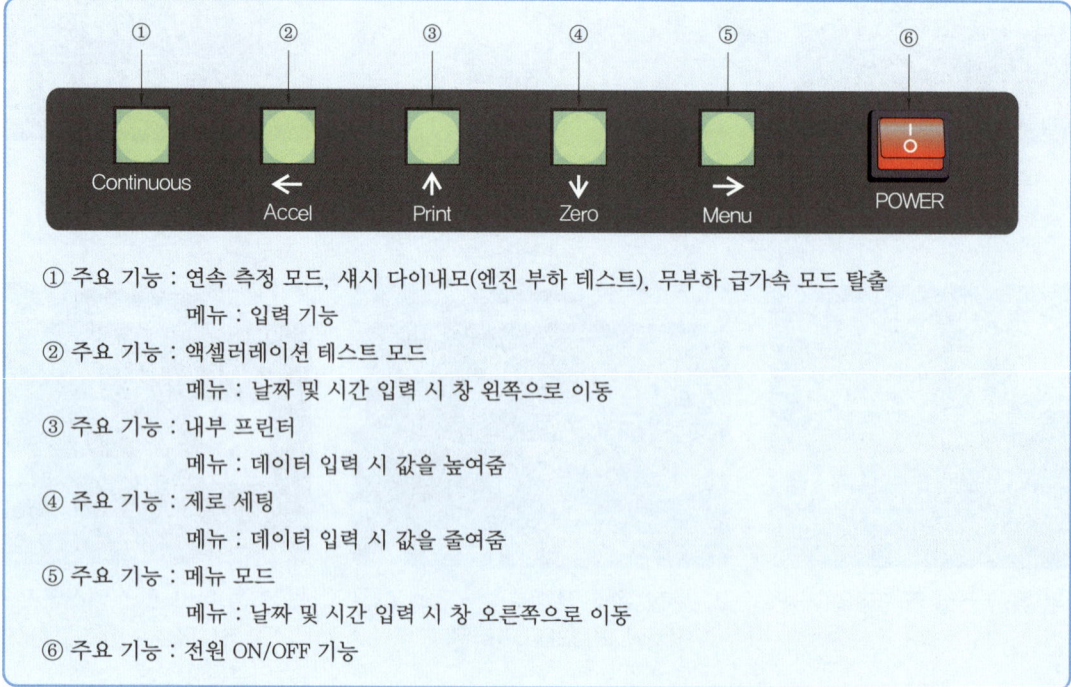

① 주요 기능 : 연속 측정 모드, 섀시 다이내모(엔진 부하 테스트), 무부하 급가속 모드 탈출
　　　메뉴 : 입력 기능
② 주요 기능 : 액셀러레이션 테스트 모드
　　　메뉴 : 날짜 및 시간 입력 시 창 왼쪽으로 이동
③ 주요 기능 : 내부 프린터
　　　메뉴 : 데이터 입력 시 값을 높여줌
④ 주요 기능 : 제로 세팅
　　　메뉴 : 데이터 입력 시 값을 줄여줌
⑤ 주요 기능 : 메뉴 모드
　　　메뉴 : 날짜 및 시간 입력 시 창 오른쪽으로 이동
⑥ 주요 기능 : 전원 ON/OFF 기능

● **준비 작업**

① 셀프 테스트 : 전원 스위치를 ON시키면 모든 기능을 스스로 체크한다.

② 예열 : 예열은 셀프 테스트가 끝난 후 자동으로 시작되며, 지시부 불투과율 창에 측정 체임버 온도가 표시되고 K값 창에 측정 체임버 적정온도(85℃)가 표시된다. 나머지 창에는 SSE 문자가 표시된다.

측정 체임버 온도가 85℃에 도달하면 예열시간이 끝나고 장비는 자동으로 영점 조정 캘리브레이션을 시작한다. 영점 조정이 끝난 후 자동으로 연속 측정 모드로 들어가며 측정값을 보여주기 시작한다.

(2) 측정 방법

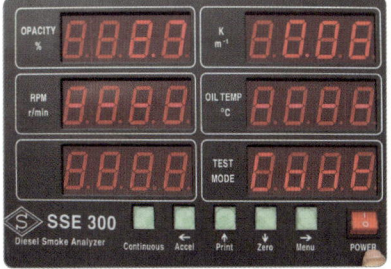

1. 매연 테스터기를 ON시킨다.

2. 측정 체임버 온도를 확인한다. 현재 온도(62 ℃)가 목표온도(70 ℃)에 도달할 때까지 기다린다.

3. 매연 측정 준비를 확인한다(측정 준비 완료).

4. 배기 머플러에 흡입구를 삽입하고 클립으로 고정시킨다.

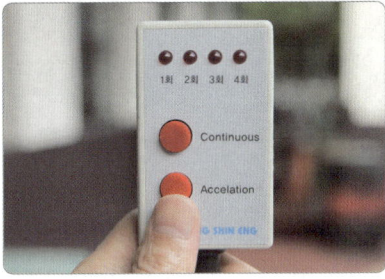

5. 리모컨(또는 지시부) Accelation 버튼을 누른다.

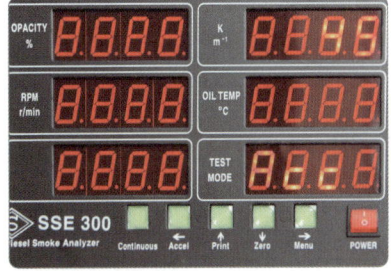

6. 차량 연식에 맞는 기준값 K를 설정한다.

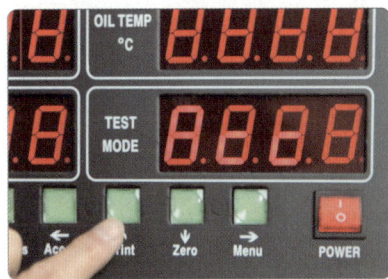

7. 지시부 기능키 상, 하(3, 4) 버튼을 이용하여 기준값을 맞춘다.

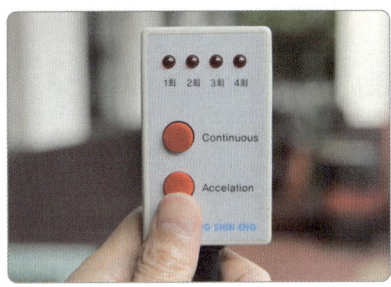

8. 리모컨(또는 지시부) Accelation 버튼을 누른다.

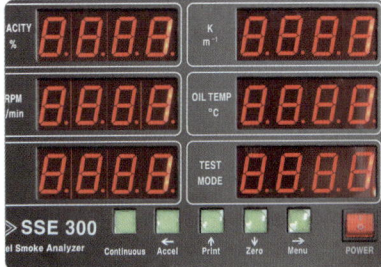

9. 지시부 화면에 '111'이 표시되면 Accelation 버튼을 누른다.

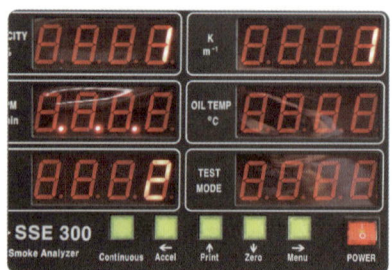

10. 측정 시작 신호 동작이 표시되면 ('····') 액셀러레이터 페달을 밟는다(5초 이내 측정).

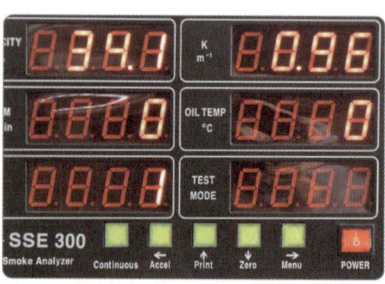

11. 지시부에 1회 측정값(34.1%)이 출력된다(리모컨에 횟수 표시).

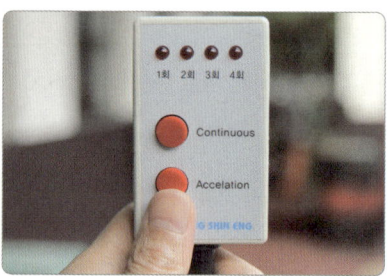

12. 리모컨(또는 지시부) Accelation 버튼을 누른다.

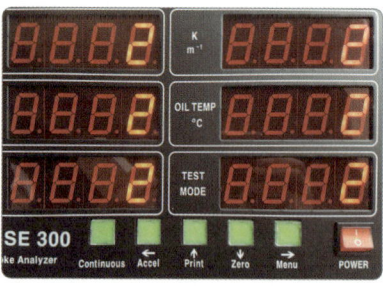

13. 지시부에 '222'가 표시되면 Accelation 버튼을 누른다.

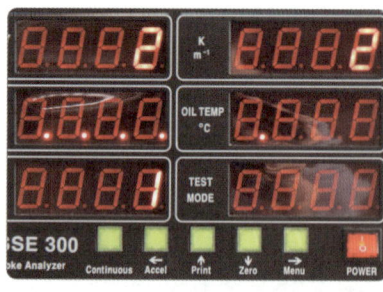

14. 측정 시작 신호 동작이 표시되면 ('····') 액셀러레이터 페달을 밟는다(5초 이내 측정).

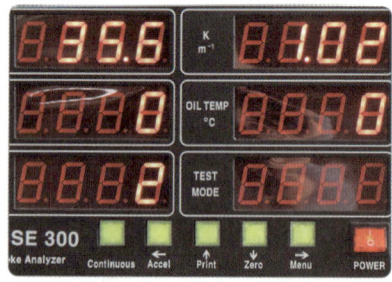

15. 2회 측정값(35.6%)이 지시부에 출력된다(리모컨에 횟수 표시).

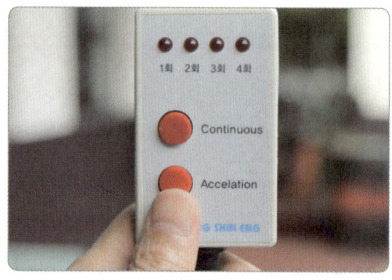

16. 리모컨(또는 지시부) Accelation 버튼을 누른다.

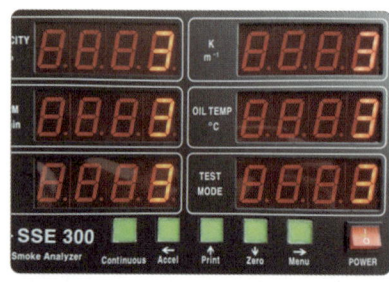

17. 지시부에 '333'이 표시된다.

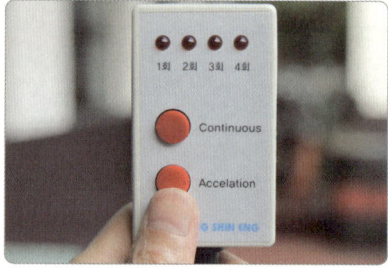

18. 리모컨(또는 지시부) Accelation 버튼을 누른다.

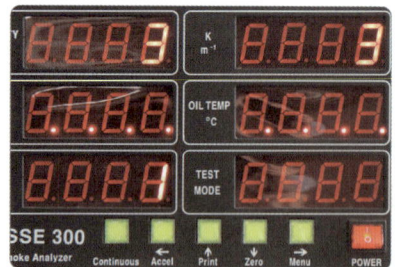

19. 측정 시작 신호 동작이 표시되면 ('····') 액셀러레이터 페달을 밟는다(5초 이내 측정).

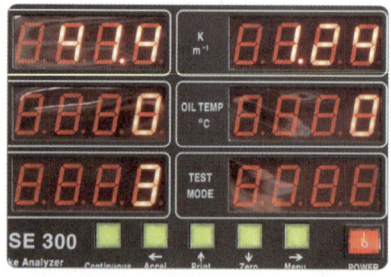

20. 3회 측정값(41.4%)이 지시부에 출력된다(리모컨에 횟수 표시).

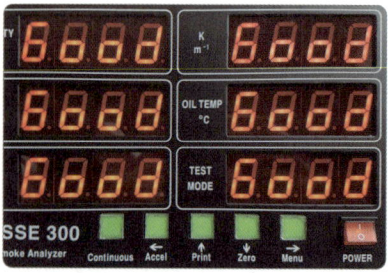

21. 기준값 K의 판정 기준에 따라 'Good'과 'Fail'이 표시된다.

자 동 차 등 록 증

제2007 - 03260호 최초등록일 : 2007년 08월 05일

① 자동차 등록번호	08다 1402	② 차종	대형 승용	③ 용도	자가용
④ 차명	싼타페	⑤ 형식 및 연식	2007		
⑥ 차대번호	KMHSH81WP7U100168	⑦ 원동기형식			
⑧ 사용자 본거지	경기도 군포시 산본동 1100번지				
소유자 ⑨ 성명(상호)	기동찬	⑩ 주민(사업자)등록번호	******-******		
소유자 ⑪ 주소	서울특별시 영등포구				

자동차관리법 제8조 규정에 의하여 위와 같이 등록하였음을 증명합니다.

2007 년 08 월 05 일

서울특별시장

1. 제원

⑫ 형식승인번호	1-10109-8765-4321		
⑬ 길이	4675 mm	⑭ 너비	1890 mm
⑮ 높이	1840 mm	⑯ 총중량	2345 kg
⑰ 배기량	2188 cc	⑱ 정격출력	153/4000
⑲ 승차정원	7명	⑳ 최대적재량	kg
㉑ 기통수	4기통	㉒ 연료의 종류	경유

2. 등록번호판 교부 및 봉인

㉓ 구분	㉔ 번호판교부일	㉕ 봉인일	㉖ 교부대행자확인
신 규	2007		

3. 저당권 등록

㉗ 구분(설정 또는 말소)	㉘ 일자

*기타 저당권 등록의 내용은 자동차 등록 원부를 열람, 확인하시기 바랍니다.

※ 비고

4. 검사유효기간

㉙ 연월일부터	㉚ 연월일까지	㉛ 검사시행장소	㉜ 검사책임자
2007-08-05	2008-08-04		

※ 주의 사항 : 29항 첫째 칸 란에는 신규 등록일을 기록합니다.

● 차대번호 식별방법

K	M	H	S	H	8	1	W	P	7	U	1	0	0	1	6	8
①	②	③	④	⑤	⑥	⑦	⑧	⑨	⑩	⑪			⑫			
제작회사군			자동차 특성군						제작 일련번호군							

● 차대번호

차대번호는 총 17자리로 구성되어 있다.

KMHSH81WP7U100168

① 첫 번째 자리는 제작국가(K=대한민국)
② 두 번째 자리는 제작회사(M=현대, N=기아, P=쌍용, L=GM 대우)
③ 세 번째 자리는 자동차 종별(H=승용차, J=승합차량, F=화물트럭)
④ 네 번째 자리는 차종 구분(S=싼타페, V=아반떼, 액센트)
⑤ 다섯 번째 자리는 세부 차종(H=슈퍼 디럭스, G=디럭스, F=스탠다드, J=그랜드살롱)
⑥ 여섯 번째 자리는 차체 형상(1=리무진, 2~5=도어수, 6=쿠페, 8=왜건)
⑦ 일곱 번째 자리는 안전벨트 고정개소(1=액티브 벨트, 2=패시브 벨트)
⑧ 여덟 번째 자리는 엔진 형식(배기량)(W=2200 cc, A=1800 cc, B=2000 cc, G=2500 cc)
⑨ 아홉 번째 자리는 기타 사항 용도 구분(P=왼쪽 운전석, R=오른쪽 운전석)
⑩ 열 번째 자리는 제작연도(영문 I, O, Q, U, Z 제외)~Y(2000)~7(2007)~9(2009), A(2010)~L(2020)~
⑪ 열한 번째 자리는 제작공장(U=울산공장, C=전주공장, A=아산공장)
⑫ 열두 번째~열일곱 번째 자리는 차량 생산(제작) 일련번호

● 제작사 차대번호의 예

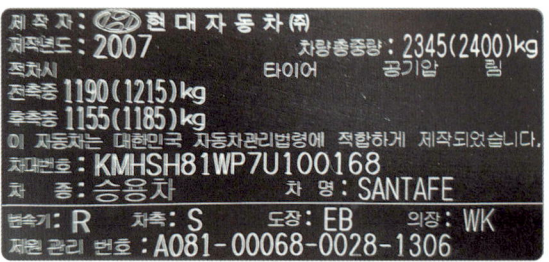

차대번호 2007년식   KMHSH81WP7U100168

● 매연 허용 기준값

차 종	제작일자	수시 · 정기검사
승용 · 소형자동차	1995년 12월 31일 이전	60% 이하
	1996년 1월 1일부터 2000년 12월 31일까지	55% 이하
	2001년 1월 1일부터 2003년 12월 31일까지	45% 이하
	2004년 1월 1일부터 2007년 12월 31일까지	40% 이하
	2008년 1월 1일부터 2016년 8월 31일까지	20% 이하
	2016년 9월 1일 이후	10% 이하

답안지 작성

엔진 5 디젤 엔진 매연 점검

(A) 엔진 번호 :					(B) 비번호		(C) 감독위원 확인	
① 측정(또는 점검)					② 산출 근거 및 판정			(K) 득점
(D) 차종	(E) 연식	(F) 기준값	(G) 측정값	(H) 측정	(I) 산출 근거(계산) 기록	(J) 판정 (□에 'V' 표)		
승용차	2007	40% 이하	37%	1회 : 34.1% 2회 : 35.6% 3회 : 41.4%	$\frac{34.1 + 35.6 + 41.4}{3} = 37.03$	☑ 양호 ☐ 불량		

※ 23년부터 과급기 부착차량에 대한 매연검사(무부하급가속)의 5% 가산 기준은 미적용합니다.
※ 감독위원이 제시한 자동차등록증(차대번호)을 활용하여 차종 및 연식을 적용합니다.
※ 자동차 검사 기준 및 방법에 의하여 기록·판정합니다. ※ 측정 및 판정은 무부하 조건으로 합니다.
※ 측정 및 산출근거란은 소수점 값을 기입합니다. ※ 측정값란은 매연 농도를 산술평균하여 소수점 이하는 버린 값으로 기입합니다.

1. 답안지 공통 사항(감독위원 확인 및 기록 사항)

(C) 감독위원 확인 : 감독위원 확인란으로 수험자는 기록하지 않습니다.
(K) 득점 : 감독위원이 해당 항목 점수를 채점 기록하며 수험자는 기록하지 않습니다.

2. 수험자가 기록해야 할 답안 사항

(A) 엔진 번호 : 측정하는 엔진 번호를 기록합니다(시험용 엔진이 2대 이상일 때 해당).
(B) 비번호 : 책임관리위원(공단 본부)이 배부한 등번호(비번호)를 기록합니다.
① 측정(또는 점검)
  (D) 차종 : KM**H**SH81WP7U100168(차대번호 3번째 자리) ➡ 승용차
  (E) 연식 : KMHSH81WP**7**U100168(차대번호 10번째 자리) ➡ 2007
  (F) 기준값 : 등록증 차대번호의 연식을 보고 기준값 40% 이하를 기록합니다.
  (G) 측정값 : 3회 산출된 평균값 37%를 기록합니다(소수점 이하 버림).
② 산출 근거 및 판정
  (H) 측정 : 1회부터 3회까지 측정한 값을 기록합니다.
    • 1회 : 34.1% • 2회 : 35.6% • 3회 : 41.4%
  (I) 산출 근거(계산) 기록 : $\frac{34.1 + 35.6 + 41.4}{3} = 37.03$
  (J) 판정 : 측정값이 기준값 범위 내에 있으므로 양호에 ☑ 표시를 합니다.

● 매연 측정값이 기준값 범위 내에 있을 경우

엔진 번호 :						비번호		감독위원 확 인	
측정(또는 점검)						산출 근거 및 판정			득점
차종	연식	기준값	측정값	측정		산출 근거(계산) 기록	판정 (□에 'V'표)		
승용차	2007	40% 이하	44%	1회 : 45.5% 2회 : 44.7% 3회 : 43.6%		$\dfrac{45.5 + 44.7 + 43.6}{3} = 44.6$	☑ 양호 □ 불량		

※ 판정 : 매연 측정값이 기준값 범위 내에 있으므로 ☑ 양호에 표시합니다.

● 매연 측정값이 기준값보다 클 경우

엔진 번호 :						비번호		감독위원 확 인	
측정(또는 점검)						산출 근거 및 판정			득점
차종	연식	기준값	측정값	측정		산출 근거(계산) 기록	판정 (□에 'V'표)		
화물차	2012	20% 이하	51%	1회 : 50.1% 2회 : 52.3% 3회 : 50.9%		$\dfrac{50.1 + 52.3 + 50.9}{3} = 51.1$	□ 양호 ☑ 불량		

※ 판정 : 매연 측정값이 기준값 범위를 벗어났으므로 ☑ 불량에 표시합니다.

※ 23년부터 과급기 부착차량에 대한 매연검사(무부하급가속)의 5% 가산 기준은 미적용합니다.

실기시험 주요 Point

대기환경보전법 시행규칙[별표 21] 〈개정 2022. 11. 14.〉
운행차 배출허용 기준(제78조 관련) 변경으로 과급기(turbo charger)에 배출허용 5% 가산을 적용하지 않는다.

국가기술자격 실기시험문제 2안 (섀시)

자격종목	자동차정비산업기사	과제명	자동차정비작업

비번호 :   시험시간 : 5시간 30분(엔진 : 140분, 섀시 : 120분, 전기 : 70분)

섀시 1 주어진 자동차에서 후륜 현가장치의 쇽업소버 스프링을 탈거한 후(감독위원에게 확인) 다시 부착하여 작동 상태를 확인하시오.

1-1 뒤 쇽업소버 탈·부착

뒤 쇽업소버 탈·부착 작업

1. 준비된 차량에서 타이어를 탈거한다.

2. 뒷좌석 시트를 분리한다.

3. 뒤 쇽업소버에 고정된 클립을 분리하고 브레이크 파이프를 탈거한다.

4. 쇽업소버에 체결된 스테이빌라이저 아이들 링크 고정 볼트를 분해한다.

5. 쇽업소버와 뒷바퀴 허브 너클 고정 너트를 분해한다(볼트는 너클에 체결한다).

6. 뒤 쇽업소버 상단부 고정 볼트를 분해한다.

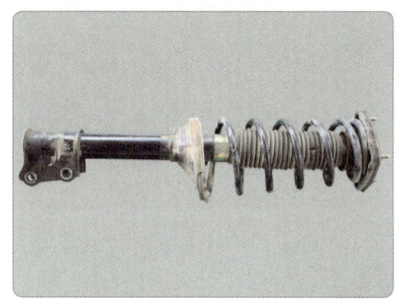
7. 뒤 쇽업소버 허브 너클 고정 볼트를 분해하고 쇽업소버를 탈거한 후 감독위원의 확인을 받는다.

8. 쇽업소버 뒤 시트 상단 부분에 너트를 손으로 조인다.

9. 쇽업소버 허브 너클 고정 볼트를 체결한다.

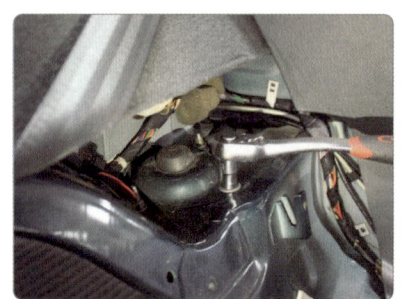
10. 쇽업소버 뒤 시트 상단 부분에 너트를 규정 토크로 조립한다.

11. 브레이크 호스 고정 클립을 조립하고 스테이빌 라이저 아이들 링크 고정 볼트를 조립한다.

12. 바퀴를 조립하고 감독위원의 확인을 받는다.

1-2 뒤 쇽업소버 스프링 탈·부착

 1안 참조 — 58쪽

| 섀시 2 | 주어진 자동차에서 최소회전반경을 측정하여 기록표에 기록하고, 타이로드 엔드를 탈거한 후(감독위원에게 확인) 다시 부착하여 토(toe)가 규정값이 되도록 조정하시오. |

2-1 타이로드 엔드 탈·부착

1. 감독위원이 지정하는 바퀴의 타이어를 탈거한다.

2. 타이로드 엔드 탈거 전 나사산을 확인한다.

3. 2개의 오픈 엔드 렌치를 사용하여 타이로드 고정 너트를 풀어준다.

4. 타이로드 엔드 볼 조인트 고정 너트를 여유 있게 풀어준다.

5. 엔드 풀러를 사용하여 압축한다(나사힘 이용 탈거).

6. 타이로드 엔드를 탈거한 후 감독위원의 확인을 받는다.

7. 타이로드 엔드를 조립한다.

8. 나사산의 위치를 확인한 후 오픈 렌치를 사용하여 조립한다.

9. 타이로드 엔드 볼 고정 너트를 조립한 후 감독위원의 확인을 받는다.

실기시험 주요 Point

타이로드 엔드 교체 주기 및 진단

차량을 리프트 업 시키고 바퀴를 좌우로 움직여 힘껏 흔들었을 때 흔들림이(유격)이 생기고 소음이 발생한다. 일반적으로 볼 조인트 마모로 그리스가 누유되어 유격이 커진다.

2-2 최소회전반지름 측정

최소회전반지름 측정(축거)

1. 차량을 턴테이블 위에 설치하고 직진상태를 유지한다.

2. 앞바퀴 중심(허브 중심)에서 뒷바퀴 중심(허브 중심)까지의 거리를 측정한다(2.8m).

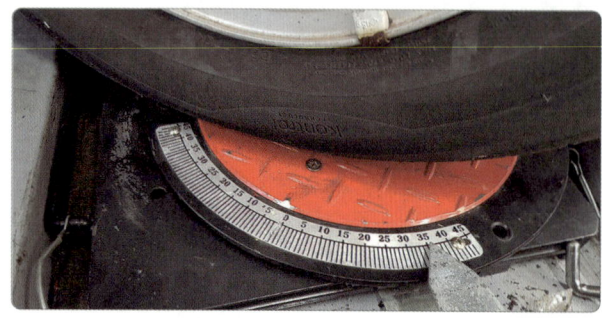

3. 우회전 시 안쪽(오른쪽) 바퀴의 조향각도를 측정한다(35°).

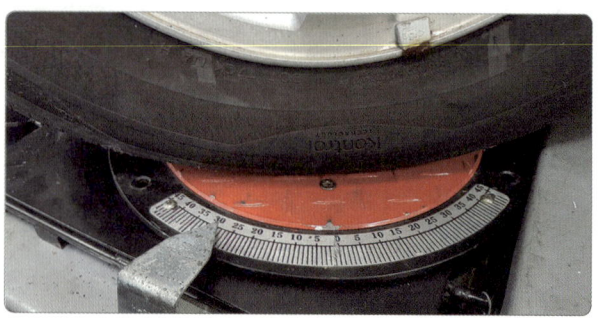

4. 우회전 시 바깥쪽(왼쪽) 바퀴의 조향각도를 측정한다(30°).

답안지 작성

섀시 2 최소회전반지름 측정

(A) 자동차 번호 :				(B) 비번호		(C) 감독위원 확인	
(D) 항목	① 측정(또는 점검) 및 기준값			② 산출 근거 및 판정			(I) 득점
	(E) 측정값			(F) 기준값 (최소회전반지름)	(G) 산출 근거	(H) 판정 (□에 'V' 표)	
회전 방향 (□에 'V'표) □ 좌 ☑ 우	r		30 cm	12 m 이하	$\dfrac{2.8}{\sin 30°}+0.3$ $=5.9$	☑ 양호 □ 불량	
	축거		2.8 m				
	최대 조향 시 각도	좌(바퀴)	30°				
		우(바퀴)	36°				
	최소회전반지름		5.9 m				

※ 회전 방향 및 바퀴의 접지면 중심과 킹핀과의 거리(r)는 감독위원이 제시합니다.
※ 자동차 검사 기준 및 방법에 의하여 기록·판정합니다.   ※ 산출 근거에는 단위를 표시하지 않아도 됩니다.

1. 답안지 공통 사항(감독위원 확인 및 기록 사항)

(C) 감독위원 확인 : 감독위원 확인란으로 수험자는 기록하지 않습니다.
(I) 득점 : 감독위원이 해당 항목 점수를 채점 기록하며 수험자는 기록하지 않습니다.

2. 수험자가 기록해야 할 답안 사항

(A) 자동차 번호 : 측정하는 자동차 번호를 기록합니다(시험용 자동차가 2대 이상일 때 해당).
(B) 비번호 : 책임관리위원(공단 본부)이 배부한 등번호(비번호)를 기록합니다.
① 측정(또는 점검) 및 기준값
  (D) 항목 : 감독위원이 제시하는 회전 방향에 ☑ 표시를 합니다(운전석 착석 시 좌우 기준). ☑ 우
  (E) 측정값 : • r : 30 cm   • 조향각도 : 좌 − 30°, 우 − 36°
           • 축거 : 2.8 m   • 최소회전반지름 : 5.9 m
  (F) 기준값 : 최소회전반지름의 기준값 12 m 이하를 기록합니다.
② 산출 근거 및 판정
  (G) 산출 근거 : $R = \dfrac{L}{\sin\alpha} + r$ ∴ $R = \dfrac{2.8}{\sin 30°} + 0.3 = 5.9$
    • R : 최소회전반지름(m) • sin α : 바깥쪽 앞바퀴의 조향각도(sin30°=0.5)
    • L : 축거(2.8 m)   • r : 바퀴 접지면 중심과 킹핀과의 거리(0.3 m)
  (H) 판정 : 측정값이 기준값 범위 내에 있으므로 **양호**에 ☑ 표시를 합니다.

3. 차종별 축거 및 조향각도 규정값

차 종	축거(mm)	조향각도		회전반지름(mm)
		내측	외측	
그랜저	2745	37°	30°30′	5700
아반떼 XD	2610	40.1°±2°	32°45′	4550
오피러스	2800	37°	30°30′	5700

| 섀시 3 | ABS가 설치된 주어진 자동차에서 브레이크 패드를 탈거한 후(감독위원에게 확인) 다시 부착하여 브레이크 작동 상태를 점검하시오. |  |

 1안 참조 — 63쪽

| 섀시 4 | 3항의 작업 자동차에서 감독위원의 지시에 따라(앞 또는 뒤) 제동력을 측정하여 기록표에 기록하시오. |  |

 1안 참조 — 64쪽

| 섀시 5 | 주어진 자동차의 ABS에서 자기진단기(스캐너)를 이용하여 각종 센서 및 시스템 작동 상태를 점검하고 기록표에 기록하시오. |

5-1 ABS 자기진단

시험용 차량과 스캐너 자기진단 커넥터 체결 상태와 점화스위치 ON 상태를 확인한다.

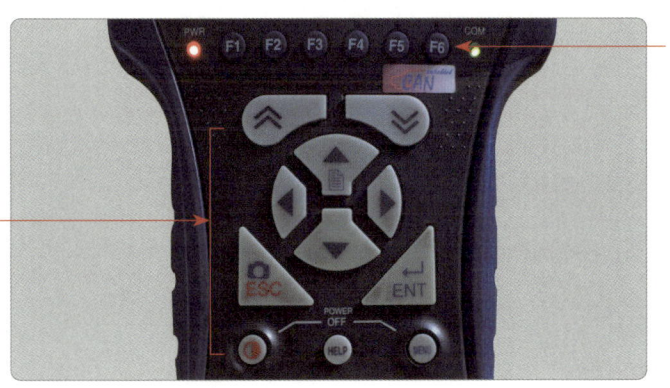

부가 기능 버튼
화면 하단 부가 기능 선택 시 사용

기능 버튼
시스템 작동 시 기능을 독립적으로 수행하기 위한 키

스캐너 작동 상태를 확인한다.

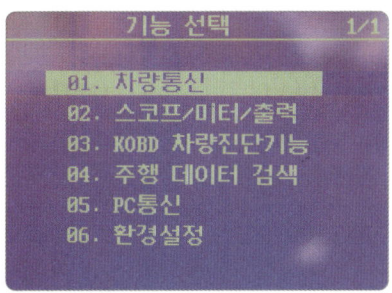

1. 차량통신을 선택한다.

2. 제조회사를 확인한다.

3. 차종을 선택한다.

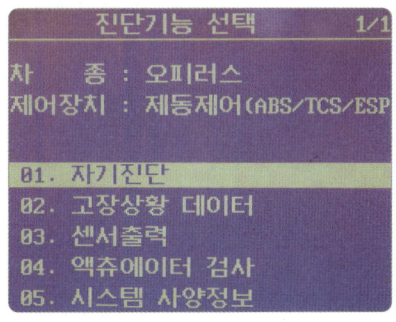
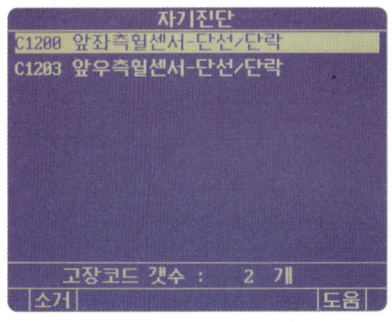

4. 시스템 제동제어를 선택한다.

5. 자기진단을 선택한다.

6. 출력된 고장 부위 2군데를 확인한다.

7. 휠 스피드 센서(FL) 커넥터 탈거 상태를 확인한다.

8. 휠 스피드 센서(FR) 커넥터 탈거 상태를 확인한다.

9. 점화스위치를 OFF시킨다.

답안지 작성

섀시 5 ABS 자기진단

항목	① 측정(또는 점검)		② 정비 및 조치할 사항	(F) 득점
	(A) 자동차 번호 :	(B) 비번호	(C) 감독위원 확인	
	(D) 고장 부분	(E) 내용 및 상태		
자기진단	앞 좌측 휠 스피드 센서	커넥터 탈거	앞 좌측, 앞 우측 휠 스피드 센서 커넥터 체결, ABS ECU 과거 기억 소거 후 재점검	
	앞 우측 휠 스피드 센서	커넥터 탈거		

1. 답안지 공통 사항(감독위원 확인 및 기록 사항)

(C) 감독위원 확인 : 시험 전 또는 시험 후 감독위원이 채점 후 확인합니다(날인).
(F) 득점 : 감독위원이 해당 문항을 채점하고 점수를 기록합니다.

2. 수험자가 기록해야 할 답안 사항

(A) 자동차 번호 : 측정하는 자동차 번호를 기록합니다(시험용 자동차가 2대 이상일 때 해당).
(B) 비번호 : 책임관리위원(공단 본부)이 배부한 등번호(비번호)를 기록합니다.
① 측정(또는 점검)
(D) 고장 부분 : 스캐너 자기진단 화면에 출력된 앞 좌측 휠 스피드 센서, 앞 우측 휠 스피드 센서를 기록합니다.
(E) 내용 및 상태 : 고장 부분의 내용 및 상태에 각각 커넥터 탈거를 기록합니다.
② 정비 및 조치할 사항 : 앞 좌측, 앞 우측 휠 스피드 센서 커넥터 체결, ABS ECU 과거 기억 소거 후 재점검을 기록합니다.

실기시험 주요 Point

휠 스피드 센서

하이드롤릭 컨트롤 유닛(HCU)

국가기술자격 실기시험문제 2안 (전기)

자격종목	자동차정비산업기사	과제명	자동차정비작업

비번호 :　　　　시험시간 : 5시간 30분(엔진 : 140분, 섀시 : 120분, 전기 : 70분)

전기 1

주어진 자동차에서 발전기를 탈거한 후(감독위원에게 확인) 다시 부착하여 작동 상태를 확인하고 출력 전압 및 출력 전류를 점검하여 기록표에 기록하시오.

1-1 발전기 탈·부착

1. 점화스위치 OFF 상태를 확인한다.

2. 축전지 단자 (−)를 탈거한다.

3. 발전기 뒤 단자(B, L)를 탈거한다.

4. 발전기 하단부 고정 볼트를 느슨하게 풀어준다.

5. 발전기 상단부 고정 볼트를 풀어준다.

6. 팬벨트 장력 조정 볼트를 풀어준다.

7. 상단부 고정 볼트를 분해한다.

8. 발전기 몸체를 위로 밀어 팬벨트를 탈거한다.

9. 발전기를 탈거한다.

10. 발전기를 탈착하고 감독위원의 확인을 받는다.

11. 발전기를 엔진에 장착한다.

12. 팬벨트를 발전기 풀리에 조립한다.

13. 장력 조정 볼트로 팬벨트 장력을 조정한다.

14. 발전기 상단부 고정 볼트를 조인다.

15. 팬벨트 장력을 확인한다.

16. 발전기 위 배선(B단자)과 L단자를 조립한다.

17. 발전기 하단부 고정 볼트를 조립한다.

18. 축전지 단자 (−)를 조립한다.

1-2 발전기 발전 전압, 전류 측정

발전기 충전 전류 및 전압 점검

1. 엔진 시동 전 축전지 전압을 확인한다(12.11 V).

2. 발전기 뒤(리어케이스)에 표기된 출력과 전압을 확인한다(12 V, 80 A).

3. 엔진 회전수를 2500 rpm으로 유지한다.

4. 발전기 출력 단자를 측정하여 출력 전압을 확인한다(14.32 V).

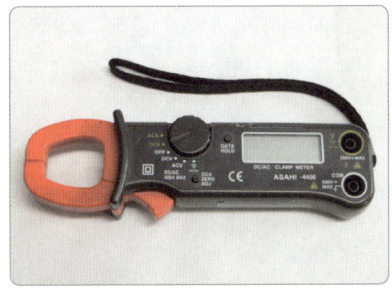

5. 전류계(후크 타입) 선택 레인지를 DCA에 설정한다.

6. 충전 전류를 측정하기 위해 전조등(Hi)과 에어컨을 작동시킨다(에어컨 스위치 ON, 블로어 모터 4단).

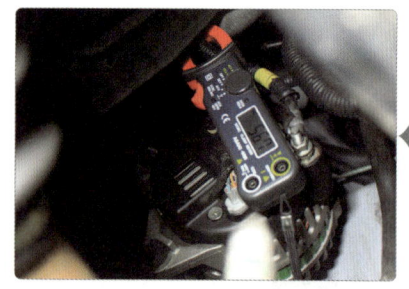
완성 차량에서 점검 시 전기 부하(에어컨, 전조등) 작동 가능

7. 발전기 출력 단자 B에 전류계를 설치하고 출력 전류를 측정한다. (56.7 A)

8. 발전기 출력 전류가 규정값을 벗어난다(측정값이 14.2 A이므로 불량이다).

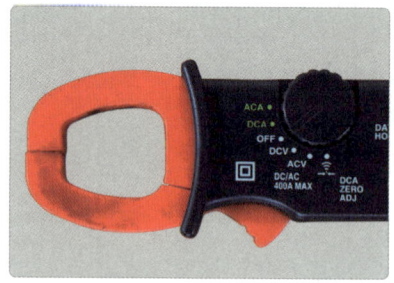

엔진 시뮬레이터에서 점검 시 전기 부하를 작동시킬 수 없다.

9. 전조등 및 에어컨을 OFF한 후 엔진 시동을 OFF시킨다.

10. 전류계를 탈거한 후 OFF시킨다.

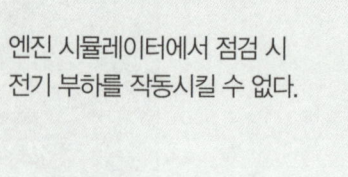

실기시험 주요 Point

종합 테스터를 이용한 출력 전류 측정 방법

① 연비 불량, 출력 부족, 과충전이 발생되었을 때 발전기 성능을 확인한다.
② 대전류 프로브 스위치를 1000 A에 놓고 대전류 프로브의 0점을 조정한다.
③ 대전류 프로브를 발전기 B단자에서 축전지 (+) 방향으로 향하도록 한다.
④ 엔진을 시동하고 전기적 부하(에어컨, 전조등 상향, 뒷유리 열선 등)를 작동시킨다.
⑤ 출력 전류를 측정하기 위해 가속(1800 rpm) 후 평균값을 측정한다(발전기 표시량의 70% 이상일 때 양호하다).

발전기 브러시 점검

① 발전기 브러시가 마모되었다면 브러시를 교체한다.
② 발전기 조립 시 분해의 역순으로 조립한다.
③ 로터를 리어 브래킷에 장착하기 전에 와이어를 리어 브래킷의 브러시 고정 홈에 삽입하고, 브러시를 고정시킨 후 로터를 조립하고 와이어를 빼낸다.

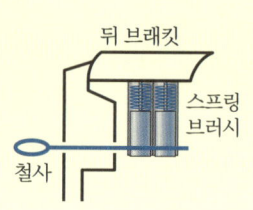

답안지 작성

전기 1 발전기 점검

측정 항목	① 측정(또는 점검)		② 판정 및 정비(또는 조치) 사항		(H) 득점
	(D) 측정값	(E) 규정(정비한계)값	(F) 판정(□에 'v' 표)	(G) 정비 및 조치할 사항	

(A) 자동차 번호 :		(B) 비번호		(C) 감독위원 확 인	
출력 전류	56.7 A(2500 rpm)	✕	☑ 양호 □ 불량	정비 및 조치할 사항 없음	
출력 전압	14.32 V(2500 rpm)	13.5~14.8 V(2500 rpm)			

※ 감독위원이 규정값을 제시한 경우 규정값으로 측정 · 판정합니다.

1. 답안지 공통 사항(감독위원 확인 및 기록 사항)

(C) **감독위원 확인** : 감독위원 확인란으로 수험자는 기록하지 않습니다.
(H) **득점** : 감독위원이 해당 항목 점수를 채점 기록하며 수험자는 기록하지 않습니다.

2. 수험자가 기록해야 할 답안 사항

(A) **자동차 번호** : 측정하는 자동차 번호를 기록합니다(시험용 자동차가 2대 이상일 때 해당).
(B) **비번호** : 책임관리위원(공단 본부)이 배부한 등번호(비번호)를 기록합니다.
① 측정(또는 점검)
  (D) **측정값** : 출력 전류와 출력 전압의 측정값을 기록합니다.
      • 출력 전류 : 56.7 A   • 출력 전압 : 14.32 V
  (E) **규정(정비한계)값** : 정비지침서 또는 발전기에 부착된 규정값을 확인하여 기록합니다.
      • 출력 전압 : 13.5~14.8 V
② 판정 및 정비(또는 조치) 사항
  (F) **판정** : 측정값이 규정(정비한계)값 범위 내에 있으므로 **양호**에 ☑ 표시를 합니다.
     (규정 정격 전류가 80 A이므로 80×0.7 = 56 A 이상이면 양호입니다.)
  (G) **정비 및 조치할 사항** : 판정이 양호이므로 **정비 및 조치할 사항 없음**을 기록합니다.
     판정이 불량일 때는 **발전기 교체 후 재점검**을 기록합니다.

3. 차종별 정격 전류, 정격 출력 규정값

차 종	정격 전류	정격 출력	회전수(rpm)	차 종	정격 전류	정격 출력	회전수(rpm)
엑셀	65 A	13.5 V	2500	엑센트	75 A	13.5 V	1000~18000
아반떼	90 A	13.5 V	1000~18000	쏘나타 MPI	A/T 76 A	13.5 V	2500
쏘나타	90 A	13.5 V	1000~18000	세피아	70 A	12 V	2500~3000

● 출력 전압이 규정값보다 작을 경우

측정 항목	측정(또는 점검)		판정 및 정비(또는 조치) 사항		득점
	측정값	규정(정비한계)값	판정(□에 'V'표)	정비 및 조치할 사항	
출력 전류	60 A(2500 rpm)		□ 양호 ☑ 불량	팬 벨트 장력 조절 후 재점검	
출력 전압	12.8 V(2500 rpm)	13.5~14.8 V(2500 rpm)			

자동차 번호 :   비번호   감독위원 확인

■ 출력 전류는 규정 정격 전류의 70% 이상이면 양호입니다.
　규정 정격 전류(80 A)의 70% : 80 A × 0.7 = 56 A → 규정 정격 전류가 80 A일 때 56 A 이상이면 양호입니다.

※ 판정 및 정비(조치)사항 : 출력 전압이 규정값 범위를 벗어났으므로 ☑ 불량에 표시하고, 팬 벨트 장력 조절 후 재점검합니다.

● 출력 전류와 출력 전압이 규정값 범위를 벗어난 경우

측정 항목	측정(또는 점검)		판정 및 정비(또는 조치) 사항		득점
	측정값	규정(정비한계)값	판정(□에 'V'표)	정비 및 조치할 사항	
출력 전류	0 A(2500 rpm)		□ 양호 ☑ 불량	발전기 교체 후 재점검	
출력 전압	20.5 V(2500 rpm)	13.5~14.8 V(2500 rpm)			

자동차 번호 :   비번호   감독위원 확인

※ 판정 및 정비(조치)사항 : 출력 전류와 출력 전압이 규정값 범위를 벗어났으므로 ☑ 불량에 표시하고, 발전기 교체 후 재점검합니다.

※ 규정값은 발전기 뒤에 표기된 값 또는 감독위원이 제시한 값을 적용합니다.

실기시험 주요 Point

발전기 출력 전류, 출력 전압 측정 시 유의사항
시험장에서는 엔진 시뮬레이터로 측정되는 경우가 많으며, 이때는 전기 부하상태를 유지할 수 없다.

출력 전류, 출력 전압이 규정값 범위를 벗어난 경우 정비 및 조치할 사항
❶ 퓨즈의 단선 → 퓨즈 교체　　❷ 팬 벨트 헐거움 → 팬 벨트 장력 조절
❸ 팬 벨트 단선 → 팬 벨트 교체　❹ 로터 코일, 스테이터 코일의 단락 → 발전기 교체

전기 127

전기 2 주어진 자동차에서 전조등 시험기로 전조등을 점검하여 기록표에 기록하시오.

1안 참조 — 79쪽

전기 3 주어진 자동차에서 센트롤 도어 록킹(도어 중앙 잠금장치) 스위치 조작 시 편의장치(ETACS 또는 ISU) 및 운전석 도어 모듈(DDM) 커넥터에서 작동 신호를 측정하고 이상 여부를 확인하여 기록표에 기록하시오.

3-1 센트롤 도어 록킹(도어 중앙 잠금장치) 작동 신호 측정

(1) 센트롤 도어 록킹(도어 중앙 잠금장치) 및 에탁스 위치

시험용 센트롤 도어 록킹(도어 중앙 잠금장치) 스위치와 에탁스 위치 확인

1. 센트롤 도어 록킹 스위치 작동 상태를 확인한다.

2. 시험 차량의 모든 도어(앞뒤, 좌우)를 닫는다.

3. 점화스위치를 IG ON 상태로 한다.

4. 센트롤 도어 록킹 스위치나 노브를 사용하여 도어 록 스위치를 작동(록)시킨다(잠김).

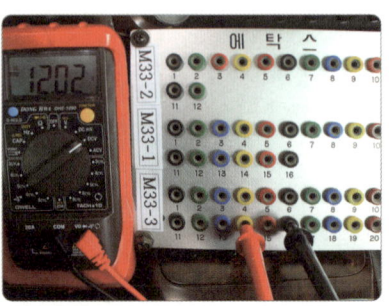

5. 멀티테스터의 (+) 프로브를 14번 단자에, (−) 프로브는 차체(16번 단자)에 접지시킨다.

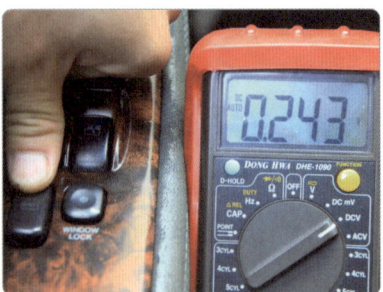

6. 센트롤 도어 록킹 스위치를 누른 상태(잠김 ON)에서 측정값을 확인한다(0.243 V).

7. 센트롤 도어 록킹 스위치를 누르지 않은 상태(잠김 OFF)에서 측정값을 확인한다(12.57 V).

8. 센트롤 도어 록킹 스위치나 노브를 사용하여 도어 록 스위치를 작동(언록)시킨다(풀림).

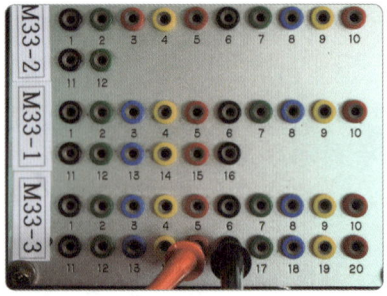

9. 멀티테스터의 (+) 프로브를 15번 단자에, (−) 프로브는 차체(16번 단자)에 접지시킨다.

10. 센트롤 도어 록킹 스위치를 누르지 않은 상태(잠김 OFF)에서 측정값을 확인한다(12.55 V).

11. 센트롤 도어 록킹 스위치를 누른 상태(잠김 ON)에서 측정값을 확인한다(0.103 V).

12. 측정이 끝나면 차량 주변과 멀티테스터를 정리한다.

실기시험 주요 Point

운전석 도어 모듈의 작동

❶ 운전석 도어 모듈은 도어 록/언록 스위치에 의해 도난 방지 시스템 작용 차량/미적용 차량에 관계없이 모두 록/언록된다.

❷ 운전석/조수석 도어 키에 의한 도어 록/언록 시 모두 록/언록된다.

(2) 에탁스 커넥터 M33-3 단자별 기능

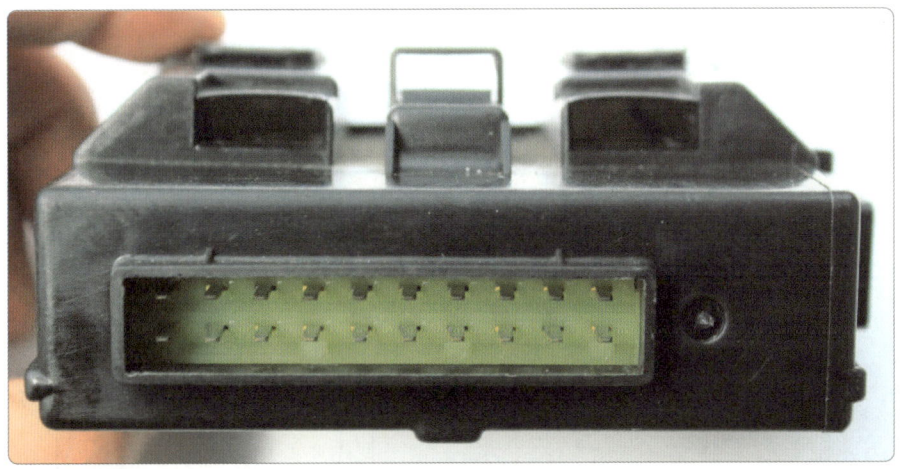

에탁스 커넥터 M33-3

11	12	13	14	15	16	17	18	19	20
1	2	3	4	5	6	7	8	9	10

1. 상시 전원
3. 릴레이 컨트롤
4. 파워윈도 릴레이 컨트롤
5. ON/START 전원
6. ON 전원
7. 좌우 센서
8. 좌측 앞 도어 스위치
9. 우측 앞 도어 스위치
10. 트렁크 룸 램프 스위치
11. 실내등 컨트롤
12. 뒷유리 아웃사이드 미러 디포거
13. 시트 벨트 경고등
14. 도어 록 릴레이 2(86번)
15. 도어 록 릴레이 1(86번)
16. 접지
17. 에어컨 스위치
18. 도어 열림 경고등 앞, 뒤 도어 스위치

(3) 센트롤 도어 록킹

● 회로도-1

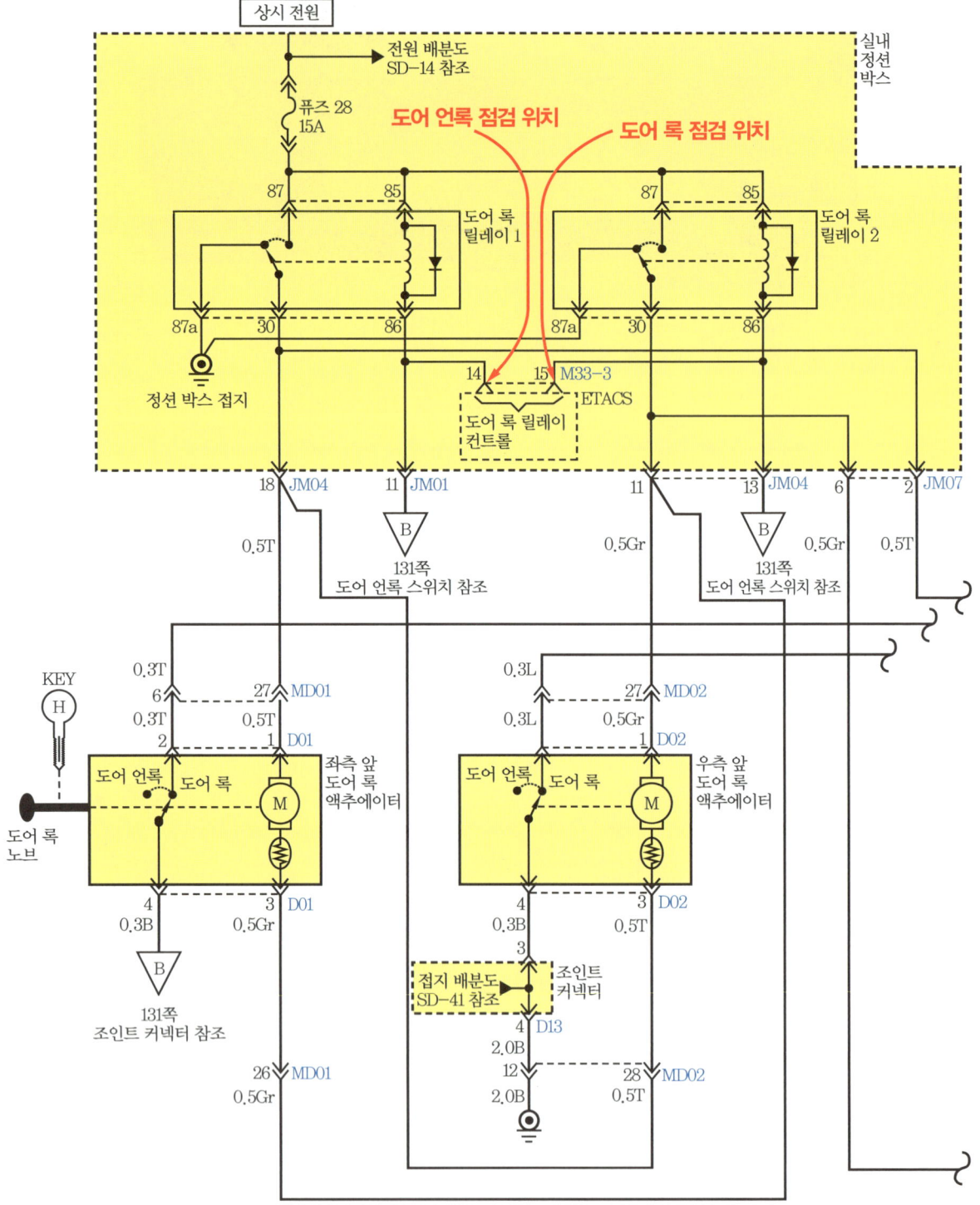

● 회로도-2

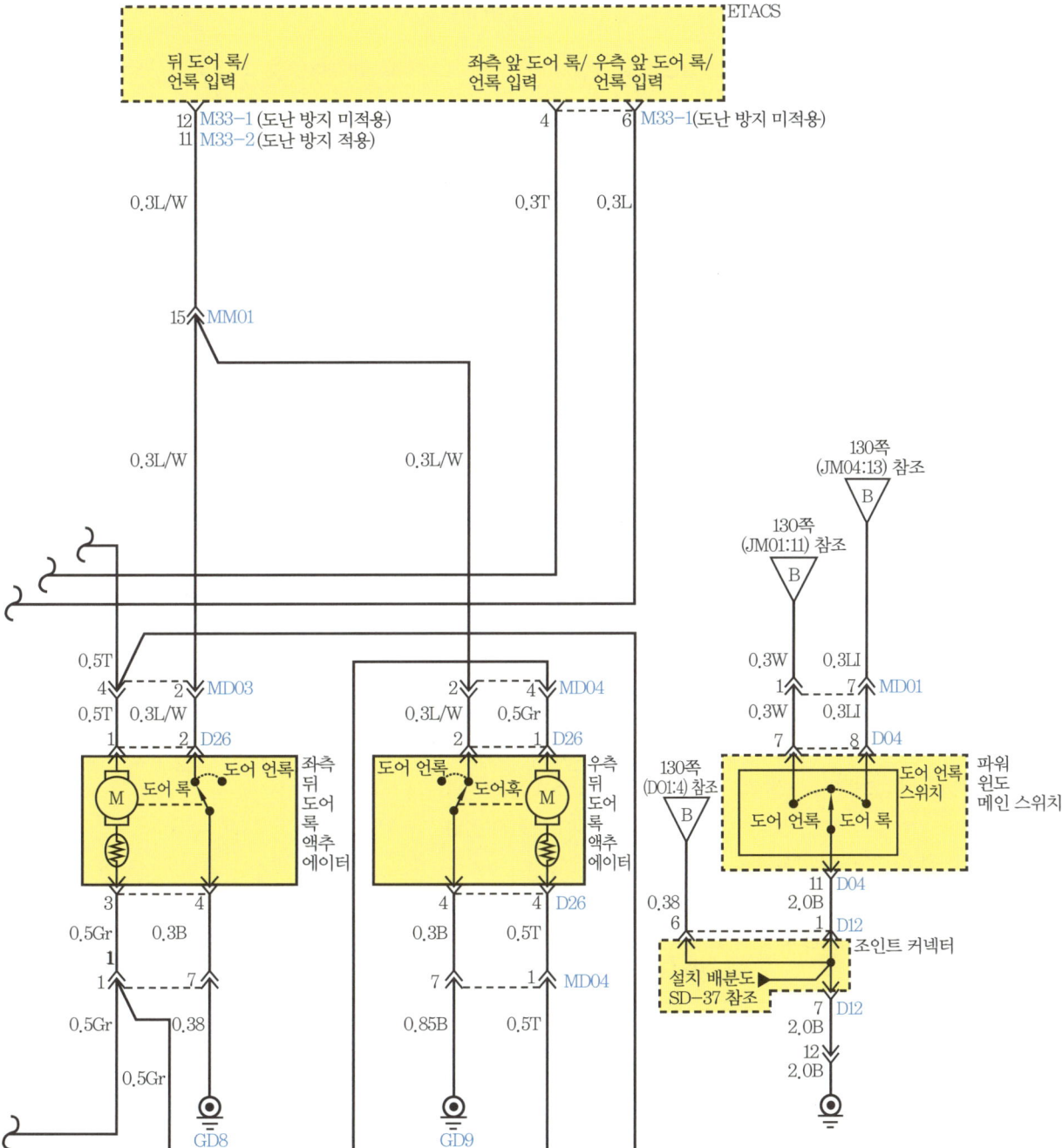

답안지 작성

전기 3 · 센트롤 도어 록킹 스위치 회로 점검

항목		① 측정(또는 점검)		② 판정 및 정비(또는 조치) 사항		(H) 득점
		(D) 측정값	(E) 규정(정비한계)값	(F) 판정(□에 'V' 표)	(G) 정비 및 조치할 사항	
도어 중앙 잠금장치 신호(전압)	잠김	ON : 0.243 V OFF : 12.57 V	ON : 0 V OFF : 축전지 전압	☑ 양호 □ 불량	정비 및 조치할 사항 없음	
	풀림	ON : 0.103 V OFF : 12.55 V	ON : 0 V OFF : 축전지 전압			

(A) 자동차 번호 :   (B) 비번호   (C) 감독위원 확 인

1. 답안지 공통 사항(감독위원 확인 및 기록 사항)

(C) **감독위원 확인** : 감독위원 확인란으로 수험자는 기록하지 않습니다.
(H) **득점** : 감독위원이 해당 항목 점수를 채점 기록하며 수험자는 기록하지 않습니다.

2. 수험자가 기록해야 할 답안 사항

(A) **자동차 번호** : 측정하는 자동차 번호를 기록합니다(시험용 자동차가 2대 이상일 때 해당).
(B) **비번호** : 책임관리위원(공단 본부)이 배부한 등번호(비번호)를 기록합니다.
① 측정(또는 점검)
  (D) **측정값** : 도어 중앙 잠금장치 신호(전압)를 측정한 값을 기록합니다.
    • 잠김 – ON : 0.243 V, OFF : 12.57 V   • 풀림 – ON : 0.103 V, OFF : 12.55 V
  (E) **규정(정비한계)값** : • 잠김 – ON : 0 V, OFF : 축전지 전압
            • 풀림 – ON : 0 V, OFF : 축전지 전압
② 판정 및 정비(또는 조치) 사항
  (F) **판정** : 측정값이 규정(정비한계)값 범위에 있으므로 양호에 ☑ 표시를 합니다.
  (G) **정비 및 조치할 사항** : 판정이 양호이므로 정비 및 조치할 사항 없음을 기록합니다.
            판정이 불량일 때는 에탁스 교체 후 재점검을 기록합니다.

3. 컨트롤 유닛(에탁스) 입력 전압값

출력 요소		전 압	
출력	도어 록 릴레이	작동되지 않을 때(OFF 시)	12 V(접지 해제)
		도어 록 작동(ON 시)	0 V(접지시킴)
	도어 언록 릴레이	작동되지 않을 때(OFF 시)	12 V(접지 해제)
		도어 언록 작동(ON 시)	0 V(접지시킴)

※ 여기서 12V는 축전지 전압을 의미합니다.

전기 4. 주어진 자동차에서 에어컨 작동 회로를 점검하여 이상개소(2곳)를 찾아서 수리하시오.

4-1 에어컨 회로 점검

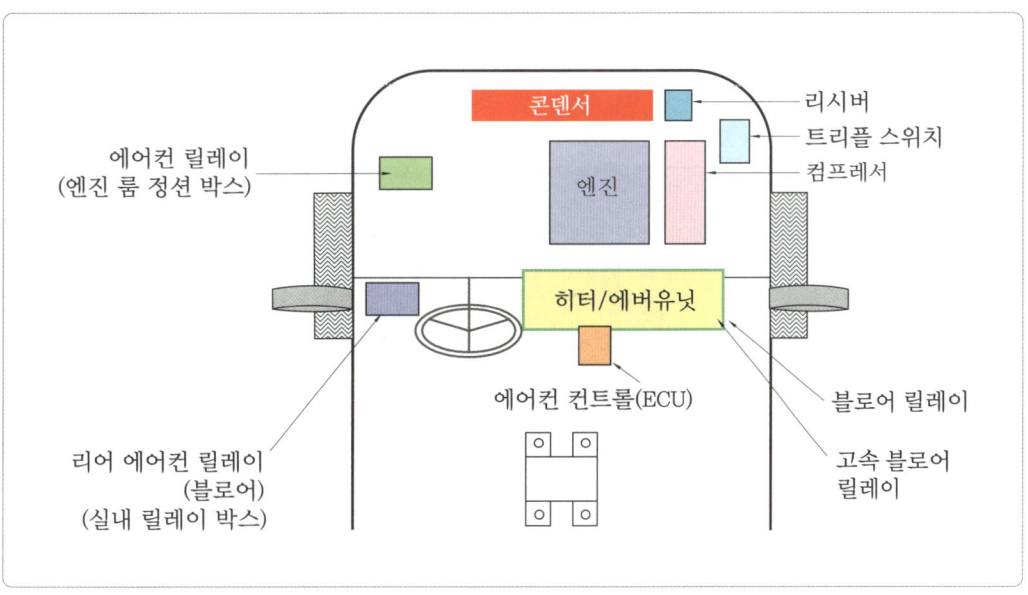

에어컨 시스템 부품 위치

1. 엔진을 시동한 후 IG(ON) 상태를 유지한다.

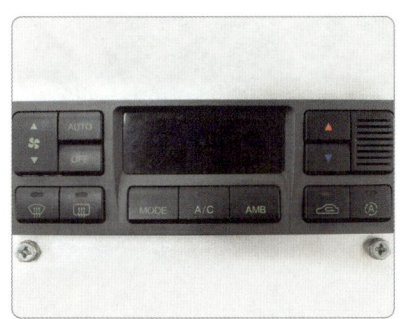

2. 에어컨 스위치를 ON시킨다.

3. 컴프레서 커넥터 단선(탈거) 상태를 점검한다.

4. 컴프레서 공급 전원을 점검한다.

5. 정션박스 내 에어컨 릴레이 공급 전원(30 A)과 에어컨 컴프레서 공급 전원(10 A)을 점검한다.

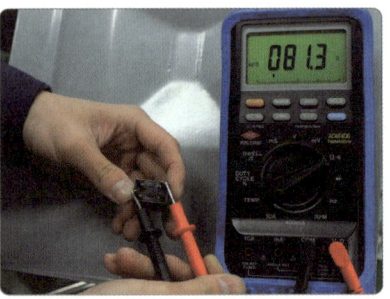

6. 에어컨 릴레이를 점검한다(코일 저항, 단선 및 접점 상태).

7. 트리플 스위치를 점검한다(공급 전압 및 냉매 압력).

8. 블로어 모터 커넥터 탈거 상태를 점검한다.

9. 블로어 모터 공급 전압을 점검한다.

10. 블로어 모터 릴레이를 점검한다. (코일 저항, 단선 및 접점 상태)

11. 콘덴서 팬 커넥터 탈거 상태를 점검한다.

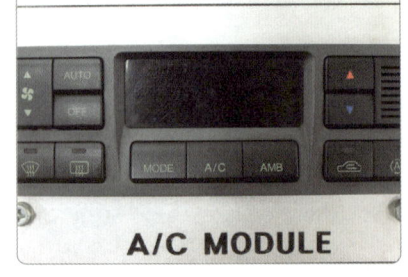

12. 에어컨 스위치를 점검한다.

실기시험 주요 Point

에어컨 컴프레서가 작동되지 않는 원인

❶ 컴프레서 커넥터 체결 상태 확인(탈거, 분리 단선)
❷ 에어컨 릴레이 점검(엔진 룸 정션 박스) : 공급 전원 확인, 엔진 ECU 커넥터 체결 확인
❸ 메인 퓨즈 30A 단선 확인, 에어컨 컴프레서 퓨즈(10A) 단선 확인 점검
❹ 트리플 스위치 점검(공급 전압 점검, 냉방 시스템 냉매 압력 확인)
❺ 에어컨 스위치 점검(스위치 전압 확인, ECU 접지)
❻ 블로어 모터 작동 상태(블로어 모터 릴레이, 블로어 스위치) 점검

(1) 에어컨 회로도

● 에어컨 회로 점검(컴프레서가 작동되지 않을 때)

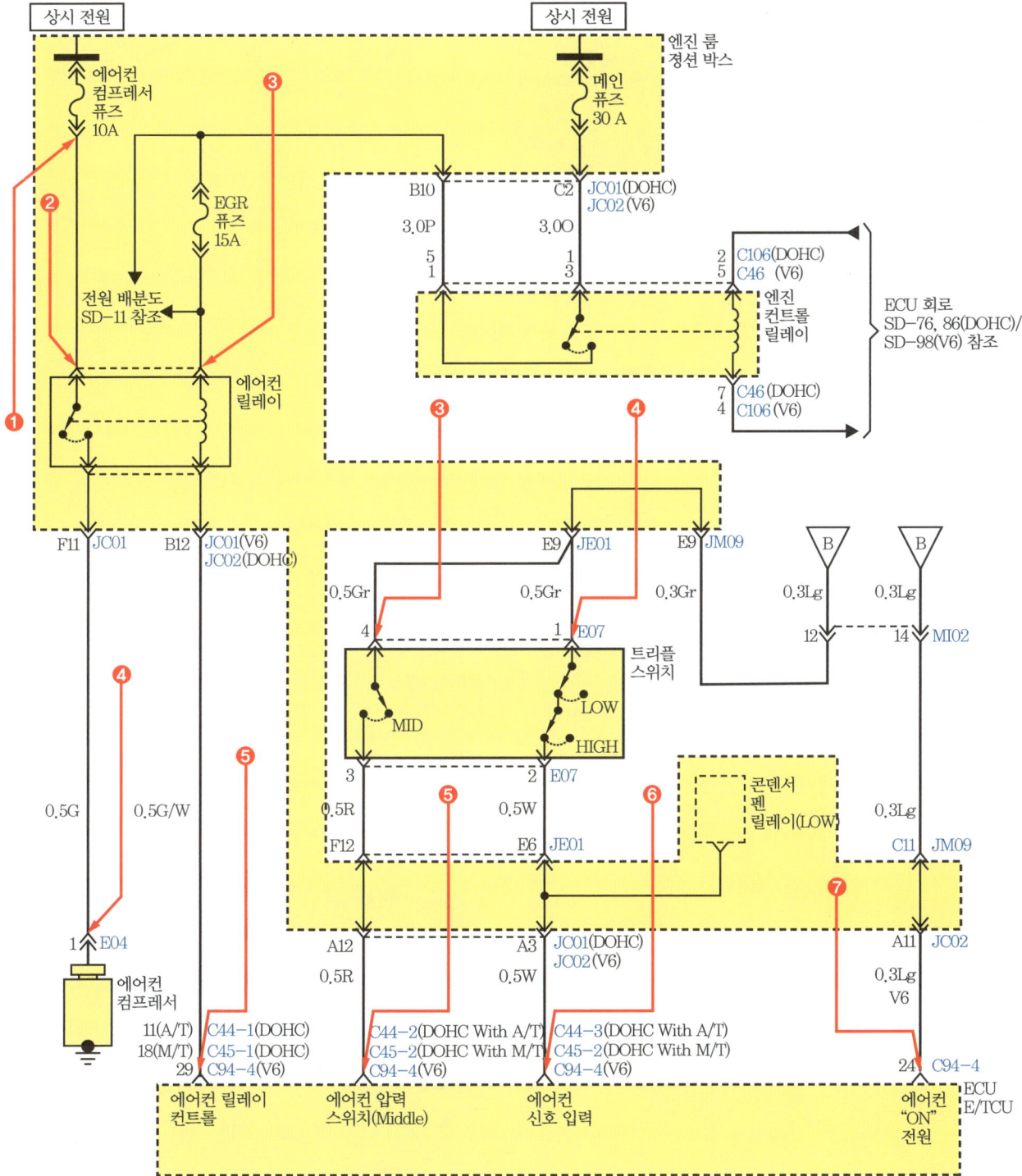

(2) EF 쏘나타 에탁스 커넥터

● M33-1

1	2	3	4	5	6	7	8
9	10	11	12	13	14	15	16

1. 와이퍼 모터 릴레이
3. 키 조명등 컨트롤
4. 좌측 앞 도어 록/언록 입력
6. 우측 앞 도어 록/언록 입력
8. 스티어링 잠금 입력
11. 뒤 도어 록/언록 입력
14. 간헐 와이퍼 시간 지연 조절
15. 간헐 와이퍼
16. 와셔 신호

 **실기시험 주요 Point**

록 언록 타임 차트

❶ 도어가 모두 닫힌 상태에서 록된 상태
 (도어 록 릴레이가 0.5초간 작동)
❷ 도어가 모두 닫힌 상태에서 언록 상태
 (도어 언록 릴레이가 0.5초간 작동)
❸ 도어가 한 곳 이상 열린 상태에서 록된
 상태 (도어 록 릴레이가 0.5초간 작동)
❹ 도어가 한 곳 이상 열린 상태에서 언록된
 상태 (언록 릴레이가 0.5초간 작동)

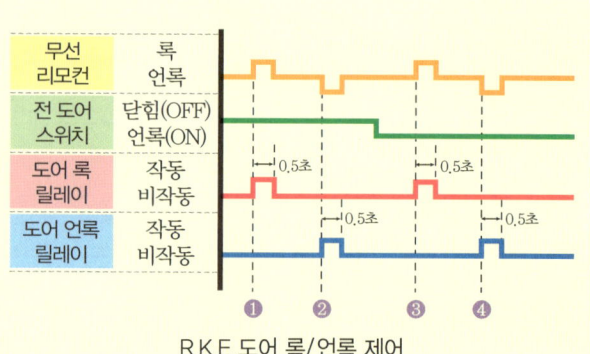

R.K.E 도어 록/언록 제어

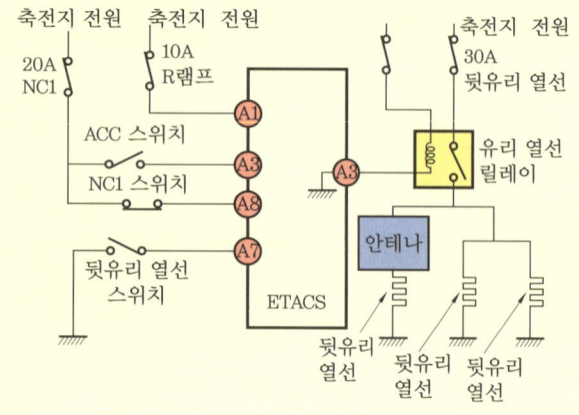

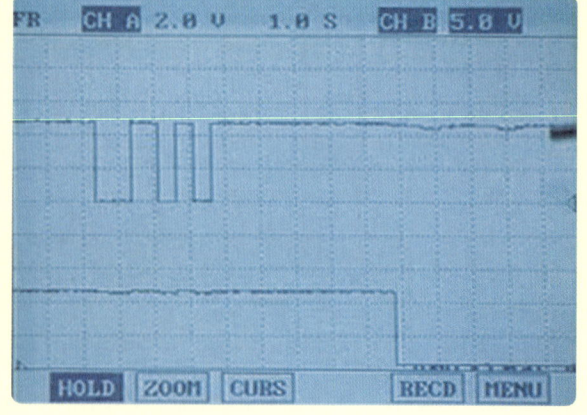

자동차정비산업기사 실기 3안

파트별		안별 문제	3안
엔진	1	엔진 분해 조립/측정	엔진 분해 조립/크랭크축 축방향 유격 측정
	2	엔진 시동/작업	1가지 부품 탈·부착/엔진 시동(시동, 점화, 연료)
	3	엔진 작동 상태/측정	공회전 속도 점검/배기가스 측정
	4	파형 점검	산소 센서 파형 분석(공회전 상태)
	5	부품 교환/측정	CRDI 연료 압력 조절 밸브 탈·부착 시동/연료 압력 점검
섀시	1	부품 탈·부착 작업	전륜 쇽업소버 코일 스프링 탈·부착
	2	장치별 측정/부품 교환 조정	휠 얼라인먼트 시험기 (캠버, 토) 측정/타이로드 엔드 교환
	3	브레이크 부품 교환/작동 상태 점검	후륜 휠 실린더(캘리퍼) 교환/브레이크 작동 상태 확인
	4	제동력 측정	전륜 또는 후륜 제동력 측정
	5	부품 탈·부착/이상 부위 측정	자동변속기 자기진단
전기	1	부품 탈·부착 작업/측정	기동모터 탈·부착/전류 소모, 전압 강하 점검
	2	전조등 점검	전조등 시험기 점검/광도, 광축
	3	편의 안전장치 점검	에어컨 외기 온도 입력 신호값 점검
	4	전기 회로 점검	전조등 회로 점검

국가기술자격 실기시험문제 3안 (엔진)

자격종목	자동차정비산업기사	과제명	자동차정비작업

비번호 :   시험시간 : 5시간 30분(엔진 : 140분, 섀시 : 120분, 전기 : 70분)

엔진 1 주어진 엔진을 기록표의 측정 항목까지 분해하여 기록표의 요구 사항을 측정 및 점검하고 본래 상태로 조립하시오.

1-1 엔진 분해 조립

 1안 참조 — 22쪽

1-2 크랭크축 축방향 간극(유격) 측정

(1) 측정 방법

1. 측정할 크랭크축에 다이얼 게이지를 설치한다.

2. 크랭크축을 엔진 앞쪽으로 최대한 민다.

3. 다이얼 게이지를 0점 조정하고 앞쪽으로 최대한 밀어 눈금을 확인한다(0.03 mm).

4. 다시 반대로 최대한 크랭크축을 밀고 측정값을 확인한다(0.04 mm). 측정값 : 0.07 mm

답안지 작성

엔진 1 크랭크축 축방향 유격 측정

	(A) 엔진 번호 :		(B) 비번호		(C) 감독위원 확 인	
측정 항목	① 측정(또는 점검)		② 판정 및 정비(또는 조치) 사항			(H) 득점
	(D) 측정값	(E) 규정(정비한계)값	(F) 판정(□에 'V' 표)	(G) 정비 및 조치할 사항		
크랭크축 축방향 유격	0.07 mm	0.05~0.18 mm (한계값 0.25 mm)	☑ 양호 □ 불량	정비 및 조치할 사항 없음		

1. 답안지 공통 사항(감독위원 확인 및 기록 사항)

(C) 감독위원 확인 : 감독위원 확인란으로 수험자는 기록하지 않습니다.
(H) 득점 : 감독위원이 해당 항목 점수를 채점 기록하며 수험자는 기록하지 않습니다.

2. 수험자가 기록해야 할 답안 사항

(A) 엔진 번호 : 측정하는 엔진 번호를 기록합니다(시험용 엔진이 2대 이상일 때 해당).
(B) 비번호 : 책임관리위원(공단 본부)이 배부한 등번호(비번호)를 기록합니다.
① 측정(또는 점검)
   (D) 측정값 : 크랭크축 축방향 유격을 측정한 값 0.07 mm를 기록합니다.
   (E) 규정(정비한계)값 : 감독위원이 제시한 값이나 정비지침서를 보고 기록합니다(반드시 단위를 기입합니다).
             0.05~0.18 mm(한계값 0.25 mm)
② 판정 및 정비(또는 조치) 사항
   (F) 판정 : 측정값이 규정(정비한계)값 범위 내에 있으므로 양호에 ☑ 표시를 합니다.
   (G) 정비 및 조치할 사항 : 판정이 양호이므로 정비 및 조치할 사항 없음을 기록합니다.
                판정이 불량일 때는 스러스트 베어링 교체 후 재점검을 기록합니다.

3. 축방향 유격 규정값

차 종		규정값	한계값
EF 쏘나타		0.05~0.25 mm	-
쏘나타, 엑셀		0.05~0.18 mm	0.25 mm
세피아		0.08~0.28 mm	0.3 mm
아반떼	1.5 DOHC	0.05~0.175 mm	-
	1.8 DOHC	0.06~0.260 mm	-

● 크랭크축 축방향 유격이 규정(정비한계)값보다 클 경우

측정 항목	측정(또는 점검)		판정 및 정비(또는 조치) 사항		득점
	측정값	규정(정비한계)값	판정(□에 'V'표)	정비 및 조치할 사항	
크랭크축 축방향 유격	0.28 mm	0.05~0.18 mm (한계값 0.25 mm)	□ 양호 ☑ 불량	스러스트 베어링 교체 후 재점검	

※ 판정 및 정비(조치)사항 : 크랭크축 축방향 유격이 한계값보다 크므로 ☑ 불량에 표시하고, 스러스트 베어링 교체 후 재점검합니다.

● 크랭크축 축방향 유격이 규정(정비한계)값 범위 내에 있을 경우

측정 항목	측정(또는 점검)		판정 및 정비(또는 조치) 사항		득점
	측정값	규정(정비한계)값	판정(□에 'V'표)	정비 및 조치할 사항	
크랭크축 축방향 유격	0.22 mm	0.05~0.18 mm (한계값 0.25 mm)	☑ 양호 □ 불량	정비 및 조치할 사항 없음	

※ 판정 및 정비(조치)사항 : 크랭크축 축방향 유격이 규정값보다 크고 한계값 이내에 있으므로 ☑ 양호에 표시하고, 정비 및 조치할 사항 없음을 기록합니다.

※ 측정값이 규정값 이상 한계값 이내일 경우 양호로 판정합니다.

실기시험 주요 Point

크랭크축 축방향 유격이 규정값 범위를 벗어난 경우 정비 및 조치할 사항
❶ 크랭크축 축방향 유격이 규정값보다 클 경우 → 스러스트 베어링 교체
❷ 크랭크축 축방향 유격이 규정값보다 작을 경우 → 스러스트 베어링 연마

 **엔진 2** 주어진 자동차의 전자제어 엔진에서 감독위원의 지시에 따라 1가지 부품을 탈거한 후(감독위원에게 확인), 다시 부착하고 시동에 필요한 관련 부분의 이상개소(시동회로, 점화회로, 연료장치 중 2개소)를 점검 및 수리하여 시동하시오.

2-1 엔진 전기(시동회로, 점화회로, 연료회로) 점검 시동

1안 참조 — 31쪽

 **엔진 3** 2항의 시동된 엔진에서 공회전 속도를 확인하고 감독위원의 지시에 따라 공회전 시 배기가스를 측정하여 기록표에 기록하시오(단, 시동이 정상적으로 되지 않은 경우 본 항의 작업은 할 수 없다).

3-1 엔진 공회전 속도 점검

1안 참조 — 40쪽

3-2 배기가스 측정

1안 참조 — 42쪽

 엔진 4 주어진 자동차의 엔진에서 산소 센서의 파형을 출력·분석하여 그 결과를 기록표에 기록하시오(측정 조건 : 공회전 상태).

4-1 산소 센서 파형 측정 분석

● 산소 센서의 종류와 특징

특 징 \ 종 류	지르코니아 산소 센서	티타니아 산소 센서	비 고
원리	이온전도성	전자전도성	일반적으로 전자제어 엔진에 지르코니아 산소 센서를 많이 사용하며, 일부 차량에는 티타니아 산소 센서를 장착한다.
감지	지르코니아 표면	티타니아 내부	
출력	기전력 변화	저항값 변화	
출력 전압(희박 범위)	0~0.1 V	4.3~4.7 V	
출력 전압(농후 범위)	0.8~0.9 V	0.3~0.8 V	
응답성	늦다.	빠르다.	
경제적 가격	저가	고가	
내구성	불리	양호	

(1) 지르코니아 산소 센서 파형 분석

1. HI-DS 컴퓨터 전원을 ON시킨다.

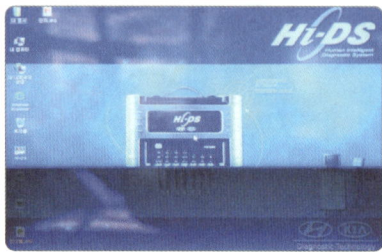

2. 모니터 전원 ON 상태를 확인한다.

3. IBM 스위치를 ON시킨다.

4. 채널 프로브를 선택한다.

5. (−) 프로브를 축전지 (−)에 연결한다.

6. 산소 센서 출력선에 (+) 프로브를 연결한다.

7. 엔진을 시동한다.

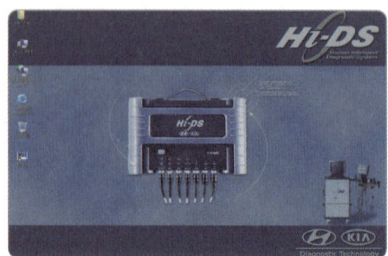

8. HI-DS 아이콘을 클릭한다.

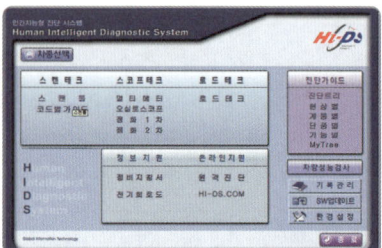

9. HI-DS 메인화면을 클릭한다.

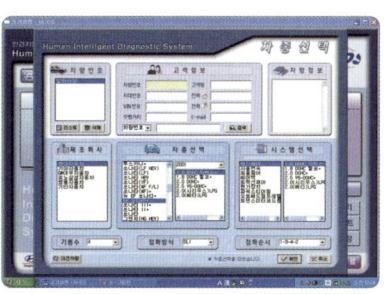

10. **차종 선택** : 제작사 – 차종 – 엔진형식을 선택한다.

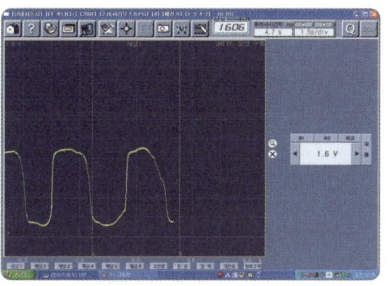

11. 산소 센서 출력 파형 점검을 위한 환경설정을 한다.
(전압 1.6 V, 시간 1.5 s/div)

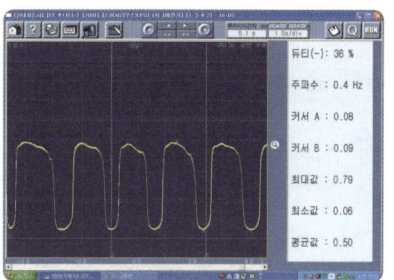

12. 오르막, 내리막 피드백 상태를 출력전압으로 확인한다.
(최솟값 0.06 V, 최댓값 0.79 V)

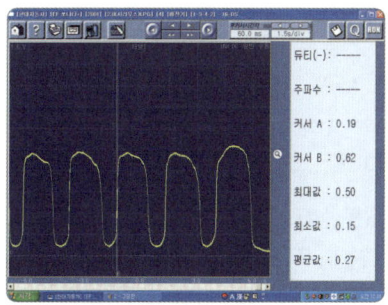

13. 화면을 정지시키고 오르막 파형에서 A와 B 투서간 출력 전압을 확인한다.

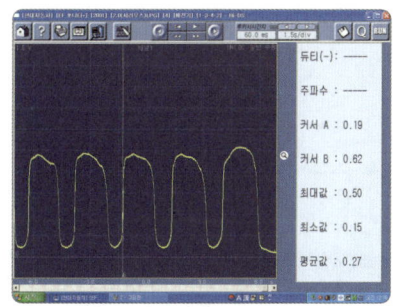

14. 오르막 파형에서 A와 B 투서간 전압 0.2~0.6 V일 때 측정 파형은 60 ms(규정 200 ms 이내)로 농후 상태이며 혼합비 상태는 양호하다.

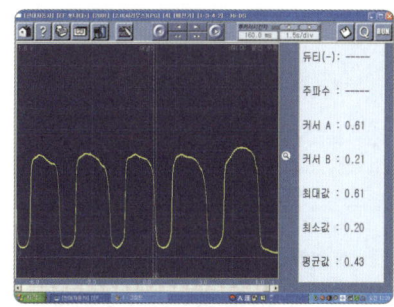

15. 내리막 파형에서 A와 B 투서간 전압 0.6~0.2 V일 때 측정 파형은 160 ms(규정 300 ms 이내)로 희박 상태이며 혼합비 상태는 양호이다.

실기시험 주요 Point

산소 센서의 출력 특성 점검

❶ 엔진이 충분히 웜업된 후 엔진 회전수가 3000 rpm인 상태에서 출력 전압은 약 0.3~4.7 V이고 주파수는 0.9~1.1 Hz이다.

❷ 주파수가 규정보다 낮아지는 것은 산소 센서가 노화된 것으로 불량이므로 교체한다.

답안지 작성

엔진 4 산소 센서 파형 분석

1 지르코니아 파형 분석

(A) 자동차 번호 :		(B) 비번호		(C) 감독위원 확 인	
측정 항목	(D) 파형 상태				(E) 득점
파형 측정	요구 사항 조건에 맞는 파형을 프린트하여 아래 사항을 분석한 후 뒷면에 첨부합니다. ① 출력된 파형에 불량 요소가 있는 경우에는 반드시 표기 및 설명되어야 합니다. ② 파형의 주요 특징에 대하여 표기 및 설명되어야 합니다.				

※ 공회전 상태에서 측정하고 기준값은 지침서를 찾아 판정합니다.

1. 지르코니아 출력 파형

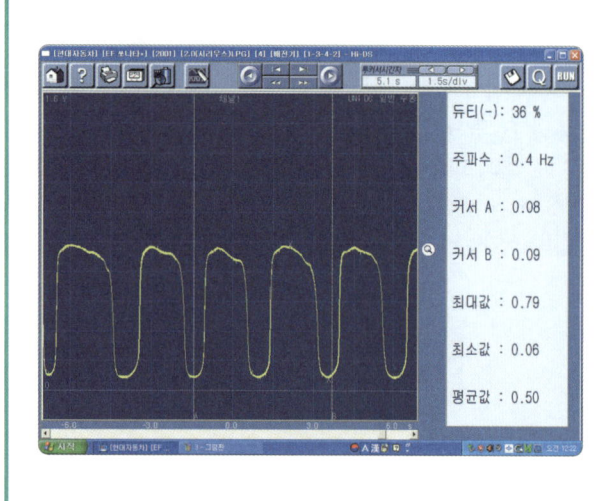

(1) 산소 센서 피드백 작동 상태 확인
   농후(오르막), 희박(내리막)이 산소 센서 피드백 상태로 출력 전압이 작동되고 있는 파형입니다.
(2) 출력 전압
   최솟값 : 0.06, 최댓값 : 0.79 V
(3) 배기가스 농후, 희박 상태 판정
   ① 농후 구간 전압 범위(0.2~0.6 V)의 시간 측정값
      : 60 ms(규정값 : 200 ms 이내)
   ② 희박 구간 전압 범위(0.6~0.2 V)의 시간 측정값
      : 160 ms(규정값 : 300 ms 이내)
(4) 지르코니아 산소 센서 공연비 판정
   ① 희박 : 0~0.45 V
   ② 농후 : 0.45~0.9 V

2. 파형 분석 및 판정

엔진 1500 rpm에서 측정된 산소 센서 출력 파형의 최솟값은 0.06 V이고 최댓값은 0.79 V입니다. 오르막 파형에서 A와 B 투서간 전압 0.2~0.6 V에서의 측정값은 60 ms(규정값은 200 ms 이내)로 양호이며, 내리막 파형에서 A와 B 투서간 전압 0.6~0.2 V에서의 측정값은 160 ms(규정값 300 ms 이내)로 양호입니다. 따라서 측정된 산소 센서 파형은 **양호**입니다.

※ 불량으로 판정 시
   연료계통 및 흡기계통(에어크리너 막힘 등)의 전자제어장치를 점검하고 주요 센서를 점검한 후 재점검합니다.

답안지 작성

2 티타니아(TiO₂) 산소 센서 파형 분석

	(A) 자동차 번호 :	(B) 비번호		(C) 감독위원 확 인	
측정 항목	(D) 파형 상태				(E) 득점
파형 측정	요구 사항 조건에 맞는 파형을 프린트하여 아래 사항을 분석한 후 뒷면에 첨부합니다. ① 출력된 파형에 불량 요소가 있는 경우에는 반드시 표기 및 설명되어야 합니다. ② 파형의 주요 특징에 대하여 표기 및 설명되어야 합니다.				

※ 공회전 상태에서 측정하고 기준값은 지침서를 찾아 판정합니다.

1. 티타니아 산소 센서 파형의 개요

(1) 티타니아 산소 센서는 세라믹 절연체의 끝에 티타니아가 설치되어 있습니다. 전자 전도체인 티타니아가 주위의 산소 분압에 대응하여 산화, 환원되어 전기 저항이 변화하는 것을 이용하면 배기가스 중 산소 농도가 검출됩니다.

(2) 티타니아 센서는 전압이 발생하여 ECU로 보내는 것이 아니라 산소 농도에 따라 저항값이 변하는데, 그 값이 ECU에서 전압으로 바뀌므로 ECU는 배기가스 중 산소 농도를 감지하여 이론 공연비로 연료 분사량을 제어합니다.

2. 파형 분석 및 판정

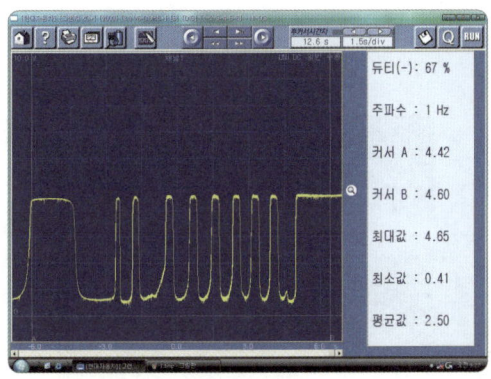

(1) 공회전 상태(듀티 사이클 약 50%)에서 피드백 상태 파형으로 엔진을 약 3000 rpm으로 가속시킨 상태에서 출력 특성(최솟값 : 0.41 V, 최댓값 : 4.65 V)으로 출력되었으며, 이때 주파수는 1 Hz로 출력되었습니다.

(2) 티타니아 산소 센서의 규정 출력 전압은 0.2~4.5 V에서 주파수 약 1 Hz의 듀티 파형으로 출력되며 2.5 V 이상이면 희박으로, 2.5 V 이하이면 농후로 판단합니다. 현재 측정된 파형은 희박(0.41 V), 농후(4.65 V), 주파수(1 Hz)가 정상 범위이므로 **양호**한 정상 파형입니다.

※ 불량으로 판정 시
연료계통 및 흡기계통(에어크리너 막힘)을 점검하고 주요 센서 냉각수온 센서 및 AFS를 점검한 후 재점검합니다.

엔진 5

주어진 전자제어 디젤 엔진에서 연료 압력 조절 밸브를 탈거한 후(감독위원에게 확인) 다시 부착하여 시동을 걸고, 공회전 시 연료 압력을 점검하여 기록표에 기록하시오.

5-1 연료 압력 조절 밸브 탈·부착

커먼레일 엔진 연료 압력 조절 밸브 탈·부착

1. 연료 압력 조절기 위치를 확인한다.

2. 연료 압력 조절기 커넥터를 탈거한다.

3. 연료 압력 조절 밸브를 분해한다.

 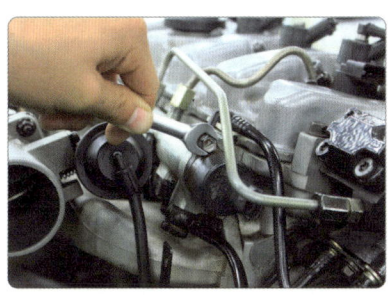 

4. 연료 압력 조절 밸브를 탈거한 후 감독위원의 확인을 받는다.

5. 연료 압력 조절 밸브를 조립한다.

6. 연료 압력 조절기 커넥터를 조립한 후 감독위원의 확인을 받는다.

5-2 연료 압력 점검

 1안 참조 — 53쪽

 **실기시험 주요 Point**

연료 압력 조절 밸브
❶ 레일 압력 조절기는 커먼레일 끝단부에 설치되어 고압 펌프에서 송출된 고압 연료의 리턴 양을 조절하여 커먼레일의 연료 압력을 조절한다.
❷ RPS, RPM, APS 정보를 입력받은 ECM을 이용하여 현재 운행 조건에 맞는 연료 압력으로 조절하기 위해 레일 압력 조절기의 듀티를 제어한다.
❸ 레일 압력 조절기는 100 bar의 스프링 장력에 의해 볼 밸브 시트를 막고 있는 구조로, 고압의 연료가 듀티 제어를 통해 연료의 리턴 양을 줄이게 되면서 연료 압력이 상승된다.

국가기술자격 실기시험문제 3안 (섀시)

자격종목	자동차정비산업기사	과제명	자동차정비작업

비번호 :   시험시간 : 5시간 30분(엔진 : 140분, 섀시 : 120분, 전기 : 70분)

섀시 1 주어진 자동차에서 전륜 현가장치의 스트럿 어셈블리(또는 코일 스프링)를 탈거한 후(감독위원에게 확인) 다시 부착하여 작동 상태를 확인하시오.

 1안 참조 — 58쪽

섀시 2 주어진 자동차에서 휠 얼라인먼트 시험기로 캠버와 토(toe) 값을 측정하여 기록표에 기록한 다음, 타이로드 엔드를 탈거한 후(감독위원에게 확인) 다시 부착하여 토(toe)가 규정값이 되도록 조정하시오.

2-1 휠 얼라인먼트 시험기에 의한 점검

(1) 휠 얼라인먼트 측정 준비 작업

① 4주식 리프트에 측정하고자 하는 차량을 정렬한다.
② 1단 리프트를 측정하기 쉬운 높이만큼 리프트 업시킨다.
③ 2단 리프트는 자동차 하체부의 부품에 파손되지 않게 고임목을 사용하여 1단 리프트와 자동차의 휠이 10cm 정도 떨어지도록 자동차를 수평으로 올린다.
④ 전, 후 각각의 휠 헤드에 장착된 클램프를 사용하여 타이어 휠에 정확히 장착한다.
⑤ 각 헤드에 케이블을 연결한다(유선으로 점검 시).
⑥ 휠이 중심과 일치하도록 전, 후륜의 턴테이블을 맞추어 설치한 후 각 헤드의 수평을 맞춘다.
⑦ 측정하고자 하는 메뉴를 선택하여 런 아웃 화면이 나타나면 각각의 휠을 후륜부터 순차적으로 보정한다.

(2) 휠 얼라인먼트의 기능

① 조향 휠의 조작을 확실하게 하고 안전성을 준다. ➡ 캐스터의 작용
② 조향 휠에 복원성을 주며 조작력을 경감시킬 수 있다. ➡ 캐스터와 킹핀 경사각의 작용
③ 타이어 마모를 최소로 한다. ➡ 토 인의 작용

(3) 휠 얼라인먼트 구성

● 본체 구성

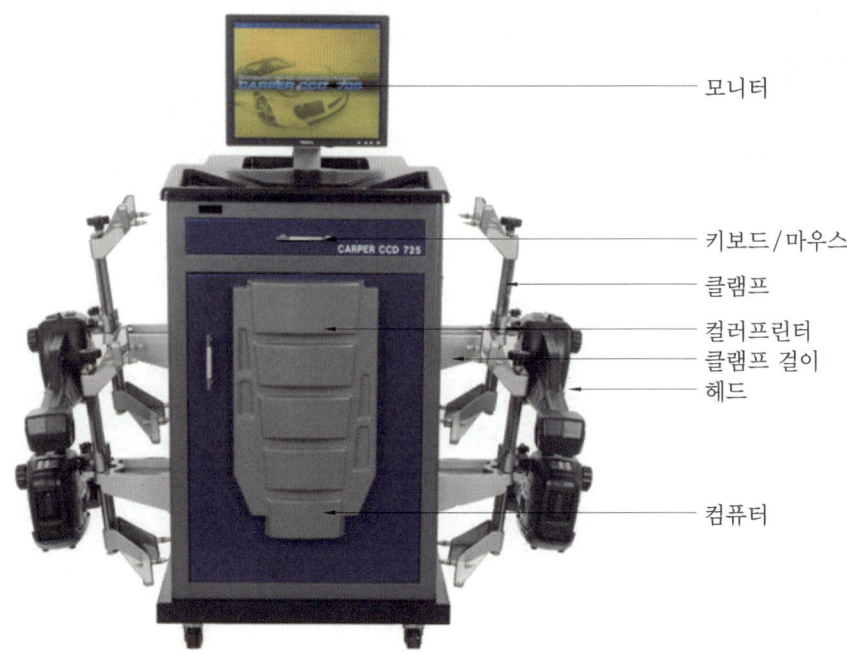

● 모니터 화면

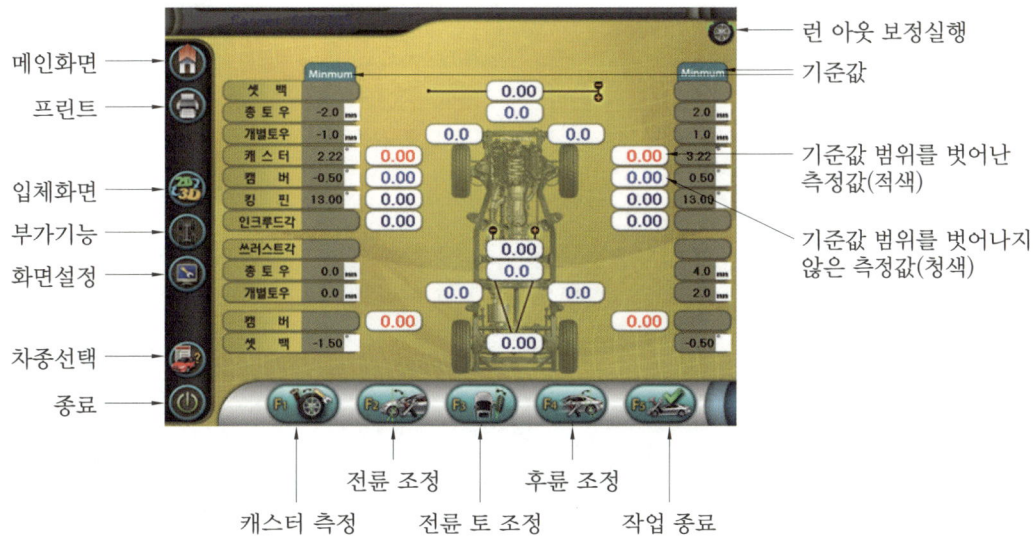

(4) 휠 얼라인먼트 측정

1. 차량을 리프트에 올려 작업하기 좋은 위치로 올린다(리프트 잠금).

2. 차량 하체에 중간 작업을 이용하여 띄워 준다.

3. 자동변속기 시프트 패턴을 N위치에 놓는다.

4. 턴테이블을 전륜 및 후륜 하단에 설치한 후 고정핀을 제거한다.

5. 차량 네 바퀴에 클램프 손잡이로 헤드를 늘리거나 줄여 장착한다.

6. 헤드의 수평기를 기준으로 수평을 맞춘다.

7. 헤드 측면의 헤드 브레이크 고정 후 헤드의 전원을 켠다.

8. 동일한 방법으로 나머지 휠에 각각의 헤드를 장착하고 헤드의 전원을 켠다(4바퀴).

9. 충전이 안 된 경우 통신케이블을 각 헤드의 커넥터에 연결하여 사용한다.

10. 반드시 전륜 헤드의 앞쪽 커넥터는 본체에, 뒤쪽 커넥터는 후륜 헤드에 연결한다(좌측).

11. 반드시 전륜 헤드의 앞쪽 커넥터는 본체에, 뒤쪽 커넥터는 후륜 헤드에 연결한다(우측).

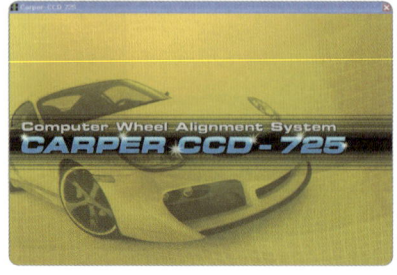

12. 키보드를 눌러 메뉴 화면으로 이동한다.

13. F1 선택 : 휠 얼라인먼트 측정으로 들어간다.

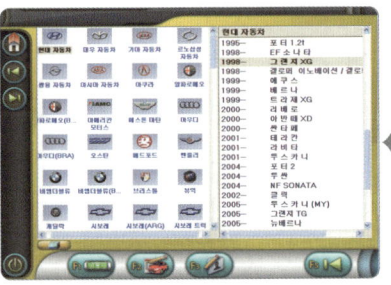
14. 제조사를 선택하고 차종을 선택한다.

> 화면 하단 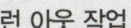을 클릭한 후 고객 자료를 입력하지 않고 바로 수평 확인 단계로 진행한다.
>
> ※ 해당 차종을 더블클릭하여도 차종 선택 후 수평 확인 단계로 진행된다.

15. 화면에서 차량의 앞뒤, 좌우 수평을 확인한다.

16. 수평이 확인되면 런 아웃으로 넘어간다.

17. 순서에 따라 런 아웃을 실시한다(런 아웃이 된 바퀴는 청색으로 변한다).

> **런 아웃 작업**
>
> 런 아웃 작업은 후륜부터 실행한다(좌우 구분 없음).

18. 헤드 고정 브레이크를 풀고 타이어를 180° 돌린 후 수평을 맞추어 고정한다.

19. 헤드 상단의 버튼을 누르면 LED가 깜박이다 적색으로 멈춘다.

20. LED의 깜박임이 멈추면 다시 180° 돌린 후 수평을 맞추어 고정 브레이크를 고정한다.

21. 버튼을 다시 한번 눌러 LED가 깜박이다 청색으로 멈출 때까지 기다린다.

22. 나머지 바퀴도 동일한 방법으로 실시한다(좌우 각각 2회씩). 을 선택하고 다음으로 진행한다.

23. 후륜이 끝난 후 전륜 런 아웃 작업을 실시한다(좌우 각각 2회씩).

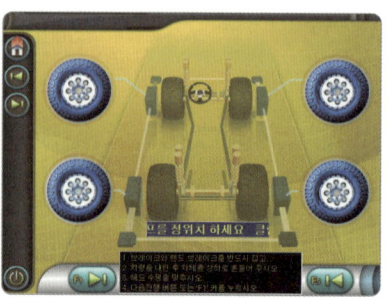
24. 런 아웃이 완료되면 안내에 따라 내릴 준비를 한 후 ▶을 선택하고 다음으로 진행한다.

25. **얼라인먼트 측정** : 차량의 풋 브레이크와 핸드(사이드) 브레이크를 잠근다.

26. 차량을 메인 리프트 상판으로 하강시켜 턴테이블에 안착한다.

27. 차량을 앞·뒤에서 흔들어준 후 헤드 수평을 확인한다(4바퀴).

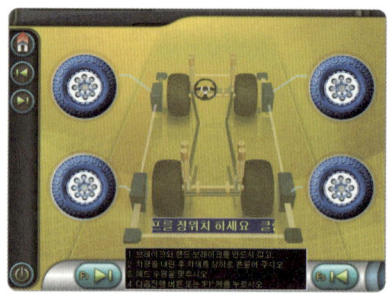
28. ▶을 선택하고 다음으로 진행한다.

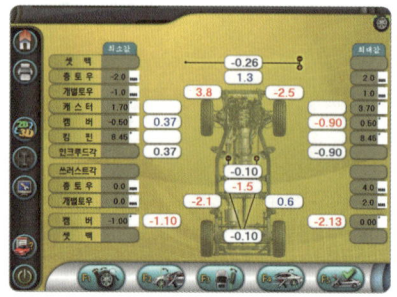
29. ▶을 선택하고 다음으로 진행한다. 1차 측정 완료 화면

캐스터, 킹핀 측정(스윙 작업)
핸들 또는 타이어를 돌려 지시계(↓)가 중앙의 녹색 부분에 위치하도록 조정한다.

30. 캐스터, 킹핀 측정(스윙 작업) ① : 좌 직진

31. 캐스터, 킹핀 측정(스윙 작업) ② : 좌 스윙(2회)

지시화면 둘 중 어느 쪽을 먼저 실행하여도 상관 없다.

32. 캐스터, 킹핀 측정(스윙 작업) ③ : 우 스윙(2회)

33. 캐스터, 킹핀 측정(스윙 작업) ④
: 우 직진

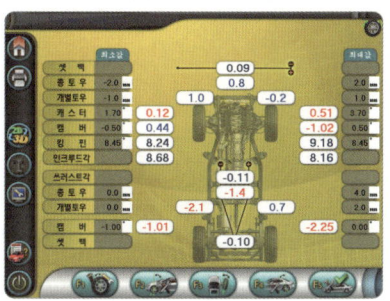
34. 측정 완료 화면

35. 측정값을 출력한다.
(캠버 : 0.44~-1°, 토 : 0.8 mm)

● 토(toe) 조정 방법

전륜 토 조정

> **전륜 토 조정**
> 반드시 핸들 고정대로 핸들을 고정시킨 후 진행한다. 이때 핸들은 먼저 시동을 걸고 좌, 우로 핸들을 충분히 돌려 핸들 유격을 최소화시킨 후 고정한다.

전륜 조정 : 캐스터→캠버→토 순서로 진행한다.

실기시험 주요 Point	자동차 휠 얼라인먼트 점검과 조정이 필요한 경우
	❶ 주행 시 차량이 좌우 한 방향으로 쏠릴 경우
	❷ 타이어의 편마모(안쪽 또는 바깥쪽 방향) 현상이 발생할 경우
	❸ 승차감의 저하 또는 주행 연비가 저하되는 경우
	❹ 조향 핸들이 안정되지 못하고 좌우로 떨리는 경우
	❺ 자동차 사고가 발생한 경우 타이어 부품(휠)을 교체했을 경우

답안지 작성

섀시 2 휠 얼라인먼트 점검

측정 항목	① 측정(또는 점검)		② 판정 및 정비(또는 조치) 사항		(H) 득점
(A) 자동차 번호 :			(B) 비번호	(C) 감독위원 확인	
	(D) 측정값	(E) 규정(정비한계)값	(F) 판정(□에 'V' 표)	(G) 정비 및 조치할 사항	
캠버	0.44~−1°	0±0.5°	□ 양호 ☑ 불량	휠 얼라인먼트 조정 후 재점검	
토(toe)	0.8 mm	0±2 mm			

1. 답안지 공통 사항(감독위원 확인 및 기록 사항)

(C) 감독위원 확인 : 감독위원 확인란으로 수험자는 기록하지 않습니다.

(H) 득점 : 감독위원이 해당 항목 점수를 채점 기록하며 수험자는 기록하지 않습니다.

2. 수험자가 기록해야 할 답안 사항

(A) 자동차 번호 : 측정하는 자동차 번호를 기록합니다(시험용 자동차가 2대 이상일 때 해당).

(B) 비번호 : 책임관리위원(공단 본부)이 배부한 등번호(비번호)를 기록합니다.

① 측정(또는 점검)

(D) 측정값 : 측정값으로 캠버 : 0.44~−1°, 토(toe) : 0.8 mm를 기록합니다.

(E) 규정(정비한계)값 : 정비지침서 또는 얼라인먼트 규정값을 기록합니다(반드시 측정 기준 단위를 기록합니다).
- 캠버 : 0±0.5°   • 토(toe) : 0±2 mm

② 판정 및 정비(또는 조치) 사항

(F) 판정 : 측정값 중 캠버값이 규정(정비한계)값 범위를 벗어났으므로 **불량**에 ☑ 표시를 합니다.

(G) 정비 및 조치할 사항 : 판정이 불량이므로 **휠 얼라인먼트 조정 후 재점검**을 기록합니다.

3. 차종별 캠버, 토(toe) 규정값

차 종		캠버(°)	토(mm)	차 종		캠버(°)	토(mm)
싼타페	전	0±0.5	(−)2±2	아반떼	전	(−)0.25±0.75	0±3
	후	(−)0±0.5	0±2		후	(−)0.83±0.75	5−1, 5+3
NEW 싼타페	전	(−)0.5±0.5	0±2	아반떼 XD	전	0±0.5	0±2
	후	(−)1±0.5	4±2		후	0.92±0.5	1±2
그랜저 TG/XG	전	0±0.5	0±2	에쿠스	전	0±0.5	0±3
	후	(−)0.5±0.5	2±2		후	(−)0.5±0.5	3±2
뉴그랜저	전	0±0.5	0±3	엑센트	전	0±0.5	0±3
	후	0±0.5	0−2, 0+3		후	(−)0.68±0.5	5−1, 5+3
라비타	전	0±0.5	0±2	EF 쏘나타/ NF 쏘나타	전	0±0.5	0±2
	후	(−)1±0.5	1±2		후	(−)0.5±0.5	2±2
베르나	전	0.17±0.5	0±3	투스카니	전	0.22±0.5	0±2
	후	(−)0.68±0.5	3±2		후	(−)1.18±0.5	1±2

| 섀시 3 | 주어진 자동차에서 브레이크 휠 실린더(또는 캘리퍼)를 탈거한 후(감독위원에게 확인) 다시 부착하여 브레이크 작동 상태를 점검하시오. |

3-1 휠 실린더 탈·부착

휠 실린더 탈·부착 작업

1. 지정된 바퀴를 탈거하고 드럼 고정 볼트를 탈거한다.

2. 허브 너트를 탈거하고 드럼을 분해한다.

3. 자동 조정 스프링과 자동 조정 레버를 탈거한다.

4. 브레이크 라이닝(슈) 연결 스프링을 탈거한다.

5. 브레이크 라이닝(슈) 리턴 스프링을 탈거한다.

6. 홀더 다운 스프링과 핀을 탈거하고 브레이크 라이닝(슈)를 탈거한다.

7. 자동 조정 스트럿을 탈거한다.

8. 홀더 다운 스프링을 탈거하고 브레이크 라이닝(슈)를 탈거한다.

9. 주차 브레이크 케이블에서 라이닝(슈)을 분리한다.

10. 백킹 플레이트 휠 실린더 브레이크 파이프에 에어 브리더 고정 볼트를 분해한다.

11. 휠 실린더를 탈거하고 정렬한 후 감독위원의 확인을 받는다.

12. 휠 실린더 고정 브레이크 파이프와 에어 브리더 고정 볼트를 조립한다.

13. 좌측 라이닝을 조립하고 자동 조정 스트럿을 설치한다(사이드 브레이크 케이블 연결).

14. 리턴 스프링과 우측 라이닝을 조립한다.

15. 브레이크 라이닝 지지 스프링을 조립한다.

16. 자동 조정 레버와 자동 조정 스프링을 조립한다.

17. 허브 어셈블리를 조립한다.

18. 드럼을 조립한 후 허브 너트와 허브 캡을 조립하고 드럼 고정 볼트를 조립한다.

19. 드럼을 회전시켜 라이닝 간극을 확인한 후 감독위원의 확인을 받는다.

20. 바퀴를 장착하고 공구를 정리한다.

섀시 4 3항의 작업 자동차에서 감독위원의 지시에 따라 전(앞) 또는 후(뒤) 제동력을 측정하여 기록표에 기록하시오.

1안 참조 — 64쪽

섀시 5 주어진 자동차의 자동변속기에서 자기진단기(스캐너)를 이용하여 각종 센서 및 시스템 작동상태를 점검하고 기록표에 기록하시오.

5-1 자동변속기 자기진단

1안 참조 — 68쪽

국가기술자격 실기시험문제 3안(전기)

자격종목	자동차정비산업기사	과제명	자동차정비작업

비번호 :   시험시간 : 5시간 30분(엔진 : 140분, 섀시 : 120분, 전기 : 70분)

전기 1
주어진 자동차에서 시동모터를 탈거한 후(감독위원에게 확인) 다시 부착하여 작동 상태를 확인하고, 크랭킹 시 전류 소모 및 전압 강하 시험을 하여 기록표에 기록하시오.

1-1 시동모터 탈·부착

 1안 참조 — 73쪽

1-2 크랭킹 전류 소모, 전압 강하 시험

 1안 참조 — 75쪽

전기 2
주어진 자동차에서 전조등 시험기로 전조등을 점검하여 기록표에 기록하시오.

 1안 참조 — 79쪽

실기시험 주요 Point

전조등 안전 기준에 관한 규칙
1. 등광색은 백색으로 한다.
2. 1등당 광도(최대 광도점의 광도)는 주행 빔이 15000 cd(4등식 중 주행 빔과 변환 빔이 동시에 점등되는 형식은 12000 cd) 이상 112500 cd 이하이고, 변환 빔이 3000 cd 이상 45000 cd 이하이어야 한다.
3. 주행 빔이 비추는 방향은 자동차의 진행 방향 또는 진행하려는 방향과 같아야 하며, 전방 10 m 거리에서 주광축의 좌우측 진폭은 300 mm 이내, 상향 진폭은 100 mm 이내, 하향 진폭은 등화 설치 높이의 3/10 이내이어야 한다.

전기 3

주어진 자동차의 에어컨 회로에서 외기온도 입력 신호값을 점검하여 이상 여부를 기록표에 기록하시오.

3-1 외기온도 센서 입력 신호값 점검

● 에어컨 회로도 (외기온도 센서)

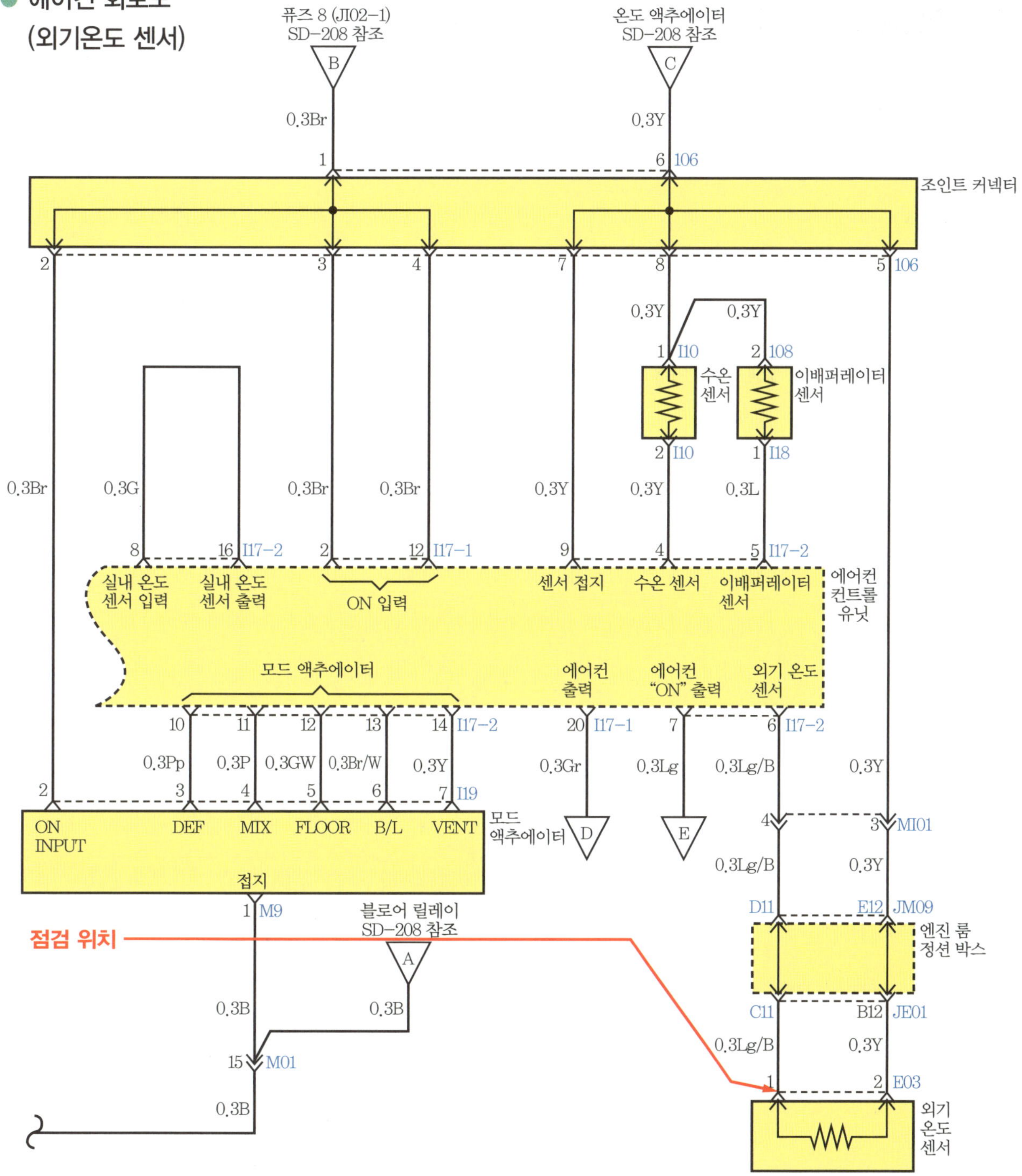

● 에어컨 외기온도 센서 점검

1. 에어컨 시스템의 외기온도 센서의 위치를 확인한 후, 엔진을 시동(공회전 상태)한다.

2. 에어컨 컨트롤 유닛 6번 단자, 외기온도 센서 1번 단자에 멀티테스터 (+) 프로브를, (−) 프로브는 차체에 접지시킨다.

3. 멀티테스터 출력 전압을 확인한다. (2.210 V)

● 외기온도 센서(AMB) 저항에 따른 출력 전압

온도	저항	출력 전압	온도	저항	출력 전압
−10°C	157.8 kΩ	4.20 V	10°C	58.8 kΩ	4.20 V
−5°C	122.0 kΩ	4.01 V	20°C	37.3 kΩ	4.01 V
0°C	95.0 kΩ	3.80 V	30°C	24.3 kΩ	3.80 V
5°C	74.5 kΩ	3.56 V	40°C	16.1 kΩ	3.56 V

실기시험 주요 Point

에어컨 냉각 회로 점검

❶ 냉각 팬(라디에이터 팬) 모터를 작동 시험했을 때 작동이 되지 않는다면 퓨즈(30 A) 및 릴레이를 점검하고 냉각 팬 모터, 에어컨 및 히터 관련 커넥터의 단선 또는 단락을 점검한다.
❷ 라디에이터 팬 모터 커넥터 단자에 축전지 (+) 단자와 (−) 단자를 연결하고 모터의 회전 상태를 점검한다. 모터가 회전하는 동안 비정상적인 소음이 발생하면 모터를 점검한다.
❸ 냉각수의 온도가 일정 온도(85°C 정도) 이상 상승하였는데 냉각 팬이 작동하지 않는다면 서모 센서(서모 스탯)를 탈착하여 뜨거운 물에 넣고 통전 상태를 점검한다(차종마다 조금 다르지만 적당한 온도에서 작동되지 않는다면 서모 센서를 교체하고 냉각 계통을 점검한다).

답안지 작성

전기 3 전자동 에어컨 회로 점검

점검 항목	① 측정(또는 점검)		② 판정 및 정비(또는 조치) 사항		(H) 득점
(A) 자동차 번호 :		(B) 비번호		(C) 감독위원 확 인	
점검 항목	(D) 측정값	(E) 규정(정비한계)값	(F) 판정(□에 'V' 표)	(G) 정비 및 조치할 사항	(H) 득점
외기온도 입력 신호값	2.210 V	2.5~3.0 V	□ 양호 ☑ 불량	외기온도 센서 교체 후 재점검	

1. 답안지 공통 사항(감독위원 확인 및 기록 사항)

(C) **감독위원 확인** : 감독위원 확인란으로 수험자는 기록하지 않습니다.
(H) **득점** : 감독위원이 해당 항목 점수를 채점 기록하며 수험자는 기록하지 않습니다.

2. 수험자가 기록할 답안 내용

(A) **자동차 번호** : 측정하는 자동차 번호를 기록합니다(시험용 자동차가 2대 이상일 때 해당).
(B) **비번호** : 책임관리위원(공단 본부)이 배부한 등번호(비번호)를 기록합니다.
① 측정(또는 점검)
  (D) **측정값** : 외기온도 센서를 측정한 값 2.210 V를 기록합니다.
  (E) **규정(정비한계)값** : 감독위원이 제시한 값이나 정비지침서를 보고 2.5~3.0 V를 기록합니다.
② 판정 및 정비(또는 조치) 사항
  (F) **판정** : 측정값이 규정(정비한계)값 범위를 벗어났으므로 **불량**에 ☑ 표시를 합니다.
  (G) **정비 및 조치할 사항** : 판정이 불량이므로 **외기온도 센서 교체 후 재점검**을 기록합니다.
                       판정이 양호일 때는 **정비 및 조치할 사항 없음**을 기록합니다.

실기시험 주요 Point

자동 에어컨 제어 시스템

입력	제어	출력
• 실내온도 센서 • APT 센서 • 외기온도 센서 • 습도 센서 • 일사량 센서 • 각종 위치 센서 • 핀 서모 센서 • AQS • 냉각수온 센서	FATC	• 온도조절 ACT • 에어컨 컴프레서 • 풍향조절 ACT • 컨트롤 패널 표시 • 내·외기 조절 ACT • 센서 전원 및 접지 • 파워 TR • 자기진단 출력 • 하이 블로어 릴레이

전기 4. 주어진 자동차에서 전조등 회로를 점검하여 이상개소(2곳)를 찾아서 수리하시오.

4-1 전조등 회로 점검

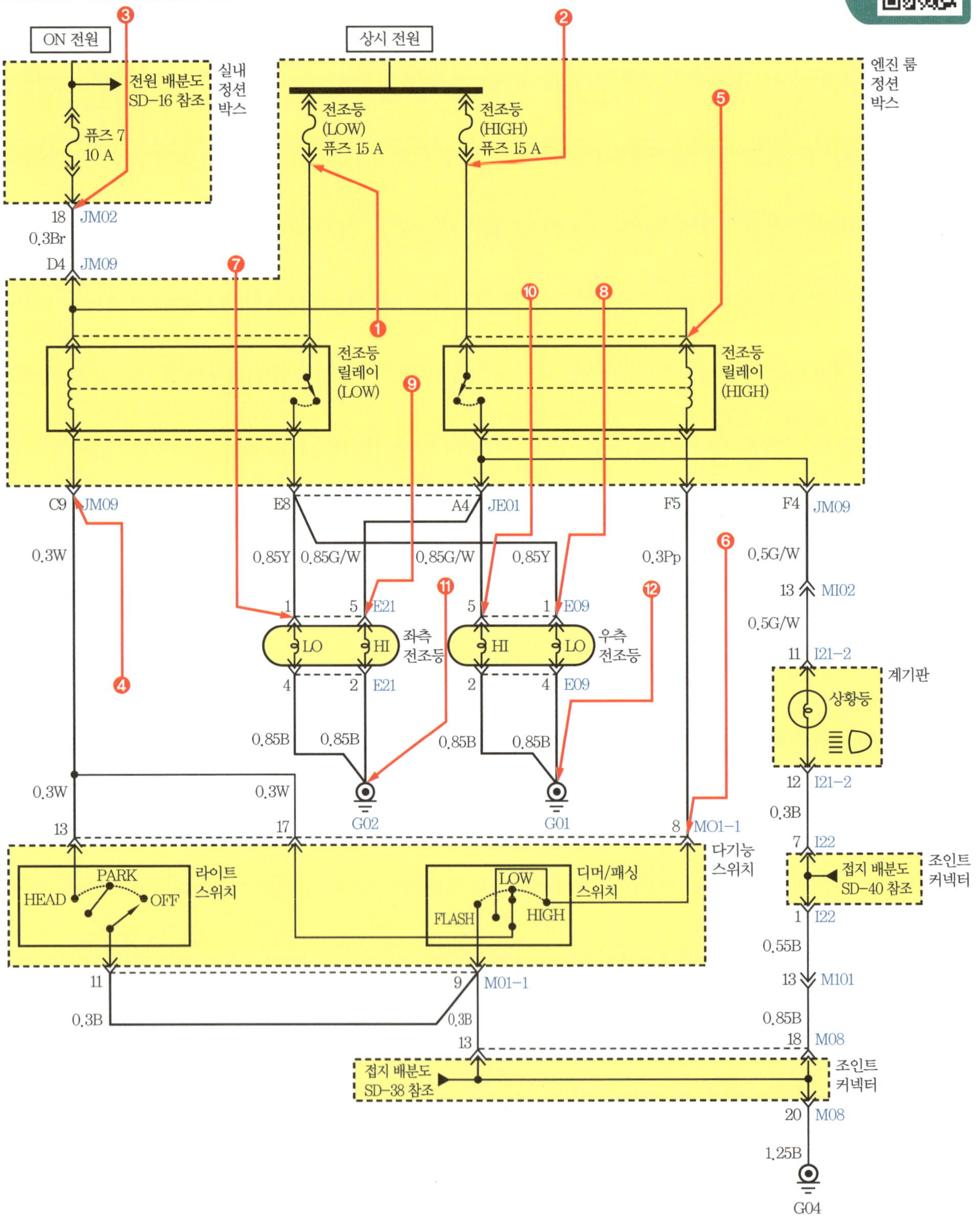

전조등 점검 차량 확인 및 회로 점검

1. 축전지 단자 (+), (-) 체결 상태와 전압을 확인한다.

2. 엔진 정션 박스 전조등 릴레이 점검과 공급 전원을 확인한다.

3. 실내 퓨즈 박스에서 전조등 퓨즈 단선 및 공급 전원을 확인한다.

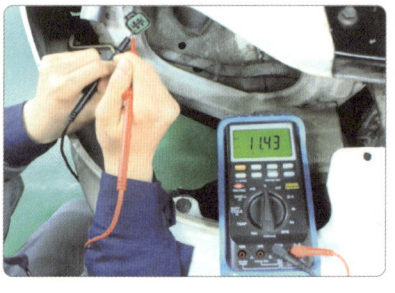

4. 전조등 LOW 공급 전원을 확인한다.

5. 전조등 스위치 커넥터 및 통전 상태를 점검한다.

6. 전조등을 유관 점검한다(유리관을 손으로 직접 만지지 않는다).

7. 전조등 램프 단선 및 저항을 점검한다.

8. 전조등을 커넥터에 체결하고 커넥터를 움직이며 접촉 상태 및 작동 상태를 확인한다.

자동차정비산업기사 실기 4안

파트별		안별 문제	4안
엔진	1	엔진 분해 조립/측정	엔진 분해 조립/ 피스톤 링 이음 간극 측정
	2	엔진 시동/작업	1가지 부품 탈·부착/ 엔진 시동(시동, 점화, 연료)
	3	엔진 작동 상태/측정	공회전 속도 점검/ 인젝터 파형 분석
	4	파형 점검	스텝 모터 파형 분석(공회전 상태)
	5	부품 교환/측정	CRDI 연료 압력 센서 탈·부착 시동/매연 측정
섀시	1	부품 탈·부착 작업	드라이브 액슬축 탈거/ 부트 탈·부착
	2	장치별 측정/부품 교환 조정	타이로드 엔드 탈·부착/ 휠 얼라인먼트 시험기 셋백, 토(toe)값 점검
	3	브레이크 부품 교환/ 작동 상태 점검	브레이크 라이닝 슈(패드) 교환/ 브레이크 작동 상태 확인
	4	제동력 측정	전륜 또는 후륜 제동력 측정
	5	부품 탈·부착/ 이상 부위 측정	ABS 자기진단
전기	1	부품 탈·부착 작업/측정	발전기 분해 조립/ 다이오드, 로터 코일 점검
	2	전조등 점검	전조등 시험기 점검/광도, 광축
	3	편의 안전장치 점검	열선 스위치 입력 신호 점검
	4	전기 회로 점검	파워윈도 회로 점검

국가기술자격 실기시험문제 4안 (엔진)

자격종목	자동차정비산업기사	과제명	자동차정비작업

비번호 :　　　　시험시간 : 5시간 30분(엔진 : 140분, 섀시 : 120분, 전기 : 70분)

엔진 1

주어진 엔진을 기록표의 측정 항목까지 분해하여 기록표의 요구 사항을 측정 및 점검하고 본래 상태로 조립하시오.

1-1 엔진 분해 조립

 1안 참조 — 22쪽

1-2 피스톤 링 이음 간극 측정

(1) 측정 방법

1. 피스톤 링 이음 간극을 측정할 실린더를 확인한다(측정 실린더를 깨끗이 닦는다).

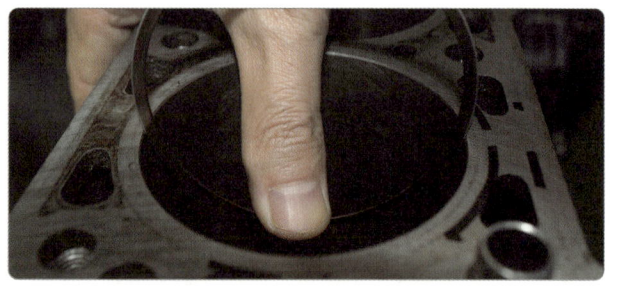

2. 측정할 피스톤 링을 세워 실린더에 삽입한다.

3. 실린더에 피스톤을 거꾸로 끼워 피스톤 링을 삽입한다.

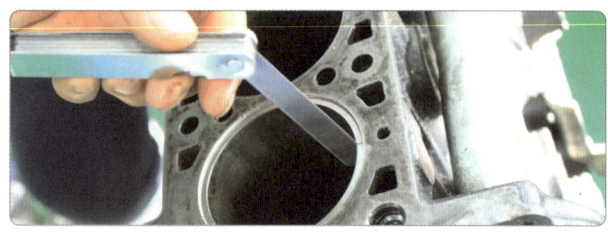

4. 피스톤 링을 실린더 최상단에 위치시키고 디그니스 게이지로 피스톤 링 엔드 갭을 측정한다(실린더 하단부 2/3지점 측정 가능).

답안지 작성

엔진 1 피스톤 링 이음 간극 측정

측정 항목	(A) 엔진 번호 :		(B) 비번호		(C) 감독위원 확 인	(H) 득점
	① 측정(또는 점검)		② 판정 및 정비(또는 조치) 사항			
	(D) 측정값	(E) 규정(정비한계)값	(F) 판정(□에 'V' 표)	(G) 정비 및 조치할 사항		
엔드 갭	0.25 mm(1번 압축 링)	0.25~0.40 mm (한계값 0.80 mm)	☑ 양호 □ 불량	정비 및 조치할 사항 없음		

※ 감독위원이 지정하는 실린더와 피스톤 링을 측정합니다.

1. 답안지 공통 사항(감독위원 확인 및 기록 사항)

(C) **감독위원 확인** : 감독위원 확인란으로 수험자는 기록하지 않습니다.
(H) **득점** : 감독위원이 해당 항목 점수를 채점 기록하며 수험자는 기록하지 않습니다.

2. 수험자가 기록해야 할 답안 사항

(A) **엔진 번호** : 측정하는 엔진 번호를 기록합니다(시험용 엔진이 2대 이상일 때 해당).
(B) **비번호** : 책임관리위원(공단 본부)이 배부한 등번호(비번호)를 기록합니다.
① **측정(또는 점검)**
   (D) **측정값** : 감독위원이 지정한 실린더의 피스톤 링 엔드 갭 측정값 **0.25 mm(1번 압축 링)**를 기록합니다.
   (E) **규정(정비한계)값** : 해당 차종 정비지침서나 감독위원이 제시한 값을 기록합니다.
      0.25~0.40 mm(한계값 0.80 mm)
② **판정 및 정비(또는 조치) 사항**
   (F) **판정** : 측정값이 규정(정비한계)값 범위 내에 있으므로 **양호**에 ☑ 표시합니다.
   (G) **정비 및 조치할 사항** : 판정이 양호이므로 **정비 및 조치할 사항 없음**을 기록합니다.
      판정이 불량일 때는 **피스톤 링 교체 후 재점검**을 기록합니다.

3. 피스톤 링 이음 간극 규정값

차 종		규정값	한계값	비 고
EF 쏘나타(1.8, 2.0)	1번	0.20~0.35 mm	1.00 mm	1, 2번 링은 압축 링, 3번 링은 오일 링 피스톤 간극 측정 공구 (텔레스코핑 게이지와 마이크로미터 실린더보어 게이지)
	2번	0.40~0.55 mm		
	오일 링	0.2~0.7 mm		
쏘나타 Ⅰ, Ⅱ, Ⅲ	1번	0.25~0.40 mm	0.80 mm	
	2번	0.35~0.5 mm		
	오일 링	0.2~0.7 mm		
아반떼(1.5D)	1번	0.20~0.35 mm	1.00 mm	
	2번	0.37~0.52 mm		
	오일 링	0.2~0.7 mm		

엔진 2 주어진 자동차의 전자제어 엔진에서 감독위원의 지시에 따라 1가지 부품을 탈거한 후(감독위원에게 확인) 다시 부착하고 시동에 필요한 관련 부분의 이상개소(시동회로, 점화회로, 연료장치 중 2개소)를 점검 및 수리하여 시동하시오.

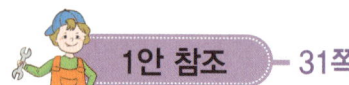

엔진 3 2항의 시동된 엔진에서 공회전 상태를 확인하고 감독위원의 지시에 따라 인젝터 파형을 분석하여 기록표에 기록하시오(단, 시동이 정상적으로 되지 않은 경우 본 항의 작업은 할 수 없다).

3-1 엔진 공회전 속도 점검

 1안 참조 — 40쪽

3-2 인젝터 파형 측정 분석

인젝터 파형 측정

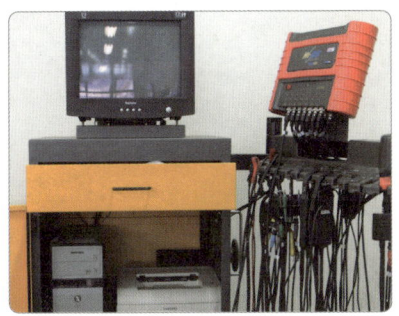

1. HI-DS 컴퓨터 전원을 ON시킨다.

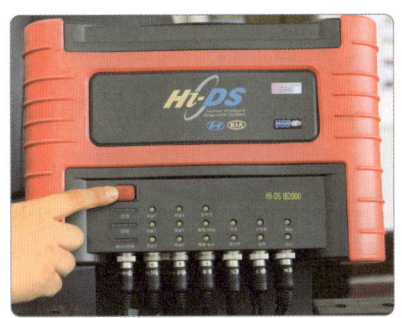

2. 계측 모듈 스위치를 ON시킨다.

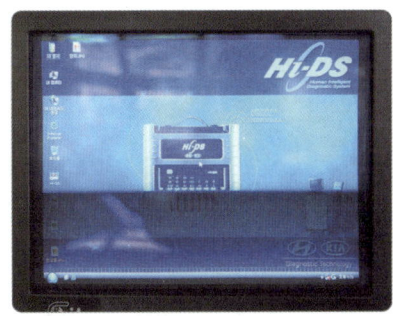

3. 모니터 전원을 ON시킨다.

4. HI-DS (+), (−) 클립을 축전지 단자에 연결한다.

5. 채널 프로브를 선택한다.

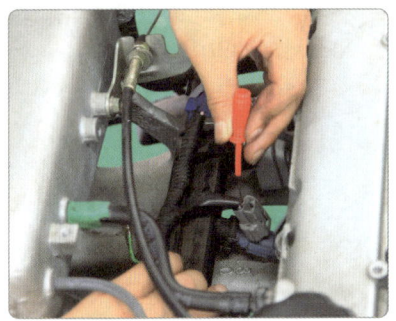

6. 인젝터에 프로브를 연결한다.

7. 엔진을 시동한다.

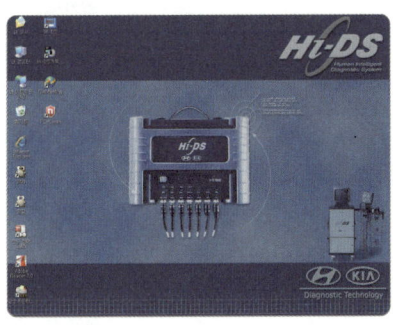

8. 바탕화면 HI-DS 아이콘을 클릭한다.

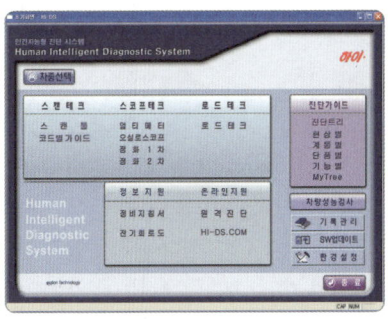

9. 차종을 선택한다.

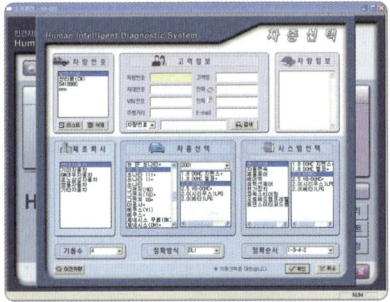

10. 제작사 − 차종 − 엔진형식을 선택한다.

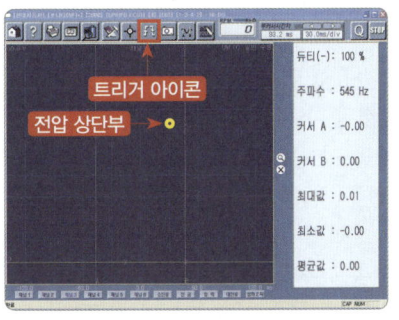

11. 트리거 아이콘을 클릭하고 화면 상단부(전압선 윗부분)를 클릭한다.

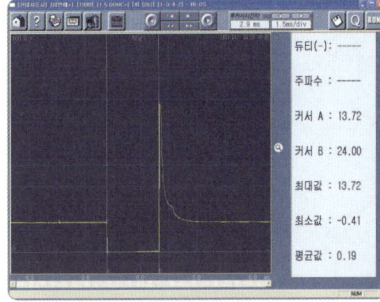

12. 화면을 정지시킨 후 커서 A(마우스 왼쪽), 커서 B(오른쪽)를 클릭하여 분사 시간을 측정한다(2.9 ms).

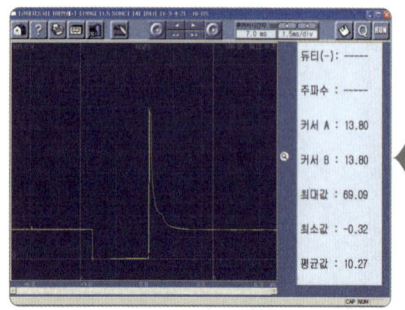

① 축전지 전압은 13.72 V로 축전지에서 인젝터까지 배선 상태가 양호하다.
② 서지 전압은 69.09 V로 인젝터 내부 코일이 양호하다.
③ 인젝터 분사 시간은 2.9 ms(규정 2.2~2.9 ms)로 양호하다.
④ 접지 구간은 0.8 V 이하로써 인젝터에서 ECU 접지까지 배선 상태가 양호하다.

13. 커서 A(마우스 왼쪽), 커서 B(오른쪽) 버튼을 인젝터 작동 전압 범위로 지정하고 인젝터 작동 전압(서지 전압)을 측정한다.
(최댓값 : 69.09 V)

 **실기시험 주요 Point**

인젝터(injecter)

인젝터는 엔진 ECU에 의해 제어되는 솔레노이드를 가진 분사 노즐이다. ECU는 흡입 공기량 및 엔진 회전수로부터 기본 연료 분사 시간을 계산하고 엔진 냉각수 온도, 폐회로 제어 시 산소 센서에 의한 피드백 신호, 가감속 등의 운전 상태, 축전지 충전 상태 등으로부터 보정 연료 분산 시간을 결정하여 펄스 신호로 인젝터를 제어한다.

인젝터 노즐의 구멍은 일정한 크기이고 연료 분사 압력도 일정하게 제어되므로 연료 분사량은 솔레노이드가 자화되어 니들 밸브를 열고 있는 시간, 즉 ECU로부터 펄스 신호의 폭이 분사 시간에 해당된다. 인젝터에서의 연료 분사량은 분사 시간이 길수록(펄스 폭이 길수록) 증가한다.

인젝터는 2개의 단자로 되어 있으며 인젝터 접지를 ECU에서 제어하는 신호 단자이며 ECU 내의 파워 트랜지스터의 작동에 의하여 제어된다. 나머지 단자는 전원 공급 단자이다.

ECU로부터 발생된 분사 신호(펄스)에 의해 연료를 분사하는 솔레노이드가 내장된 분사 밸브

① 종류 : 전압형 인젝터, 전류형 인젝터
② 연료 송출 파이프와 연결된 니들 밸브는 플런저와 일체로 되어 인젝터 작동 시 플런저와 같이 전개 위치까지 당겨져 분구를 전개한다.
③ 분사량은 분구 면적, 연료 압력이 일정하기 때문에 니들 밸브의 개방 시간(솔레노이드 코일의 통전시간)에 의해 결정된다.

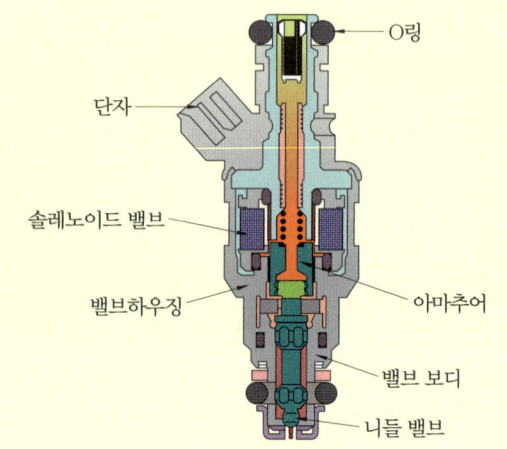

답안지 작성

엔진 3 인젝터 점검

측정 항목	① 측정(또는 점검)		② 판정 및 정비(또는 조치) 사항		(H) 득점
	(D) 측정값	(E) 규정(정비한계)값	(F) 판정(□에 'V' 표)	(G) 정비 및 조치할 사항	
분사 시간	2.9 ms	2.2~2.9 ms	☑ 양호 □ 불량	정비 및 조치할 사항 없음	
서지 전압	69.09 V	60~80 V			

(A) 자동차 번호 : (B) 비번호 (C) 감독위원 확인

※ 공회전 상태에서 측정하고 기준값은 정비지침서를 찾아 판정합니다.

1. 답안지 공통 사항(감독위원 확인 및 기록 사항)

(C) **감독위원 확인** : 감독위원 확인란으로 수험자는 기록하지 않습니다.
(H) **득점** : 감독위원이 해당 항목 점수를 채점 기록하며 수험자는 기록하지 않습니다.

2. 수험자가 기록해야 할 답안 사항

(A) **자동차 번호** : 측정하는 자동차 번호를 기록합니다(시험용 자동차가 2대 이상일 때 해당).
(B) **비번호** : 책임관리위원(공단 본부)이 배부한 등번호(비번호)를 기록합니다.
① **측정(또는 점검)**
　(D) **측정값** : 인젝터 분사 시간과 서지 전압을 측정한 값을 기록합니다.
　　　• 분사 시간 : **2.9 ms**　　• 서지 전압 : **69.09 V**
　(E) **규정(정비한계)값** : 감독위원이 제시한 값이나 정비지침서를 보고 기록합니다.
　　　• 분사 시간 : **2.2~2.9 ms**　　• 서지 전압 : **60~80 V**
② **판정 및 정비(또는 조치) 사항**
　(F) **판정** : 측정값이 규정(정비한계)값 범위 내에 있으므로 **양호**에 ☑ 표시를 합니다.
　(G) **정비 및 조치할 사항** : 판정이 양호이므로 **정비 및 조치할 사항 없음**을 기록합니다.

※ 인젝터 파형 불량 시
　서지 전압은 일반적으로 60~80 V가 규정 전압입니다. 서지 전압이 낮아져 불량으로 판정되면 인젝터 배선 또는 ECU 배선 접촉 불량으로 전압이 낮게 출력된다고 볼 수 있습니다.
　㉮ 서지 전압이 불량일 때는 **인젝터 배선 및 ECU 배선 접지 상태 점검**을 기록합니다.
　㉯ 분사 시간이 불량일 때는 **전제제어 입력 센서 세부 점검**을 기록합니다.

엔진 4

주어진 자동차의 엔진에서 스텝 모터(또는 ISA)의 파형을 출력·분석하여 그 결과를 기록표에 기록하시오(측정 조건 : 공회전 상태).

4-1 스텝 모터 파형 측정

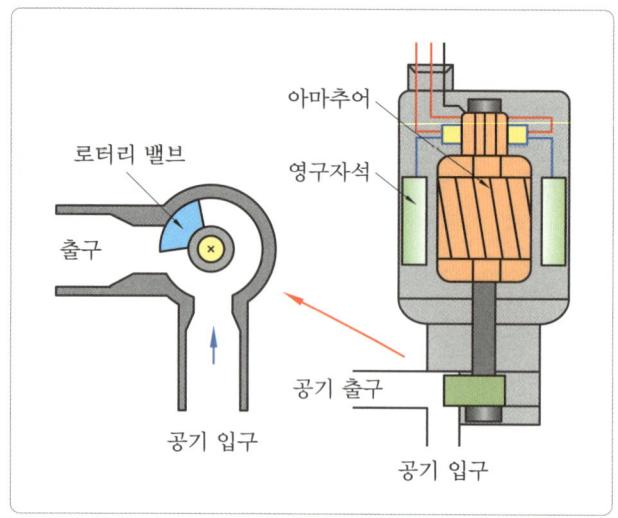

튜티(duty) 방식

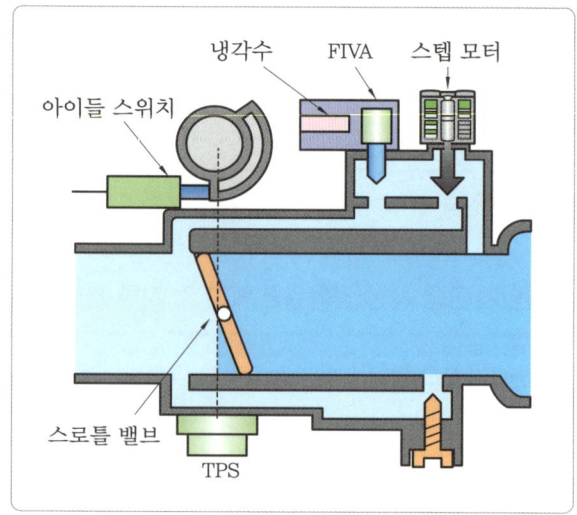

스테핑 모터(stepping motor)식

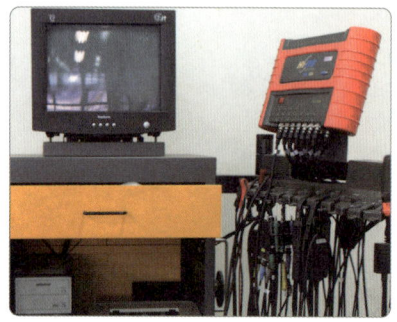

1. HI-DS 컴퓨터 전원을 ON시킨다.

2. 계측 모듈 스위치를 ON시킨다.

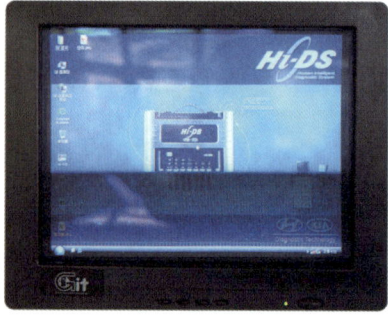

3. 모니터 전원이 ON 상태인지 확인한다.

엔진 **173**

4. HI-DS (+), (-) 클립을 축전지 단자에 연결한다.

5. 프로브를 연결한다.

6. 엔진을 시동한다(시동 후 ON).

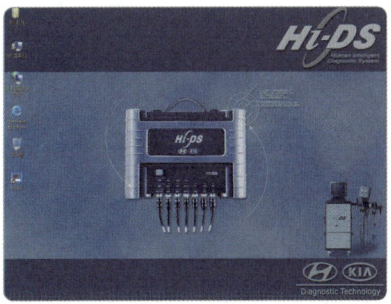

7. 초기화면에서 HI-DS를 클릭한다.

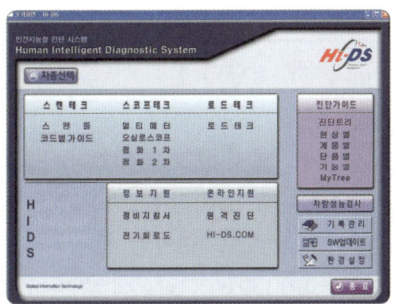

8. 진단가이드에서 진단트리를 선택한다.

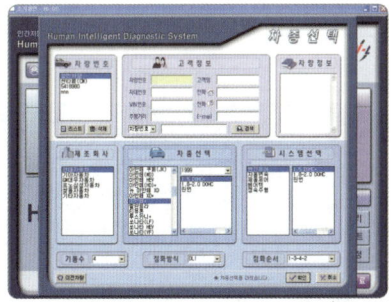

9. 차종 선택 : 제작사-차종-엔진형식을 선택한다.

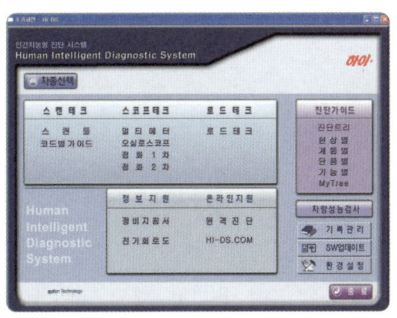

10. 스코프테크에서 오실로스코프를 클릭한다.

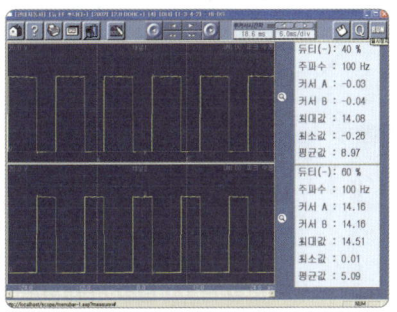

11. 1번과 2번 채널을 선택하고 환경설정에서 전압을 20 V, 시간을 6.0 ms/div로 선택한다.

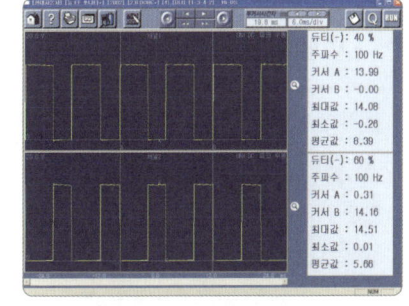

12. 1번 채널 열림 코일(듀티 40%), 2번 채널 닫힘 코일(듀티 60%) 듀티비와 출력 전압을 확인한다. (최대 14.08 V, 최소 0 V)

실기시험 주요 Point

공회전 제어의 목적

❶ 엔진 냉간 시 워밍업을 통해 엔진 온도를 빠른 시간에 적정 수준까지 올려 오일 순환을 원활하게 한다.
❷ 에어컨이나 자동변속기에서 엔진 부하 발생 시 부하 상태에 따른 공회전 속도를 목표값까지 유지하도록 한다.
❸ 감속 시 급작스러운 엔진 부조 상태를 방지하고, 안정적인 엔진 공회전 상태를 유지하게 한다.

답안지 작성

엔진 4 스텝 모터 파형 분석

자동차 번호 :		비번호		감독위원 확 인	
측정 항목	파형 상태				득점
파형 측정	요구 사항 조건에 맞는 파형을 프린트하여 아래 사항을 분석 후 뒷면에 첨부합니다. ① 출력된 파형에 불량 요소가 있는 경우에는 반드시 표기 및 설명되어야 합니다. ② 파형의 주요 특징에 대하여 표기 및 설명되어야 합니다.				

1. 스텝 모터 정상 파형

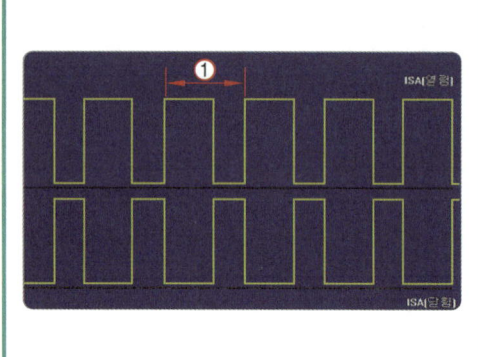

(1) 파형의 전원 전압은 12 V 이상, 접지 전압은 1 V 이하로 출력되어야 합니다.
(2) 공기 유량을 제어하는 요소는 ① 사이클 안에서의 (−) 듀티율이며 공회전 시 정상값은 열림 듀티율이 30~40%, 닫힘 듀티율이 60~70%입니다.
(3) LOW 전압은 1 V 이하일 때, HIGH 전압은 축전지 전압일 때 정상입니다.
※ 듀티율이 과도하게 높은 것은 엔진이 충분히 예열되지 않았거나 부하가 걸린 상태입니다.

2. 스텝 모터 측정 파형 분석

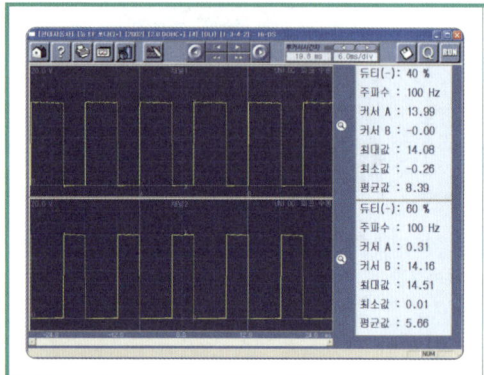

(1) 파형의 전원 전압은 14.08 V(규정값 : 12 V 이상)이고 접지 전압은 −0.26 V(규정값 : 1 V 이하)로 출력되었습니다.
(2) 공회전 시 열림 듀티율이 40%(규정값 : 30~40%), 닫힘 듀티율이 60%(규정값 : 60~70%)로 양호한 값을 나타내고 있으므로 엔진 부하 상태 및 액추에이터 작동 상태가 양호합니다.

3. 분석 결과 및 판정

펄스 파형의 전원 전압 상단부는 14.08 V(규정값 : 12 V 이상), 접지 전압 하단부는 −0.26 V(규정값 : 1 V 이하)로 출력되고 사이클 듀티 상태가 좋으므로 스텝 모터 저항이나 배선 커넥터 접속이 양호합니다. 또한 공회전 시 열림 듀티율이 40%(규정값 : 30~40%), 닫힘 듀티율이 60%(규정값 : 60~70%)로 양호하므로 스텝 모터 작동 상태가 **양호**합니다.
 ※ 스텝 모터 파형이 불량일 경우 스텝 모터 배선 회로를 점검하고 이상이 없으면 스텝 모터 교체 후 재점검합니다.

엔진 5

주어진 전자제어 디젤 엔진에서 연료 압력 센서를 탈거한 후(감독위원에게 확인) 다시 부착하여 시동을 걸고, 매연을 측정하여 기록표에 기록하시오.

5-1 연료 압력 센서 탈·부착

 2안 참조 — 104쪽

5-2 디젤 매연 측정

 2안 참조 — 105쪽

실기시험 주요 Point

디젤 매연 5회 측정의 경우[정기검사 방법 및 기준(별표22) 광투과식 분석 방법]

❶ 3회 측정한 매연 농도의 최댓값과 최솟값의 차가 5%를 초과하거나 최종 측정값이 배출허용기준에 맞지 않는 경우는 순차적으로 1회씩 더 자동 측정한다.

❷ 최대 5회까지 측정하면서 매회 측정할 때마다 마지막 3회 측정값을 산출하여, 마지막 3회의 최댓값과 최솟값의 차가 5% 이내이고 측정값의 산술평균값이 배출허용기준 이내이면 측정을 마무리한다.

❸ 5회까지 반복 측정해도 최댓값과 최솟값의 차가 5%를 초과하거나 배출허용기준에 맞지 않는 경우는 마지막 3회(3회, 4회, 5회)의 측정값을 산출하여 평균한 값을 최종 측정값으로 한다.

국가기술자격 실기시험문제 4안 (섀시)

자격종목	자동차정비산업기사	과제명	자동차정비작업

비번호 :   시험시간 : 5시간 30분(엔진 : 140분, 섀시 : 120분, 전기 : 70분)

섀시 1

주어진 전륜구동 자동차에서 드라이브 액슬축을 탈거하고 액슬축 부트를 탈거한 후(감독위원에게 확인) 다시 부착하여 작동 상태를 확인하시오.

1-1 등속축 탈·부착

1. 바퀴를 탈거한다.

2. 바퀴 허브 고정 핀과 고정 너트를 탈거한다.

3. 브레이크 캘리퍼 마운팅 볼트를 푼 후 와이어로 묶어 고정시킨다.

4. 쇽업소버와 체결된 너클 고정 볼트를 탈거한다.

5. 허브를 전후, 좌우로 움직인 후 기울여 등속 조인트를 탈거한다.

6. 트랜스 액슬과 등속 조인트 사이에 레버를 끼워 등속 조인트를 탈거한다.

7. 탈거한 등속 조인트를 정렬한다.

8. 고정밴드(대)를 (−) 드라이버를 사용해 탈거한다.

9. 고정밴드(소)를 (−) 드라이버를 사용해 탈거한다.

10. 고착된 고무 부트를 유격시킨다.

11. 고무 부트를 분리하여 뒤로 이동시킨다.

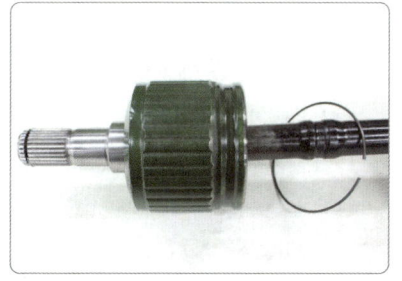

12. 스냅 링 플라이어를 사용하여 서클립을 분해한다(작은 (−) 드라이버 이용).

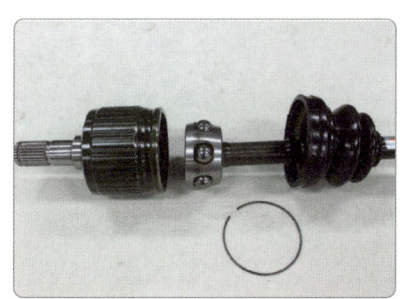

13. 베어링 외측 레이스를 탈거한다.

14. 스냅 링 플라이어(OUT형)를 사용하여 베어링 고정 스냅 링을 탈거한다.

15. 베어링 고정 스냅 링을 탈거한다.

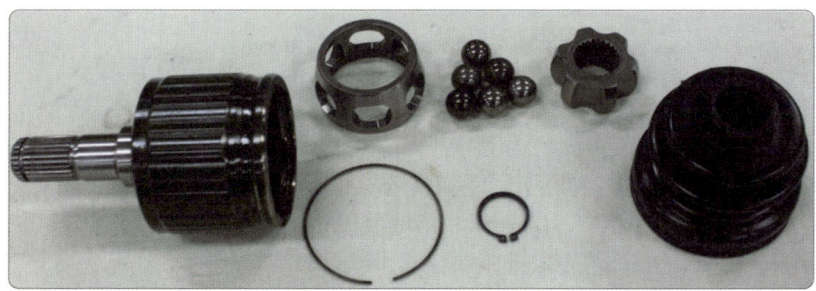

16. 분해된 부품을 정렬하고 감독위원에게 확인을 받는다(교체 부품, 세척 부품을 구분한다).

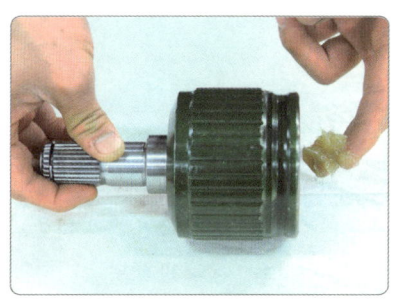

17. 베어링 접촉부에 그리스를 도포한다.

18. 베어링을 조립하고 베어링 고정 스냅 링을 조립한다.

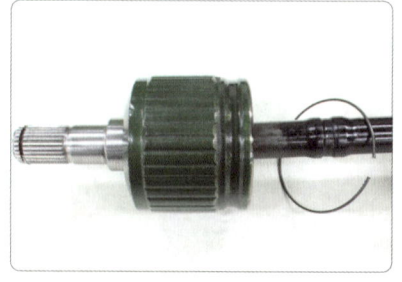

19. 스냅 링 플라이어를 사용하여 서 클립을 조립한다(작은 (-) 드라이버 이용).

20. 안쪽, 바깥쪽 부트 고정 밴드를 조립한다.

21. 등속 조인트를 트랜스 액슬에 체결한다.

22. 등속 조인트를 허브에 체결한다.

23. 바퀴 허브를 기울이고 움직여 등속 조인트를 조립한다.

24. 허브 너트를 조립한다.

25. 바퀴 허브 너클을 쇽업소버에 조립한다.

26. 조립된 등속 조인트를 감독위원에게 확인받는다.

실기시험 주요 Point

등속 조인트 교체 방법

❶ 변속기 방향에서 등속 조인트를 삽입할 때 세레이션 키 위치를 정확하게 맞추어 힘껏 밀어 넣어 체결음 소리가 나도록 힘을 가하며, 오일 실이 손상되지 않도록 주의한다.

❷ 바퀴 디스크 방향에서 등속 조인트를 삽입할 때도 세레이션 키 위치를 정확하게 맞추어야 하며, 등속 조인트에 너트를 체결할 때도 복스대에 긴 파이프를 걸고 반동을 이용하여 최대한 힘껏 감아 주며 분할 핀으로 고정시킨다.

섀시 2

주어진 자동차에서 휠 얼라인먼트 시험기로 셋백(setback)과 토(toe) 값을 측정하여 기록표에 기록하고, 타이로드 엔드를 탈거한 후(감독위원에게 확인), 다시 부착하여 토(toe)가 규정값이 되도록 조정하시오.

2-1 셋백, 토(toe) 측정

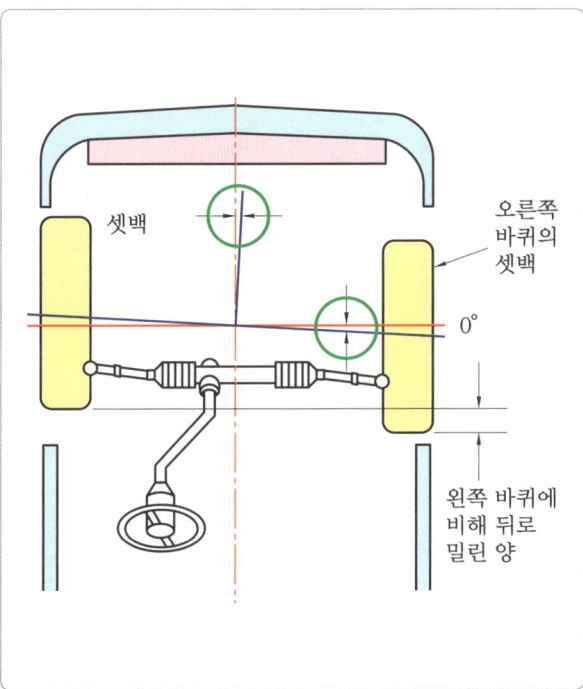

셋백(set-back)

1. 차량의 기하학적 중심선과 앞바퀴 추진선이 이루는 각도이다.
2. 액슬축 중심선에서 좌, 우 1개의 바퀴가 앞뒤로 밀려난 상태로, 뒷쪽으로 밀려난 상태를 (+) 셋백, 앞쪽으로 나간 상태를 (−) 셋백이라 한다.
3. 대부분의 차량은 생산라인 또는 정비공장에서 조립 시 오차에 의해 셋백이 발생하는데, 캐스터 변화에 의해서도 발생한다.
4. 셋백은 자동차 골격의 이상 점검에 이용하는데, 0.25° 이상이면 전체적인 얼라인먼트 점검이 필요하다.
5. 평행 차축 간 오차가 발생하면 주행 중 평행에서 약간 더 뒤로 가 있는 바퀴 방향으로 핸들이 쏠리는 힘이 작용한다.

셋백(set-back) 측정

1. 차량을 리프트로 들어올려 작업하기 편한 위치로 올린다(반드시 리프트의 잠금을 건다).

2. 차량 하체에 중간 작업을 이용하여 띄워 준다.

3. 자동변속기 시프트 패턴을 N위치에 놓는다.

4. 턴테이블을 전륜 및 후륜 하단에 설치한 후 고정핀을 제거한다.

5. 차량 네 바퀴에 클램프 손잡이로 헤드를 늘리거나 줄여 장착한다.

6. 헤드의 수평기를 기준으로 수평을 맞춘다.

7. 헤드 측면의 헤드 브레이크 고정 후 헤드의 전원을 켠다.

8. 동일한 방법으로 나머지 휠에 각각의 헤드를 장착하고 헤드의 전원을 켠다(4바퀴).

9. 충전이 안 된 경우 통신케이블을 각 헤드의 커넥터에 연결하여 사용한다.

10. 반드시 전륜 헤드의 앞쪽 커넥터는 본체에, 뒤쪽 커넥터는 후륜 헤드에 연결한다(좌측).

11. 반드시 전륜 헤드의 앞쪽 커넥터는 본체에, 뒤쪽 커넥터는 후륜 헤드에 연결한다(우측).

12. 키보드를 눌러 메뉴 화면으로 이동한다.

13. F1 선택 : 휠 얼라인먼트 측정으로 들어간다.

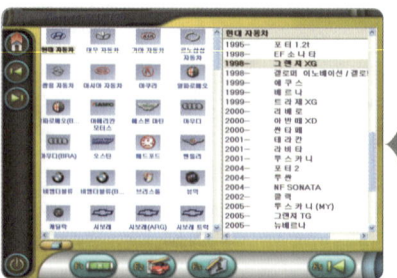
14. 제조사를 선택하고 차종을 선택한다.

화면 하단 ▭을 클릭한 후 고객 자료를 입력하지 않고 바로 수평 확인 단계로 진행한다.

※ 해당 차종을 더블클릭하여도 차종 선택 후 수평 확인 단계로 진행된다.

15. 화면에서 차량의 앞뒤, 좌우 수평을 확인한다.

16. 수평이 확인되면 런 아웃으로 넘어간다.

17. 순서에 따라 런 아웃을 실시한다(런 아웃이 된 바퀴는 청색으로 변한다).

런 아웃 작업
런 아웃 작업은 후륜부터 실행한다(좌우 구분 없음).

18. 헤드 고정 브레이크를 풀고 타이어를 180° 돌린 후 수평을 맞추어 고정한다.

19. 헤드 상단의 버튼을 누르면 LED가 깜박이다 적색으로 멈춘다.

20. LED의 깜박임이 멈추면 다시 180° 돌린 후 수평을 맞추어 고정 브레이크를 고정한다.

21. 버튼을 다시 한번 눌러 LED가 깜박이다 청색으로 멈출 때까지 기다린다.

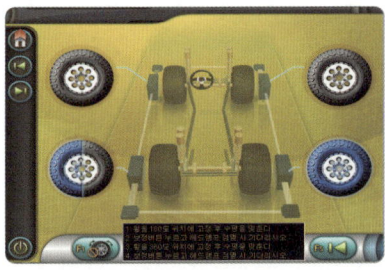
22. 나머지 바퀴도 동일한 방법으로 실시한다(좌우 각각 2회씩). 을 선택하고 다음으로 진행한다.

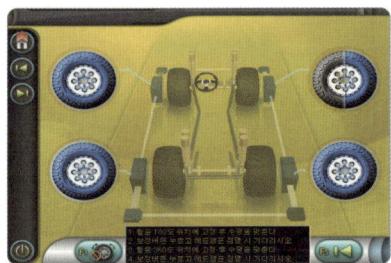
23. 후륜이 끝난 후 전륜 런 아웃 작업을 실시한다(좌우 각각 2회씩).

24. 런 아웃이 완료되면 안내에 따라 내릴 준비를 한 후 을 선택하고 다음으로 진행한다.

25. **얼라인먼트 측정** : 차량의 풋 브레이크와 핸드(사이드) 브레이크를 잠근다.

26. 차량을 메인 리프트 상판으로 하강시켜 턴테이블에 안착한다.

27. 차량을 앞·뒤에서 흔들어준 후 헤드 수평을 확인한다(4바퀴).

28. ▶을 선택하고 다음으로 진행한다.

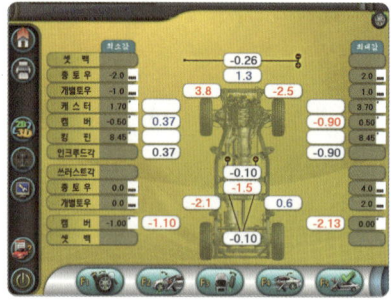
29. ●을 선택하고 다음으로 진행한다. 1차 측정 완료 화면

> 캐스터, 킹핀 측정(스윙 작업)
> 핸들 또는 타이어를 돌려 지시계(↓)가 중앙의 녹색 부분에 위치하도록 조정한다.

30. 캐스터, 킹핀 측정(스윙 작업) ①
 : 좌 직진

31. 캐스터, 킹핀 측정(스윙 작업) ②
 : 좌 스윙(2회)

> 지시화면 둘 중 어느 쪽을 먼저 실행하여도 상관 없다.

32. 캐스터, 킹핀 측정(스윙 작업) ③
 : 우 스윙(2회)

33. 캐스터, 킹핀 측정(스윙 작업) ④
 : 우 직진

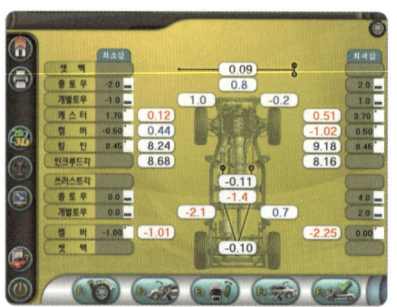
34. 측정 완료 화면

35. 측정값을 출력한다.
 (셋백 : 0.09 mm, 토 : 0.8 mm)

답안지 작성

섀시 2 휠 얼라인먼트 점검

측정 항목	① 측정(또는 점검)		② 판정 및 정비(또는 조치) 사항		(H) 득점
	(D) 측정값	(E) 규정(정비한계)값	(F) 판정(□에 'V' 표)	(G) 정비 및 조치할 사항	
(A) 자동차 번호 :			(B) 비번호		(C) 감독위원 확 인
셋백	0.09 mm	18 mm 이하	☑ 양호 □ 불량	정비 및 조치할 사항 없음	
토(toe)	0.8 mm	0±2 mm			

1. 답안지 공통 사항(감독위원 확인 및 기록 사항)

(C) 감독위원 확인 : 감독위원 확인란으로 수험자는 기록하지 않습니다.
(H) 득점 : 감독위원이 해당 항목 점수를 채점 기록하며 수험자는 기록하지 않습니다.

2. 수험자가 기록해야 할 답안 사항

(A) 자동차 번호 : 측정하는 자동차 번호를 기록합니다(시험용 자동차가 2대 이상일 때 해당).
(B) 비번호 : 책임관리위원(공단 본부)이 배부한 등번호(비번호)를 기록합니다.
① 측정(또는 점검)
 (D) 측정값 : 측정값으로 셋백 : 0.09 mm, 토(toe) : 0.8 mm를 기록합니다.
 (E) 규정(정비한계)값 : 정비지침서 또는 얼라인먼트 규정값을 기록합니다(반드시 측정 단위를 기록합니다).
  • 셋백 : 18 mm 이하 • 토(toe) : 0±2 mm
② 판정 및 정비(또는 조치) 사항
 (F) 판정 : 측정값이 규정(정비한계)값 범위 내에 있으므로 양호에 ☑ 표시를 합니다.
 (G) 정비 및 조치할 사항 : 판정이 양호이므로 정비 및 조치할 사항 없음을 기록합니다.

3. 차종별 셋백, 토(toe) 규정값

차 종		토(mm)	차 종		토(mm)
싼타페	전	(−)2±2	아반떼	전	0±3
	후	0±2		후	5−1, 5+3
NEW 싼타페	전	0±2	아반떼 XD	전	0±2
	후	4±2		후	1±2
그랜저 TG/XG	전	0±2	에쿠스	전	0±3
	후	2±2		후	3±2
뉴그랜저	전	0±3	엑센트	전	0±3
	후	0−2, 0+3		후	5−1, 5+3
라비타	전	0±2	EF 쏘나타/ NF 쏘나타	전	0±2
	후	1±2		후	2±2
베르나	전	0±3	투스카니	전	0±2
	후	3±2		후	1±2

※ 셋백은 0이 되어야 합니다(허용 기준은 6 mm 이내이며 정비 규정(정비한계)값은 18 mm 이하입니다.

섀시 3

주어진 자동차에서 브레이크 라이닝 슈(또는 패드)를 탈거한 후(감독위원에게 확인) 다시 부착하여 브레이크 작동 상태를 점검하시오.

3-1 브레이크 라이닝(슈) 탈·부착

1. 타이어를 탈착한다.

2. 브레이크 드럼 및 고정 볼트, 허브 너트 캡(더스트 캡)을 탈거한다.

3. 허브 너트를 탈거한다.

4. 허브 어셈블리를 탈거한다.

5. 자동 조정 스프링을 탈거한다.

6. 자동 조정 레버를 탈거한다.

7. 브레이크 라이닝 연결 스프링을 탈거한다.

8. 홀드 다운 스프링 핀 우측 라이닝을 탈거한다.

9. 조정 스트럿바를 탈거한다.

10. 홀드 다운 스프링 핀을 분리한 후 좌측 라이닝을 탈거하면서 핸드 브레이크 레버를 분리한다.

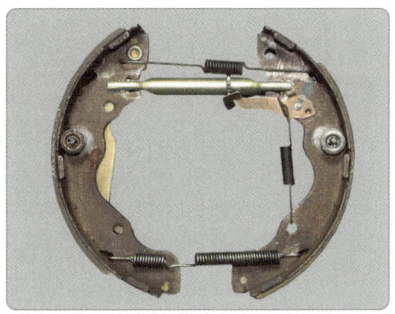

11. 브레이크 라이닝 어셈블리를 정렬하고 감독위원 확인을 받는다.

12. 좌측 라이닝을 핸드브레이크 레버에 조립한 후 홀드 다운 스프링과 핀을 조립한다.

13. 조정 스트럿을 조립하고 우측 라이닝 홀드 다운 스프링과 핀을 조립한다.

14. 상단 슈 리턴 스프링을 조립하고 하단 슈 연결 스프링을 조립한다.

15. 자동 조정 레버를 조립한다.

16. 자동 조정 스프링을 조립한다.

17. 허브 어셈블리를 체결하고 허브 너트를 조립한다.

18. 브레이크 드럼을 조립하고 라이닝 간극을 확인한 후 허브 너트에 그리스를 주유하여 더스트 캡을 체결한다.

 **실기시험 주요 Point** **후륜 브레이크 라이닝 교체 중 유의사항**
라이닝 교체 후 드럼을 조립한 다음 라이닝 간극을 맞추는데, 손으로 돌리면서 자연스럽게 1~2바퀴가 돌아가는지 확인하며, 이 과정을 반복하여 라이닝 간극을 맞춘다.

 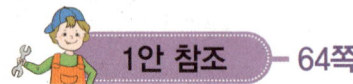

섀시 4 3항의 작업 자동차에서 감독위원의 지시에 따라 전(앞) 또는 후(뒤)제동력을 측정하여 기록표에 기록하시오.

🔧 1안 참조 — 64쪽

섀시 5 주어진 자동차의 ABS에서 자기진단기(스캐너)를 이용하여 각종 센서 및 시스템 작동 상태를 점검하고 기록표에 기록하시오.

🔧 2안 참조 — 118쪽

실기시험 주요 Point

ABS 경고등 점등 조건
❶ 시동키를 ON하면 점등되어야 한다.
❷ 시동이 걸리면 시스템이 정상이면 소등되고, 고장이 있다면 점등되어야 한다.
❸ 시스템 문제가 발견되면 점등되어야 한다.
❹ ECU 고장이 발생하더라도 점등되어야 한다.
❺ ECU 커넥터가 분리된 상태에서도 점등되어야 한다.
➡ 이와 같이 ABS 경고등은 타입에 관계없이 위 항목을 만족해야 하며, ABS 경고등 회로가 다소 복잡하게 구성되게 되는 이유가 바로 여기에 있다.

국가기술자격 실기시험문제 4안 (전기)

| 자격종목 | 자동차정비산업기사 | 과제명 | 자동차정비작업 |

비번호 :   시험시간 : 5시간 30분(엔진 : 140분, 섀시 : 120분, 전기 : 70분)

전기 1
주어진 발전기를 분해한 후 정류 다이오드 및 로터 코일의 상태를 점검하여 기록표에 기록하고 다시 본래대로 조립하여 작동 상태를 확인하시오.

1-1 발전기 분해 조립

발전기 분해 조립

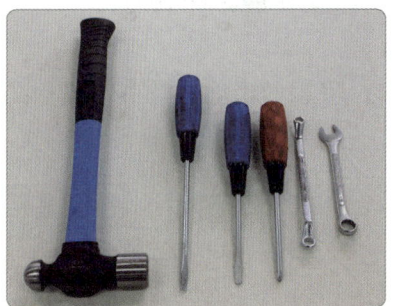

1. 발전기를 분해할 공구를 확인하고 정렬한다.

2. 발전기 관통 볼트를 탈거한다.

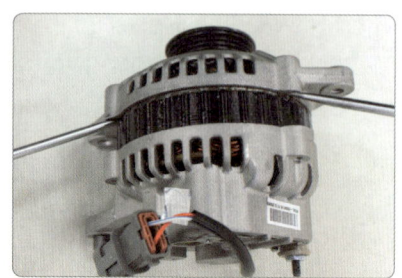

3. 발전기를 분리하기 위해 (−) 드라이버를 스테이터와 프론트 브래킷에 삽입한다.

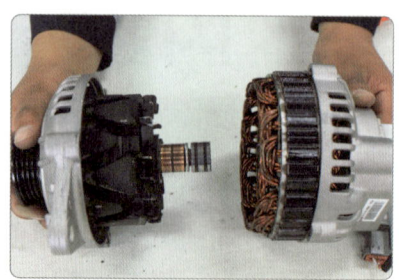

4. 분리된 발전기를 정리한다.

5. 스테이터 코일과 다이오드를 인두로 녹여 탈거한다.

6. 리어 브래킷에서 다이오드와 전압 조정기를 탈거한다.

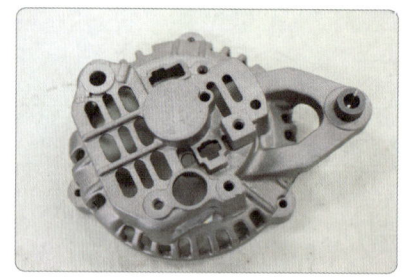

7. 리어 브래킷을 정렬한다.

8. 로터 코일을 바이스에 고정시키고 풀리 고정 볼트를 분해한다.

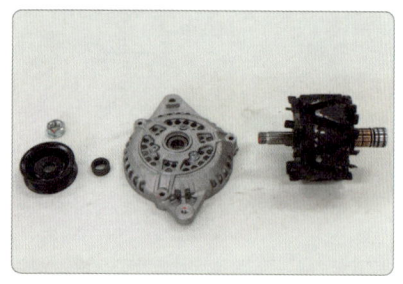

9. 분해된 풀리 및 프론트 브래킷, 로터 코일을 정렬하고 감독위원의 확인을 받는다.

10. 로터 코일을 바이스에 고정시키고 풀리 고정 볼트를 분해한다.

11. 전압 조정기 및 다이오드를 리어 브래킷에 조립하고 B단자(절연 리테이너 삽입) 너트를 조립한다.

12. 스테이터 코일과 다이오드를 전기 인두로 납땜한다.

13. 브러시를 철사(클립)로 고정시킨다.

14. 로터부와 스테이터부를 조립하고 관통 볼트를 균형있게 조립한 후 감독위원에게 확인받는다.

1-2 다이오드와 로터 코일 점검

(1) 다이오드와 로터 코일 점검 방법

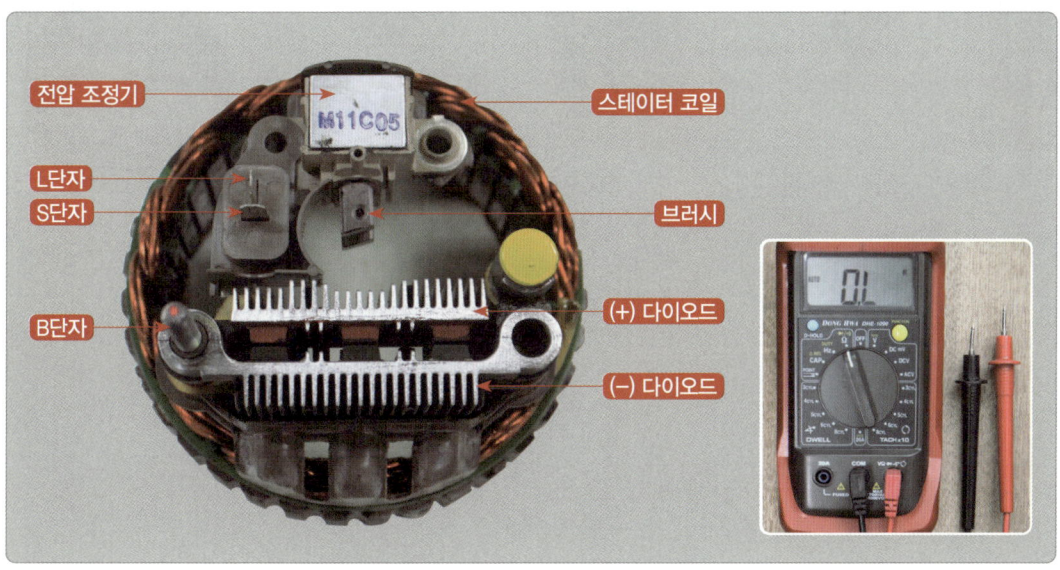

발전기 다이오드 및 로터 코일 점검

1. 로터 코일 저항값을 측정한다. (3.0 Ω)

2. 로터 코일 접지 시험을 한다.

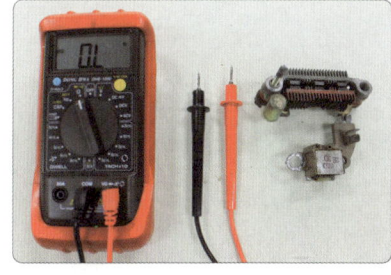

3. 점검할 다이오드와 멀티테스터 작동 상태를 확인한다.

4. 멀티테스터 (−) 흑색 프로브를 다이오드 몸체(히트싱크)에, (+) 적색 프로브를 다이오드에 연결했을 때 통전하면 (+) 다이오드이다.

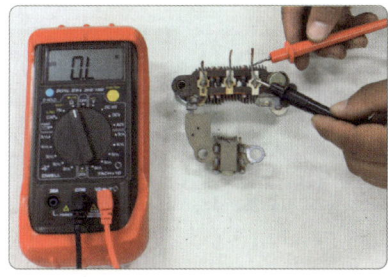

5. 극성을 반대로 연결했을 때는 통전하지 않는다.

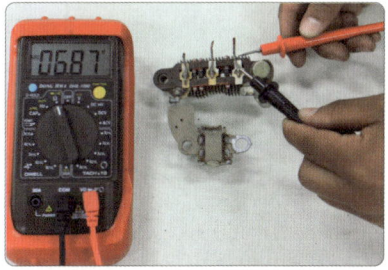

6. 멀티테스터 (+) 적색 프로브를 다이오드 몸체(히트싱크)에, (−) 흑색 프로브를 다이오드에 연결했을 때 통전하면 (−) 다이오드이다.

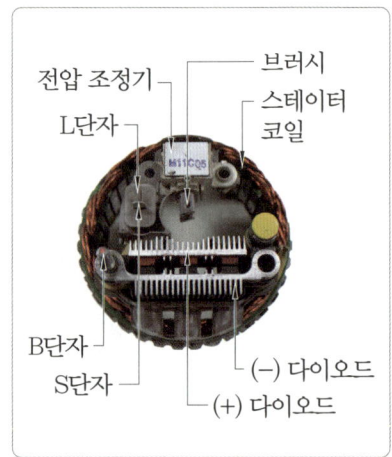

7. 극성을 반대로 연결했을 때는 통전 하지 않는다.

8. 여자 다이오드를 점검한다. 멀티테스터 (+) 적색 프로브를 보조 다이오드에, (−) 흑색 프로브를 홀더에 연결했을 때 통전하면 보조 다이오드이다.

발전기 구조 및 명칭

실기시험 주요 Point   발전기의 전압 조정기

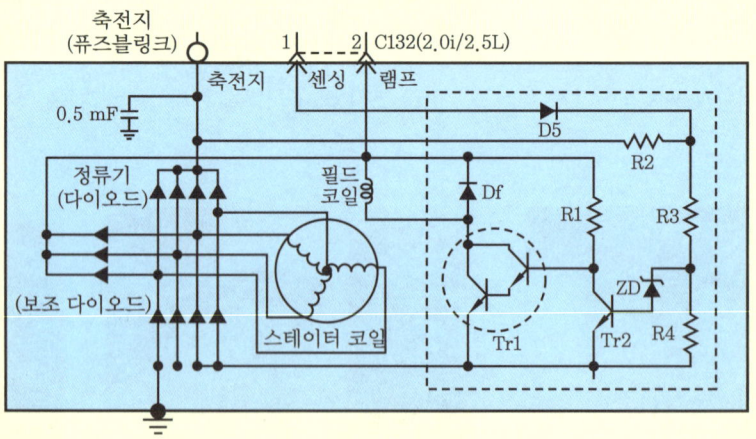

❶ 전압 조정기는 교류 발전기 내부에 조립되어 있으며 발전기의 회전 속도에 관계없이 항상 일정한 전압으로 유지되도록 조절하는 역할을 하는 것으로, 전압의 조정 회로는 IC에 의해 이루어진다.

❷ 자동차에 사용되는 교류 발전기는 발전 회전 속도 및 전기부하의 변동이 크기 때문에 발생 전압을 조정하는 전압 조정기가 반드시 필요하다(발생 전압 조정 원리).

답안지 작성

전기 1 · 발전기 점검

(A) 엔진 번호 :			(B) 비번호		(C) 감독위원 확 인	
측정 항목	① 측정(또는 점검)		② 판정 및 정비(또는 조치) 사항			(H) 득점
	(D) 측정값	(E) 규정(정비한계)값	(F) 판정(□에 'V' 표)	(G) 정비 및 조치할 사항		
(+) 다이오드	(양 : 3개), (부 : 0개)		☑ 양호 □ 불량	정비 및 조치할 사항 없음		
(-) 다이오드	(양 : 3개), (부 : 0개)					
로터 코일 저항	3.0 Ω	2.5~3.0 Ω				

1. 답안지 공통 사항(감독위원 확인 및 기록 사항)

(C) 감독위원 확인 : 감독위원 확인란으로 수험자는 기록하지 않습니다.
(H) 득점 : 감독위원이 해당 항목 점수를 채점 기록하며 수험자는 기록하지 않습니다.

2. 수험자가 기록해야 할 답안 사항

(A) 엔진 번호 : 측정하는 엔진 번호를 기록합니다(시험용 엔진이 2대 이상일 때 해당).
(B) 비번호 : 책임관리위원(공단 본부)이 배부한 등번호(비번호)를 기록합니다.
① 측정(또는 점검)
　(D) 측정값 : (+) 다이오드 - (양 : 3개), (부 : 0개), (-) 다이오드 - (양 : 3개), (부 : 0개),
　　　　　　　로터 코일 저항 : 3.0 Ω을 기록합니다.
　(E) 규정(정비한계)값 : 로터 코일 저항의 규정값 2.5~3.0 Ω을 기록합니다.
② 판정 및 정비(또는 조치) 사항
　(F) 판정 : 다이오드 (+), (-)는 불량이 없으며, 로터 코일 저항값은 규정값 범위 내에 있으므로 양호에 ☑ 표시
　　　　　를 합니다.
　(G) 정비 및 조치할 사항 : 판정이 양호이므로 정비 및 조치할 사항 없음을 기록합니다.
　　　　　　　　　　　　　판정이 불량일 때는 다이오드 교체 후 재점검 또는 로터 코일 교체 후 재점검을 기록
　　　　　　　　　　　　　합니다.

3. 로터 코일 규정값

차 종	로터 코일 저항값	차종	로터 코일 저항값	차 종	로터 코일 저항값
엘란트라/ 싼타페	3.1 Ω	EF 쏘나타/ 그랜저 XG	2.75±0.2 Ω	아반떼 XD/ 라비타	2.5~3.0 Ω
쏘나타	4~5 Ω	세피아	3.5~4.5 Ω	포텐샤	2~4 Ω

● (+), (−) 다이오드가 단선 및 단락된 경우

측정 항목	측정(또는 점검)		판정 및 정비(또는 조치) 사항		득점
	측정값	규정(정비한계)값	판정(□에 'V'표)	정비 및 조치할 사항	
(+) 다이오드	(양 : 2개), (부 : 1개)		□ 양호 ☑ 불량	(+), (−) 다이오드 교체 후 재점검	
(−) 다이오드	(양 : 1개), (부 : 2개)				
로터 코일 저항	4.1 Ω	4.1~4.3 Ω			

※ 판정 및 정비(조치)사항 : (+), (−) 다이오드가 단선 및 단락되었으므로 ☑ 불량에 표시하고 (+), (−) 다이오드 교체 후 재점검합니다.

● (+), (−) 다이오드가 단선 및 단락되고 로터 코일 저항이 규정값보다 클 경우

측정 항목	측정(또는 점검)		판정 및 정비(또는 조치) 사항		득점
	측정값	규정(정비한계)값	판정(□에 'V'표)	정비 및 조치할 사항	
(+) 다이오드	(양 : 0개), (부 : 3개)		□ 양호 ☑ 불량	(+), (−) 다이오드 및 로터 코일 교체 후 재점검	
(−) 다이오드	(양 : 0개), (부 : 3개)				
로터 코일 저항	250 Ω	4.1~4.3 Ω			

※ 판정 및 정비(조치)사항 : (+) , (−) 다이오드가 단선 또는 단락되고 로터 코일 저항이 규정값 범위를 벗어났으므로 ☑ 불량에 표시하고 (+), (−) 다이오드 및 로터 코일 교체 후 재점검합니다.

다이오드 및 로터 코일 점검 시 정비 및 조치할 사항
① 다이오드 단선 또는 단락 → 다이오드 교체
② 로터 코일 단선 → 로터 코일 교체 또는 발전기 교체

전기 2
주어진 자동차에서 전조등 시험기로 전조등을 점검하여 기록표에 기록하시오.

1안 참조 — 79쪽

실기시험 주요 Point

스테이터 단선 시험
1. 스테이터 코일의 통전을 점검하고 코일 리드 사이가 통전하는지 점검한다.
2. 통전하지 않으면 스테이터 어셈블리를 교체한다.

스테이터 코일 접지 시험
1. 코일의 접지를 점검하고 코일과 코일 사이가 통전하지 않는지 점검한다.
2. 통전하면 스테이터 어셈블리를 교체한다.

다이오드 점검 방법
(1) (+) 다이오드 시험
1. (+) 다이오드(정류기) 시험 : 멀티테스터(저항계)로 (+) 다이오드와 스테이터 코일(3상 교류) 연결 단자 사이의 통전을 점검한다.
2. 멀티테스터(저항계)가 한 방향으로만 통전해야 한다. 양방향으로 통전하면 다이오드가 단락된 것으로 다이오드 어셈블리를 교체한다.

(2) (−) 정류기 시험
1. (−) 다이오드와 스테이터 코일 리드 연결 단자 사이의 통전을 점검한다.
2. 멀티테스터(저항계)가 한 방향으로 통전해야 한다. 양방향으로 통전하면 다이오드가 단락된 것이므로 다이오드 어셈블리를 교체해야 한다.

열선 제어 및 점검
1. 발전기 L단자에서 12 V 출력 시 열선 스위치를 누르면 열선 릴레이를 15분간 ON한다.
   (열선은 많은 전류가 소모되므로 축전지 방전을 방지하기 위해 시동이 걸린 상태에서만 작동하도록 되어 있다. 따라서 발전기 L단자는 시동 여부를 판단하기 위한 신호로 사용한다.)
2. 열선 작동 중 다시 열선 스위치를 누르면 열선 릴레이는 OFF된다.
3. 열선 작동 중 발전기 L단자가 출력이 없을 경우 열선 릴레이는 OFF된다.
4. 사이드 미러 열선은 뒷유리 열선과 병렬로 연결되어 동일한 조건으로 작동된다.

전기 3

주어진 자동차에서 열선 스위치 조작 시 편의장치(ETACS 또는 ISU) 커넥터에서 스위치 입력 신호(전압)를 측정하고 이상 여부를 확인하여 기록표에 기록하시오.

3-1 열선 스위치 입력 신호(전압) 측정

(1) 열선 회로도

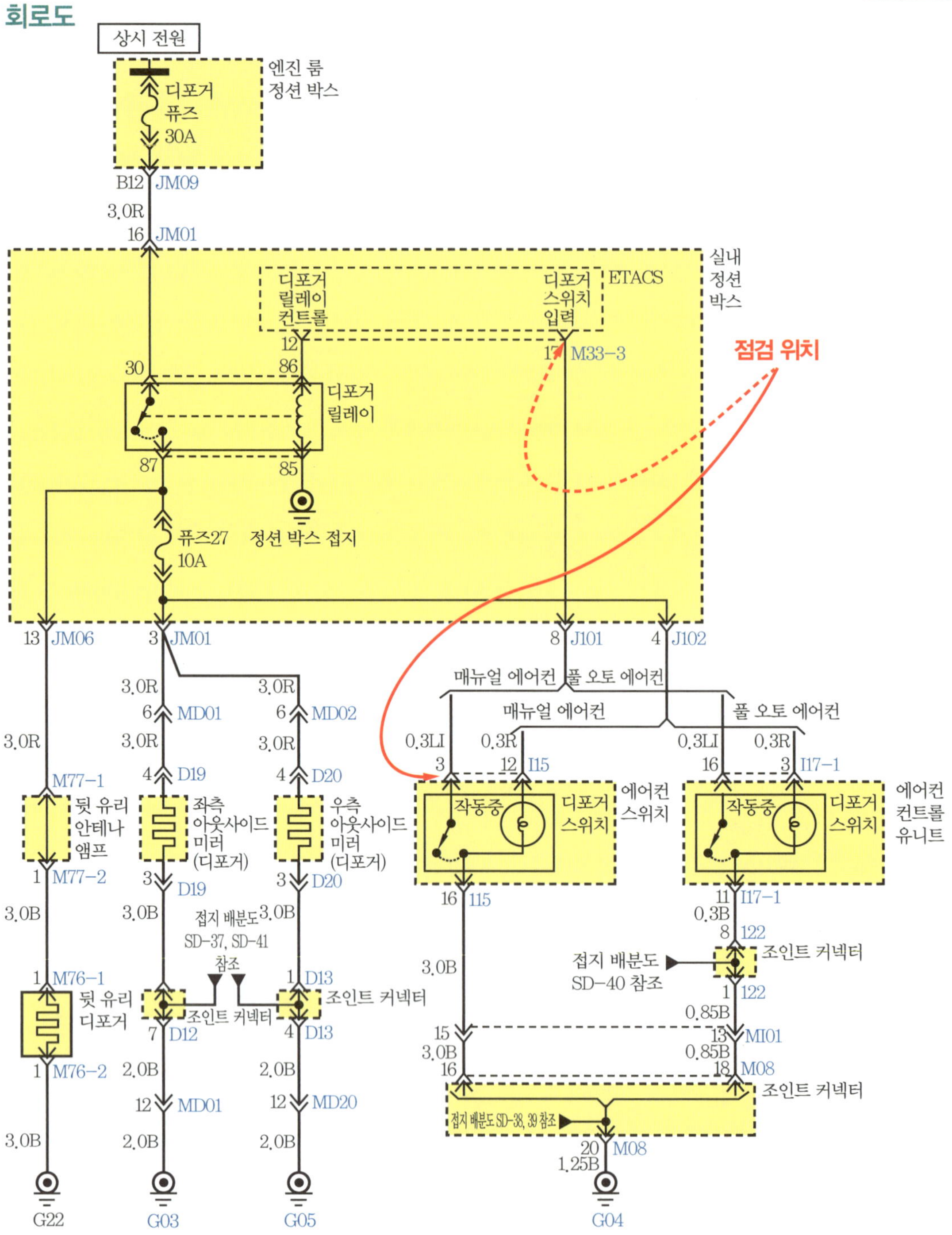

(2) 열선 측정 측압

● 뒷유리 열선 타이머 제어 기능

뒷유리 열선 스위치를 눌렀을 때 에탁스 유닛이 15분 동안 뒷유리 열선 릴레이를 작동시키는 기능을 말한다.

[EF 쏘나타 에탁스 M33-3 커넥터 단자]

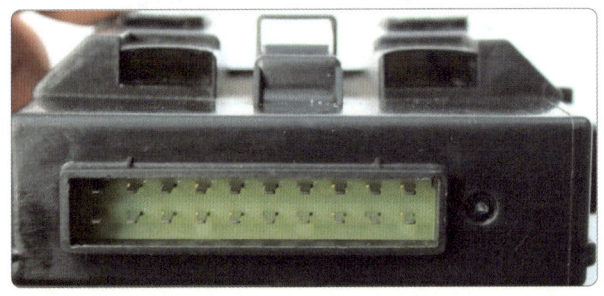

[단자별 기능]

11	12	13	14	15	16	17	18	19	20
1	2	3	4	5	6	7	8	9	10

1. 상시 전원
3. 릴레이 컨트롤
4. 파워윈도 릴레이 컨트롤
5. ON/START 전원
6. ON 전원
7. 좌우 센서
8. 좌측 앞 도어 스위치
9. 우측 앞 도어 스위치
10. 트렁크 룸 램프 스위치
11. 실내등 컨트롤
12. 뒷유리 아웃사이드 미러 디포거
13. 시트벨트 경고등
14. 도어 록/언 록 릴레이 컨트롤
16. 접지
17. 디포거 스위치
18. 도어 열림 경고등 앞, 뒤 도어 스위치

(3) 열선 스위치 입력 신호 점검

1. 엔진을 시동한다(시동 후 IG ON 상태).

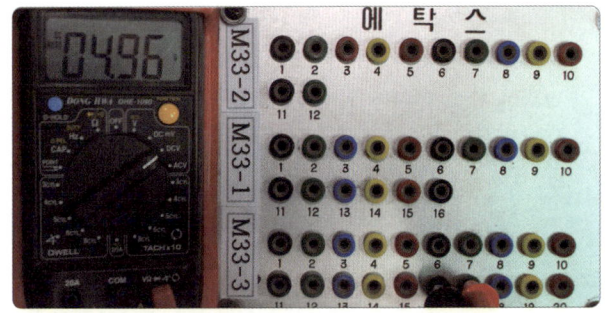

2. 에탁스 디포거 스위치 입력단자 M33-3 17번 단자에 프로브 (+)를, M33-3 16단자에 프로브 (-)를 연결한 후 열선 스위치 OFF 상태에서 전압을 측정한다(4.96 V).

3. 디포거 스위치 ON 상태로 유지한다.

4. 출력된 전압값을 확인한다(0.069 V).

(4) 열선 제어 회로 및 출력 파형 측정

● 뒷열선 타이머 제어 회로

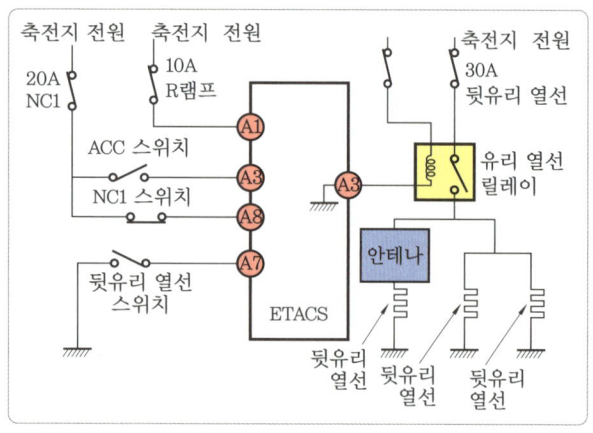

❶ 축전지 전원 IG 1 스위치 전원 입력 ➡ 12 V
❷ 뒷유리 열선 스위치 ON : 5 V ➡ 0 V
❸ IG 전원 열선 릴레이 코일 접지
❹ 축전지 전원 뒷열선 및 아웃사이드미러 디포거 작동

● 스캐너 2개 채널 파형 측정

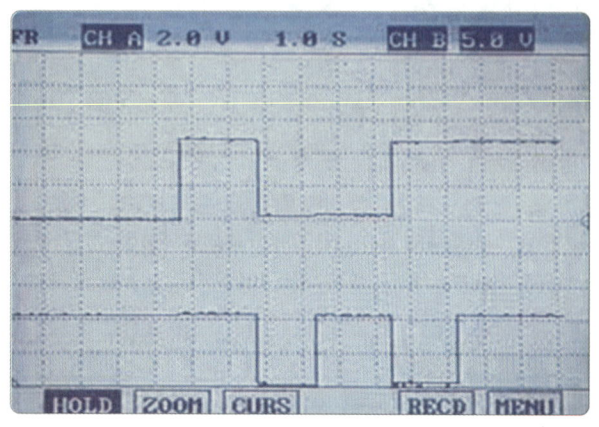

❶ 스캐너로 입력 전원을 확인한다.
❷ A채널은 열선 스위치 신호, B채널은 열선 릴레이 출력 단자이다.

답안지 작성

전기 3 열선 스위치 회로 점검

측정 항목	① 측정(또는 점검)		② 판정 및 정비(또는 조치) 사항		(H) 득점
	(D) 측정값	(E) 내용 및 상태	(F) 판정(□에 'V' 표)	(G) 정비 및 조치할 사항	
열선 스위치 작동 시 전압	ON : 0.069 V OFF : 4.96 V	이상 부위 없음	☑ 양호 □ 불량	정비 및 조치할 사항 없음	

(A) 자동차 번호 :   (B) 비번호   (C) 감독위원 확 인

1. 답안지 공통 사항(감독위원 확인 및 기록 사항)

(C) 감독위원 확인 : 감독위원 확인란으로 수험자는 기록하지 않습니다.
(H) 득점 : 감독위원이 해당 항목 점수를 채점 기록하며 수험자는 기록하지 않습니다.

2. 수험자가 기록해야 할 답안 사항

(A) 자동차 번호 : 측정하는 자동차 번호를 기록합니다(시험용 자동차가 2대 이상일 때 해당).
(B) 비번호 : 책임관리위원(공단 본부)이 배부한 등번호(비번호)를 기록합니다.
① 측정(또는 점검)
  (D) 측정값 : 열선 스위치 작동 시 전압을 측정한 값 ON : 0.069 V, OFF : 4.96 V를 기록합니다.
  (E) 내용 및 상태 : 이상 부위가 없으므로 이상 부위 없음을 기록합니다.
② 판정 및 정비(또는 조치) 사항
  (F) 판정 : 측정값이 정상이고 이상 부위가 없으므로 양호에 ☑ 표시를 합니다.
  (G) 정비 및 조치할 사항 : 판정이 양호이므로 정비 및 조치할 사항 없음을 기록합니다.
  판정이 불량일 때는 에탁스, 열선 스위치, 디포거 릴레이 교체 후 재점검을 기록합니다.

3. 열선 스위치 입력 회로 작동 전압

입·출력 요소	항목	조건	전압
입력 요소	발전기 L단자	시동할 때 발전기 L단자 입력 전압	12 V
	열선 스위치	OFF	5 V
		ON	0 V
출력 요소	열선 릴레이	열선 작동 시작부터 열선 릴레이가 OFF될 때까지의 시간 측정	20분
		열선 작동 중 열선 스위치가 작동할 때의 현상	뒷유리 성애 제거

전기 4
주어진 자동차에서 파워윈도 회로를 점검하여 이상개소(2곳)를 찾아서 수리하시오.

4-1 파워윈도 전기 회로도

● 파워윈도 전기 회로도-1

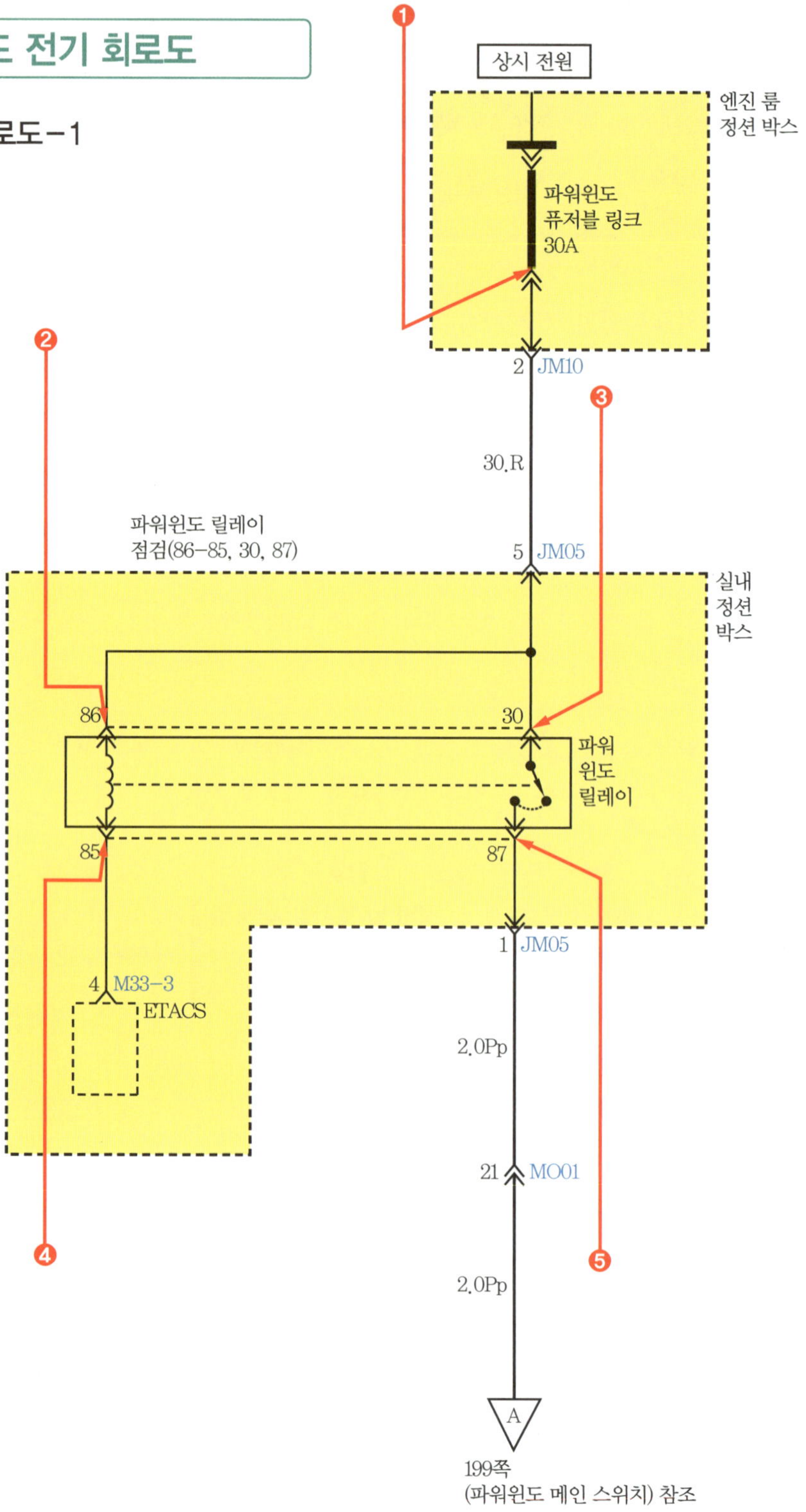

● 파워윈도 전기 회로도-2

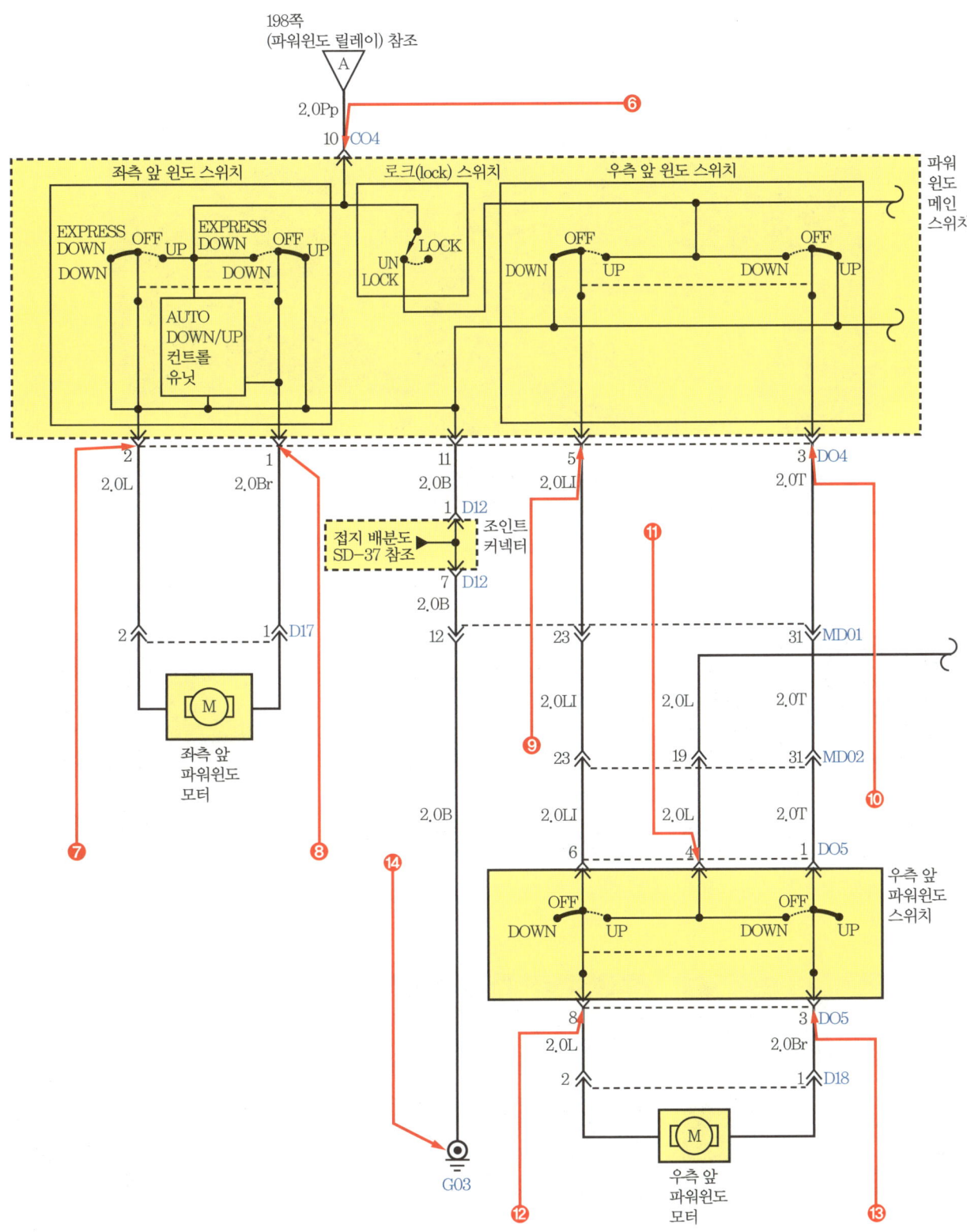

4-2 파워윈도 회로 점검

(1) 파워윈도 회로 점검 방법

파워윈도 회로 점검

1. 축전지 전압을 확인하고 단자 체결 상태를 확인한다.

2. 공급 전원 30 A 퓨즈의 단선 상태를 확인한다.

3. 파워윈도 운전석 스위치를 탈거한다.

4. 파워윈도 스위치를 커넥터에 연결하고 작동 상태를 확인한다.

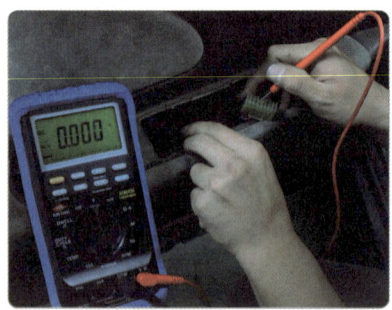

5. 멀티테스터를 사용하여 공급 전압을 확인한다.

6. 파워윈도 스위치 UP, DOWN 위치에서 통전 시험을 실시한다.

자동차정비산업기사 실기 5안

파트별		안별 문제	5안
엔진	1	엔진 분해 조립/측정	엔진 분해 조립/오일펌프 사이드 간극 측정
	2	엔진 시동/작업	1가지 부품 탈·부착/엔진 시동(시동, 점화, 연료)
	3	엔진 작동 상태/측정	공회전 속도 점검/배기가스 측정
	4	파형 점검	점화 1차 파형 분석(공회전 상태)
	5	부품 교환/측정	CRDI 연료 압력 센서 탈·부착 시동/인젝터 백리크 점검
섀시	1	부품 탈·부착 작업	클러치 마스터 실린더 탈·부착
	2	장치별 측정/부품 교환 조정	휠 얼라인먼트 시험기 (캐스터, 토) 측정/타이로드 엔드 교환
	3	브레이크 부품 교환/작동 상태 점검	휠 실린더 탈·부착/브레이크 허브 베어링 작동 상태 확인
	4	제동력 측정	전륜 또는 후륜 제동력 측정
	5	부품 탈·부착/이상 부위 측정	자동변속기 자기진단
전기	1	부품 탈·부착 작업/측정	에어컨 벨트, 블로어 모터 탈·부착/에어컨라인 압력 점검
	2	전조등 점검	전조등 시험기 점검/광도, 광축
	3	편의 안전장치 점검	와이퍼 간헐 시간 조정 스위치 입력 신호 점검
	4	전기 회로 점검	미등, 제동등 회로 점검

국가기술자격 실기시험문제 5안 (엔진)

자격종목	자동차정비산업기사	과제명	자동차정비작업

비번호 :   시험시간 : 5시간 30분(엔진 : 140분, 섀시 : 120분, 전기 : 70분)

엔진 1
주어진 엔진을 기록표의 측정 항목까지 분해하여 기록표의 요구 사항을 측정 및 점검하고 본래 상태로 조립하시오.

1-1 엔진 분해 조립

 1안 참조 — 22쪽

1-2 오일펌프 사이드 간극 측정

(1) 측정 방법

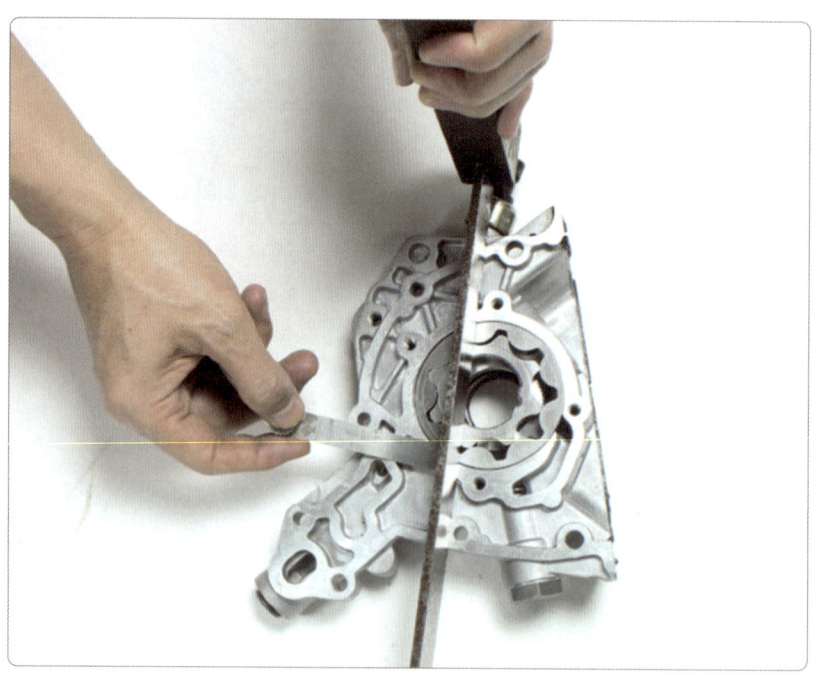

오일펌프 사이드 간극 측정

1. 오일펌프 측정 부위를 확인한다.

2. 직각자를 오일펌프에 밀착하고 사이드 간극을 측정한다(0.04 mm).

답안지 작성

엔진 1 · 오일펌프 점검

측정 항목	① 측정(또는 점검)		② 판정 및 정비(또는 조치) 사항		(H) 득점
	(D) 측정값	(E) 규정(정비한계)값	(F) 판정 (□에 'V' 표)	(G) 정비 및 조치할 사항	
오일펌프 사이드 간극	0.04 mm	0.04~0.085 mm (한계값 0.10 mm)	☑ 양호 □ 불량	정비 및 조치 사항 없음	

(A) 엔진 번호 : (B) 비번호 (C) 감독위원 확 인

1. 답안지 공통 사항(감독위원 확인 및 기록 사항)

(C) 감독위원 확인 : 감독위원 확인란으로 수험자는 기록하지 않습니다.
(H) 득점 : 감독위원이 해당 항목 점수를 채점 기록하며 수험자는 기록하지 않습니다.

2. 수험자가 기록해야 할 답안 사항

(A) 엔진 번호 : 측정하는 엔진 번호를 기록합니다(시험용 엔진이 2대 이상일 때 해당).
(B) 비번호 : 책임관리위원(공단 본부)이 배부한 등번호(비번호)를 기록합니다.
① 측정(또는 점검)
(D) 측정값 : 오일펌프 사이드 간극을 측정한 값 **0.04 mm**를 기록합니다.
(E) 규정(정비한계)값 : 감독위원이 제시한 값 또는 정비지침서를 보고 기록합니다.
  0.04~0.085 mm(한계값 0.10 mm)
② 판정 및 정비(또는 조치) 사항
(F) 판정 : 측정값이 규정(정비한계)값 범위 내에 있으므로 **양호**에 ☑ 표시를 합니다.
(G) 정비 및 조치할 사항 : 판정이 양호이므로 **정비 및 조치 사항 없음**을 기록합니다.
  판정이 불량일 때는 **오일펌프 교체 후 재점검**을 기록합니다.

3. 오일펌프 사이드 간극 규정값

차 종		사이드 간극		
		규정값		한계값
쏘나타	구동	0.08~0.14 mm		0.25 mm
	피동	0.06~0.12 mm		
아반떼 XD/베르나 (DOHC/SOHC)	외측	0.06~0.11 mm		1.0 mm
	내측	0.04~0.085 mm		
EF 쏘나타(1.8/2.0)	구동	0.08~0.14 mm		0.25 mm
	피동	0.06~0.12 mm		0.25 mm
그랜저 XG(2.0/2.5/3.0)		0.040~0.095 mm		−

| 엔진 2 | 주어진 자동차의 전자제어 엔진에서 감독위원의 지시에 따라 1가지 부품을 탈거한 후(감독위원에게 확인) 다시 부착하고 시동에 필요한 관련 부분의 이상개소(시동회로, 점화회로, 연료장치 중 2개소)를 점검 및 수리하여 시동하시오. |  |

 1안 참조 — 31쪽

| 엔진 3 | 2항의 시동된 엔진에서 공회전 상태를 확인하고 감독위원의 지시에 따라 배기가스를 측정하고 기록표에 기록하시오(단, 시동이 정상적으로 되지 않은 경우 본 항의 작업은 할 수 없다). |  |

 1안 참조 — 40쪽

| 엔진 4 | 주어진 자동차의 엔진에서 점화코일의 1차 파형을 측정하고, 그 결과를 분석하여 출력물에 기록·판정하시오(측정 조건 : 공회전 상태). |

4-1 점화 1차 파형 점검

점화 1차 파형 측정

1. HI-DS 컴퓨터 전원을 ON시킨다.

2. 계측 모듈 스위치를 ON시킨다.

3. 모니터 전원이 ON 상태인지 확인한다.

4. HI-DS (+), (-) 클립을 축전지 단자에 연결한다.

5. 점화코일 및 고압 픽업선에 프로브를 연결한다.

6. 엔진을 시동한다.

7. 바탕화면 HI-DS 아이콘을 클릭한다.

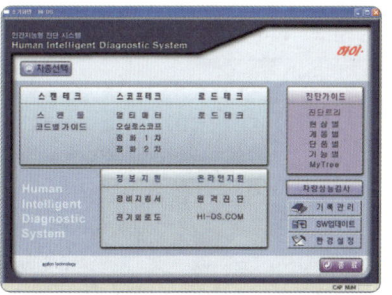
8. 차종을 선택한다.

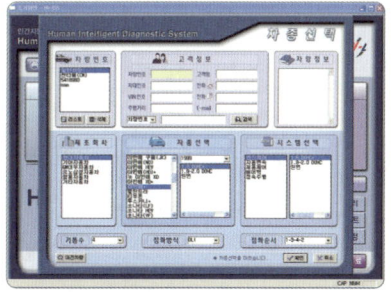
9. 차종 선택 : 제작사-차종-엔진형식을 선택한다.

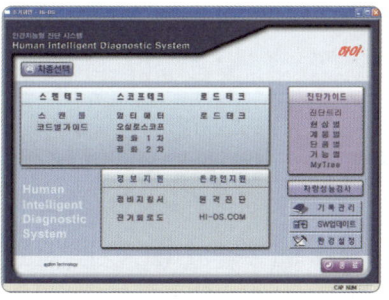
10. 점화 1차 파형을 선택한다. 점화 1차 파형이 출력되지 않을 경우 오실로스코프를 클릭하여 점검한다.

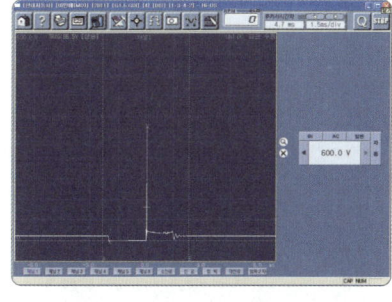
11. 점화 1차 파형 측정 시 전압을 600 V, 시간을 1.5 ms/div로 설정한다.

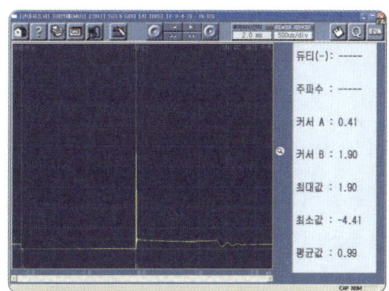
12. 점화 1차 회로의 접지 상태를 확인한다(0.41 V, 2.0 ms).

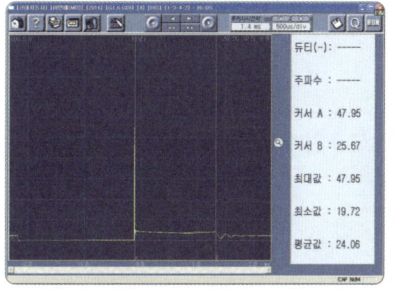
13. 점화 전압과 시간을 확인한다. (47.95 V, 1.4 ms)

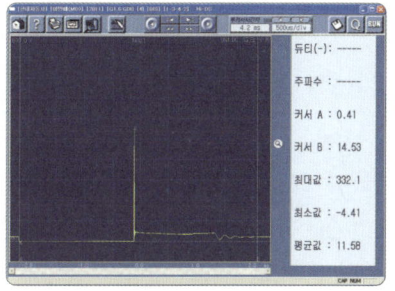
14. 최대 전압(332.1 V) 및 점화 전압을 확인한 후 출력한다.

답안지 작성

엔진 4 점화코일(DLIS) 1차 파형 분석

자동차 번호 :		비번호		감독위원 확 인	
측정 항목	파형 상태				득점
파형 측정	요구 사항 조건에 맞는 파형을 프린트하여 아래 사항을 분석 후 뒷면에 첨부합니다. ① 출력된 파형에 불량 요소가 있는 경우에는 반드시 표기 및 설명되어야 합니다. ② 파형의 주요 특징에 대하여 표기 및 설명되어야 합니다.				

1. 점화 1차 정상 파형

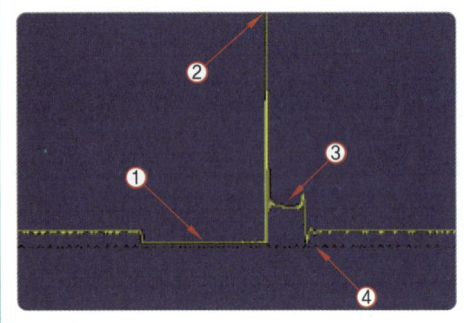

(1) ① 지점 : 드웰 구간 – 점화 1차 회로에 전류가 흐르는 시간 지점 3 V 이하~TR OFF 전압(드웰 끝 부분)
(2) ② 지점 : 점화 전압(서지 전압) – 300~400 V
(3) ③ 지점 : 점화(스파크)라인 – 연소실 연소가 진행되는 구간 (0.8~2.0 ms)
(4) ④ 지점 : 감쇄 진동 구간으로 3~4회의 진동이 발생됩니다.
(5) 축전지 전압 발전기에서 발생되는 전압 : 13.2~14.7 V

2. 점화 1차 측정 파형 분석

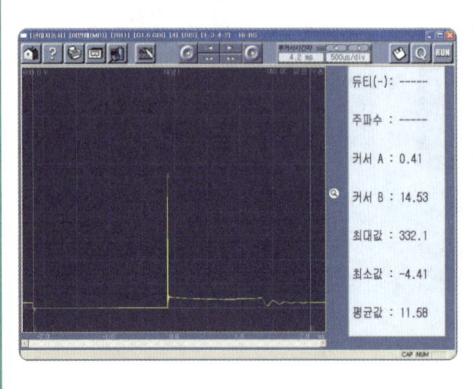

(1) 드웰 구간 : 파워 TR의 ON~OFF까지의 구간
(2) 1차 유도 전압 : 1차 측 코일로 자기 유도 전압이 형성되는 구간으로 서지 전압은 332.1 V(규정값 : 300~400 V)입니다.
(3) 점화라인(불꽃 지속 시간) : 점화 플러그의 전극 간에 아크방전이 이루어질 때 점화 시간은 2.0 ms(규정값 : 0.8~2.0 ms)입니다.
(4) 감쇄 진동부 : 점화코일에 잔류한 에너지가 1차 코일을 통해 감쇄 소멸되는 전압으로 3~4회 진동이 발생되었습니다.
(5) 드웰 시간 끝 부분(파워 TR OFF 전압)이 1.90 V(규정값 : 3 V 이하)로 양호하며 발전기에서 발생되는 전압은 14.53 V(규정값 : 13.2~14.7 V)입니다.

3. 분석 결과 및 판정

점화 1차 피크 전압의 측정값이 332.1 V(규정값 : 300~400 V)로 안정적이며 점화 시간의 측정값이 2.0 ms(규정값 : 0.8~2.0 ms)로 안정적인 점화 파형으로 출력되었습니다. 특히 드웰 구간의 접지 상태가 양호하여 회로 내 ECU 접지 상태가 양호하며 축전지 전압 발전기에서 발생되는 전압도 14.53 V(13.2~14.7 V)로 안정적이므로 정상 범위로 출력된 파형입니다.
※ 점화 1차 파형이 불량일 경우 점화계통 배선회로를 점검하고 점화코일 및 스파크 플러그 하이텐션 케이블 등 필요시 관련 부품을 교체한 후 다시 점검합니다.

엔진 5

주어진 전자제어 디젤 엔진에서 연료 압력 센서를 탈거한 후(감독위원에게 확인), 다시 부착하여 시동을 걸고 인젝터 리턴(백리크) 양을 측정하여 기록표에 기록하시오.

5-1 연료 압력 센서 탈·부착

 2안 참조 — 104쪽

5-2 인젝터 리턴(백리크) 양 측정

시험용 커먼레일 디젤 엔진 준비

1. 시험용 백리크 비커를 준비한다.

2. 인젝터 오버플로 파이프 고정핀을 탈거한다(비커 4개).

3. 오버플로 파이프를 탈거한다.

4. 백리크 어댑터를 설치하고 호스를 연결한다.

5. 비커 4개 백리크 어댑터를 설치한다.

6. 백리크 비커를 엔진 진동에 흔들리지 않게 고정시킨다.

7. 백리크 리턴파이프를 폐쇄한다.

8. 엔진을 시동하고 공회전 rpm으로 1~2분간 유지한다.

9. 엔진을 가속시켜 3000 rpm으로 30초간 유지한 후 엔진 시동을 OFF시킨다.

10. 백리크 비커 눈금이 수평이 되도록 유지하고 눈높이에서 비커 눈금을 측정한다.

11. 분사량 측정값
❶ : 30 cc, ❷ : 32 cc

12. 분사량 측정값
❸ : 34 cc, ❹ : 35 cc

13. 백리크 호스를 탈거하고 백리크 측정기를 정리한다.

14. 리턴파이프를 체결하고 파이프 고정핀을 조립한다.

15. 공구 정리 후 주변을 정리한다.

답안지 작성

엔진 5 인젝터 리턴(백리크) 양 점검

측정 항목	① 측정(또는 점검)							② 판정 및 정비(또는 조치) 사항		(H) 득점
	(A) 엔진 번호 :							(B) 비번호	(C) 감독위원 확 인	
	(D) 측정값						(E) 규정 (정비한계)값	(F) 판정 (□에 'V' 표)	(G) 정비 및 조치할 사항	
인젝터 리턴 (백리크) 양	1	2	3	4	5	6	28~35 cc	☑ 양호 □ 불량	정비 및 조치할 사항 없음	
	30 cc	32 cc	34 cc	35 cc						

※ 실린더 수에 맞게 측정합니다.

1. 답안지 공통 사항(감독위원 확인 및 기록 사항)

(C) **감독위원 확인** : 감독위원 확인란으로 수험자는 기록하지 않습니다.
(H) **득점** : 감독위원이 해당 항목 점수를 채점 기록하며 수험자는 기록하지 않습니다.

2. 수험자가 기록해야 할 답안 사항

(A) **엔진 번호** : 측정하는 엔진 번호를 기록합니다(시험용 엔진이 2대 이상일 때 해당).
(B) **비번호** : 책임관리위원(공단 본부)이 배부한 등번호(비번호)를 기록합니다.
① **측정(또는 점검)**
  (D) **측정값** : 인젝터 리턴(백리크) 양을 측정한 값을 기록합니다.
       1 : 30 cc, 2 : 32 cc, 3 : 34 cc, 4 : 35 cc
  (E) **규정(정비한계)값** : 감독위원이 제시한 값 또는 백리크 양의 일반적인 규정값 28~35 cc를 기록합니다.
② **판정 및 정비(또는 조치) 사항**
  (F) **판정** : 측정값이 규정(정비한계)값 범위 내에 있으므로 양호에 ☑ 표시를 합니다.
  (G) **정비 및 조치할 사항** : 판정이 양호이므로 정비 및 조치할 사항 없음을 기록합니다.

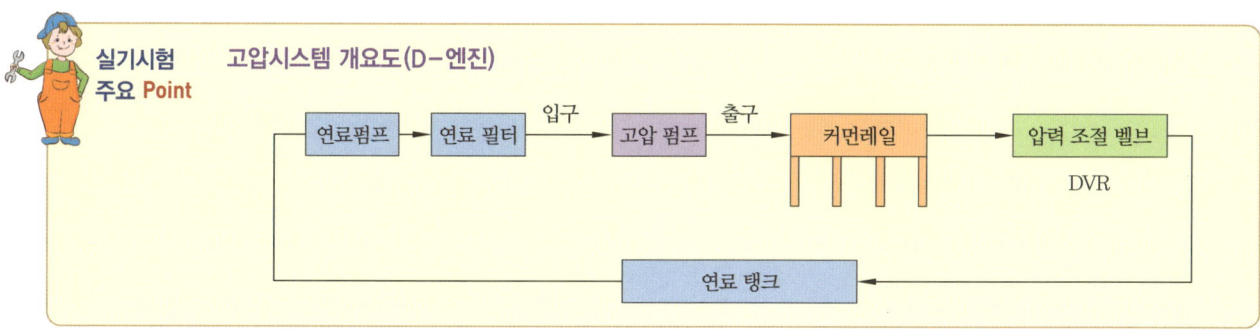

실기시험 주요 Point 고압시스템 개요도(D-엔진)

● 1, 2, 3번 실린더 인젝터 리턴 양이 규정값 범위를 벗어난 경우

엔진 번호 :								비번호		감독위원 확 인	
측정 항목	측정(또는 점검)							판정 및 정비(또는 조치) 사항			득점
	측정값						규정(정비한계)값	판정(□에 'V'표)	정비 및 조치할 사항		
인젝터 리턴 (백리크) 양	1	2	3	4	5	6	28~35 cc	□ 양호 ☑ 불량	1, 2, 3번 실린더 인젝터 교체 후 재점검		
	27	40	25	30	-	-					

※ 판정 및 정비(조치)사항 : 1, 2, 3번 실린더 인젝터 리턴 양이 규정값 범위를 벗어났으므로 ☑ 불량에 표시하고 1, 2, 3번 실린더 인젝터 교체 후 재점검합니다.

● 1, 3, 6번 실린더 인젝터 리턴 양이 규정값 범위를 벗어난 경우

엔진 번호 :								비번호		감독위원 확 인	
항목	측정(또는 점검)							판정 및 정비(또는 조치) 사항			득점
	측정값						규정(정비한계)값	판정(□에 'V'표)	정비 및 조치할 사항		
인젝터 리턴 (백리크) 양	1	2	3	4	5	6	28~35 cc	□ 양호 ☑ 불량	1, 3, 6번 실린더 인젝터 교체 후 재점검		
	38	30	25	29	32	38					

※ 판정 및 정비(조치)사항 : 1, 3, 6번 실린더 인젝터 리턴 양이 규정값 범위를 벗어났으므로 ☑ 불량에 표시하고 1, 3, 6번 실린더 인젝터 교체 후 재점검합니다.

● **고압 펌프 및 인젝터 리턴 양 판정**

측정	고압	측정 리턴 양	판정	점검부위
1	1000 bar 이상	0~200 mL	양호	-
2	0~1000 bar	200~400 mL	불량 인젝터 고장(리턴 양 과다)	해당 인젝터 교체
3	0~1000 bar	0~200 mL	불량 (고압 펌프 고장)	고압 라인 시험 실시

국가기술자격 실기시험문제 5안 (섀시)

자격종목	자동차정비산업기사	과제명	자동차정비작업

비번호 :   시험시간 : 5시간 30분(엔진 : 140분, 섀시 : 120분, 전기 : 70분)

섀시 1 주어진 자동차의 유압 클러치에서 클러치 마스터 실린더를 탈거한 후(감독위원에게 확인) 다시 부착하여 작동상태를 확인하시오.

1-1 유압 클러치 마스터 실린더 탈·부착

클러치 마스터 실린더 탈·부착

1. 시험용 차량 보닛을 열고 마스터 실린더 위치를 확인한다(흡기 덕트 탈거).

2. 마스터 실린더 고정 볼트를 탈거한다.

3. 마스터 실린더 파이프를 분해한다.

4. 마스터 실린더 푸시로드 셀프 로킹 고정키를 탈거한다.

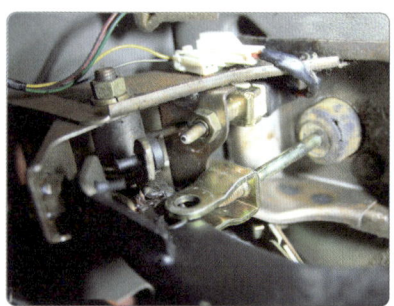
5. 셀프 로킹 핀을 탈거한 후 셀프 로킹 핀과 고정키를 정렬한다.

6. 클러치 마스터 실린더 고정 볼트를 탈거한다.

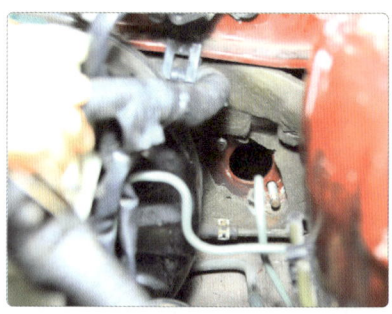
7. 클러치 마스터 실린더를 탈거한다.

8. 분해된 마스터 실린더를 정렬하고 감독위원의 확인을 받는다.

9. 마스터 실린더를 고정 볼트에 조립한다.

10. 운전석에 작업하기 좋은 위치에서 클러치 마스터 실린더 푸시로드 위치를 확인한다.

11. 클러치 마스터 실린더 푸시로드 셀프 로킹 핀 홀 구멍을 확인한다.

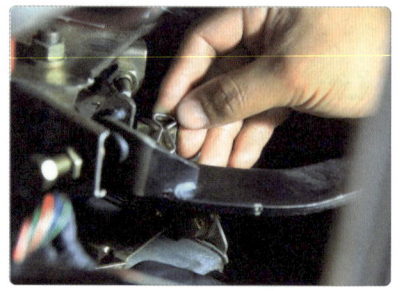
12. 마스터 실린더 푸시로드 셀프 로킹 고정키를 조립한다.

13. 마스터 실린더 파이프를 조립한다.

14. 마스터 실린더 고정 볼트를 조립한다.

15. 클러치액을 마스터 실린더에 보충한다.

16. 릴리스 실린더 에어브리더에서 공기빼기작업을 실시한 후 감독위원의 확인을 받는다.

> **섀시 2** 주어진 자동차에서 휠 얼라인먼트 시험기로 캐스터와 토(toe) 값을 측정하여 기록표에 기록한 후, 타이로드 엔드를 교환하여 토(toe)가 규정값이 되도록 조정하시오.

2-1 휠 얼라인먼트 시험기에 의한 점검

(1) 휠 얼라인먼트 측정 준비 작업

❶ 4주식 리프트에 측정하고자 하는 차량을 정렬한다.

❷ 1단 리프트를 측정하기 쉬운 높이만큼 리프트 업시킨다.

❸ 2단 리프트는 자동차 하체부의 부품에 파손되지 않게 고임목을 사용하여 1단 리프트와 자동차의 휠이 10cm 정도 떨어지도록 자동차를 수평으로 올린다.

❹ 전, 후 각각의 휠 헤드에 장착된 클램프를 사용하여 타이어 휠에 정확히 장착한다.

❺ 각 헤드에 케이블을 연결한다(유선으로 점검 시).

❻ 휠이 중심과 일치하도록 전, 후륜의 턴테이블을 맞추어 설치한 후 각 헤드의 수평을 맞춘다.

❼ 측정하고자 하는 메뉴를 선택하여 런 아웃 화면이 나타나면 각각의 휠을 순차적으로 후륜부터 보정한다.

(2) 휠 얼라인먼트의 기능

❶ 조향 휠의 조작을 확실하게 하고 안전성을 준다. ➡ 캐스터의 작용

❷ 조향 휠에 복원성을 주며, 조작력을 경감시킬 수 있다. ➡ 캐스터와 킹핀 경사각의 작용

❸ 타이어 마모를 최소로 한다. ➡ 토 인의 작용

(3) 휠 얼라인먼트 구성

● 본체 구성

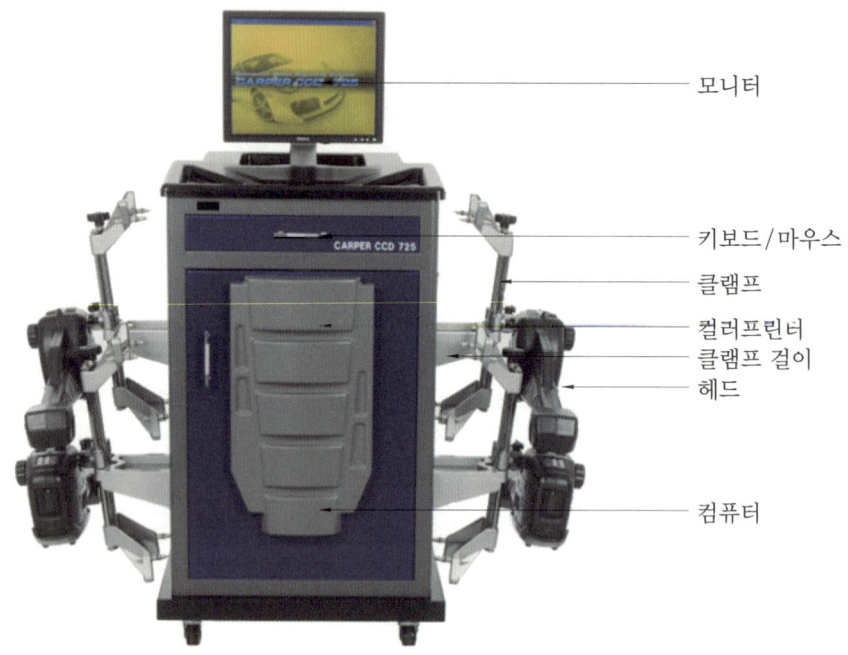

- 모니터
- 키보드/마우스
- 클램프
- 컬러프린터
- 클램프 걸이
- 헤드
- 컴퓨터

● 모니터 화면

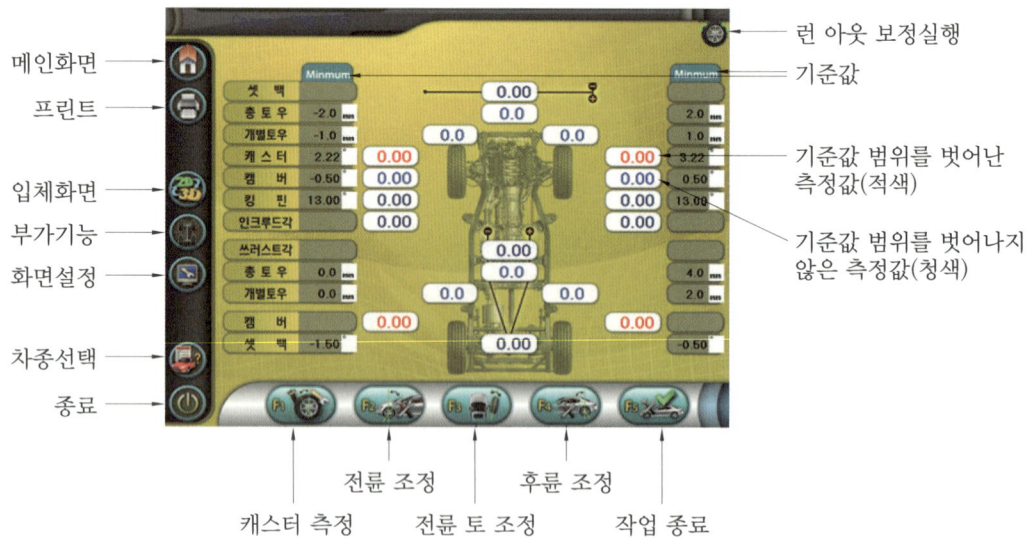

- 메인화면
- 프린트
- 입체화면
- 부가기능
- 화면설정
- 차종선택
- 종료
- 캐스터 측정
- 전륜 조정
- 전륜 토 조정
- 후륜 조정
- 작업 종료
- 런 아웃 보정실행
- 기준값
- 기준값 범위를 벗어난 측정값(적색)
- 기준값 범위를 벗어나지 않은 측정값(청색)

(4) 휠 얼라인먼트 측정

1. 차량을 리프트에 올려 작업하기 좋은 위치로 올린다(리프트 잠금).

2. 차량 하체에 중간 작업을 이용하여 띄워 준다.

3. 자동변속기 시프트 패턴을 N위치에 놓는다.

4. 턴테이블을 전륜 및 후륜 하단에 설치한 후 고정핀을 제거한다.

5. 차량 네 바퀴에 클램프 손잡이로 헤드를 늘리거나 줄여 장착한다.

6. 헤드의 수평기를 기준으로 수평을 맞춘다.

7. 헤드 측면의 헤드 브레이크 고정 후 헤드의 전원을 켠다.

8. 동일한 방법으로 나머지 휠에 각각의 헤드를 장착하고 헤드의 전원을 켠다(4바퀴).

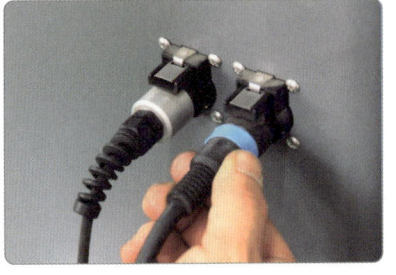

9. 충전이 안 된 경우 통신케이블을 각 헤드의 커넥터에 연결하여 사용한다.

10. 반드시 전륜 헤드의 앞쪽 커넥터는 본체에, 뒤쪽 커넥터는 후륜 헤드에 연결한다(좌측).

11. 반드시 전륜 헤드의 앞쪽 커넥터는 본체에, 뒤쪽 커넥터는 후륜 헤드에 연결한다(우측).

12. 키보드를 눌러 메뉴 화면으로 이동한다.

13. F1 선택 : 휠 얼라인먼트 측정으로 들어간다.

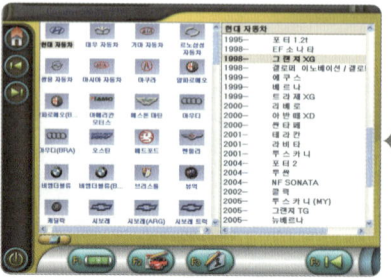

14. 제조사를 선택하고 차종을 선택한다.

화면 하단 [ ]을 클릭한 후 고객 자료를 입력하지 않고 바로 수평 확인 단계로 진행한다.

※ 해당 차종을 더블클릭하여도 차종 선택 후 수평 확인 단계로 진행된다.

15. 화면에서 차량의 앞뒤, 좌우 수평을 확인한다.

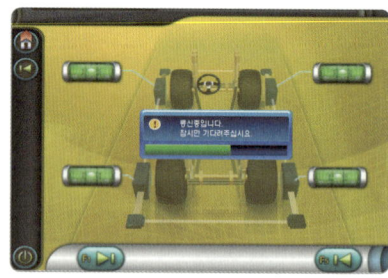

16. 수평이 확인되면 런 아웃으로 넘어간다.

17. 순서에 따라 런 아웃을 실시한다(런 아웃이 된 바퀴는 청색으로 변한다).

런 아웃 작업

런 아웃 작업은 후륜부터 실행한다(좌우 구분 없음).

18. 헤드 고정 브레이크를 풀고 타이어를 180° 돌린 후 수평을 맞추어 고정한다.

19. 헤드 상단의 버튼을 누르면 LED가 깜박이다 적색으로 멈춘다.

20. LED의 깜박임이 멈추면 다시 180° 돌린 후 수평을 맞추어 고정 브레이크를 고정한다.

21. 버튼을 다시 한번 눌러 LED가 깜박이다 청색으로 멈출 때까지 기다린다.

22. 나머지 바퀴도 동일한 방법으로 실시한다(좌우 각각 2회씩). [ ]을 선택하고 다음으로 진행한다.

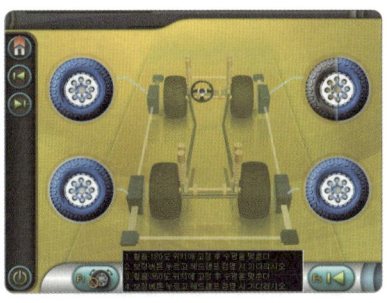
23. 후륜이 끝난 후 전륜 런 아웃 작업을 실시한다(좌우 각각 2회씩).

24. 런 아웃이 완료되면 안내에 따라 내릴 준비를 한 후 ▶을 선택하고 다음으로 진행한다.

25. **얼라인먼트 측정** : 차량의 풋 브레이크와 핸드(사이드) 브레이크를 잠근다.

26. 차량을 메인 리프트 상판으로 하강시켜 턴테이블에 안착한다.

27. 차량을 앞·뒤에서 흔들어준 후 헤드 수평을 확인한다(4바퀴).

28. ▶을 선택하고 다음으로 진행한다.

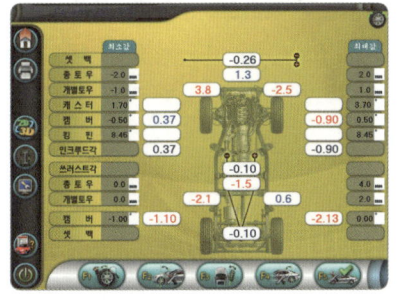
29. ▶을 선택하고 다음으로 진행한다. 1차 측정 완료 화면

캐스터, 킹핀 측정(스윙 작업)
핸들 또는 타이어를 돌려 지시계(↓)가 중앙의 녹색 부분에 위치하도록 조정한다.

30. 캐스터, 킹핀 측정(스윙 작업) ① : 좌 직진

31. 캐스터, 킹핀 측정(스윙 작업) ② : 좌 스윙(2회)

지시화면 둘 중 어느 쪽을 먼저 실행하여도 상관 없다.

32. 캐스터, 킹핀 측정(스윙 작업) ③ : 우 스윙(2회)

33. 캐스터, 킹핀 측정(스윙 작업) ④
: 우 직진

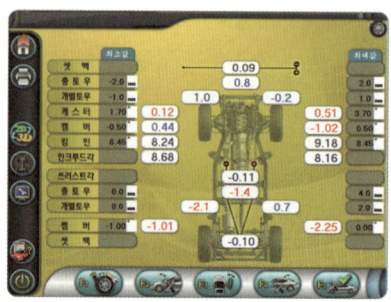

34. 측정 완료 화면

35. 측정값을 출력한다.
캐스터 : 0.12~0.51°,
토(toe) : 0.8 mm

● **토(toe) 조정 방법**

전륜 토 조정

> **전륜 토 조정**
> 반드시 핸들 고정대로 핸들을 고정시킨 후 진행한다. 이때 핸들은 먼저 시동을 걸고 좌, 우로 핸들을 충분히 돌려 핸들 유격을 최소화시킨 후 고정한다.

전륜 조정 : 캐스터→캠버→토 순서로 진행한다.

실기시험 주요 Point

자동차 휠 얼라인먼트 점검과 조정이 필요한 경우

❶ 주행 시 차량이 좌우 한 방향으로 쏠릴 경우
❷ 타이어의 편마모(안쪽 또는 바깥쪽 방향) 현상이 발생할 경우
❸ 승차감의 저하 또는 주행 연비가 저하되는 경우
❹ 조향 핸들이 안정되지 못하고 좌우로 떨리는 경우
❺ 자동차 사고가 발생한 경우 타이어 부품(휠)을 교체했을 경우

답안지 작성

섀시 2 휠 얼라인먼트 점검

측정 항목	(A) 자동차 번호 :		(B) 비번호		(C) 감독위원 확인	(H) 득점
	① 측정(또는 점검)		② 판정 및 정비(또는 조치) 사항			
	(D) 측정값	(E) 규정(정비한계)값	(F) 판정(□에 'V' 표)	(G) 정비 및 조치할 사항		
캐스터	0.12~0.51°	2.7±1°	□ 양호 ☑ 불량	휠 얼라인먼트 조정 후 재점검		
토(toe)	0.8 mm	0±2 mm				

1. 답안지 공통 사항(감독위원 확인 및 기록 사항)

(C) 감독위원 확인 : 감독위원 확인란으로 수험자는 기록하지 않습니다.
(H) 득점 : 감독위원이 해당 항목 점수를 채점 기록하며 수험자는 기록하지 않습니다.

2. 수험자가 기록해야 할 답안 사항

(A) 자동차 번호 : 측정하는 자동차 번호를 기록합니다(시험용 자동차가 2대 이상일 때 해당).
(B) 비번호 : 책임관리위원(공단 본부)이 배부한 등번호(비번호)를 기록합니다.
① 측정(또는 점검)
(D) 측정값 : 측정값으로 캐스터 : **0.12~0.51°**, 토(toe) : **0.8 mm**를 기록합니다.
(E) 규정(정비한계)값 : 정비지침서 또는 얼라인먼트 규정값을 기록합니다(반드시 측정 기준 단위를 기록합니다).
 • 캐스터 : **2.7±1°** • 토(toe) : **0±2 mm**
② 판정 및 정비(또는 조치) 사항
(F) 판정 : 측정값 중 캐스터값이 규정(정비한계)값 범위를 벗어났으므로 **불량**에 ☑ 표시를 합니다.
(G) 정비 및 조치할 사항 : 토값은 정상이나 캐스터값이 불량이므로 **휠 얼라인먼트 조정 후 재점검**을 기록합니다.

3. 차종별 캐스터, 토(toe) 규정값

차 종	캐스터(°)	토(mm)	차 종	캐스터(°)	토(mm)
싼타페	2.5±0.5	(−)2±2	아반떼	2.35±0.5	0±3
		0±2			5−1, 5+3
NEW 싼타페	4.4±0.5	0±2	아반떼 XD	2.82±0.5	0±2
		4±2			1±2
그랜저 XG	2.7±1	0±2	에쿠스	3.5±0.5	0±3
		2±2			3±2
뉴그랜저	2.75±0.5	0±3	엑센트	2.16±0.5	0±3
		0−2, 0+3			5−1, 5+3
라비타	2.78±0.5	0±2	EF 쏘나타/ NF 쏘나타	2.7±1	0±2
		1±2			2±2
베르나	1.75±0.5	0±3	투스카니	2.97±0.5	0±2
		3±2			1±2

 **섀시 3** 주어진 자동차에서 후륜의 브레이크 휠 실린더를 교환(탈·부착)하고 브레이크 및 허브 베어링의 작동 상태를 점검하시오.

 3안 참조 — 155쪽

 **섀시 4** 3항의 작업 자동차에서 감독위원의 지시에 따라 전(앞) 또는 후(뒤) 제동력을 측정하여 기록표에 기록하시오.

 1안 참조 — 64쪽

 **섀시 5** 주어진 자동차의 자동변속기에서 자기진단기(스캐너)를 이용하여 각종 센서 및 시스템 작동 상태를 점검하고 기록표에 기록하시오.

 1안 참조 — 68쪽

 **실기시험 주요 Point**

휠 얼라인먼트의 점검과 조정

자동차 주행 중 바퀴의 직진성, 방향 유지, 핸들의 복원성, 조향성 유지 등에 변화가 있을 때 휠 얼라인먼트 전차륜 정렬을 한다. 정렬 상태가 불량이면 주행 불안정으로 타이어 이상 마모 또는 편마모가 발생할 수 있으며, 비정상적인 타이어 마모나 불필요한 노면 마찰은 연료 소비와 서스펜션 부품의 마모 및 주행 중 운전자에게 불안감을 주어 결국 경제적인 손실과 위험을 유발할 수 있다.

휠 얼라인먼트의 점검과 조정으로 타이어 마모가 감소하며 수명이 연장되고, 조정 안정성과 주행 성능이 향상되어 승차감이 좋아진다. 또한 조향 핸들링 시 떨림이나 쏠림이 감소하고, 연료 절감과 각종 부품의 수명이 연장되는 효과가 있다.

국가기술자격 실기시험문제 5안 (전기)

자격종목	자동차정비산업기사	과제명	자동차정비작업

비번호 :　　　　시험시간 : 5시간 30분(엔진 : 140분, 섀시 : 120분, 전기 : 70분)

전기 1

자동차에서 에어컨 벨트와 블로어 모터를 탈거한 후(감독위원에게 확인), 다시 부착하여 작동 상태를 확인하고, 에어컨의 압력을 측정하여 기록표에 기록하시오.

1-1 에어컨 벨트 탈·부착

에어컨 벨트 탈·부착

1. 원 벨트 텐션 장력 조정 고정 볼트에 맞는 공구를 선택한다.
2. 원 벨트를 시계 방향으로 회전시켜 벨트 장력을 느슨하게 한다.
3. 원 벨트를 탈거한다. 조립 시 회전 방향이 바뀌지 않도록 벨트 회전 방향을 표시한다(→ 표시).

4. 탈거한 벨트를 정렬한 후 감독위원에게 확인을 받는다.
5. 벨트를 풀리 위치에 맞춘다.
6. 원 벨트를 시계 방향으로 회전시켜 벨트를 풀리에 맞게 조립한다.

7. 텐션 베어링 고정 볼트를 놓아 벨트 장력이 자동으로 조정되게 한다.
8. 주변을 정리한 후 감독위원에게 확인을 받는다.
9. 공구 정리 후 주변을 정리한다.

실기시험 주요 Point

에어컨 벨트 교체

❶ 교체 주기 : 80,000~100,000 km
❷ 엔진 작동 중 냉간 시동 또는 가속 시, 오르막 상태에서 날카로운 소음 발생 시 확인한다.
❸ 육안 점검 : 크랙, 파손, 훼손 여부, 고무 재질의 경화, 갈라짐을 확인한다.

1-2 블로어 모터 탈·부착

1. 조수석 콘솔박스를 연다.

2. 콘솔박스 고정 볼트를 분해한다.

3. 콘솔박스를 탈거한다.

4. 블로어 모터 커넥터를 분리한다.

5. 블로어 모터 고정 볼트를 분해한다.

6. 블로어 모터를 정렬한다.

7. 블로어 모터를 제 위치에 조립한다.

8. 블로어 모터 고정 볼트와 커넥터를 체결한다.

9. 콘솔박스를 조립하고 감독위원의 확인받는다.

실기시험 주요 Point

에어컨 냉방 사이클(TXV : Thermal Expansion Valve) 방식

① 컴프레서 → 콘덴서 → 리시버 드라이어 → 팽창 밸브 → 이배퍼레이터 → 컴프레서의 기본 사이클로 이루어져 있다.

② 팽창 밸브에서 교축작용이 이루어지며, 팽창 밸브를 지나면서 냉매는 급격히 압력이 저하되고 차가워지기 시작한다.

③ 리시버 드라이어는 고압 라인에 장착되어 냉매의 수분 및 불순물을 걸러주고 냉매의 맥동을 흡수하며, 듀얼 압력 또는 트리플 스위치가 장착되어 냉매 압력에 따라 컴프레서의 작동을 제어한다.

1-3 에어컨 라인 압력 점검

(1) 에어컨 라인 압력 점검 방법

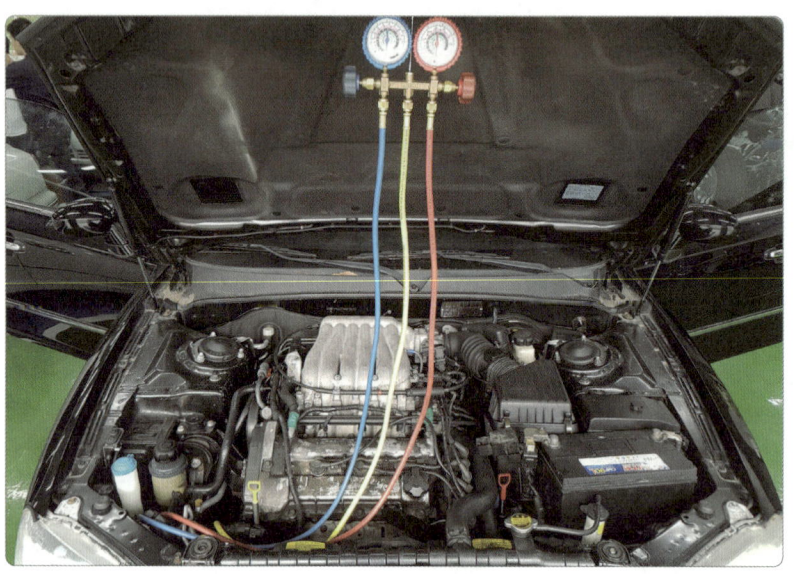

차량 에어컨 매니폴드 게이지 설치

1. 에어컨 라인의 고압과 저압 라인을 확인하고 고압 라인(적색) 호스를 연결한다.

2. 저압 라인(청색) 호스를 연결한다.

3. 엔진을 시동한 후 공회전 상태를 유지한다.

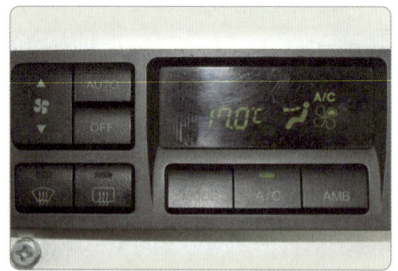

4. 엔진을 시동한 후 에어컨 설정온도를 17°C로 설정하고 에어컨을 가동한다.

5. 엔진 rpm을 2500~3000 rpm으로 서서히 가속하면서 압력의 변화를 확인한다.

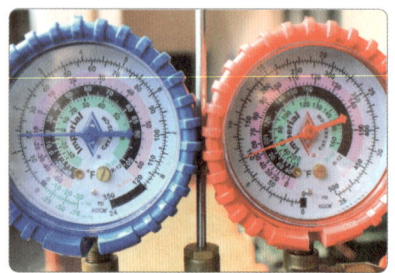

6. 저압과 고압을 확인하고 측정한다.
   저압 : 1.4 kgf/cm²,
   고압 : 7 kgf/cm²

답안지 작성

전기 1   에어컨 라인 압력 점검

측정 항목	① 측정(또는 점검)		② 판정 및 정비(또는 조치) 사항		(H) 득점
(A) 자동차 번호 :		(B) 비번호		(C) 감독위원 확인	
측정 항목	(D) 측정값	(E) 규정(정비한계)값	(F) 판정(□에 'V' 표)	(G) 정비 및 조치할 사항	(H) 득점
저압	1.4 kgf/cm²	2~4 kgf/cm²	□ 양호 ☑ 불량	냉매가스 충전 후 재점검	
고압	7 kgf/cm²	15~18 kgf/cm²			

1. 답안지 공통 사항(감독위원 확인 및 기록 사항)

(C) 감독위원 확인 : 감독위원 확인란으로 수험자는 기록하지 않습니다.
(H) 득점 : 감독위원이 해당 항목 점수를 채점 기록하며 수험자는 기록하지 않습니다.

2. 수험자가 기록해야 할 답안 사항

(A) 자동차 번호 : 측정하는 자동차 번호를 기록합니다(시험용 자동차가 2대 이상일 때 해당).
(B) 비번호 : 책임관리위원(공단 본부)이 배부한 등번호(비번호)를 기록합니다.
① 측정(또는 점검)
  (D) 측정값 : 에어컨 라인 압력 측정값으로 저압 : 1.4 kgf/cm², 고압 : 7 kgf/cm²를 기록합니다.
  (E) 규정(정비한계)값 : 시험 차량의 규정값을 기록합니다.
      • 저압 : 2~4 kgf/cm²   • 고압 : 15~18 kgf/cm²
② 판정 및 정비(또는 조치) 사항
  (F) 판정 : 측정값이 규정(정비한계)값 범위를 벗어났으므로 불량에 ☑ 표시를 합니다.
  (G) 정비 및 조치할 사항 : 에어컨 라인 압력이 규정값보다 낮으므로 냉매가스 충전 후 재점검을 기록합니다.
      에어컨 라인 압력이 규정값보다 높을 때는 냉매가스 회수 후 재점검을 기록합니다.

3. 라인 압력 규정값

차종 \ 압력스위치	고압(kgf/cm²)		중압(kgf/cm²)		저압(kgf/cm²)		비 고
	ON	OFF	ON	OFF	ON	OFF	
엑셀	15~18		–		2~4		ON : 컴프레서 작동 OFF : 컴프레서 정지
아반떼 XD	32.0	26.0	14.0	18.0	2.0	2.25	ON : 컴프레서 작동 OFF : 컴프레서 정지
EF 쏘나타	32.0±2.0	–	15.5±0.8	–	2.0±0.2	–	
그랜저 XG	32.0±2.0	26.0±2.0	15.5±0.8	11.5±1.2	2.0±0.2	2.3±0.25	

 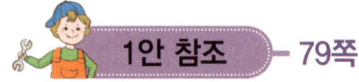 

전기 2. 주어진 자동차에서 전조등 시험기로 전조등을 점검하여 기록표에 기록하시오.

1안 참조 — 79쪽

실기시험 주요 Point

자동차 냉난방 장치 정비 작업

(1) 에어컨 정비 작업 시 주의 사항
 ① 에어컨 냉매는 휘발성이 매우 강하기 때문에 작업 시 피부에 묻으면 동상에 걸리기 쉬우므로 반드시 장갑을 끼고 작업한다.
 ② 냉매가 눈에 들어갔을 경우 즉시 깨끗한 물로 세척하고 반드시 보안경을 착용한다(냉매 저장 온도는 항상 52℃ 이하로 유지한다).

(2) 에어컨 냉매 점검 방법
 아침에 온도가 낮아지면 고압이 떨어지고 온도가 높으면 고압이 올라간다.
 ① 저압과 고압이 모두 낮으면 냉매 부족이고 기포가 발생된다.
 ② 저압과 고압이 모두 높으면 냉매의 과충전을 의심한다(콘덴서 냉각 불량 및 에어컨 벨트의 헐거움을 점검한다).
 ③ 고압이 상승하고 저압이 떨어지면 팽창 밸브, 이배퍼레이터 등을 점검한다.

(3) 풀 오토 에어컨의 블로어 모터 및 파워 TR
 ① 풀 오토 에어컨의 경우 파워 TR은 블로어 모터의 속도를 조절하기 위해 NPN형의 TR을 사용한다.
 ② 속도 조절은 버튼을 사용하며 에어컨 ECU에서 파워 TR 베이스 전류를 제어하여 파워 TR을 ON 시킨다(컬렉터 전압의 변화가 곧 속도 조절이 되는 것이다).

(4) 에어컨 구조의 냉매 상태
 저압은 부압이며 고압은 낮으면 냉매가 순환하지 않아 리시버 전후에 서리가 발생한다.
 ① 컴프레서는 고온 고압 기체 상태이며 콘덴서는 고압 중온 액체 생성 상태이다.
 ② 리시버 드라이어는 중온 고압 액체/기체 상태이며, 액체가 밑으로 모여 중온 고압 액체로 변환된다.
 ③ 팽창 밸브는 저온 저압 기체 상태이며 이배퍼레이터는 저온 저압 기체 상태이다.

전기 3

주어진 자동차에서 와이퍼 간헐(INT) 시간 조정 스위치 조작 시 편의장치(ETACS 또는 ISU) 커넥터에서 스위치 신호(전압)를 측정하고 이상 여부를 확인하여 기록표에 기록하시오.

3-1 와이퍼 회로도

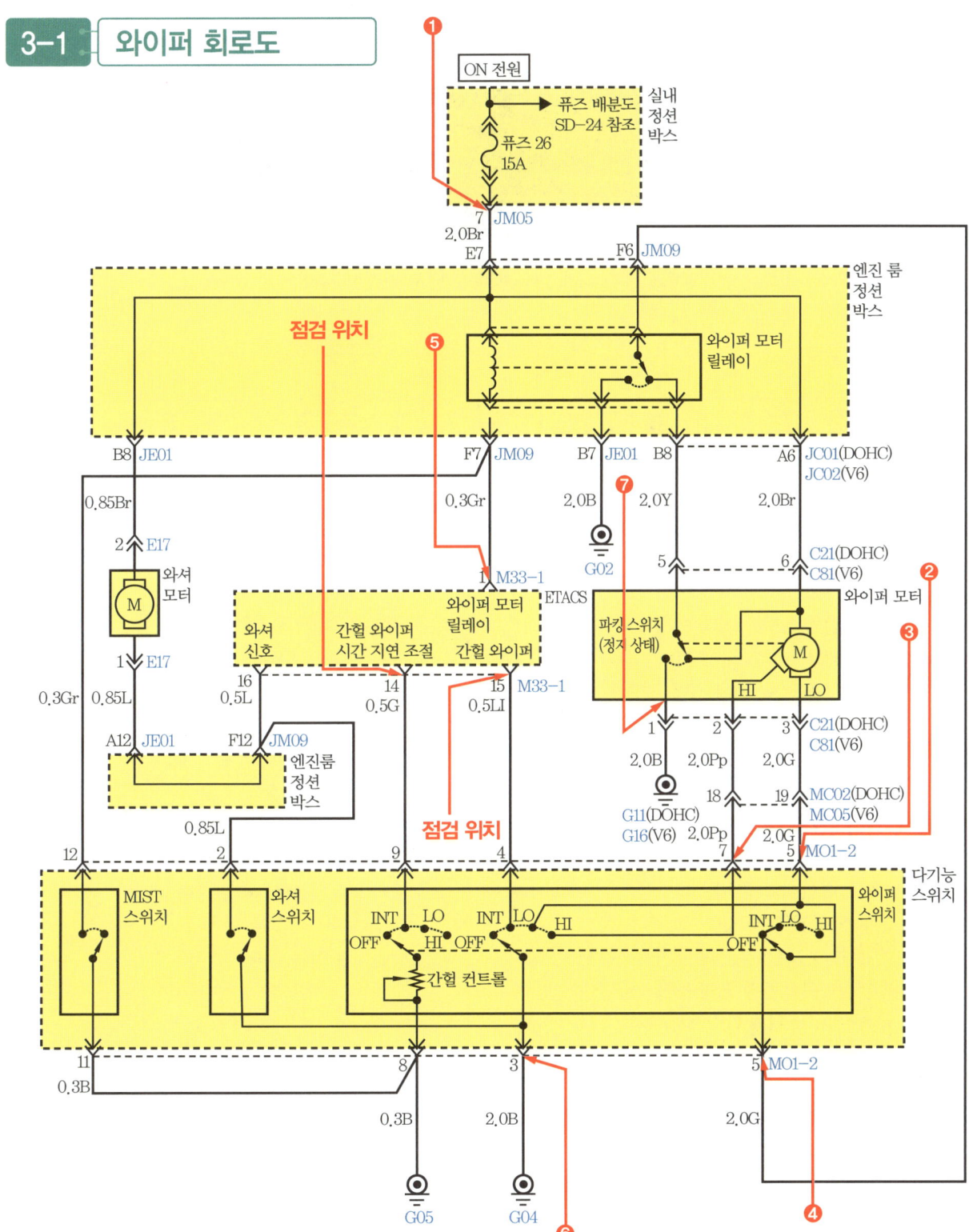

3-2 와이퍼 스위치 신호 점검

에탁스 커넥터 M33-1, M33-2 단자별 배선 커넥터

● M33-1

1	2	3	4	5	6	7	8
9	10	11	12	13	14	15	16

● M33-2

1	2	3	4	5	6
7	8	9	10	11	12

1. 와이퍼 모터 릴레이 엔진 룸 정션
   와이퍼 모터 릴레이 F7
   실내 정션 퓨즈 26(15 A)
3. 키 조명등 컨트롤(이그니션키 조명등)
   퓨즈 9(10 A)
4. 좌측 앞 도어 록 언록 입력
   (좌측 앞 도어 록 액추에이터 2번 단자)
6. 우측 앞 도어 록 언록 입력
   (우측 앞 도어 록 액추에이터 1번 단자)
8. 스티어링 잠금 입력
   (스티어링 잠금 스위치 1번)
   실내 정션 퓨즈 9(10 A)
12. 뒤 도어 록 언록 입력
    (좌측 뒤 도어 록 액추에이터 2번 단자)
14. 간헐와이퍼 시간 지연 조절
    (다기능 스위치 9번 단자)
15. **간헐와이퍼**
    (다기능 스위치의 4번 단자)
    INT
16. 와셔신호
    (엔진 룸 정션 박스 F12)

1. 비상등 릴레이 컨트롤
   (비상등 릴레이 4번 단자)
   퓨즈 17(15 A)
3. 우측 도어 언록 스위치 입력
   (우측 스위치 언록 스위치 1번 단자) 접지
4. 좌측 도어 언록 스위치 입력
   (좌측 도어 언록 스위치 1번 단자) 접지
5. 후드 스위치 입력(후드 스위치, 접지)
6. 코드 세이브
   (키레스 리시버 2번 단자)
   퓨즈 20(10 A)
10. 사이렌 컨트롤(사이렌 1번 단자)
    DRL 퓨즈 15 A
12. 트렁크 언록 스위치 입력
    (트렁크 언록 스위치) 접지

1. 시험용 차량에서 에탁스의 위치를 확인한다.

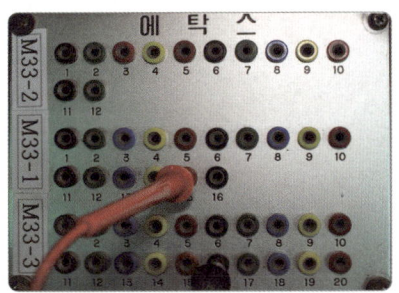
2. 에탁스 커넥터(M33-1 커넥터 15번 단자)에 멀티테스터 (+) 프로브를, (-) 프로브는 차체(M33-3 커넥터 16번 단자)에 접지시킨다.

3. 점화스위치를 ON시킨다(스위치 점등 상태 확인).

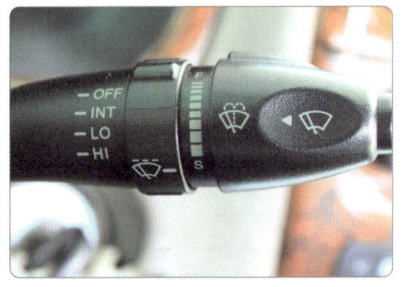
4. 와이퍼 스위치를 INT 위치로 놓는다.

5. 출력된 전압을 확인한다(0.001 V).

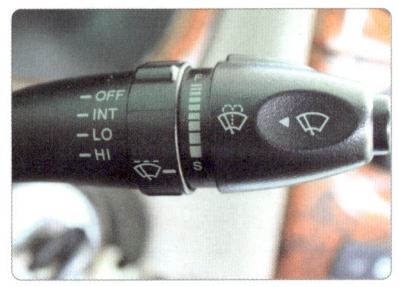
6. 스위치를 INT(OFF) 위치로 놓는다.

7. 출력된 전압을 확인한다(4.92 V).

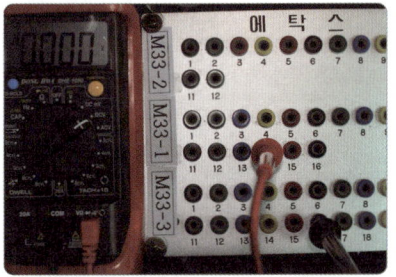
8. 에탁스 커넥터(M33-1 커넥터 4번 단자)에 멀티테스터 (+) 프로브를, (-) 프로브는 차체(M33-3 커넥터 16번 단자)에 접지시킨다.

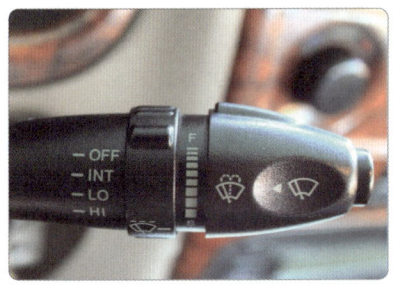
9. 와이퍼 스위치 INT TIME을 FAST로 놓는다.

10. 출력 전압을 확인한다(0 V).

11. INT TIME을 SLOW로 놓는다.

12. 출력 전압을 확인한다(3.065 V).

답안지 작성

전기 3 와이퍼 스위치 신호 점검

(A) 자동차 번호 :			(B) 비번호		(C) 감독위원 확 인	
측정 항목	① 측정(또는 점검)		② 판정 및 정비(또는 조치) 사항			(F) 득점
			(D) 판정	(E) 정비 및 조치할 사항		
와이퍼 간헐 시간 조정 스위치 위치별 작동 신호	INT S/W 전압	ON : 0 V OFF : 4.92 V	☑ 양호 ☐ 불량	정비 및 조치할 사항 없음		
	INT 스위치 위치별 전압	FAST(빠름)~SLOW(느림) 전압 기록 : 0~3.065 V				

1. 답안지 공통 사항(감독위원 확인 및 기록 사항)

(C) 감독위원 확인 : 감독위원 확인란으로 수험자는 기록하지 않습니다.
(F) 득점 : 감독위원이 해당 항목 점수를 채점 기록하며 수험자는 기록하지 않습니다.

2. 수험자가 기록해야 할 답안 사항

(A) 자동차 번호 : 측정하는 자동차 번호를 기록합니다(시험용 자동차가 2대 이상일 때 해당).
(B) 비번호 : 책임관리위원(공단 본부)이 배부한 등번호(비번호)를 기록합니다.
① 측정(또는 점검) : • INT S/W 전압 – ON : 0 V, OFF : 4.92 V   • INT 스위치 위치별 전압 : 0~3.065 V
② 판정 및 정비(또는 조치) 사항
　(D) 판정 : 와이퍼 작동 조건이 정상이므로 **양호**에 ☑ 표시를 합니다.
　(E) 정비 및 조치할 사항 : 판정이 양호이므로 **정비 및 조치할 사항 없음**을 기록합니다.
　　　　　　　　판정이 불량일 때는 **에탁스 교체 후 재점검**을 기록합니다.

3. 와이퍼 간헐 시간 작동 규정값

차 종	제어 시간	특징
현대 전 차종	T_0 : 0.6초 / T_2 : 1.5±0.7~10.5±3초	INT 볼륨 저항(저속 : 약 50 kΩ / 고속 : 약 0 kΩ)

4. 와이퍼 간헐 시간 조정 작동 전압 규정값

입·출력 요소	항 목	조 건	전 압
입력 요소	INT(간헐) 스위치	OFF	5 V
		INT 선택	0 V
출력 요소	INT(간헐) 가변 볼륨	FAST(빠름)	0 V
		SLOW(느림)	3.8 V
	INT(간헐) 릴레이	모터를 구동할 때	0 V
		모터를 정지할 때	12 V

전기 231

전기 4 주어진 자동차에서 미등 및 제동등(브레이크) 회로를 점검하여 이상개소(2곳)를 찾아서 수리하시오.

4-1 미등, 제동등 회로 점검

(1) 미등, 제동등 회로

● 미등, 번호등 회로도-1

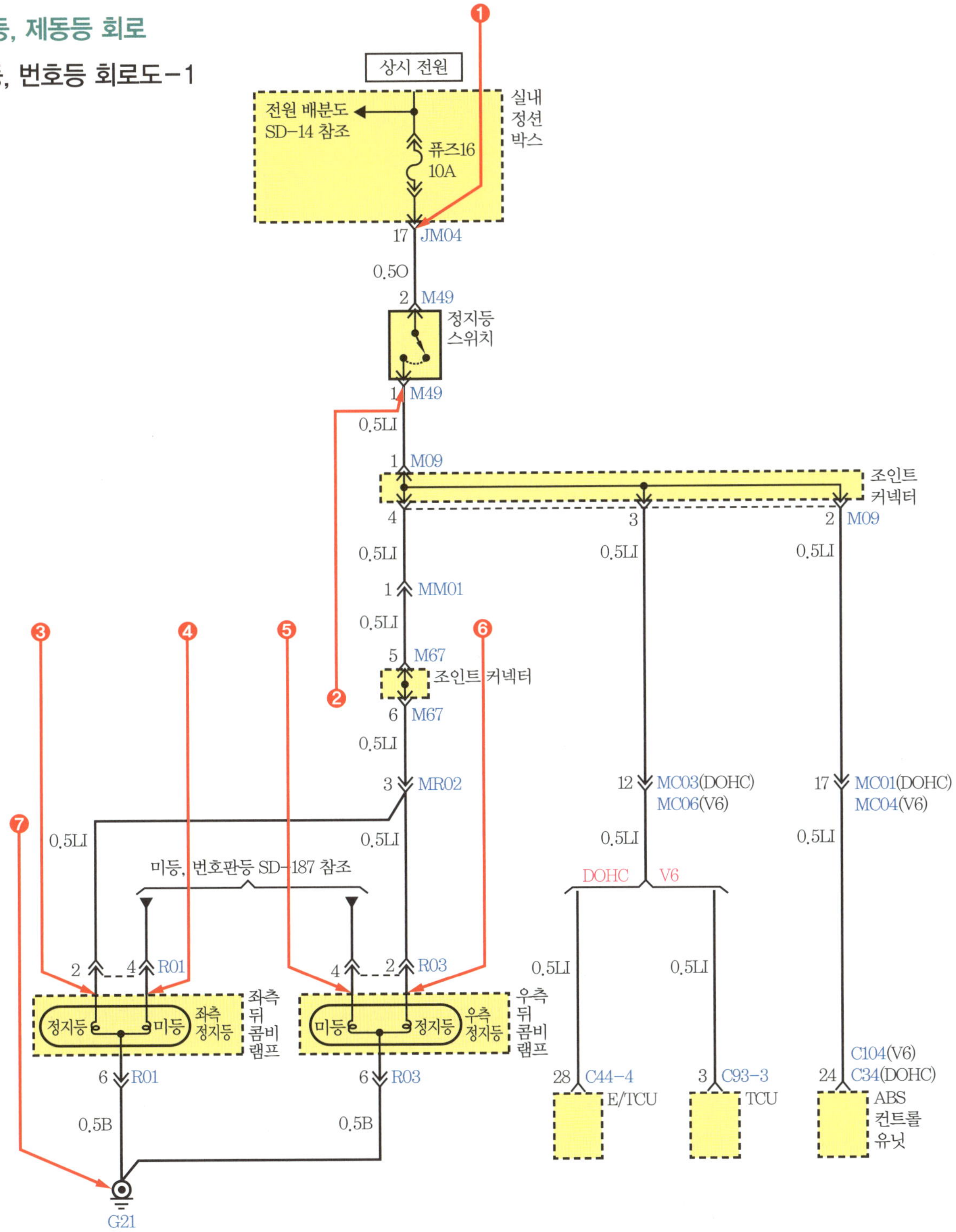

● 미등, 번호등 회로도-2

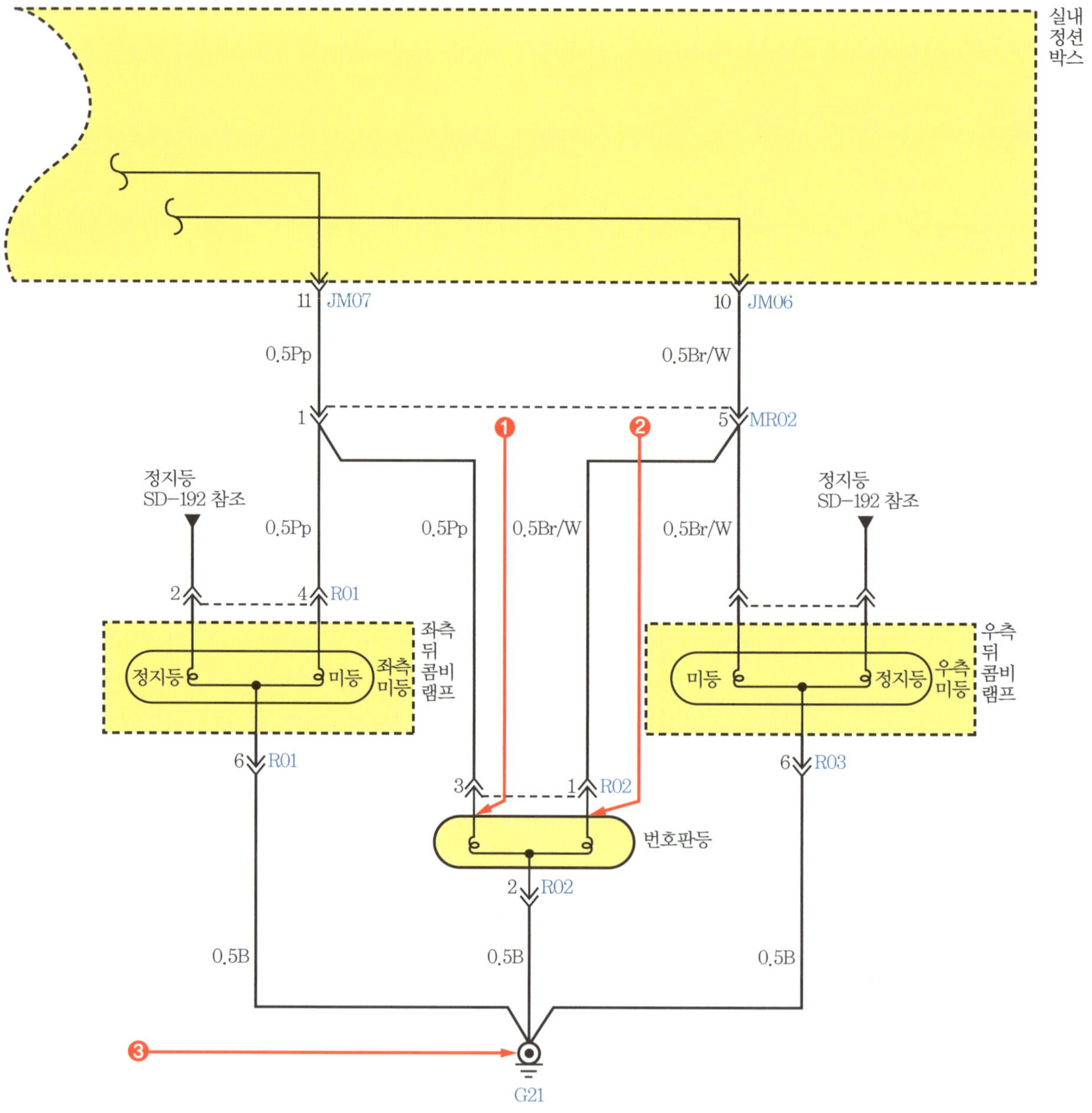

실기시험 주요 Point	전기 회로 연결 방법에 따른 장단점		
	연결 방법	장점	단점
	직렬 연결	모든 전기 기구를 통제할 때	한 곳이 단선되면 전원 차단되어 모두 작동하지 않는다.
	병렬 연결	각 전기 기구를 따로 통제할 때	전선이 많이 들고 회로 검사가 복잡하다.
	직·병렬 회로	직렬, 병렬 회로를 조합한 것으로 자동차 전기 회로는 대부분 이 회로로 구성되어 있다.	

(2) 미등 및 번호등 고장 점검

미등 및 번호등 회로 점검

1. 축전지 전압을 확인한다(12.06 V).

2. 미등이 점등되는지 유관점검한다.

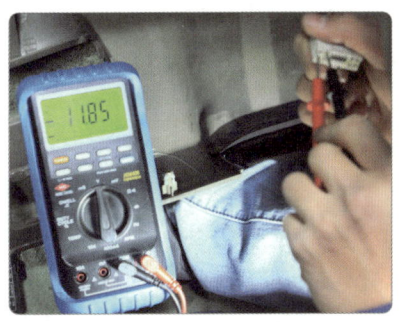

3. 커넥터에 축전지 전압이 인가되는지 확인한다(11.85 V).

4. 번호판 등이 들어오는지 확인한다.

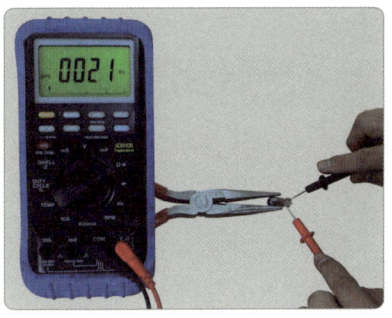

5. 번호등 단선 유무를 점검한다.

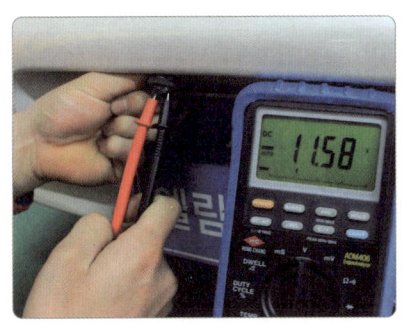

6. 번호판 커넥터에 축전지 전압이 인가되는지 확인한다(11.58 V).

7. 콤비네이션 미등 스위치 이상 유무를 확인한다.

8. 운전석 퓨즈 박스에서 퓨즈 단선과 탈거 상태를 확인한다.

자동차정비산업기사 실기

6안

파트별		안별 문제	6안
엔진	1	엔진 분해 조립/측정	엔진 분해 조립/캠축 양정 측정
	2	엔진 시동/작업	1가지 부품 탈·부착/ 엔진 시동(시동, 점화, 연료)
	3	엔진 작동 상태/측정	공회전 속도 점검/연료 압력 점검
	4	파형 점검	점화 1차 파형 분석(공회전 상태)
	5	부품 교환/측정	CRDI 연료 압력 조절 밸브 탈·부착 시동/매연 측정
섀시	1	부품 탈·부착 작업	자동변속기 SCSV, 오일펌프, 필터 탈·부착
	2	장치별 측정/부품 교환 조정	브레이크 페달 자유 간극/ 자유 간극과 페달 높이 측정
	3	브레이크 부품 교환/ 작동 상태 점검	캘리퍼 탈·부착/ 브레이크 작동 상태 확인
	4	제동력 측정	전륜 또는 후륜 제동력 측정
	5	부품 탈·부착/ 이상 부위 측정	ABS 자기진단
전기	1	부품 탈·부착 작업/측정	기동모터 분해 조립/ 솔레노이드 코일 점검
	2	전조등 점검	전조등 시험기 점검/광도, 광축
	3	편의 안전장치 점검	점화키 홀 조명 작동 시 출력 신호(전압) 점검
	4	전기 회로 점검	경음기 회로 점검

국가기술자격 실기시험문제 6안 (엔진)

자격종목	자동차정비산업기사	과제명	자동차정비작업

비번호 :   시험시간 : 5시간 30분(엔진 : 140분, 섀시 : 120분, 전기 : 70분)

엔진 1

주어진 엔진을 기록표의 측정 항목까지 분해하여 기록표의 요구 사항을 측정 및 점검하고 본래 상태로 조립하시오.

1-1 엔진 분해 조립

 1안 참조 — 22쪽

1-2 캠축 캠 높이 측정

(1) 측정 방법

캠축(흡기 캠축, 배기 캠축)

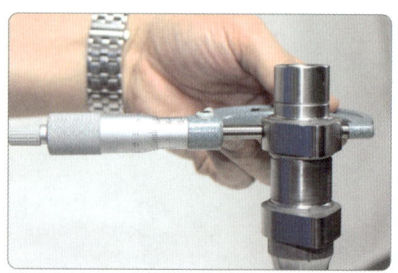

1. 마이크로미터 0점을 확인하고 측정한다.

2. 마이크로미터에 측정된 눈금을 읽는다(35.25 mm).

답안지 작성

엔진 1 캠축 측정

측정 항목	① 측정(또는 점검)		② 판정 및 정비(또는 조치) 사항		(H) 득점
	(D) 측정값	(E) 규정(정비한계)값	(F) 판정 (□에 'V' 표)	(G) 정비 및 조치할 사항	
캠 높이	35.25 mm	35.439~35.993 mm	□ 양호 ☑ 불량	캠축 교체 후 재점검	

(A) 엔진 번호: / (B) 비번호 / (C) 감독위원 확인

1. 답안지 공통 사항(감독위원 확인 및 기록 사항)

(C) 감독위원 확인 : 감독위원 확인란으로 수험자는 기록하지 않습니다.
(H) 득점 : 감독위원이 해당 항목 점수를 채점 기록하며 수험자는 기록하지 않습니다.

2. 수험자가 기록해야 할 답안 사항

(A) 엔진 번호 : 측정하는 엔진 번호를 기록합니다(시험용 엔진이 2대 이상일 때 해당).
(B) 비번호 : 책임관리위원(공단 본부)이 배부한 등번호(비번호)를 기록합니다.
① 측정(또는 점검)
  (D) 측정값 : 캠 높이를 측정한 값 **35.25 mm**를 기록합니다.
  (E) 규정(정비한계)값 : 감독위원이 제시한 값이나 정비지침서를 보고 규정값을 기록합니다.
         35.439~35.993 mm
② 판정 및 정비(또는 조치) 사항
  (F) 판정 : 측정값이 규정값 범위를 벗어났으므로 **불량**에 ☑ 표시를 합니다.
  (G) 정비 및 조치할 사항 : 판정이 불량이므로 **캠축 교체 후 재점검**을 기록합니다.
       판정이 양호일 때는 **정비 및 조치할 사항 없음**을 기록합니다.

3. 캠 높이 규정값

차 종		규정값 (mm)	한계값 (mm)	차 종		규정값 (mm)	한계값 (mm)
EF 쏘나타	흡기	35.493±0.1	—	크레도스	흡기	37.9593	—
	배기	35.317±0.1	—		배기	37.9617	—
옵티마 2.0D	흡기	35.439	35.993	세피아	흡기	36.4514	36.251
	배기	35.317	34.817		배기	36.251	36.251
쏘나타	흡기	44.525	42.7484	토스카 2.0D	흡기	5.8106	—
	배기	44.525	43.3489		배기	5.3303	—
아반떼 1.5D	흡기	43.2484	42.7484	토스카 2.5D	흡기	5.931	—
	배기	43.8489	43.3489		배기	5.3303	—

 **엔진 2** 주어진 자동차의 전자제어 엔진에서 감독위원의 지시에 따라 1가지 부품을 탈거한 후(감독위원에게 확인) 다시 부착하고 시동에 필요한 관련 부분의 이상개소(시동회로, 점화회로, 연료장치 중 2개소)를 점검 및 수리하여 시동하시오.

 1안 참조 — 31쪽

 **엔진 3** 2항의 시동된 엔진에서 공회전 상태를 확인하고 감독위원의 지시에 따라 연료 공급 시스템의 연료 압력을 측정하여 기록표에 기록하시오(단, 시동이 정상적으로 되지 않은 경우 본 항의 작업은 할 수 없다).

3-1 엔진 공회전 속도 점검

 1안 참조 — 40쪽

3-2 연료 압력 점검

(1) 연료 압력 점검 방법

엔진 연료 압력 점검

1. 연료펌프 퓨즈를 탈거한다.

2. 엔진을 시동한 후 엔진 시동이 OFF될 때까지 기다린다(연료 잔압 제거).

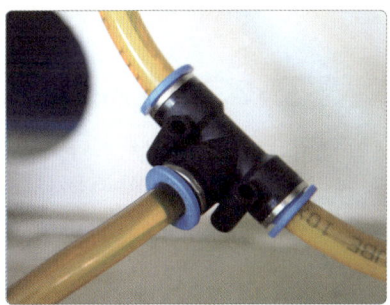
3. 연료 공급라인에 연료 압력 게이지를 설치한다(병렬).

4. 엔진을 시동하고 공회전 상태를 유지한다.

5. 연료 압력을 확인한다(3 kgf/cm^2).

6. 압력이 높게 나온다면 연료 압력 조절기 진공 호스 탈거 상태를 확인한다.

실기시험 주요 Point

연료 압력 조절 밸브
① 레일 압력 조절기는 커먼레일 끝단부에 설치되어 고압 펌프에서 송출된 고압 연료의 리턴 양을 조절하며 커먼레일의 연료 압력을 조절한다.
② RPS, RPM, APS 정보를 입력받은 ECM을 이용하여 현재 운행 조건에 맞는 연료 압력으로 조절하기 위해 레일 압력 조절기의 듀티를 제어한다.
③ 레일 압력 조절기는 100 bar의 스프링 장력에 의해 볼 밸브 시트를 막고 있는 구조로, 고압의 연료가 듀티 제어를 통해 연료의 리턴 양을 줄이게 되면서 연료 압력이 상승된다.

답안지 작성

엔진 3 | 연료 공급 시스템 점검

	(A) 자동차 번호 :		(B) 비번호		(C) 감독위원 확 인	
측정 항목	① 측정(또는 점검)		② 판정 및 정비(또는 조치) 사항			(H) 득점
	(D) 측정값	(E) 규정(정비한계)값	(F) 판정 (□에 'V' 표)	(G) 정비 및 조치할 사항		
연료 압력	3 kgf/cm² (공회전 rpm)	2.7~2.8 kgf/cm² (공회전 rpm)	□ 양호 ☑ 불량	연료 압력 조절기 진공 호스 체결 후 재점검		

※ 공회전 상태에서 측정합니다.

1. 답안지 공통 사항(감독위원 확인 및 기록 사항)

(C) 감독위원 확인 : 감독위원 확인란으로 수험자는 기록하지 않습니다.
(H) 득점 : 감독위원이 해당 항목 점수를 채점 기록하며 수험자는 기록하지 않습니다.

2. 수험자가 기록해야 할 답안 사항

(A) 자동차 번호 : 측정하는 자동차 번호를 기록합니다(시험용 자동차가 2대 이상일 때 해당).
(B) 비번호 : 책임관리위원(공단 본부)이 배부한 등번호(비번호)를 기록합니다.
① 측정(또는 점검)
(D) 측정값 : 연료 공급 압력을 측정한 값 3 kgf/cm²(공회전 rpm)를 기록합니다.
(E) 규정(정비한계)값 : 정비지침서 또는 스캐너 기준값으로 제시한 값을 규정값으로 기록합니다.
  2.7~2.8 kgf/cm²(공회전 rpm)
② 판정 및 정비(또는 조치) 사항
(F) 판정 : 측정값이 규정(정비한계)값 범위를 벗어났으므로 **불량**에 ☑ 표시를 합니다.
(G) 정비 및 조치할 사항 : 판정이 불량이므로 연료 압력 조절기 진공 호스 체결 후 재점검을 기록합니다.
  판정이 양호일 때는 **정비 및 조치할 사항 없음**을 기록합니다.

3. 엔진 연료 압력 규정값

차 종	규정값	
	연료 압력 진공 호스 연결 시	연료 압력 진공 호스 탈거 시
EF 쏘나타(SOHC, DOHC)	2.75 kgf/cm²(공회전 rpm)	3.26~3.47 kgf/cm²(공회전 rpm)
그랜저 XG	3.3~3.5 kgf/cm²(공회전 rpm)	2.7 kgf/cm²(공회전 rpm)
아반떼 XD, 베르나	−	3.5 kgf/cm²(공회전 rpm)

엔진 4 주어진 자동차의 엔진에서 점화코일의 1차 파형을 측정하고, 그 결과를 분석하여 출력물에 기록·판정하시오(측정 조건 : 공회전 상태).

 5안 참조 — 204쪽

엔진 5 주어진 전자제어 디젤 엔진에서 연료 압력 조절 밸브를 탈거한 후(감독위원에게 확인) 다시 부착하여 시동을 걸고 매연을 측정하여 기록표에 기록하시오.

5-1 연료 압력 센서 탈·부착

 2안 참조 — 104쪽

5-2 디젤 매연 측정

 2안 참조 — 105쪽

실기시험 주요 Point
대기환경보전법 시행규칙[별표 21] 〈개정 2022. 11. 14.〉
운행차 배출허용 기준(제78조 관련) 변경으로 과급기(turbo charger)에 배출허용 5% 가산을 적용하지 않는다.

국가기술자격 실기시험문제 6안 (섀시)

| 자격종목 | 자동차정비산업기사 | 과제명 | 자동차정비작업 |

비번호 :　　　　시험시간 : 5시간 30분(엔진 : 140분, 섀시 : 120분, 전기 : 70분)

섀시 1 주어진 자동변속기에서 밸브 보디의 변속 조절 솔레노이드 밸브 및 오일펌프와 필터를 탈거한 후(감독위원에게 확인) 다시 부착하고 자기진단기(스캐너)를 이용하여 변속 레버의 작동 상태를 확인하시오.

1-1 자동변속기 분해 조립

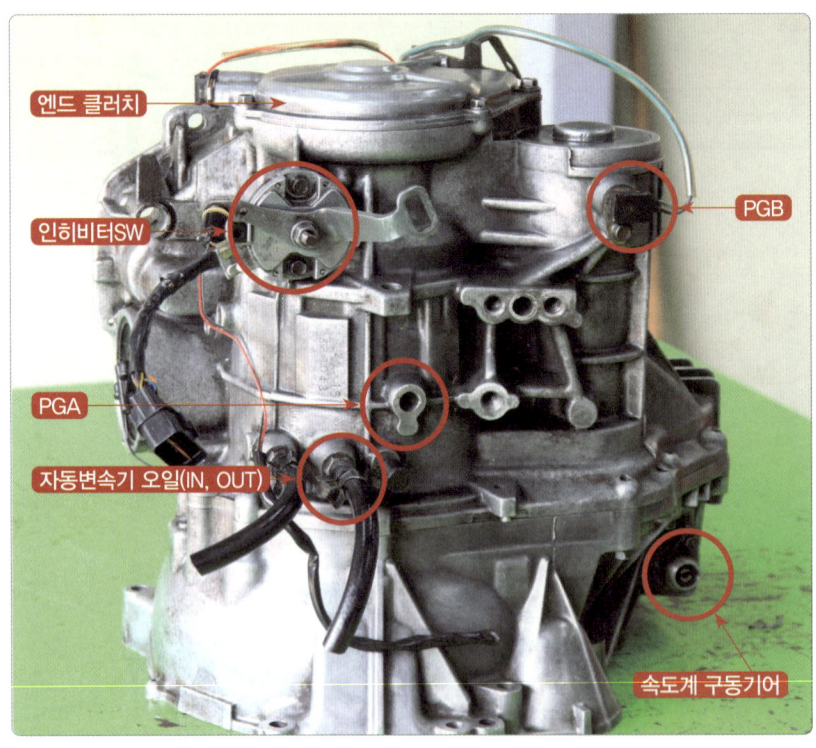

1. 자동변속기 밸브 보디를 분해할 수 있도록 정렬한다.

2. 오일 팬을 탈거한다.

섀시 **243**

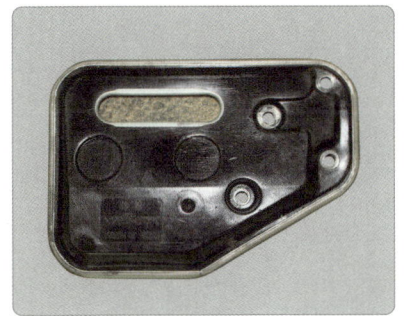

3. 오일 필터를 탈거한다.

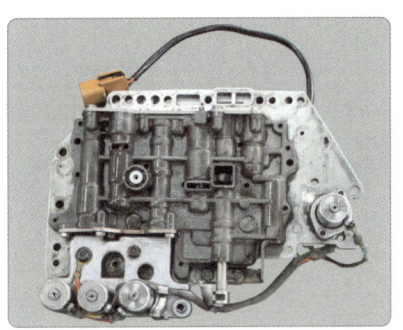

4. 분해한 밸브 보디를 감독위원에게 확인한다.

5. 변속 조절 솔레노이드 밸브를 탈거한 후 정렬한다.

6. 토크 컨버터 하우징을 탈거한다.

7. 개스킷을 제거한다.

8. 오일펌프 고정 볼트를 분해한다.

9. 분해된 오일펌프와 변속 조절 솔레노이드 밸브를 정렬하고 감독위원의 확인을 받는다.

10. 오일펌프를 조립한다.

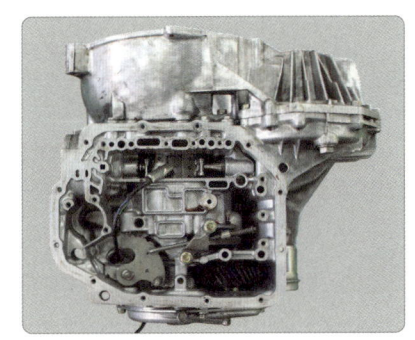

11. 토크 컨버터 하우징을 조립한다.

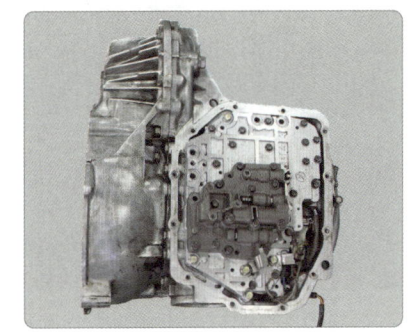

12. 매뉴얼 밸브 위치를 확인한다.

13. 밸브 보디를 조립한다.

14. 오일 필터를 조립한다.

15. 오일 팬을 장착한다.

16. 자동변속기를 정렬하고 감독위원의 확인을 받는다.

> **섀시 2** 주어진 자동차의 브레이크에서 페달 자유 간극을 측정하여 기록표에 기록한 후, 페달 자유 간극과 페달 높이가 규정값이 되도록 조정하시오.

2-1 브레이크 페달 높이 및 페달 자유 간극 측정

1. 점검 차량의 브레이크 페달 위치를 확인한 후 운전석 매트를 제거한다.

2. 브레이크 페달 측면에 철자를 대고 브레이크 페달 높이를 측정한다(176 mm).

3. 브레이크 페달을 저항이 느껴지지 않는 위치까지 지그시 눌러 페달 자유 간극을 측정한다(12 mm).

4. 브레이크 페달 복원 상태를 확인한 후 철자를 정리한다.

> **브레이크 페달의 작동 상태**
> ❶ 브레이크 페달 높이 = 176 mm
> ❷ 브레이크 페달 자유 간극 = 12 mm

답안지 작성

섀시 2 브레이크 페달 점검

항목	① 측정(또는 점검)		② 판정 및 정비(또는 조치) 사항		(H) 득점
(A) 자동차 번호 :			(B) 비번호	(C) 감독위원 확 인	
항목	(D) 측정값	(E) 규정(정비한계)값	(F) 판정(□에 'V' 표)	(G) 정비 및 조치할 사항	(H) 득점
브레이크 페달 높이	176 mm	173~179 mm	☐ 양호 ☑ 불량	마스터 실린더 푸시로드 길이로 페달 자유 간극조정 후 재점검	
브레이크 페달 자유 간극	12 mm	3~8 mm			

1. 답안지 공통 사항(감독위원 확인 및 기록 사항)

(C) **감독위원 확인** : 감독위원 확인란으로 수험자는 기록하지 않습니다.
(H) **득점** : 감독위원이 해당 항목 점수를 채점 기록하며 수험자는 기록하지 않습니다.

2. 수험자가 기록해야 할 답안 사항

(A) **자동차 번호** : 측정하는 자동차 번호를 기록합니다(시험용 자동차가 2대 이상일 때 해당).
(B) **비번호** : 책임관리위원(공단 본부)이 배부한 등번호(비번호)를 기록합니다.
① **측정(또는 점검)**
　(D) **측정값** : 브레이크 페달 높이 및 페달 자유 간극을 측정한 값을 기록합니다.
　　　• 브레이크 페달 높이 : **176 mm**　　• 브레이크 페달 자유 간극 : **12 mm**
　(E) **규정값** : 측정 차량의 정비지침서를 보고 기록하거나 감독위원이 제시한 규정값을 기록합니다.
　　　• 브레이크 페달 높이 : **173~179 mm**　　• 브레이크 페달 자유 간극 : **3~8 mm**
② **판정 및 정비(또는 조치) 사항**
　(F) **판정** : 측정값이 규정(정비한계)값 범위를 벗어났으므로 ☑ **불량**에 표시합니다.
　(G) **정비 및 조치할 사항** : 판정이 불량이므로 **마스터 실린더 푸시로드 길이로 페달 자유 간극 조정 후 재점검**을 기록합니다. 판정이 양호일 때는 **정비 및 조치할 사항 없음**을 기록합니다.

3. 브레이크 페달 높이와 페달 자유 간극 규정값

차 종	페달 높이	페달 자유 간극	여유 간극	작동 거리
그랜저 XG	176±3 mm	3~8 mm	44 mm 이상	132±3 mm
EF 쏘나타	176 mm	3~8 mm	44 mm 이상	132 mm
쏘나타 Ⅲ	177 mm	4~10 mm	44 mm 이상	133 mm
아반떼 XD	170 mm	3~8 mm	61 mm 이상	128 mm
베르나	163.5 mm	3~8 mm	50 mm 이상	135 mm

섀시 3

주어진 자동차에서 전륜의 브레이크 캘리퍼를 탈거한 후(감독위원에게 확인) 다시 부착하여 브레이크 작동 상태를 점검하시오.

3-1 브레이크 캘리퍼 탈·부착

브레이크 캘리퍼 탈·부착 작업

1. 차량을 리프트에 배치한 후 감독위원의 지시에 따라 좌·우 타이어 중 해당되는 바퀴를 탈거한다.

2. 작업의 편의를 위해 타이어 앞쪽이 밖을 향하도록 돌려 놓는다.

3. 브레이크 호스 고정 볼트를 분리한다.

4. 브레이크 호스를 캘리퍼에서 분리한다.

5. 하단부 고정 볼트를 풀어준다.

6. 상단부 고정 볼트를 풀어준다.

7. 캘리퍼 피스톤을 분해한다.

8. 브레이크 패드를 분리한다.

9. 탈착된 캘리퍼를 감독위원에게 확인받는다.

10. 캘리퍼 조립을 위해 피스톤 압축기를 사용하여 피스톤을 압축한다.

11. 캘리퍼 상단부를 조립한다.

12. 캘리퍼 상·하부 볼트를 손으로 조립한다.

13. 공구를 사용하여 마무리 조립한다.

14. 브레이크 호스를 캘리퍼에 조립한다.

15. 마스터 실린더에 브레이크액을 채운다.

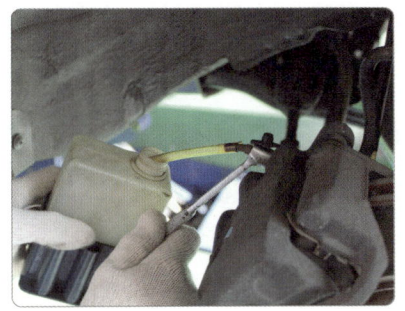
16. 공기빼기 작업을 실시한다.

17. 공구 정리 후 주변을 정리한다.

 **섀시 4**   3항의 작업 자동차에서 감독위원의 지시에 따라 전(앞) 또는 후(뒤) 제동력을 측정하여 기록표에 기록하시오.

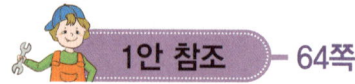 — 64쪽

 **섀시 5**   주어진 자동차의 ABS에서 자기진단기(스캐너)를 이용하여 각종 센서 및 시스템 작동 상태를 점검하고 기록표에 기록하시오.

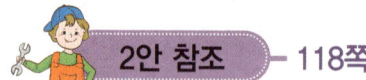 — 118쪽

실기시험 주요 Point

ABS와 EBD 경고등
① 이그니션 키를 ON하면 2개의 램프가 모두 점등되어야 한다.
② 시스템이 정상인 경우 모두 소등되어야 한다.
③ ABS만 고장인 경우에는 ABS 경고등만 점등되어야 한다.
④ ABS와 EBD 모두 고장인 경우 2개의 램프가 모두 점등되어야 한다.
⑤ ECU 커넥터 분리 시 2개의 램프가 모두 점등되어야 한다.

국가기술자격 실기시험문제 6안 (전기)

자격종목	자동차정비산업기사	과제명	자동차정비작업

비번호 :   시험시간 : 5시간 30분(엔진 : 140분, 섀시 : 120분, 전기 : 70분)

전기 1 주어진 기동모터를 분해한 후 전기자 코일과 솔레노이드(풀인, 홀드인) 상태를 점검하여 기록표에 기록하고, 다시 본래대로 조립하여 작동 상태를 확인하시오.

1-1 기동모터 분해 조립

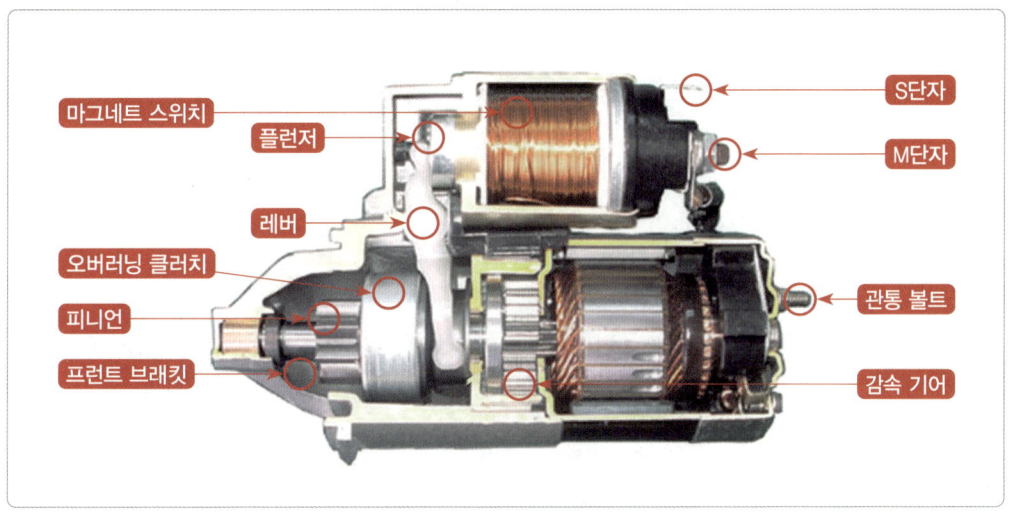

기동전동기 구조 및 명칭

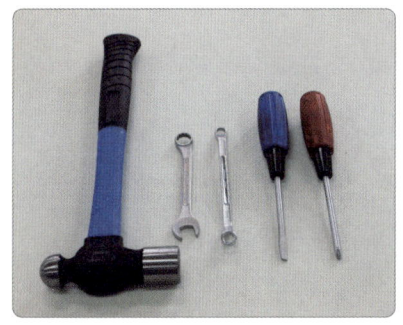

1. 분해 조립할 기동전동기를 확인하고 공구를 준비한다.

2. 기동전동기 M(F)단자를 솔레노이드 스위치에서 분리한다.

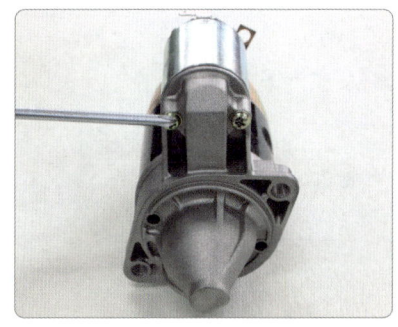

3. 솔레노이드 고정 볼트를 분해하여 모터에서 분리한다.

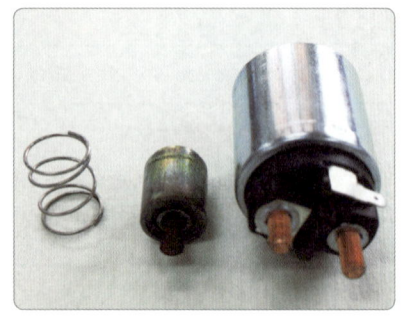

4. 마그네틱 스위치(솔레노이드)를 정렬한다.

5. 관통 볼트와 볼트를 분리한다.

6. 브러시 홀더 고정 볼트를 분해한다.

7. 리어 브래킷을 탈거한다.

8. 프런트 브래킷과 요크를 분리한다.

9. 요크(계자 코일)를 분리한다.

10. 분해된 요크를 정리한다.

11. 전기자에서 프런트 브래킷을 분해한다.

12. 프런트 브래킷 포크 리테이너를 정렬한다.

13. 전기자를 정리한다.

14. 분해된 전동기를 정렬하고 감독위원에게 확인받는다.

15. 프런트 하우징에 전기자와 포오크를 조립한다.

16. 요크(계자 코일)를 조립한다.

17. 계자 코일 F(M)단자 위치를 솔레노이드 조립 위치에 맞춘다.

18. 엔드 프레임을 체결한다.

19. 관통 볼트와 브러시 홀더 고정 볼트를 조립한다.

20. 관통 볼트를 확고하게 조인다.

21. 마그네틱 스위치에 플런저와 리턴스프링을 조립한다.

22. ST단자가 위로 향하도록 한다.

23. 마그네틱 스위치 고정 볼트를 조립한다.

24. M단자를 체결한다.

25. 조립된 기동전동기를 무부하시험으로 조립된 상태를 확인한다.

축전지 (−)는 몸체 접지, (+)는 B단자와 ST단자를 동시에 연결해 작동시험을 한다.

26. 조립된 기동전동기를 감독위원에게 확인받는다.

1-2 기동모터 점검

(1) 기동모터 점검(전기자 및 솔레노이드 스위치) 방법

1. 그로울러 테스터에 점검할 전기자를 올려놓는다(스위치 OFF 상태).

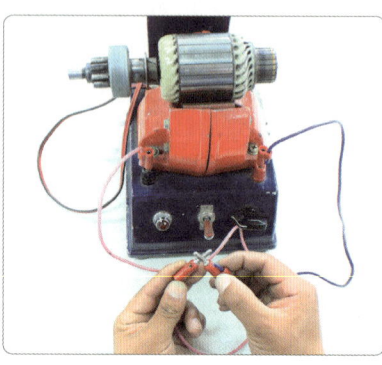

2. 그로울러 테스터에 전원을 연결하고 (+), (−) 점검봉을 세팅시켜 작동 상태를 확인한다.

3. **전기자 코일 단선 시험** : 전기자 테스터기 (+) 프로브를 정류자편에 고정시키고 (−) 프로브를 정류자편 하나씩 접촉시켰을 때 테스터 램프가 ON되어야 한다.

4. **전기자 코일 접지 시험** : 전기자 테스터 (−) 프로브를 전기자에 고정시키고 (+) 프로브를 정류자편 하나씩 접촉시켰을 때 테스터 램프가 OFF되어야 한다.

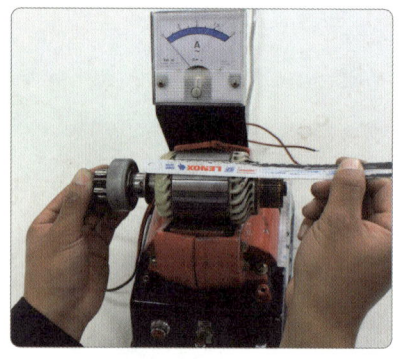

5. **전기자 코일 단락 시험** : 그로울러 테스터를 ON시키고 전기자 흡인된 상태에서 철편을 전기자에 1~2 mm 근접시켜 전기자를 한바퀴 돌린다.

6. 시험이 끝나면 그로울러 테스터 스위치를 OFF시킨다.

실기시험 주요 Point

기동전동기의 구조 및 기능

❶ 전기자 : 축, 철심, 전기자 코일 등으로 구성되어 있으며 축의 앞쪽에 스플라인이 파져 있다.
❷ 정류자 : 브러시를 통해 전류를 일정한 방향의 전기자 코일로 흐르게 한다.
❸ 계철과 계자 철심 : 계철은 자력선의 통로와 기동전동기의 틀이 되는 부분이며 안쪽 면에는 계자 코일을 지지하는 계자 철심이 고정되어 있다.
❹ 계자 코일 : 계자 철심에 감겨져 자력을 발생시키며 큰 전류가 흐른다.
❺ 브러시와 브러시 홀더 : 브러시는 정류자를 통해 전기자 코일에 전류를 공급한다.

1-3 마그네틱 스위치 점검

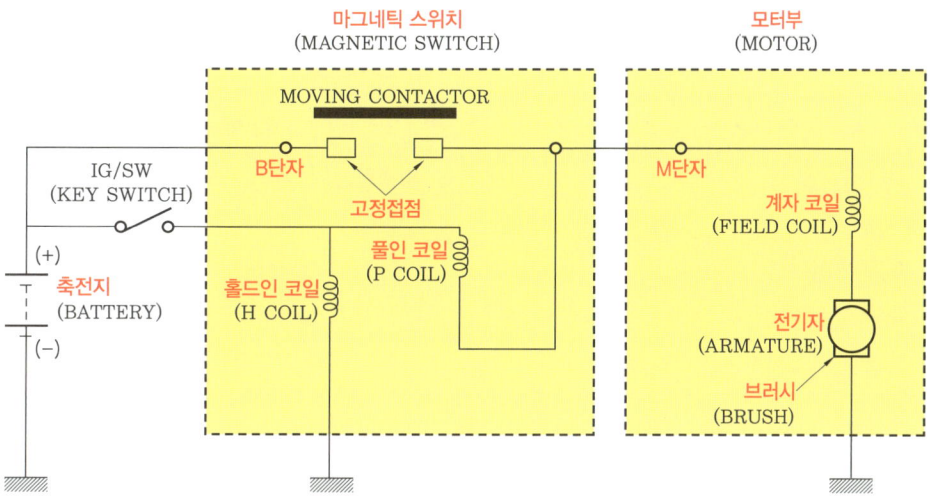

마그네틱 스위치 점검

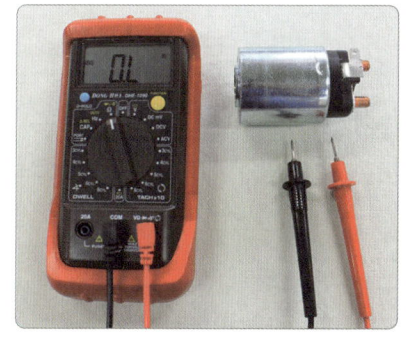

1. 점검할 마그네틱 스위치와 멀티테스터를 확인한다(선택 R).

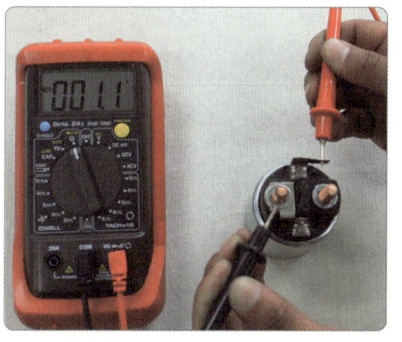

2. **풀인 코일 점검** : 멀티테스터(저항) (+), (−) 리드선을 각각 ST 단자와 M 단자에 연결하였을 때 코일 저항을 점검한다(1.1 Ω).

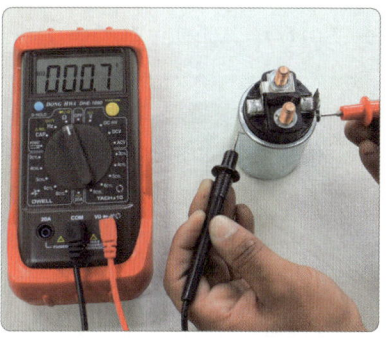

3. **홀드인 코일 점검** : 멀티테스터(저항) (+), (−) 리드선을 각각 ST 단자와 몸체에 연결하였을 때 코일 저항을 점검한다(0.7 Ω).

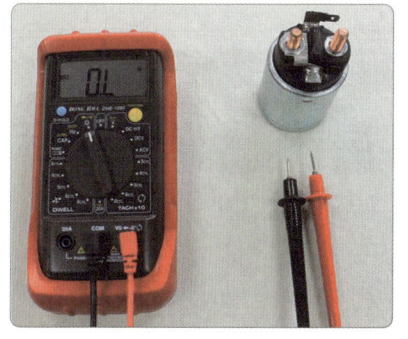

4. 마그네틱 스위치와 멀티테스터를 정렬한다.

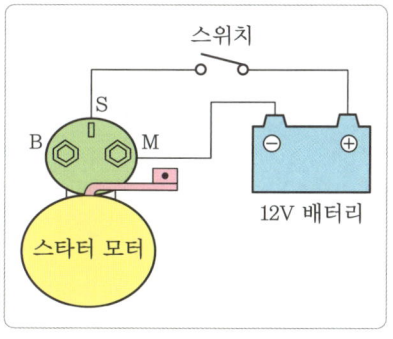

마그네틱 스위치 풀인 시험

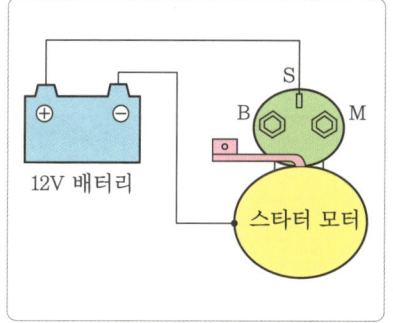

마그네틱 스위치 홀드인 시험

답안지 작성

전기 1　기동모터 점검

측정 항목		(A) 엔진 번호 :	(B) 비번호		(C) 감독위원 확인	
		① (D) 측정(또는 점검)	② 판정 및 정비(또는 조치) 사항			(G) 득점
			(E) 판정(□에 'V' 표)	(F) 정비 및 조치할 사항		
전기자 코일 (단선, 단락, 접지)		단선 : 0 Ω, 단락 : **양호**, 접지 : ∞ Ω	☑ 양호 □ 불량	**정비 및 조치할 사항 없음**		
솔레노이드	풀인	1.1 Ω				
	홀드인	0.7 Ω				

1. 답안지 공통 사항(감독위원 확인 및 기록 사항)

(C) **감독위원 확인** : 감독위원 확인란으로 수험자는 기록하지 않습니다.
(G) **득점** : 감독위원이 해당 항목 점수를 채점 기록하며 수험자는 기록하지 않습니다.

2. 수험자가 기록해야 할 답안 사항

(A) **엔진 번호** : 측정하는 엔진 번호를 기록합니다(시험용 엔진이 2대 이상일 때 해당).
(B) **비번호** : 책임관리위원(공단 본부)이 배부한 등번호(비번호)를 기록합니다.
① 측정(또는 점검)
　(D) **측정(또는 점검)** : 전기자 코일과 솔레노이드 코일을 측정한 값을 기록합니다.
　　• 전기자 코일 – 단선 : **0 Ω**, 단락 : **양호**, 접지 : **∞ Ω**
　　• 솔레노이드 코일 – 풀인 코일 : **1.1 Ω**, 홀드인 코일 : **0.7 Ω**
② 판정 및 정비(또는 조치) 사항
　(E) **판정** : 측정값이 규정(정비한계)값 범위 내에 있으므로 **양호**에 ☑ 표시를 합니다.
　(F) **정비 및 조치할 사항** : 판정이 양호이므로 **정비 및 조치할 사항 없음**을 기록합니다.
　　　판정이 불량일 때는 **전기자 코일 교체 후 재점검** 또는 **솔레노이드 스위치 교체 후 재점검**을 기록합니다.

3. 규정값

단품 점검		규정값
전기자 코일	단선(개회로) 시험	모든 정류자편이 통전되어야 합니다(0 Ω).
	단락 시험	철편이 흡인되지 않아야 합니다(양호).
	접지(절연) 시험	통전되지 않아야 합니다(∞ Ω).
마그네틱 스위치	풀인 시험(풀인 코일)	피니언이 전진합니다(1.1 Ω).
	홀드인 시험(홀드인 코일)	피니언이 전진 상태로 유지됩니다(0.4~0.7 Ω).

● 솔레노이드 코일 저항값이 규정값보다 클 경우

엔진 번호 :			비번호		감독위원 확 인	
측정 항목		측정(또는 점검)	판정 및 정비(또는 조치) 사항			득점
			판정(□에 'V'표)	정비 및 조치할 사항		
전기자 코일 (단선, 단락, 접지)		단선 : 0 Ω, 단락 : 양호, 접지 : ∞ Ω	□ 양호 ☑ 불량	솔레노이드 스위치 교체 후 재점검		
솔레노이드	풀인	4 Ω				
	홀드인	2 Ω				

※ 판정 및 정비(조치)사항 : 솔레노이드 코일 저항값이 규정값 범위를 벗어났으므로 ☑ 불량에 표시하고, 솔레노이드 스위치 교체 후 재점검합니다.

● 전기자 코일과 솔레노이드 코일 저항값이 규정값 범위를 벗어날 경우

엔진 번호 :			비번호		감독위원 확 인	
측정 항목		측정(또는 점검) 상태	판정 및 정비(또는 조치) 사항			득점
			판정(□에 'V'표)	정비 및 조치할 사항		
전기자 코일 (단선, 단락, 접지)		단선 : ∞ Ω, 단락 : 양호, 접지 : 0 Ω	□ 양호 ☑ 불량	전기자 코일 및 솔레노이드 스위치 교체 후 재점검		
솔레노이드	풀인	3 Ω				
	홀드인	1 Ω				

※ 판정 및 정비(조치)사항 : 전기자 코일과 솔레노이드 코일 저항값이 규정값 범위를 벗어났으므로 ☑ 불량에 표시하고, 전기자 코일 및 솔레노이드 스위치 교체 후 재점검합니다.

실기시험 주요 Point

전기자 코일 및 솔레노이드 스위치가 불량일 경우 정비 및 조치할 사항
❶ 전기자 코일 불량 → 전기자 코일 교체
❷ 솔레노이드 스위치 불량 → 솔레노이드 스위치 교체
❸ 솔레노이드 풀인 코일 단선 → 솔레노이드 풀인 코일 교체
❹ 솔레노이드 홀드인 코일 단선 → 솔레노이드 홀드인 코일 교체

전기 2
주어진 자동차에서 전조등 시험기로 전조등을 점검하여 기록표에 기록하시오.

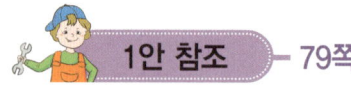 79쪽

전기 3
주어진 자동차에서 점화키 홀 조명 기능 작동 시 편의장치(ETACS 또는 ISU) 커넥터에서 출력 신호(전압)를 측정하고 이상 여부를 확인하여 기록표에 기록하시오.

● 점화키 홀 조명 스위치

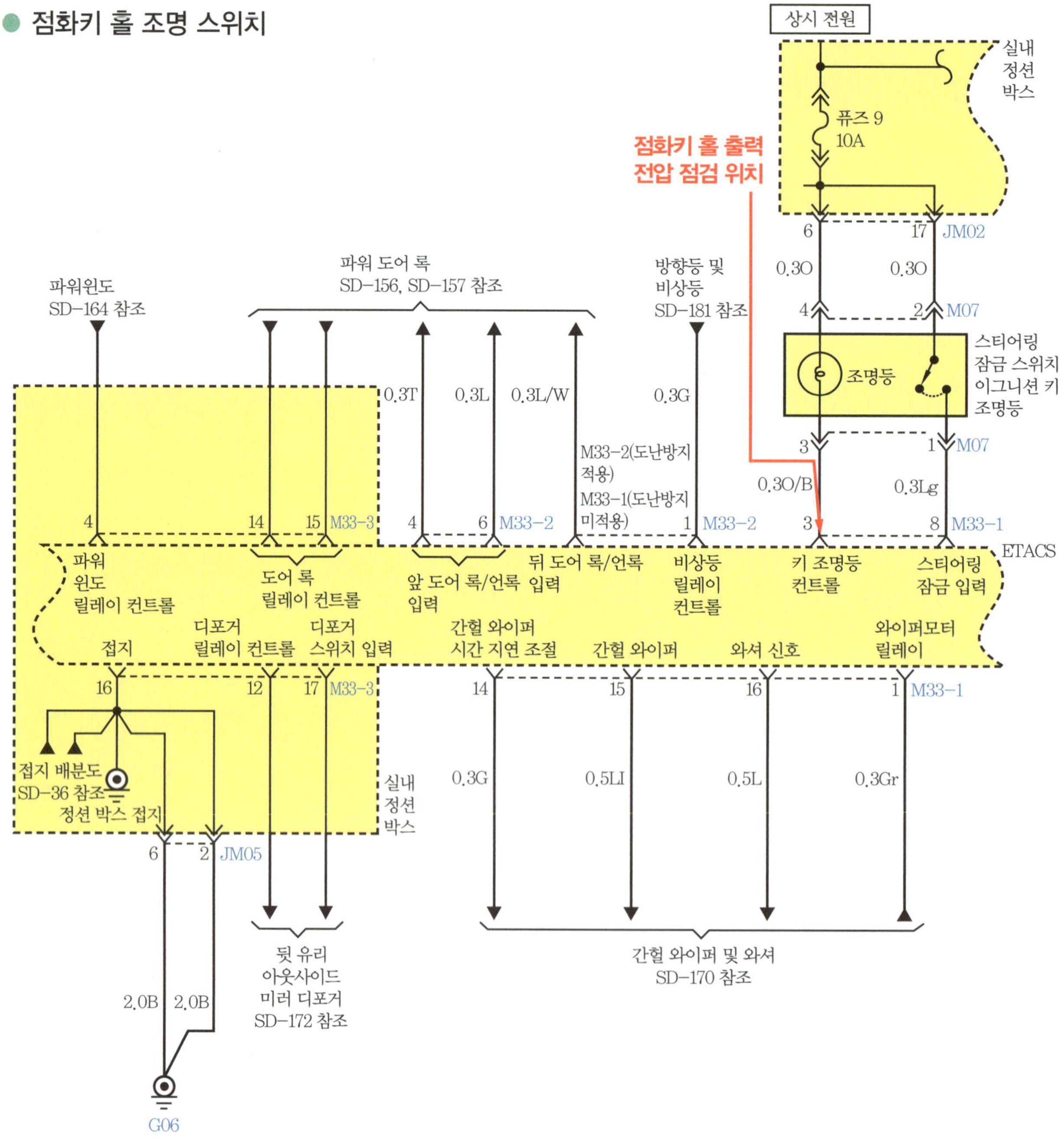

3-1 점화키 홀 조명 출력 신호 점검

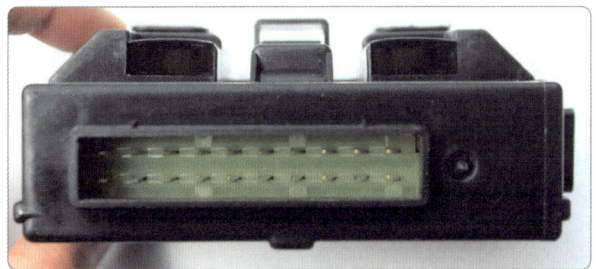

M33-1

M33-2, M33-1

● M33-1 커넥터 단자별 기능

1	2	3	4	5	6	7	8
9	10	11	12	13	14	15	16

1. 와이퍼 모터 릴레이 엔진 룸 정션
   와이퍼 모터 릴레이 F7
   실내 정션 퓨즈 26(15 A)

3. **키 조명등 컨트롤(이그니션키 조명등)**
   퓨즈 9(10 A)

4. 좌측 앞 도어 록 언록 입력
   (좌측 앞 도어 록 액추에이터 2번 단자)

6. 우측 앞 도어 록 언록 입력
   (우측 앞 도어 록 액추에이터 1번 단자)

8. 스티어링 잠금 입력
   (스티어링 잠금 스위치 1번)
   실내 정션 퓨즈 9(10 A)

12. 뒤 도어 록 언록 입력
    (좌측 뒤 도어 록 액추에이터 2번 단자)

14. 간헐와이퍼 시간 지연 조절
    (다기능 스위치 9번 단자)

15. 간헐와이퍼
    (다기능 스위치의 4번 단자)
    INT

16. 와셔신호
    (엔진 룸 정션 박스 F12)

● M33-2 커넥터 단자별 기능

1	2	3	4	5	6
7	8	9	10	11	12

1. 비상등 릴레이 컨트롤
   (비상등 릴레이 4번 단자)
   퓨즈 17(15 A)

3. 우측 도어 언록 스위치 입력
   (우측 스위치 언록 스위치 1번 단자) 접지

4. 좌측 도어 언록 스위치 입력
   (좌측 도어 언록 스위치 1번 단자) 접지

5. 후드 스위치 입력(후드 스위치, 접지)

6. 코드 세이브(키레스 리시버 2번 단자)
   퓨즈 20(10 A)

10. 사이렌 컨트롤(사이렌 1번 단자)
    DRL 퓨즈 15 A

12. 트렁크 언록 스위치 입력
    (트렁크 언록 스위치) 접지

시험 차량 에탁스 점검

1. 룸 램프 스위치를 도어 위치(가운데)로 한다.

2. 차량의 모든 도어(앞뒤, 좌우)를 닫고 점화스위치를 탈거한다.

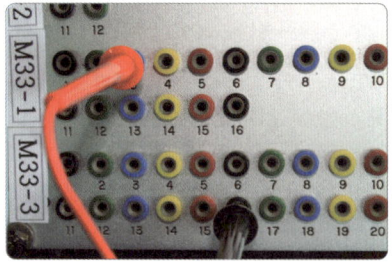

3. 에탁스 커넥터(M33-1 커넥터 3번 또는 이그니션키 조명등 스위치 3번 단자)에 멀티테스터 (+) 프로브를, (-) 프로브는 차체(M33-3 커넥터 16번 단자)에 접지시킨다.

4. 운전석 도어를 연다(OPEN).

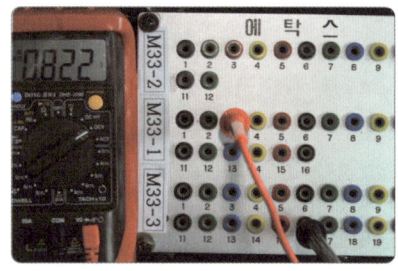

5. 멀티테스터에 출력된 전압을 측정한다(0.822 V).

6. 점화스위치를 IG ON 상태로 하고 키 홀 조명을 OFF시킨다(점화스위치 키 삽입).

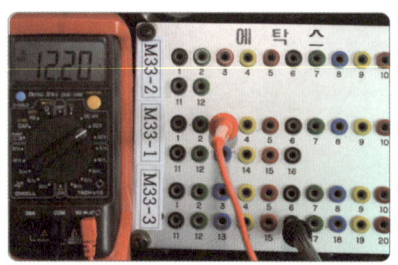

7. 멀티테스터에 출력된 전압을 측정한다(12.20 V).

8. 점검이 끝나면 측정값을 기록한다.

답안지 작성

전기 3 │ 점화키 홀 조명 회로 점검

(A) 자동차 번호 :		(B) 비번호		(C) 감독위원 확인	
점검 항목	① 측정(또는 점검)	② 판정 및 정비(또는 조치) 사항		(F) 득점	
		(D) 판정	(E) 정비 및 조치할 사항		
점화키 홀 조명 출력 신호(전압)	작동 : 0.822 V 비작동 : 12.20 V	☑ 양호 ☐ 불량	정비 및 조치할 사항 없음		

1. 답안지 공통 사항(감독위원 확인 및 기록 사항)

(C) **감독위원 확인** : 감독위원 확인란으로 수험자는 기록하지 않습니다.
(F) **득점** : 감독위원이 해당 항목 점수를 채점 기록하며 수험자는 기록하지 않습니다.

2. 수험자가 기록해야 할 답안 사항

(A) **자동차 번호** : 측정하는 자동차 번호를 기록합니다(시험용 자동차가 2대 이상일 때 해당).
(B) **비번호** : 책임관리위원(공단 본부)이 배부한 등번호(비번호)를 기록합니다.
① **측정(또는 점검)** : 작동 시 출력값과 비작동 시 출력값을 기록합니다.
  • 작동 : 0.822 V   • 비작동 : 12.20 V
② **판정 및 정비(또는 조치) 사항**
  (D) **판정** : 측정값이 정상 범위이므로 **양호**에 ☑ 표시를 합니다.
  (E) **정비 및 조치할 사항** : 판정이 양호이므로 **정비 및 조치할 사항 없음**을 기록합니다.
      판정이 불량일 때는 **에탁스 교체 후 재점검**을 기록합니다.

3. 열선 스위치 입력 회로 작동 전압 규정값

항목		조 건	규정값
출력 요소	룸 램프	점등	0 V (접지시킴)
		소등	12 V (축전지 전압 : 접지 해제)

전기 4 주어진 자동차에서 경음기 회로를 점검하여 이상이 있으면 이상개소(2개)를 찾아 수리하시오.

● 경음기 회로도

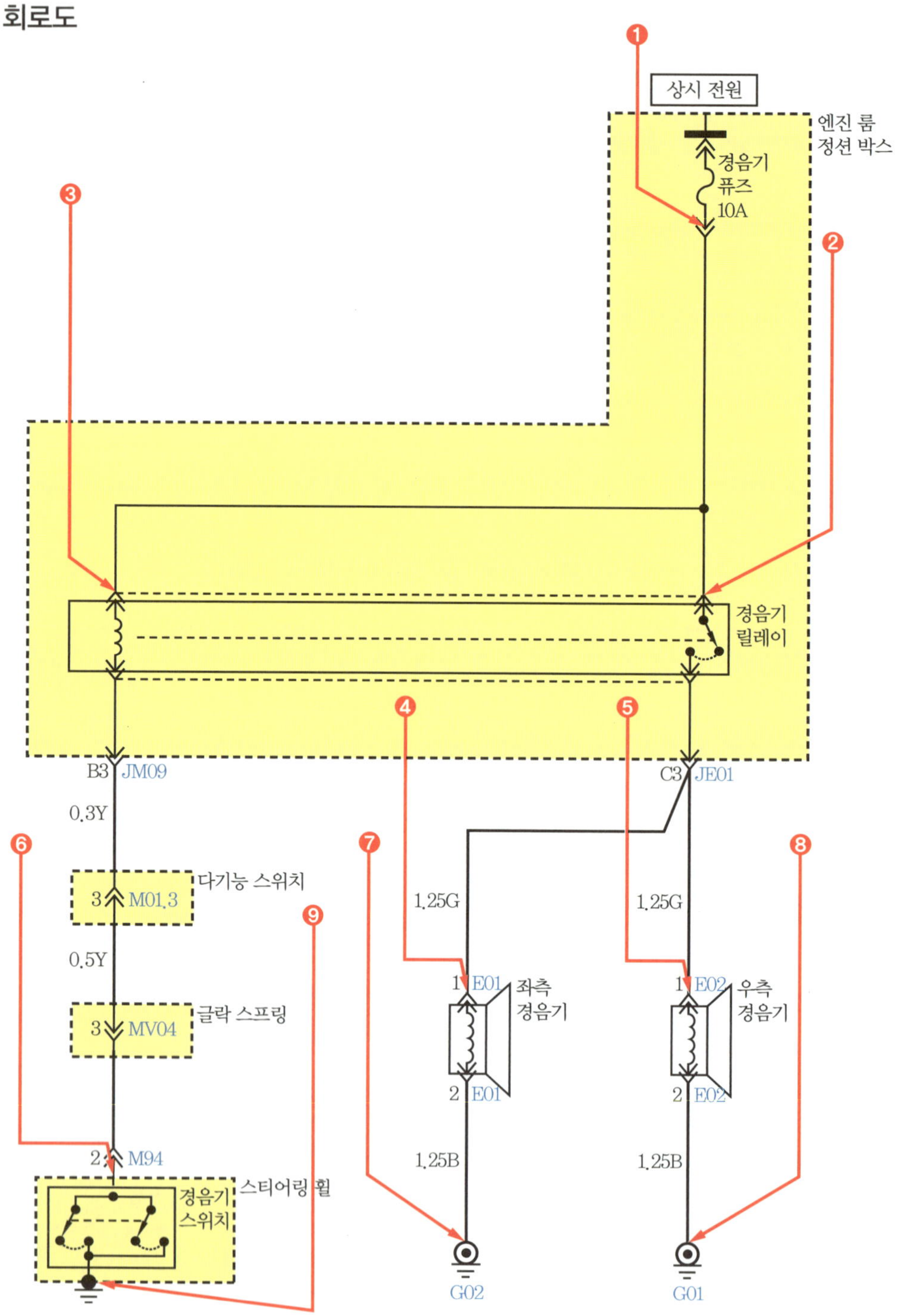

4-1 경음기 회로 점검

1. 축전지를 점검한다.

2. 경음기(혼) 퓨즈를 점검한다.

3. 혼 전원 공급을 확인한다.

4. 혼 스위치를 점검한다.

5. 혼 자체를 점검한다(축전지 +, −).

6. 혼 릴레이를 점검한다.

실기시험 주요 Point

혼 점검
① 후드를 열고 어퍼 트레이를 분리한 후, 혼 장착 볼트 1개를 풀고 커넥터를 분리한 다음 혼을 분리한다.
② 축전지를 연결하여 혼을 작동해 보고 혼 음량을 적절한 수준으로 조절한다.
  - 음량 조정 : 드라이버로 음량 조절 나사를 UP 방향으로 돌리면 소리가 커지고 DOWN 방향으로 돌리면 소리가 작아진다.
  - 음색 조정 : 음색 조절 나사(공기 틈새 조정 스톱 스크루)로 조정한다.

릴레이 점검
릴레이 단자 85번과 86번 사이에 전원을 인가할 경우 30번과 87번 사이에 통전이 되는지를 점검하고 릴레이 단자 85번과 86번 사이에 전원 인가를 해지할 경우 30번과 87번 사이에 통전이 되지 않는지를 점검한다.

자동차정비산업기사 실기 7안

파트별		안별 문제	7안
엔진	1	엔진 분해 조립/측정	엔진 분해 조립/실린더 헤드 변형도 측정
	2	엔진 시동/작업	1가지 부품 탈·부착/엔진 시동(시동, 점화, 연료)
	3	엔진 작동 상태/측정	공회전 속도 점검/배기가스 측정
	4	파형 점검	AFS 파형 분석(공회전 상태)
	5	부품 교환/측정	CRDI 연료 압력 조절 밸브 탈·부착 시동/백리크 측정
섀시	1	부품 탈·부착 작업	클러치 어셈블리 탈·부착
	2	장치별 측정/부품 교환 조정	타이로드 엔드 탈·부착/최소회전반지름 측정
	3	브레이크 부품 교환/작동 상태 점검	마스터 실린더 탈·부착/브레이크 작동 상태 점검
	4	제동력 측정	전륜 또는 후륜 제동력 측정
	5	부품 탈·부착/이상 부위 측정	자동변속기 자기진단
전기	1	부품 탈·부착 작업/측정	발전기 분해 조립/다이오드, 브러시 상태 점검
	2	전조등 점검	전조등 시험기 점검/광도, 광축
	3	편의 안전장치 점검	에어컨 이배퍼레이터 온도 센서 출력값 점검
	4	전기 회로 점검/측정	방향 지시등 회로 점검

국가기술자격 실기시험문제 7안 (엔진)

자격종목	자동차정비산업기사	과제명	자동차정비작업

비번호 :　　　　　시험시간 : 5시간 30분(엔진 : 140분, 섀시 : 120분, 전기 : 70분)

엔진 1
주어진 엔진을 기록표의 측정 항목까지 분해하여 기록표의 요구 사항을 측정 및 점검하고 본래 상태로 조립하시오.

1-1 엔진 분해 조립

 1안 참조 — 22쪽

1-2 실린더 헤드 변형도 측정

(1) 실린더 헤드

① 실린더 헤드 조립 시 반드시 토크 렌치를 사용하여 규정 토크로 조인다.
② 토크 렌치를 사용하여 2~3회로 나누어 조이며, 변형을 방지하기 위해 안(중앙)에서 바깥으로 대각선 방향으로 조이고, 분해할 때는 밖에서 안으로 헤드 볼트를 대각선 방향으로 분해한다.

(2) 실린더 헤드 정비

① 실린더 헤드에 균열이 있는 경우
- 원인 : 급격한 열적 변화로 인한 과열이나 제작 시 열처리 불량일 때
- 영향 : 냉각수나 오일 및 압축가스가 누출되어 엔진의 성능 저하가 심할 경우 엔진 시동이 불가하다.
- 점검 : 자기탐상법, 염색탐상법, 형광염료탐상법, X선법, 육안검사법, 타진법

② 실린더 헤드가 변형된 경우
- 원인 : 냉각수로 인한 동결이나 급격한 열적 변화, 헤드볼트 이완이나 조임 불량, 헤드 개스킷 불량
- 점검 : 디그니스 게이지나 곧은 자, 직각자로 최소한 6개소를 점검한다.
- 판정 : 실린더 블록은 변형 한계값이 0.05 mm이고 실린더 헤드는 0.2 mm이다.
- 정비 및 조치할 사항 : 평면 연삭기로 연마 하거나 교체한다.

❸ 변형검사 점검
- 주로 접촉면의 수평도 또는 평면도를 검사한다.
- 평자(기준자)와 디그니스 게이지를 사용한다.

(3) 실린더 헤드 탈착(분해) 방법

❶ 고무망치나 플라스틱 해머로 두드려 떼어낸다.
❷ 자체 중량을 이용하여 호이스트로 헤드를 들어올린다.
❸ 헤드 볼트를 분해하고 크랭킹시켜 발생하는 압축 압력을 이용한다.

(4) 측정 방법

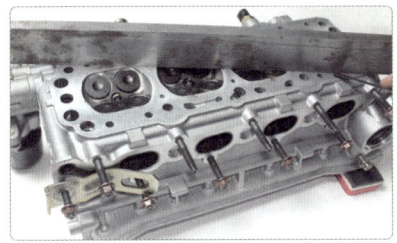 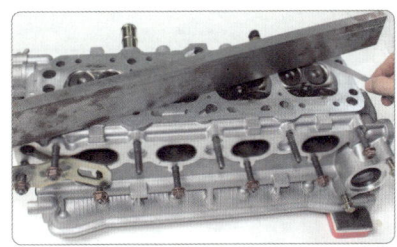 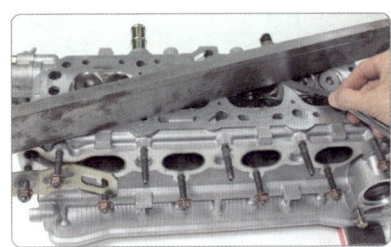

1. 실린더 헤드면 위에 평면 게이지(자)를 대각선 방향으로 설치한다.
2. 실린더 헤드면 6~7군데를 측정하여 틈새 간극이 최대가 되는 곳이 측정값이다.
3. 측정값은 0.02 mm이다.

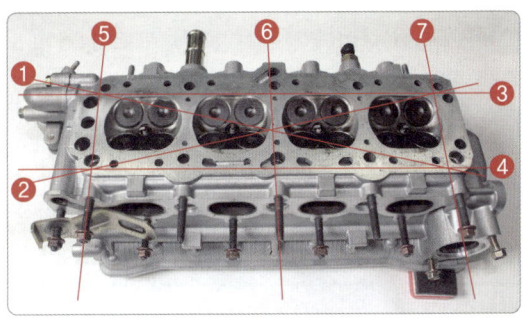

측정 부위

실기시험 주요 Point — 실린더 헤드 변형도 측정

❶ 실린더 헤드 변형이 경미한 경우 실린더 헤드 개스킷을 교체하여 수정하며, 수정 한계 이상으로 정비가 필요한 경우 평면 연삭기를 사용하여 절삭한다.
❷ 차령이나 부품 가격을 고려할 때 마모가 심한 경우 실린더 헤드를 교체한다.

답안지 작성

엔진 1 실린더 헤드 변형도 측정

측정 항목	① 측정(또는 점검)		② 판정 및 정비(또는 조치) 사항		(H) 득점
	(D) 측정값	(E) 규정(정비한계)값	(F) 판정 (□에 'V' 표)	(G) 정비 및 조치할 사항	
실린더 헤드 변형도	0.02 mm	0.05 mm 이하	☑ 양호 □ 불량	정비 및 조치할 사항 없음	

(A) 엔진 번호 :   (B) 비번호   (C) 감독위원 확인

1. 답안지 공통 사항(감독위원 확인 및 기록 사항)

(C) 감독위원 확인 : 감독위원 확인란으로 수험자는 기록하지 않습니다.
(H) 득점 : 감독위원이 해당 항목 점수를 채점 기록하며 수험자는 기록하지 않습니다.

2. 수험자가 기록해야 할 답안 사항

(A) 엔진 번호 : 측정하는 엔진 번호를 기록합니다(시험용 엔진이 2대 이상일 때 해당).
(B) 비번호 : 책임관리위원(공단 본부)이 배부한 등번호(비번호)를 기록합니다.
① 측정(또는 점검)
(D) 측정값 : 실린더 헤드 변형도를 측정한 값 0.02 mm를 기록합니다.
(E) 규정(정비한계)값 : 감독위원이 제시한 값이나 정비지침서를 보고 0.05 mm 이하를 기록합니다.
(반드시 단위를 기입합니다.)
② 판정 및 정비(또는 조치) 사항
(F) 판정 : 측정값이 규정(정비한계)값 범위 내에 있으므로 양호에 ☑ 표시를 합니다.
(G) 정비 및 조치할 사항 : 판정이 양호이므로 정비 및 조치할 사항 없음을 기록합니다.
판정이 불량일 때는 실린더 헤드 교체 후 재점검을 기록합니다.

3. 차종별 실린더 헤드 변형도

차 종		규정값 (mm)	한계값 (mm)	차 종		규정값 (mm)	한계값 (mm)
아반떼	1.5 DOHC	0.05 이하	0.1	쏘나타 Ⅱ, Ⅲ	1.8 DOHC	0.05 이하	0.2
	1.8 DOHC	0.05 이하	0.1		2.0 DOHC	0.05 이하	0.2
아반떼 XD	1.5 DOHC	0.03 이하	0.1	그랜저 XG	2.0/2.5 DOHC	0.03 이하	0.2
	2.0 DOHC	0.03 이하	0.1		3.0 DOHC	0.05 이하	0.2
옵티마 리갈	2.0 DOHC	0.03 이하	-	카렌스	2.0 LPG	0.03 이하	-
	2.5 DOHC	0.03 이하	-		2.0 CRDI	0.03 이하	-
싼타페	2.0 DOHC	0.03 이하	0.2	토스카	2.0 DOHC	0.05 이하	-
	2.7 DOHC	0.03 이하	0.05		2.5 DOHC	0.05 이하	-

| 엔진 2 | 주어진 자동차의 전자제어 엔진에서 감독위원의 지시에 따라 1가지 부품을 탈거한 후(감독위원에게 확인) 다시 부착하고 시동에 필요한 관련 부분의 이상개소(시동회로, 점화회로, 연료장치 중 2개소)를 점검 및 수리하여 시동하시오. |

 1안 참조 — 31쪽

| 엔진 3 | 2항의 시동된 엔진에서 공회전 상태를 확인하고 감독위원의 지시에 따라 공회전시 배기가스를 측정하여 기록표에 기록하시오(단, 시동이 정상적으로 되지 않은 경우 본 항의 작업은 할 수 없다). |

 1안 참조 — 40쪽

| 엔진 4 | 주어진 자동차의 엔진에서 흡입 공기 유량 센서의 파형을 출력·분석하여 그 결과를 기록표에 기록하시오(측정 조건 : 공회전 상태). |

4-1 흡입 공기 유량 센서 파형 점검

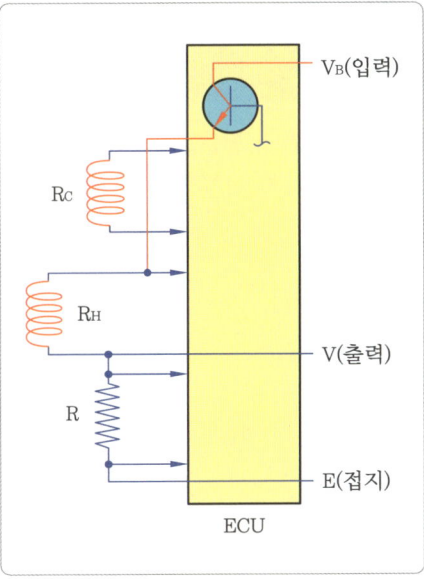

에어 플로 센서

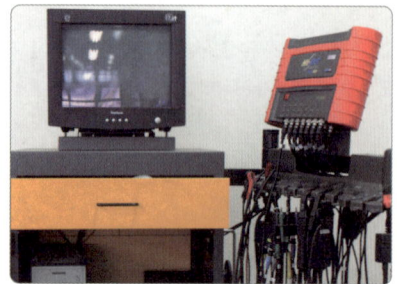
1. HI-DS 컴퓨터 전원을 ON시킨다.

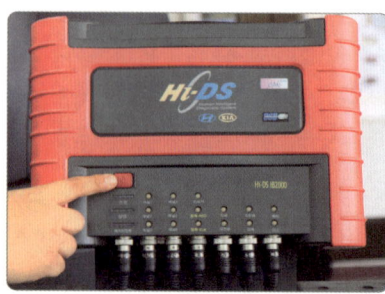
2. 계측 모듈 스위치를 ON시킨다.

3. HI-DS (+), (-) 클립을 축전지 단자에 연결한다.

4. 공기 유량 센서(에어 플로 센서) 출력 단자에 1번 채널 프로브를 연결한다.

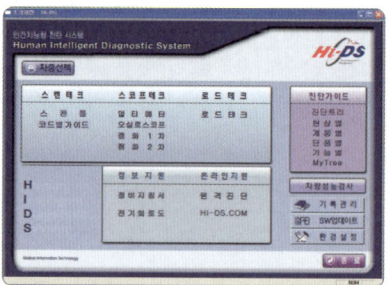
5. 초기화면에서 HI-DS를 클릭하고, 오실로스코프를 선택한다.

6. 차종 선택 : 제작사-차종-엔진형식을 선택한다.

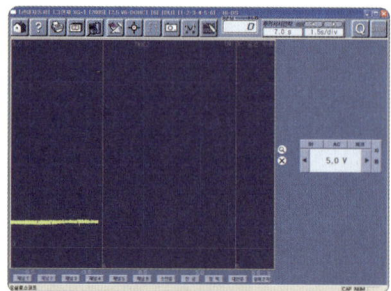
7. 환경설정에서 전압을 5 V, 시간을 1.5 ms/div로 설정한다.

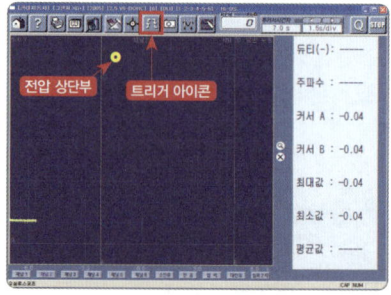
8. 트리거 아이콘을 클릭하고 화면 상단부(전압선 윗부분)를 클릭한다.

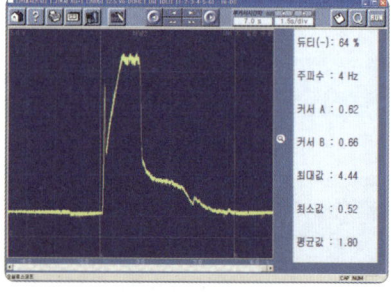
9. 출력된 파형을 프린트하여 분석하고 감독위원에게 제출한다.

실기시험 주요 Point

공기 유량 센서 고장 시 발생되는 현상
① 엔진의 부조 또는 시동이 꺼진다.
② 가속(응답성)이 불량하거나 출력이 떨어진다.
③ 연료 소비율 및 매연이 증가한다.
④ 엔진 경고등이 점등된다.

답안지 작성

엔진 4 공기 유량 센서 파형 분석

	자동차 번호 :		비번호		감독위원 확 인	
측정 항목	파형 상태					득점
파형 측정	요구 사항 조건에 맞는 파형을 프린트하여 아래 사항을 분석 후 뒷면에 첨부합니다. ① 출력된 파형에 불량 요소가 있는 경우에는 반드시 표기 및 설명되어야 합니다. ② 파형의 주요 특징에 대하여 표기 및 설명되어야 합니다.					

1. 공기 유량 센서 정상 파형(핫와이어형)

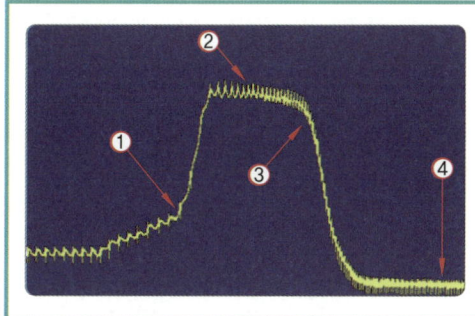

(1) ① 지점 : 가속 시점 - 0.5~1.0 V
(2) ② 지점 : 흡입 맥동(공기량 최대 유입) - 4.0~5.0 V
(3) ③ 지점 : 밸브가 닫히는 순간 - 흡입 공기 줄어듭니다.
(4) ④ 지점 : 공회전 구간 - 0.5 V 이하

2. 공기 유량 센서 측정 파형 분석

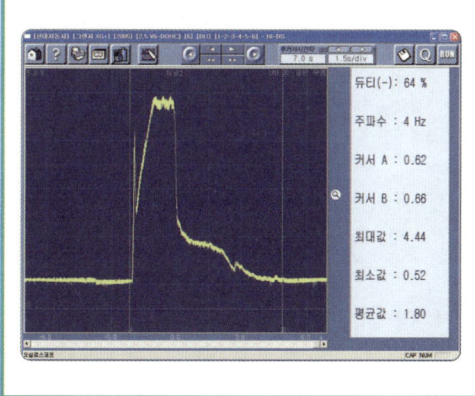

(1) 가속 시점 : 스로틀 밸브가 열려 공기량이 증가하는 순간(0.62 V)이며 흡입 공기량이 증가함에 따라 출력 전압이 증가하였습니다.
(2) 흡입 맥동 : 공기량이 최대로 유입되도록 스로틀 밸브가 최대로 열린 상태(4.44 V)로 흡입 맥동 파형이 나타났습니다(흡배기 밸브는 항상 열려 있는 것이 아니라 열고 닫힙니다).
(3) 밸브가 닫히는 순간 : 밸브가 닫혀 흡입되는 공기량이 줄어들고 있는 상태입니다.
(4) 공회전 구간 : 스로틀 밸브가 닫혀 순간적으로 진공이 높아짐으로써 공회전 시 전압보다 낮아졌습니다(0.52 V).

3. 분석 결과 및 판정

공회전 rpm 상태에서 0.62 V(규정값 : 0.5~1.0 V)가 출력되고 가속 시 전압이 상승합니다. 첫 번째 피크점에서는 공기량도 증가된 상태로 이 피크점은 공기의 유입으로 발생하며 점차 줄어들다가 다시 상승하여 다음 피크점에서 4.44 V(규정값 : 4.0~5.0 V)에 이르게 되었습니다. 따라서 공기 유량 센서 파형은 **양호**하며 정상 파형입니다.
※ 공기 유량 센서 파형이 불량일 경우 기본적인 흡기 계통을 점검하고 배선회로를 단품 점검하며 AFS가 불량이라고 판단되면 공기 유량 센서를 교체한 후 다시 재점검합니다.

엔진 5 주어진 전자제어 디젤 엔진에서 연료 압력 조절 밸브를 탈거한 후(감독위원에게 확인) 다시 부착하여 시동을 걸고, 인젝터 리턴(백리크) 양을 측정하여 기록표에 기록하시오.

5-1 연료 압력 센서 탈·부착

 2안 참조 — 104쪽

5-2 인젝터 리턴(백리크) 양 측정

 5안 참조 — 207쪽

실기시험 주요 Point

커먼레일(CRDI) 연료 펌프 – 저압 펌프 특징

(1) 전기식 펌프

항목	내용
작동 조건	• 시동키 ON 시 3초간 연료 펌프 작동(예비 압력 형성) • 크랭크각 센서(CKP)부터 입력된 엔진 회전수가 50 rpm 이상 • 시동이 걸려 있는 동안 엔진 회전수와 무관하게 연속 작동
기능	연료 탱크를 고압 펌프로 압송, 저압라인 이상 시 OFF
토출 압력	4~5 bar
작동 전류	정상 시 약 3 A
저압 압력	약 0.8 bar
압력 제어	연료 필터 내 오버플로 밸브를 통해 리턴
공기빼기	불필요

(2) 기계식 펌프

항목	내용
작동 조건	엔진 회전 시 기계적으로 작동
기능	연료를 강제적으로 흡입하여 고압 펌프로 압송
토출 압력	크랭킹 시 서서히 상승, 시동 후 4~6 bar 유지
작동 전류	정상 시 약 3 A
압력 제어	고압 펌프 내 압력 조절 밸브에 의해 연료 공급량이 제어되고 연료 리턴
공기빼기	불필요

국가기술자격 실기시험문제 7안 (섀시)

자격종목	자동차정비산업기사	과제명	자동차정비작업

비번호 :　　　　시험시간 : 5시간 30분(엔진 : 140분, 섀시 : 120분, 전기 : 70분)

섀시 1
주어진 엔진에서 클러치 어셈블리를 탈거한 후(감독위원에게 확인) 다시 부착하여 클러치 디스크의 장착 상태를 확인하시오.

1-1　클러치 어셈블리 탈·부착

클러치 커버 어셈블리가 부착된 엔진 확인

1. 분해 조립할 클러치 커버를 정렬한다.

2. 클러치 디스크 센터 고정 특수 공구를 준비한다.

3. 클러치 어셈블리 고정 볼트를 분해한다.

4. 클러치 고정 볼트를 풀어 클러치 어셈블리를 플라이휠에서 탈거한다.

5. 탈거된 상태의 엔진 플라이휠 페이싱 마모 상태를 확인한다.

6. 클러치 어셈블리를 정렬한다.

7. 클러치 디스크를 정렬한다.

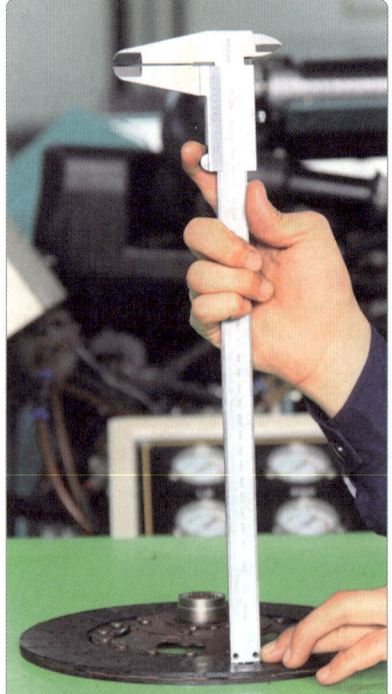

9. 클러치 디스크의 페이싱면을 점검한다.

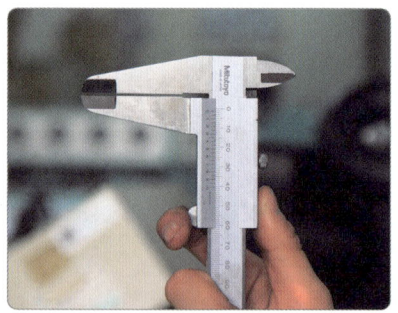

10. 측정값을 확인한다.

8. 클러치 커버 어셈블리를 정렬한다(압력판 마모 상태 점검).

11. 클러치 다이어프램 스프링 마모 상태를 점검한다.

12. 클러치 압력판과 디스크 접촉 상태를 확인한다.

13. 클러치 디스크 허브기어 및 플레이트 마모 상태를 점검한다.

14. 점검이 끝나면 디스크를 조립한다.

15. 플라이휠 다월 핀에 클러치 커버를 맞춘다.

16. 나머지 클러치 홈이 맞는지 확인하고 볼트 위치가 맞는지 확인한다.

17. 클러치 커버 고정 볼트를 손으로 가조립한다.

18. 클러치 디스크 센터 고정 특수 공구를 디스크 허브와 플라이휠 파일럿 베어링 센터에 맞춘다.

19. 클러치 커버 고정 볼트를 조립한다(대각선 방향으로 조립한다).

20. 클러치 디스크 센터 고정 특수 공구를 탈거한 후 감독위원의 확인을 받는다.

실기시험 주요 Point

클러치 페달 유격
클러치 페달 유격이란 클러치 페달을 밟았을 때 페달에 자유롭게 움직인 거리를 말한다.

클러치 고장 원인
❶ 클러치 디스크의 과다 마모
❷ 클러치 페달의 유격 조정이 너무 작을 때
❸ 클러치 마스터 실린더 및 릴리스 실린더 불량이나 클러치 오일 양이 부족할 때

섀시 2 주어진 자동차에서 최소회전반경을 측정하여 기록표에 기록하고, 타이로드 엔드를 탈거한 후(감독위원에게 확인), 다시 부착하여 토(toe)가 규정값이 되도록 조정하시오.

 2안 참조 — 115쪽

섀시 3 주어진 자동차에서 감독위원의 지시에 따라 브레이크 마스터 실린더를 탈거한 후(감독위원에게 확인) 다시 부착하여 브레이크 작동 상태를 점검하시오.

3-1 브레이크 마스터 실린더 탈·부착

마스터 실린더 탈·부착

1. 브레이크 마스터 실린더 전·후륜 브레이크 파이프를 분리한다.

2. 마스터 백에 조립된 마스터 실린더 고정 볼트를 분해한다.

3. 마스터 실린더를 탈거한 후, 정렬하고 감독위원에게 확인받는다.

4. 마스터 실린더를 마스터 백에 조립한다.

5. 마스터 실린더 전·후륜 브레이크 파이프를 조립한다.

6. 브레이크액 경고등 커넥터를 체결한다.

7. 브레이크액을 마스터 실린더에 보충한다.

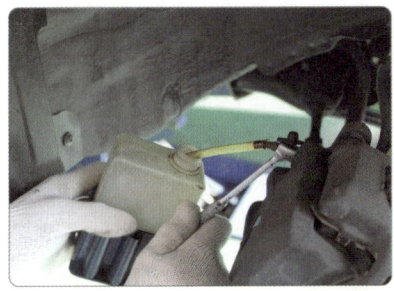

8. 브레이크 공기빼기 작업을 실시한 후(4바퀴) 감독위원의 확인을 받는다.

9. 마스터 실린더 리저버 탱크에 오일을 보충한다.

섀시 4 3항의 작업 자동차에서 감독위원의 지시에 따라 전(앞) 또는 후(뒤) 제동력을 측정하여 기록표에 기록하시오.

1안 참조 — 64쪽

섀시 5 주어진 자동차의 자동변속기에서 자기진단기(스캐너)를 이용하여 각종 센서 및 시스템 작동 상태를 점검하고 기록표에 기록하시오.

1안 참조 — 68쪽

국가기술자격 실기시험문제 7안 (전기)

자격종목	자동차정비산업기사	과제명	자동차정비작업

비번호 :   시험시간 : 5시간 30분(엔진 : 140분, 섀시 : 120분, 전기 : 70분)

전기 1 주어진 발전기를 분해한 후 다이오드 및 브러시 상태를 점검하여 기록표에 기록하고 다시 본래대로 조립하여 작동 상태를 확인하시오.

1-1 발전기 분해 조립

 4안 참조 — 187쪽

1-2 발전기 점검

(1) 센트롤 도어 록킹(도어 중앙 잠금장치) 및 에탁스 위치

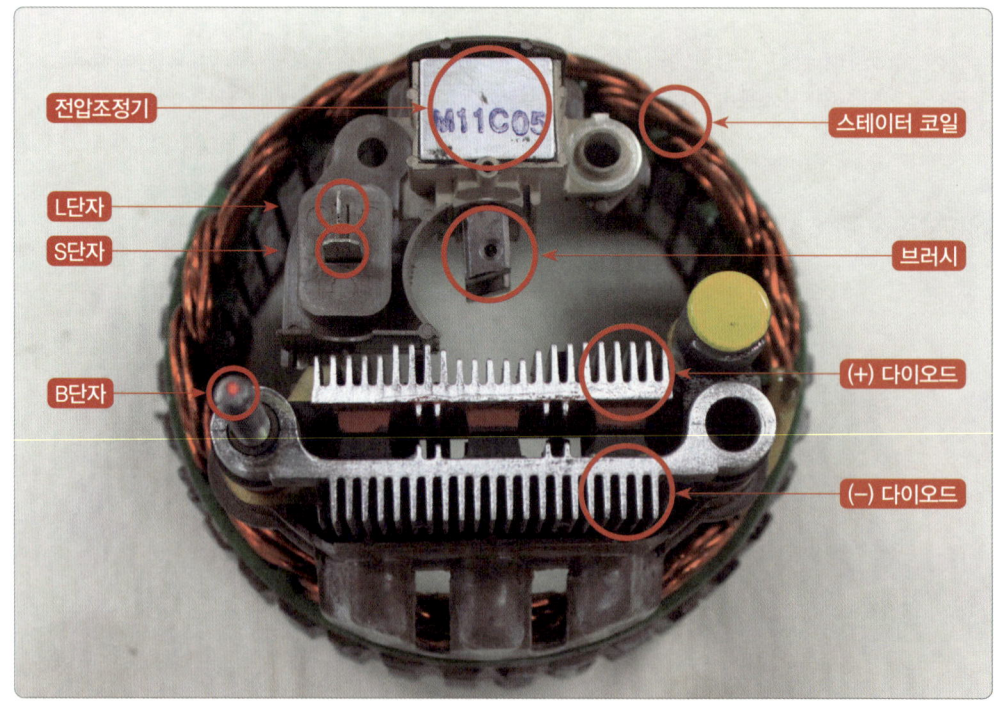

발전기 내부 구조와 관련 제어 부품

(2) 브러시 점검

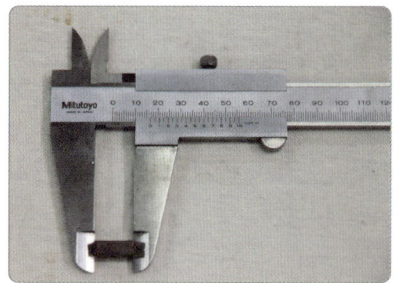

1. 점검할 브러시와 버니어 캘리퍼스를 확인한다.

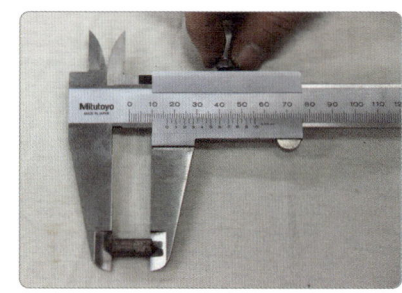

2. 버니어 캘리퍼스 바깥지름 게이지로 브러시 길이를 측정한다. (16.70 mm)

3. 발전기 브러시를 조립한다.

(3) 다이오드 점검

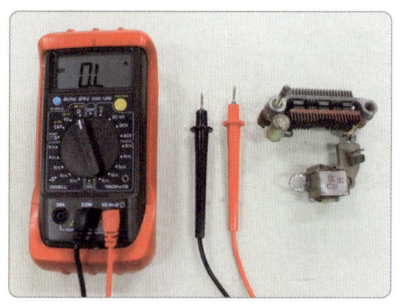

1. 점검할 다이오드와 멀티테스터를 확인한다. 멀티테스터를 선택한다(다이오드 점검 또는 저항).

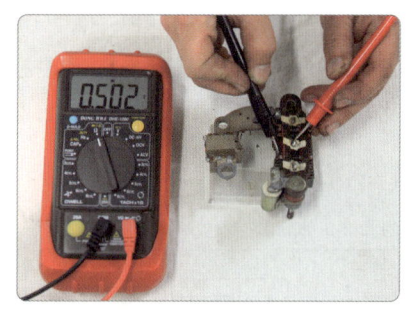

2. 멀티테스터 (-) 흑색 프로브를 다이오드 몸체(히트 싱크)에, 멀티테스터 (+) 적색 프로브를 다이오드 리드선에 연결했을 때 통전하면 (+) 다이오드이다.

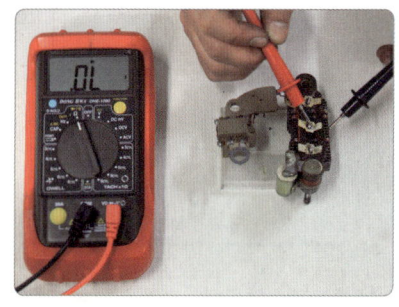

3. 극성을 반대로 점검하면 멀티테스터 (-) 흑색 프로브를 다이오드 몸체(히트 싱크)에, 멀티테스터 (+) 적색 프로브를 다이오드 리드선에 연결 시 통전하지 않는다.

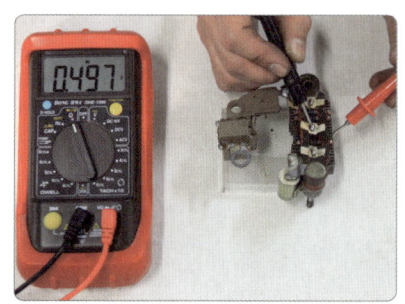

4. 멀티테스터 (+) 적색 프로브를 다이오드 몸체(히트 싱크)에, 멀티테스터 (-) 흑색 프로브를 다이오드 리드선에 연결 시 통전하면 (-) 다이오드이다.

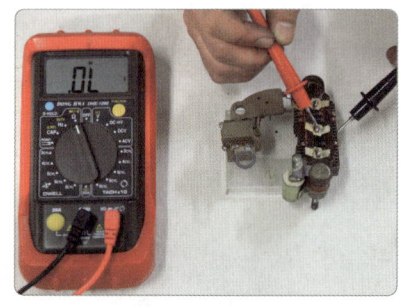

5. 극성을 반대로 점검하면 멀티테스터 (-) 적색 프로브를 다이오드 몸체(히트 싱크)에, 멀티테스터 (+) 흑색 프로브를 다이오드 리드선에 연결 시 통전하지 않는다.

6. 여자 다이오드는 멀티테스터 (+) 적색 프로브를 보조 다이오드에, 멀티테스터 (-) 흑색 프로브를 몸체(히트 싱크)에 연결 시 통전하고, 극성을 반대로 연결 시 통전하지 않아야 양호이다.

● 발전기 충전회로도

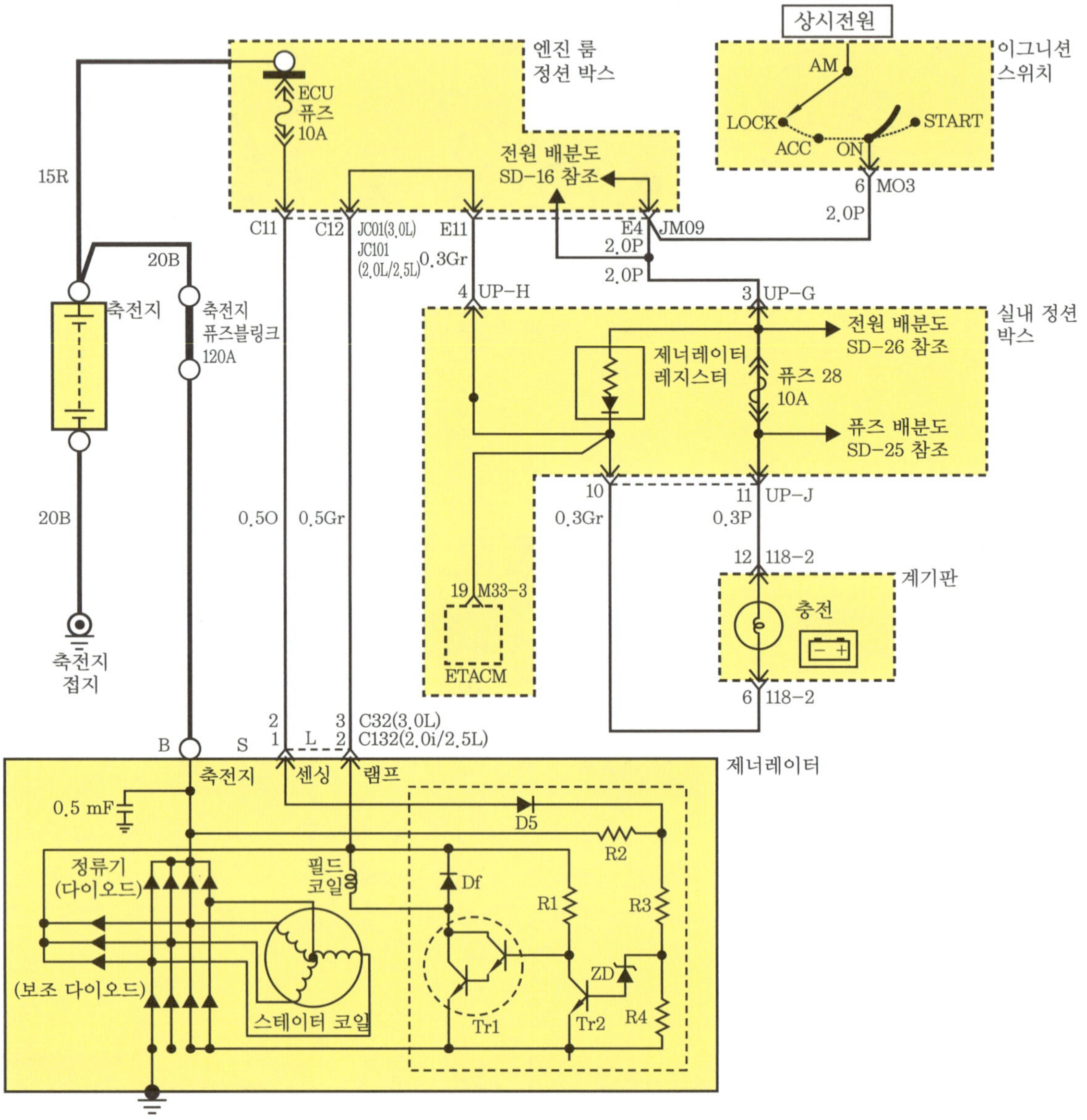

● 교류 발전기의 구성

로터부

스테이터

다이오드

답안지 작성

전기 1 발전기 점검

측정 항목	① 측정(또는 점검)	② 판정 및 정비(또는 조치) 사항		(F) 득점
(A) 엔진 번호 :		(B) 비번호	(C) 감독위원 확인	
		(D) 판정(□에 'V' 표)	(E) 정비 및 조치할 사항	
다이오드 (+)	(양 : **3**개), (부 : **0**개)	☑ 양호 □ 불량	**정비 및 조치할 사항 없음**	
다이오드 (−)	(양 : **3**개), (부 : **0**개)			
다이오드 (여자)	(양 : **3**개), (부 : **0**개)			
브러시 마모	**16.70 mm**			

1. 답안지 공통 사항(감독위원 확인 및 기록 사항)

(C) 감독위원 확인 : 감독위원 확인란으로 수험자는 기록하지 않습니다.
(F) 득점 : 감독위원이 해당 항목 점수를 채점 기록하며 수험자는 기록하지 않습니다.

2. 수험자가 기록해야 할 답안 사항

(A) 엔진 번호 : 측정하는 엔진 번호를 기록합니다(시험용 엔진이 2대 이상일 때 해당).
(B) 비번호 : 책임관리위원(공단 본부)이 배부한 등번호(비번호)를 기록합니다.
① 측정(또는 점검) : 다이오드 저항 및 통전 상태와 브러시 마모를 측정한 값을 기록합니다.
  • 다이오드 (+) − (양 : **3**개), (부 : **0**개)
  • 다이오드 (−) − (양 : **3**개), (부 : **0**개)
  • 다이오드 (여자) − (양 : **3**개), (부 : **0**개)
  • 브러시 마모 − **16.70 mm**
② 판정 및 정비(또는 조치) 사항
  (D) 판정 : 다이오드 (+), (−), (여자)는 불량인 것이 없고, 브러시 마모는 규정값 범위 내에 있으므로 **양호**에 ☑ 표시를 합니다.
  (E) 정비 및 조치할 사항 : 판정이 양호이므로 **정비 및 조치할 사항 없음**을 기록합니다.
    판정이 불량일 때는 **다이오드 및 브러시 교체 후 재점검**을 기록합니다.

3. 다이오드, 브러시 규정값

① 다이오드 양호 기준은 순방향 통전 시 저항이 0~6 Ω에 가깝고 단선 시 ∞ Ω입니다.
② 브러시는 마모 한계선까지 또는 표준 길이의 1/3 이상 마모 시 교체합니다.
  • 일반적인 규정값 : 16~21.5 mm

● 발전기 다이오드(+), (−)가 단선 및 단락된 경우

엔진 번호 :		비번호		감독위원 확 인	
측정 항목	측정(또는 점검)	판정 및 정비(또는 조치) 사항			득점
		판정(□에 'V'표)	정비 및 조치할 사항		
다이오드(+)	(양 : 2개), (부 : 1개)	□ 양호 Ⅴ 불량	다이오드(+), (−) 교체 후 재점검		
다이오드(−)	(양 : 2개), (부 : 1개)				
다이오드(여자)	(양 : 3개), (부 : 0개)				
브러시 마모	17 mm				

※ 판정 및 정비(조치)사항 : (+), (−) 다이오드가 단선 및 단락되었으므로 Ⅴ 불량에 표시하고 (+), (−) 다이오드 교체 후 재점검합니다.

● 브러시 마모 측정값이 규정값보다 작을 경우

엔진 번호 :		비번호		감독위원 확 인	
측정 항목	측정(또는 점검)	판정 및 정비(또는 조치) 사항			득점
		판정(□에 'V'표)	정비 및 조치할 사항		
다이오드(+)	(양 : 3개), (부 : 0개)	□ 양호 Ⅴ 불량	브러시 교체 후 재점검		
다이오드(−)	(양 : 3개), (부 : 0개)				
다이오드(여자)	(양 : 3개), (부 : 0개)				
브러시 마모	12 mm				

※ 판정 및 정비(조치)사항 : 브러시 마모 측정값이 규정값 범위를 벗어났으므로 Ⅴ 불량에 표시하고 브러시 교체 후 재점검합니다.

실기시험 주요 Point
- 브러시의 규정값은 16~21.5 mm의 일반적인 값을 적용하며, 마모 한계선 또는 표준 길이의 1/3 이상 마모되면 브러시를 교체한다.

전기 2 주어진 자동차에서 전조등 시험기로 전조등을 점검하여 기록표에 기록하시오.

 79쪽

 **실기시험 주요 Point**

메인 퓨즈 박스 내의 릴레이 단품 점검

❶ 다음 표와 같이 터미널 사이의 통전 여부를 검사한다.

터미널 번호	1	2	3	4
전원 공급 안됨	○――――――○			
전원 공급됨	⊕		⊖	
		○―――――――○		

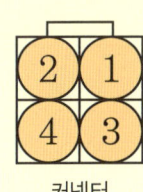 커넥터   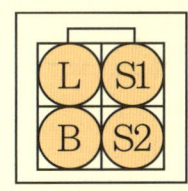 릴레이

❷ 정비 지침서를 참고하여 정비해야 하나 보통 1번 단자와 3번 단자는 코일 부분이고 2번 단자와 4번 단자는 스위치 부분이다.
❸ 릴레이 1번 단자와 3번 단자 부분을 여자시키면 2번 단자와 4번 단자의 스위치는 접속을 하게 된다.

배선 색상 표기와 구분

기호	영문	색	기호	영문	색
B	Black	검정	O	Orange	오렌지색
Br	Brown	갈색	R	Red	빨간색
G	Green	녹색	Y	Yellow	노란색
L	Blue	파란색	W	White	하얀색
Lb	Lihgt blue	연청색	V	Violet	보라색
Lg	Lihgt green	연녹색	P	Pink	분홍색

❶ 커넥터는 록 레버를 눌러 분리할 수 있으며 커넥터를 분리할 때는 배선을 당기지 말고 반드시 커넥터 몸체를 잡고 분리하도록 한다.
❷ 회로 점검 시험기로 통전 또는 전압을 점검할 때 시험용 탐침을 리셉터클 커넥터에 삽입할 경우 커넥터의 피팅이 열려 접속 불량을 초래할 수도 있다. 따라서 시험용 탐침은 배선 쪽에서만 삽입한다.

퓨즈 교체 방법

❶ 퓨즈 홀더의 유격 여부 및 홀더가 퓨즈를 견고하게 고정하고 있는지 점검하며 각 회로에 대한 퓨즈 용량의 정확성 여부를 확인하고 퓨즈의 소손 여부를 점검한다.
❷ 퓨즈는 카트리지 타입이므로 퓨즈를 빼내고 회로 개방 상태에서 점검해야 하며, 퓨즈를 교체할 때는 교체하는 것과 같은 용량의 퓨즈를 사용한다.
❸ 퓨즈를 교체할 때는 퓨즈 박스 내에 설치되어 있는 전용 플러그를 사용하여 퓨즈를 꽉 쥐고 똑바로 당겨서 퓨즈 박스로부터 분리한다.

전기 3

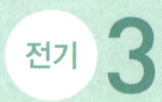

주어진 자동차의 에어컨 컴프레서가 작동 중일 때 이배퍼레이터(증발기) 온도 센서 출력값을 점검하고 이상 여부를 확인하여 기록표에 기록하시오.

● 에어컨 회로도

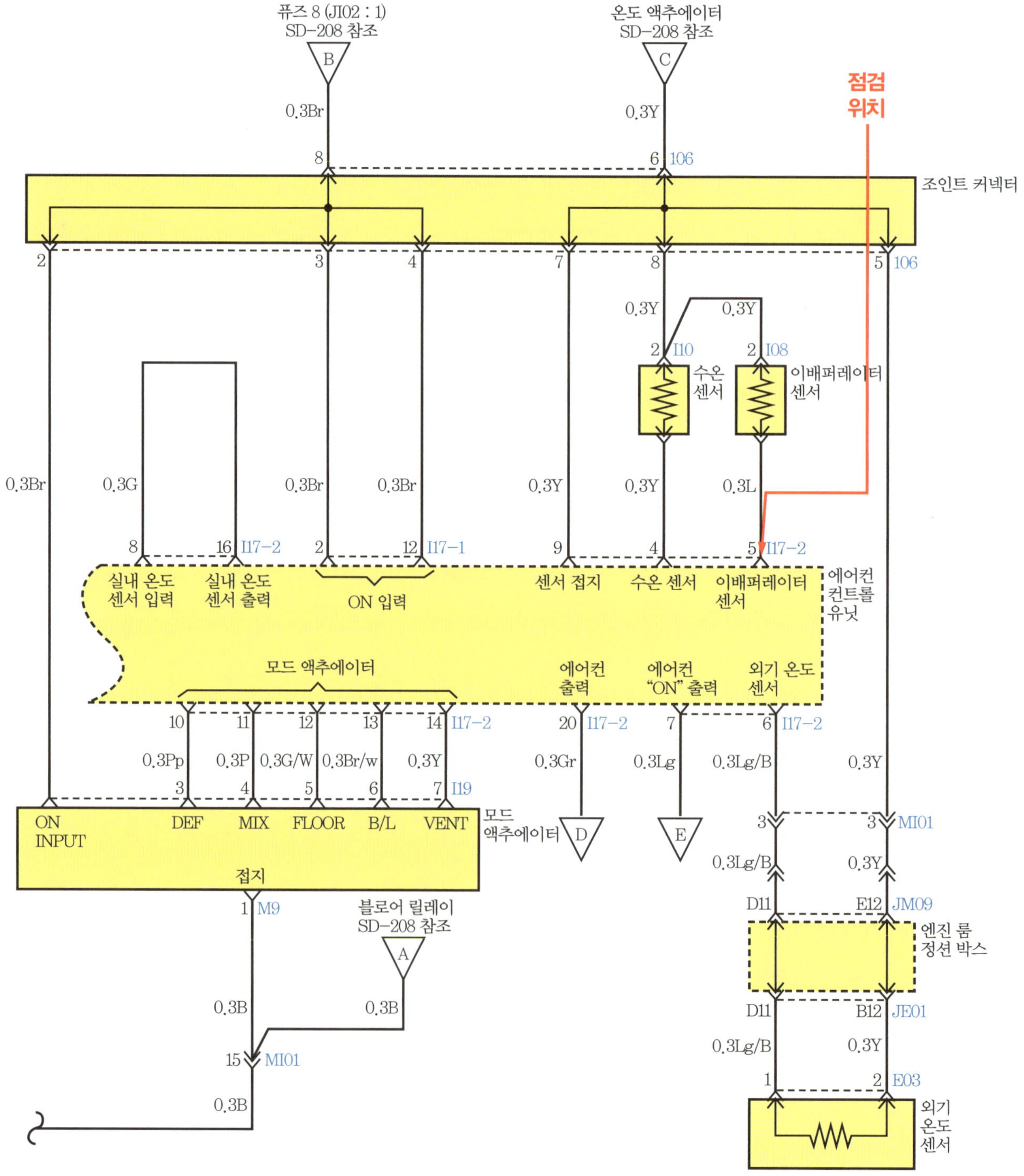

3-1 이배퍼레이터(증발기) 온도 센서 출력값 점검

에어컨 회로에서 이배퍼레이터 온도 센서 점검

1. 에어컨 시스템 내의 이배퍼레이터 온도 센서의 위치를 확인한다.

2. 엔진을 시동(공회전 상태)한다. 에어컨 설정 온도 2℃와 송풍기 4단으로 에어컨을 작동시킨다.

3. 에어컨 컨트롤 유닛 5번 단자, 이배퍼레이터 온도 센서 1번 단자에 멀티테스터 (+) 프로브를 연결하고, (−)는 차체(M33-3 커넥터 16번 단자)에 접지시킨다.

4. 멀티테스터 출력 전압을 확인한다. (2.9 V)

실기시험 주요 Point

에어컨 작동시험
① 에어컨 스위치를 작동시켰을 때 에어컨 컴프레서가 작동되는지 확인한다.
② 에어컨을 작동시킬 때 차가운 바람이 나오는지 확인한다.
③ 온도계로 송풍기가 각 단별로 작동이 잘 되는지 확인한다.
④ 에어컨 가스가 누출되는지 비눗물 또는 탐지기로 검사한다.

답안지 작성

전기 3 에어컨 이배퍼레이터 회로 점검

측정 항목	① 측정(또는 점검)		② 판정 및 정비(또는 조치) 사항		(H) 득점
	(D) 측정값	(E) 규정(정비한계)값	(F) 판정(□에 'V' 표)	(G) 정비 및 조치할 사항	
이배퍼레이터 온도 센서 출력값	2.9 V (2°C)	2.83 V (2°C)	□ 양호 ☑ 불량	이배퍼레이터 온도 센서 교체 후 재점검	

(A) 자동차 번호 :   (B) 비번호   (C) 감독위원 확인

1. 답안지 공통 사항(감독위원 확인 및 기록 사항)

(C) 감독위원 확인 : 감독위원 확인란으로 수험자는 기록하지 않습니다.
(H) 득점 : 감독위원이 해당 항목 점수를 채점 기록하며 수험자는 기록하지 않습니다.

2. 수험자가 기록해야 할 답안 사항

(A) 자동차 번호 : 측정하는 자동차 번호를 기록합니다(시험용 자동차가 2대 이상일 때 해당).
(B) 비번호 : 책임관리위원(공단 본부)이 배부한 등번호(비번호)를 기록합니다.
① 측정(또는 점검)
  (D) 측정값 : 이배퍼레이터 온도 센서의 출력값 2.9 V(2°C)를 기록합니다.
  (E) 규정(정비한계)값 : 정비지침서 또는 스캐너 센서 출력값을 참조하여 2.83 V(2°C)를 규정값으로 기록합니다.
② 판정 및 정비(또는 조치) 사항
  (F) 판정 : 측정값이 규정(정비한계)값을 벗어났으므로 불량에 ☑ 표시를 합니다.
  (G) 정비 및 조치할 사항 : 판정이 불량이므로 이배퍼레이터 온도 센서 교체 후 재점검을 기록합니다.
    판정이 양호일 때는 정비 및 조치할 사항 없음으로 기록합니다.

3. 이배퍼레이터 온도 센서 저항과 출력 전압

온도(°C)	저항(kΩ)	출력 전압(V)	온도(°C)	저항(kΩ)	출력 전압(V)
−5	14.23	3.2	15	6	2.14
−2	12.42	3.04	20	4.91	1.9
0	11.36	2.93	25	4.03	1.67
2	10.4	2.83	30	3.34	1.47
5	9.12	2.66	35	2.78	1.29
10	7.38	2.4	40	2.28	1.11

전기 4. 주어진 자동차에서 방향지시등 회로를 점검하여 이상개소(2곳)를 찾아 수리하시오.

4-1 방향지시등 회로 점검

점검 차량의 앞, 뒤에서 방향지시등 작동 상태 확인

1. 축전지 전압을 점검한다.

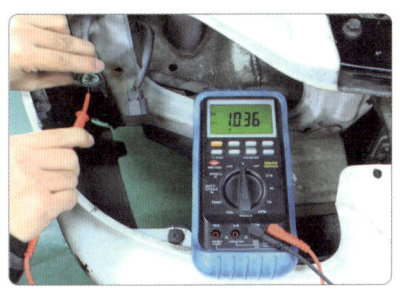

2. 해당 방향지시등 커넥터에 전원이 공급되는지 확인한다.

3. 전구가 체결된 상태에서 작동 상태를 확인한다.

4. 퓨즈블 이그니션 퓨즈(30 A) 링크 전압 및 단선 유무를 확인한다.

5. 방향지시등 퓨즈 단선 유무를 확인한다.

6. 방향지시등 스위치 커넥터 탈거 상태를 확인한다.

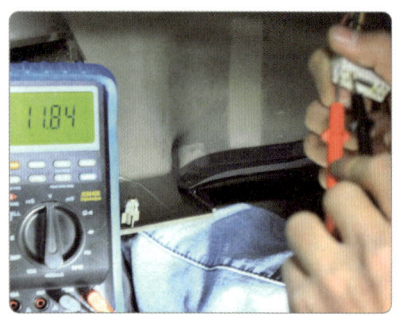

7. 방향지시등 스위치 전원 공급 상태를 확인한다.

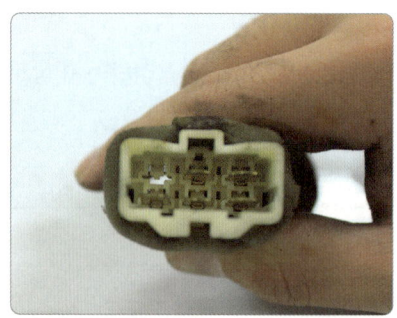

8. 점화스위치 커넥터를 확인한다.

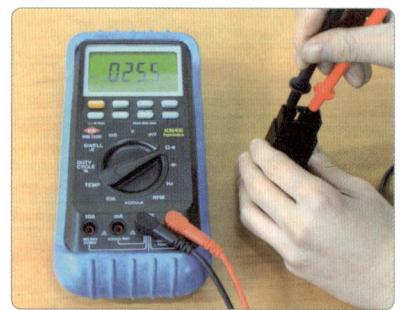

9. 방향지시등 릴레이의 이상 유무를 확인한다.

10. 점검이 끝나면 작동 상태를 확인한다.

11. 방향지시등 스위치를 OFF시킨다.

12. 차량을 정리한다.

실기시험 주요 Point

방향지시등이 작동되지 않는 원인

① 방향지시등 퓨즈의 탈거
② 방향지시등 퓨즈의 단선
③ 방향지시등 전구의 단선
④ 방향지시등 전구의 탈거
⑤ 방향지시등 전구의 커넥터 탈거
⑥ 플래셔 유닛 불량 및 탈거
⑦ 축전지 터미널 연결 상태 불량
⑧ 콤비네이션 스위치 커넥터 탈거
⑨ 콤비네이션 스위치 커넥터 불량

자동차정비산업기사 실기 8안

파트별		안별 문제	8안
엔진	1	엔진 분해 조립/측정	엔진 분해 조립/실린더 마모량 측정
	2	엔진 시동/작업	1가지 부품 탈·부착/엔진 시동(시동, 점화, 연료)
	3	엔진 작동 상태/측정	증발 가스 제어 장치 PCSV 점검
	4	파형 점검	점화 1차 파형 분석(공회전 상태)
	5	부품 교환/측정	CRDI 인젝터 탈·부착 시동/매연 측정
섀시	1	부품 탈·부착 작업	파워스티어링 오일펌프, 벨트 탈·부착 후 공기 빼기 작업/작동 상태 확인
	2	장치별 측정/부품 교환 조정	링 기어 백래시, 런 아웃 측정
	3	브레이크 부품 교환/작동 상태 점검	주차 브레이크 케이블 탈·부착, 브레이크 슈 교환/브레이크 작동 상태 점검
	4	제동력 측정	전륜 또는 후륜 제동력 측정
	5	부품 탈·부착/이상 부위 측정	ABS 자기진단
전기	1	부품 탈·부착 작업/측정	와이퍼 모터 탈·부착 작동/소모 전류 점검
	2	전조등 점검	전조등 시험기 점검/광도, 광축
	3	편의 안전장치 점검	에어컨 외기 온도 입력 신호값 점검
	4	전기 회로 점검/측정	미등, 번호등 회로 점검

국가기술자격 실기시험문제 8안 (엔진)

자격종목	자동차정비산업기사	과제명	자동차정비작업

비번호 :   시험시간 : 5시간 30분(엔진 : 140분, 섀시 : 120분, 전기 : 70분)

엔진 1

주어진 엔진을 기록표의 측정 항목까지 분해하여 기록표의 요구 사항을 측정 및 점검하고 본래 상태로 조립하시오.

1-1 엔진 분해 조립

 1안 참조 — 22쪽

1-2 실린더 마모량 측정

(1) 측정 방법

실린더 보어 게이지를 측정할 실린더에 넣고 실린더 안지름을 측정한다.

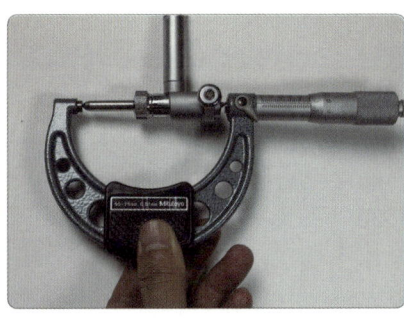  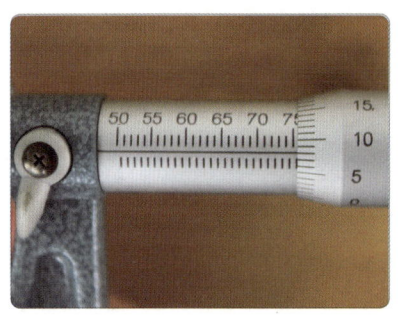

1. 마이크로미터로 실린더 보어 게이지 바의 길이를 측정하고, 보어 게이지 눈금이 0에서 움직일 때 마이크로미터 눈금을 읽는다.

2. 실린더 보어 게이지 바 길이 측정 (75.58 mm)

실린더 상, 중, 하(3군데), 핀 저널 직각 방향으로 상, 중, 하(3군데)의 총 6군데를 측정한다.

3. 실린더 보어 게이지를 측정한다.

실린더 안지름
= 실린더 보어 게이지 바 길이 − 보어 게이지가 움직인 눈금
= 75.58 mm − 0.21 mm = 75.37 mm

실린더 마모량
= 실린더 안지름 − 규정값 = 75.37 mm − 75.00 mm = 0.37 mm

4. 보어 게이지가 움직인 눈금 측정 (최대 측정값 0.21 mm)

실기시험 주요 Point

실린더 상사점 부근의 마멸 원인(실린더 윗부분, TDC)
① 피스톤은 엔진의 어떤 회전 속도에서도 상사점에서 일단 정지한다.
② 피스톤 링의 정지 작용과 고온으로 인해 유막이 유지되지 않는 이유는 피스톤 상사점에서 폭발 압력으로 피스톤 링이 실린더에 밀착되기 때문이다.

답안지 작성

엔진 1 실린더 마모량 측정

측정 항목	(A) 엔진 번호 :		(B) 비번호		(C) 감독위원 확 인	
	① 측정(또는 점검)		② 판정 및 정비(또는 조치) 사항			(H) 득점
	(D) 측정값	(E) 규정(정비한계)값	(F) 판정 (□에 'V' 표)	(G) 정비 및 조치할 사항		
실린더 마모량	0.37 mm	75.50 mm(0.2 mm 이하)	□ 양호 ☑ 불량	실린더 안지름을 75.75 mm로 보링함		

1. 답안지 공통 사항(감독위원 확인 및 기록 사항)

(C) 감독위원 확인 : 감독위원 확인란으로 수험자는 기록하지 않습니다.
(H) 득점 : 감독위원이 해당 항목 점수를 채점 기록하며 수험자는 기록하지 않습니다.

2. 수험자가 기록해야 할 답안 사항

(A) 엔진 번호 : 측정하는 엔진 번호를 기록합니다(시험용 엔진이 2대 이상일 때 해당).
(B) 비번호 : 책임관리위원(공단 본부)이 배부한 등번호(비번호)를 기록합니다.
① 측정(또는 점검)
  (D) 측정값 : 실린더 마모량 측정값 0.37 mm를 기록합니다.
  (E) 규정(정비한계)값 : 감독위원이 제시한 값이나 정비지침서를 보고 규정값을 기록합니다.
         75.50 mm(0.2 mm 이하)
② 판정 및 정비(또는 조치) 사항
  (F) 판정 : 측정값이 규정(정비한계)값 범위를 벗어났으므로 **불량**에 ☑ 표시를 합니다.
  (G) 정비 및 조치할 사항 : 실린더 마모량 0.37 mm 보링값을 구합니다.
        75.37 mm(실린더 측정값)+0.2(진원 절삭값) = 75.57 mm이므로
        75.57 mm보다 큰 75.75 mm로 보링합니다.
        (실린더 O/S값 : 0.25 mm, 0.50 mm, 0.75 mm, 1.00 mm, 1.25 mm, 1.50 mm)
    ➡ **실린더 안지름을 75.75 mm로 보링함**을 기록합니다.

3. 실린더 안지름 규정값(한계값)

차 종		규정값 (안지름×행정)	마모량 한계값	차 종		규정값 (안지름×행정)	마모량 한계값
엑셀, 아반떼	1.5 DOHC	75.5×82.0	0.2 mm 이하	아반떼	1.5 DOHC	75.5×83.5	0.2 mm 이하
					1.8 DOHC	82.0×85.0	
쏘나타	1.8 SOHC	80.6×88.0		아반떼 XD	1.5 DOHC	75.5×83.5	
	1.8 DOHC	85.0×88.0			2.0 DOHC	82.0×93.5	
EF 쏘나타	2.0 DOHC	85.0×88.0		그랜저 XG	2.5 DOHC	84.0×75.0	
	2.5 DOHC	84.0×75.0			3.0 DOHC	91.1×76.0	

 **엔진 2** 주어진 자동차의 전자제어 엔진에서 감독위원의 지시에 따라 1가지 부품을 탈거한 후(감독위원에게 확인) 다시 부착하고 시동에 필요한 관련 부분의 이상개소(시동회로, 점화회로, 연료장치 중 2개소)를 점검 및 수리하여 시동하시오.

 1안 참조 — 31쪽

 **엔진 3** 2항의 시동된 엔진에서 증발가스 제어장치의 퍼지 컨트롤 솔레노이드 밸브를 점검하여 기록표에 기록하시오(단, 시동이 정상적으로 되지 않은 경우 본 항의 작업은 할 수 없다).

3-1 퍼지 컨트롤 솔레노이드 밸브 점검

(1) 퍼지 컨트롤 솔레노이드 밸브(PCSV) 점검 방법

마이티백 퍼지 컨트롤 솔레노이드 밸브(PCSV) 점검

1. 전원 OFF 상태에서 50 mmHg의 진공을 유지시킨 후, 게이지 압력이 유지되는지 확인한다.
   진공 유지 시험 : 양호

2. 퍼지 컨트롤 솔레노이드 밸브에 축전지 전원을 연결한다.

3. 진공이 해제되면서 바늘 지침이 0으로 떨어지는지 확인한다.
   진공 해제 시험 : 양호

실기시험 주요 Point

증발가스 처리장치

① 연료 계통에서 연료가 증발하여 대기 중으로 방출되는 가스의 주성분은 탄화수소(HC)이다.
② 연료 계통에서 발생한 증발가스(탄화수소)를 캐니스터에 포집한 후 PCSV(Purge Control Solenoid Valve)의 조절에 의하여 흡기다기관을 통해 연소실로 보내어 연소시킨다.

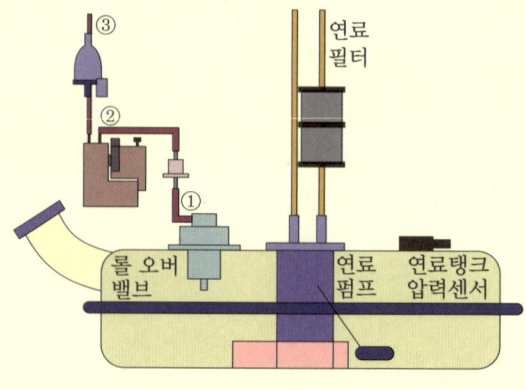

증발가스 처리장치

답안지 작성

엔진 3   증발가스 제어장치 점검

측정 항목	(A) 엔진 번호 :		(B) 비번호		(C) 감독위원 확 인	
	① 측정(또는 점검)		② 판정 및 정비(또는 조치) 사항			(H) 득점
	(D) 공급 전압	(E) 진공 유지 또는 진공 해제 기록	(F) 판정 (□에 'V' 표)	(G) 정비 및 조치할 사항		
퍼지 컨트롤 솔레노이드 밸브	작동 : 12 V(축전지 전압)	진공 해제	☑ 양호 □ 불량	정비 및 조치할 사항 없음		
	비작동 : 0 V	진공 유지				

1. 답안지 공통 사항(감독위원 확인 및 기록 사항)

(C) 감독위원 확인 : 감독위원 확인란으로 수험자는 기록하지 않습니다.
(H) 득점 : 감독위원이 해당 항목 점수를 채점 기록하며 수험자는 기록하지 않습니다.

2. 수험자가 기록해야 할 답안 사항

(A) 엔진 번호 : 측정하는 엔진 번호를 기록합니다(시험용 엔진이 2대 이상일 때 해당).
(B) 비번호 : 책임관리위원(공단 본부)이 배부한 등번호(비번호)를 기록합니다.
① 측정(또는 점검)
  (D) 공급 전압 : 축전지 전원을 ON, OFF시킨 후 공급 전압을 기록합니다.
    • 작동 : 12 V(축전지 전압)   • 비작동 : 0 V
  (E) 진공 유지 또는 진공 해제 기록 : 측정한 상태(진공 유지 또는 진공 해제)를 기록합니다.
    • 공급 전압 작동 : 진공 해제   • 공급 전압 비작동 : 진공 유지
② 판정 및 정비(또는 조치) 사항
  (F) 판정 : 공급 전압 작동 시 진공 해제되고 비작동 시 진공 유지되었으므로 양호에 ☑ 표시를 합니다.
  (G) 정비 및 조치할 사항 : 판정이 양호이므로 정비 및 조치할 사항 없음을 기록합니다.
    판정이 불량일 때는 퍼지 컨트롤 솔레노이드 밸브 교체 후 재점검을 기록합니다.

3. 퍼지 컨트롤 솔레노이드 밸브 차종별 규정값

차 종	조 건	엔진 상태	진 공	결 과
EF 쏘나타 그랜저 XG	엔진 냉각 시 60°C 이하	공회전	0.5 kg/cm²	진공 유지
		3000 rpm		
	엔진 열각 시 70°C 이상 (전원 ON)	공회전	0.5 kg/cm²	진공 해제
		엔진이 3000 rpm이 된지 3분 이내	진공을 가함	
		엔진이 3000 rpm이 된지 3분 이후	0.5 kg/cm²	진공이 순간적으로 유지되다가 해제

● 공급 전압 작동, 비작동 시 모두 진공 해제되는 경우

측정 항목	엔진 번호 :		비번호		감독위원 확인	
	측정(또는 점검)		판정 및 정비(또는 조치) 사항			득점
	공급 전압	진공 유지 또는 진공 해제 기록	판정(□에 'V'표)	정비 및 조치할 사항		
퍼지 컨트롤 솔레노이드 밸브	작동 : 12 V(축전지 전압)	진공 해제	□ 양호 ☑ 불량	퍼지 컨트롤 솔레노이드 밸브 교체 후 재점검		
	비작동 : 0 V	진공 해제				

※ 판정 및 정비(조치)사항 : 공급 전압 작동, 비작동 시 모두 진공 해제되었으므로 ☑ 불량에 표시하고, 퍼지 컨트롤 솔레노이드 밸브 교체 후 재점검합니다.

● 공급 전압 작동, 비작동 시 모두 진공 유지되는 경우

측정 항목	엔진 번호 :		비번호		감독위원 확인	
	측정(또는 점검)		판정 및 정비(또는 조치) 사항			득점
	공급 전압	진공 유지 또는 진공 해제 기록	판정(□에 'V'표)	정비 및 조치할 사항		
퍼지 컨트롤 솔레노이드 밸브	작동 : 12 V(축전지 전압)	진공 유지	□ 양호 ☑ 불량	퍼지 컨트롤 솔레노이드 밸브 교체 후 재점검		
	비작동 : 0 V	진공 유지				

※ 판정 및 정비(조치)사항 : 공급 전압 작동, 비작동 시 모두 진공 유지되었으므로 ☑ 불량에 표시하고, 퍼지 컨트롤 솔레노이드 밸브 교체 후 재점검합니다.

실기시험 주요 Point

퍼지 솔레노이드 밸브 고장일 경우 정비 및 조치할 사항
❶ 퍼지 솔레노이드 밸브 고장 → 퍼지 솔레노이드 밸브 교체
❷ 퍼지 솔레노이드 밸브에서 캐니스터 간 진공라인 고장 → 퍼지 솔레노이드 밸브 진공호스 교체

| 엔진 4 | 주어진 자동차의 엔진에서 점화코일의 1차 파형을 측정하고 그 결과를 분석하여 출력물에 기록·판정하시오(측정 조건 : 공회전 상태). |  |

 5안 참조 — 204쪽

| 엔진 5 | 주어진 전자제어 디젤 엔진에서 인젝터를 탈거한 후(감독위원에게 확인) 다시 부착하여 시동을 걸고 매연을 측정하여 기록표에 기록하시오. |

| 5-1 | 디젤 엔진 커먼레일 인젝터 탈·부착 |  |

 1안 참조 — 51쪽

| 5-2 | 디젤 매연 측정 |  |

 2안 참조 — 105쪽

 **실기시험 주요 Point**
대기환경보전법 시행규칙[별표 21] 〈개정 2022. 11. 14.〉
운행차 배출허용 기준(제78조 관련) 변경으로 과급기(turbo charger)에 배출허용 5% 가산을 적용하지 않는다.

국가기술자격 실기시험문제 8안 (섀시)

자격종목	자동차정비산업기사	과제명	자동차정비작업

비번호 :　　　　　　시험시간 : 5시간 30분(엔진 : 140분, 섀시 : 120분, 전기 : 70분)

섀시 1

주어진 자동차에서 파워스티어링 오일펌프 및 벨트를 탈거한 후(감독위원에게 확인) 다시 부착하고 공기빼기 작업을 하여 작동 상태를 확인하시오.

1-1 파워스티어링 오일펌프 탈·부착

1. 오일펌프 풀리를 회전시켜 상부 고정 볼트가 보이도록 맞춘다.

2. 파워스티어링 오일펌프 출구 파이프를 제거한다.

3. 하부 고정 볼트를 분해한다.

4. 상부 오일펌프 장력 조정 볼트를 분해한다.

5. 파워스티어링 오일펌프 흡입구 호스를 탈거한다.

6. 파워스티어링 오일펌프 하부 고정 볼트를 탈거한다.

7. 파워스티어링 오일펌프 상부 고정 볼트를 제거한다.

8. 파워스티어링 오일펌프 벨트를 탈거한다.

9. 파워스티어링 오일펌프를 탈거한 후 감독위원의 확인을 받는다.

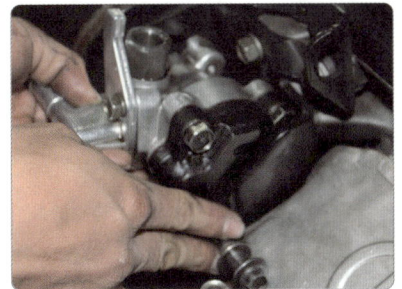
10. 파워스티어링 오일펌프를 엔진에 장착한다.

11. 파워스티어링 오일펌프 벨트를 장착한다.

12. 파워스티어링 오일펌프 하부 고정 볼트를 조립한다.

13. 파워스티어링 오일펌프를 레버에 걸고 밖으로 밀면서 벨트 장력을 조정하고 볼트를 조인다.

14. 파워스티어링 오일펌프 흡입구 호스를 체결한다.

15. 파워스티어링 오일펌프 출구 파이프를 체결한다.

16. 파워스티어링 오일펌프를 회전시켜 조립된 상태를 확인한다.

17. 파워스티어링 오일을 보충하고 엔진 시동을 건다.

18. 엔진을 시동한 후 핸들을 좌우로 돌려 유압라인의 공기를 빼준다.

섀시 2 주어진 종감속 장치에서 링 기어의 백래시와 런 아웃을 측정하여 기록표에 기록한 후, 백래시가 규정값이 되도록 조정하시오.

  1안 참조 — 60쪽

섀시 3 주어진 자동차에서 후륜의 주차 브레이크 레버(또는 브레이크 슈)를 탈거한 후(감독위원에게 확인) 다시 부착하여 브레이크 작동 상태를 점검하시오.

3-1 주차 브레이크 레버 탈·부착

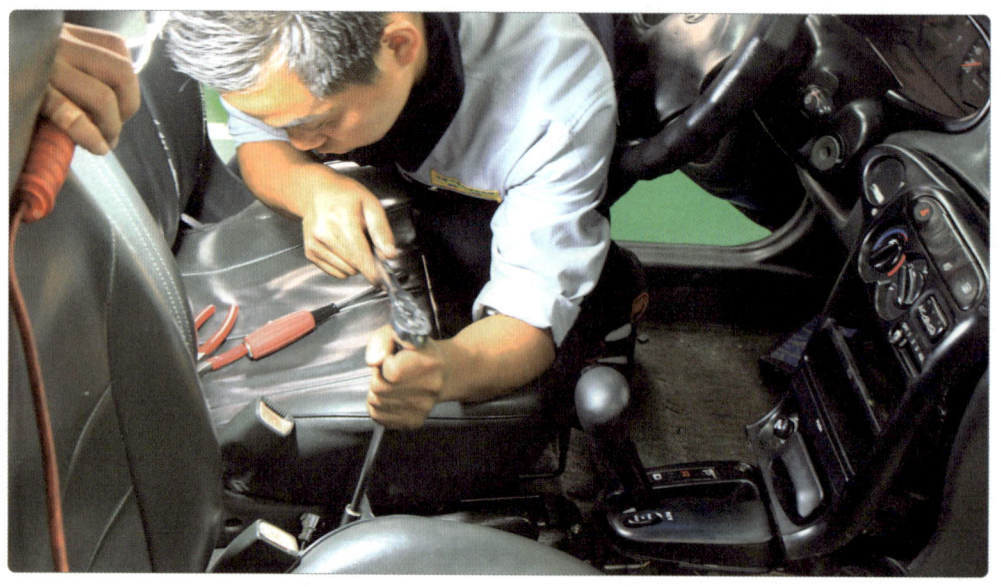

주차 브레이크 탈·부착 작업

1. 주차 브레이크를 최대한 당긴다.

2. 콘솔박스 센터 고정 볼트를 탈거한다.

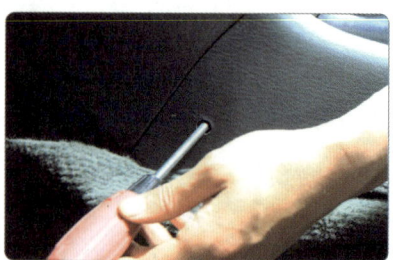

3. 콘솔 사이드커버 좌, 우 고정 볼트를 분해한다.

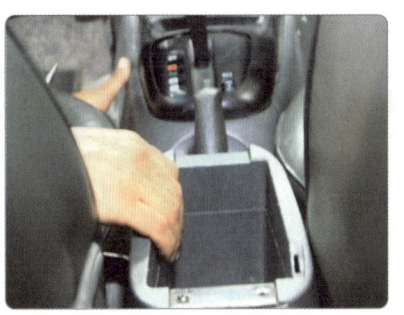
4. 콘솔 어셈블리를 분리한다.

5. 센터페이셔 판넬을 분리한다.

6. 콘솔 어퍼커버를 제거한다.

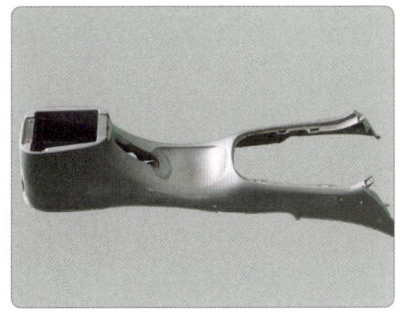
7. 콘솔 어셈블리를 분해하여 분리한다.

8. 주차 브레이크 고정 볼트를 분해한다.

9. 주차 브레이크 사이드케이블 고정핀을 탈거한 후 사이드케이블을 분리한다.

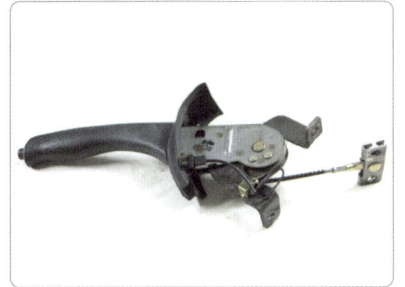
10. 분해된 주차 브레이크를 감독위원에게 확인받는다.

11. 사이드케이블을 정렬한다.

12. 주차 브레이크 고정 볼트를 조립한다.

13. 주차 브레이크 유격을 조정하고 고정핀을 삽입한다.

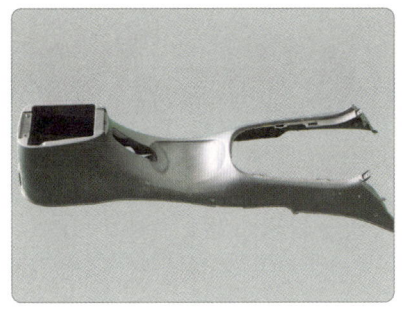
14. 콘솔 어셈블리를 조립한다.

15. 콘솔 어퍼커버를 제거한다.

16. 센터페이셔 판넬을 조립한다.

17. 콘솔박스 센터 고정 볼트를 조립한다.

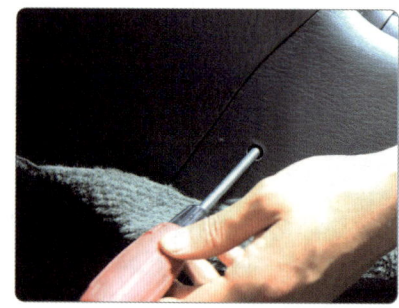
18. 콘솔 사이드커버 좌, 우 고정 볼트를 조립한다.

섀시 4
3항의 작업 자동차에서 감독위원의 지시에 따라 전(앞) 또는 후(뒤) 제동력을 측정하여 기록표에 기록하시오.

1안 참조 — 64쪽

섀시 5
주어진 자동차의 ABS에서 자기진단기(스캐너)를 이용하여 각종 센서 및 시스템 작동 상태를 점검하고 기록표에 기록하시오.

2안 참조 — 118쪽

실기시험 주요 Point

주차 브레이크가 풀리지 않는 경우

고장현상	진단방법 및 현상	정비 및 조치
주차 브레이크 레버를 내려도 주차 브레이크가 해제되지 않는 경우	주차 브레이크 케이블이 차체와 접촉되어 리턴이 안 되는 경우	주차 브레이크 케이블 간섭 부위를 점검 및 수리한다.
	주차 브레이크 케이블 조정이 불량인 경우	주차 브레이크 케이블 유격을 점검 및 재조정한다.
	드럼식 브레이크(주로 뒷바퀴)의 라이닝 리턴 스프링이 파손된 경우	라이닝 리턴 스프링을 점검 및 교체한다.
	주차 브레이크 케이블이나 라이닝이 드럼과 동결된 경우	뜨거운 물이나 열로 녹여준다.

국가기술자격 실기시험문제 8안 (전기)

자격종목	자동차정비산업기사	과제명	자동차정비작업

비번호 :   시험시간 : 5시간 30분(엔진 : 140분, 섀시 : 120분, 전기 : 70분)

전기 1

주어진 자동차에서 와이퍼 모터를 탈거한 후(감독위원에게 확인) 다시 부착하여 와이퍼 브러시의 작동 상태를 확인하고 와이퍼 작동 시 소모 전류를 점검하여 기록표에 기록하시오.

1-1 와이퍼 모터 탈·부착

1. 와이퍼 모터 커넥터를 탈거한다.

2. 와이퍼 블레이드 캡을 탈거한다.

3. 와이퍼 블레이드 고정 볼트를 탈거한다.

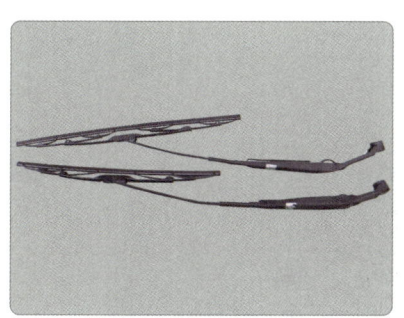
4. 와이퍼 블레이드를 탈거한다.

5. 와이퍼 모터 고정 볼트를 탈거한다.

6. 와이퍼 모터 고정 링크를 탈거한다.

7. 와이퍼 모터를 탈거하고 감독위원에게 확인을 받는다.

8. 다시 와이퍼 모터를 링크에 맞춘다.

9. 와이퍼 모터 고정 볼트를 조립한다.

10. 와이퍼 모터와 연결 링크를 체결한다.

11. 와이퍼 모터 링크 그릴을 조립한다.

12. 와이퍼 블레이드 고정 너트를 조립한다.

1-2 와이퍼 모터 소모 전류 점검

(1) 와이퍼 모터 소모 전류 점검 방법

와이퍼 모터 회로에 전류계 설치

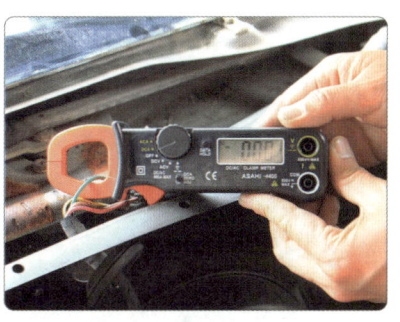
1. 전류계를 와이퍼 본선에 설치하고 0점 조정한다.

2. 점화스위치를 ON시킨다.

3. 와이퍼 스위치를 LO(LOW)로 작동시킨다.

4. 와이퍼 모터가 LOW 작동 시 출력된 전류를 계측한다(1.5 A).

5. 와이퍼 스위치를 HI(HIGH)로 작동시킨다.

6. 와이퍼 모터가 HIGH 작동 시 출력된 전류를 계측한다(2.7 A).

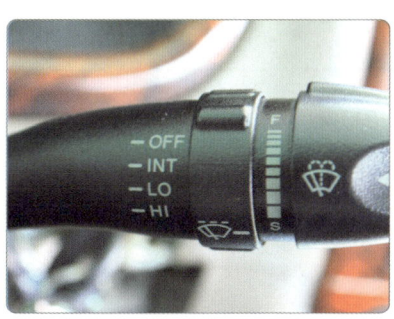
7. 와이퍼 스위치를 OFF시키고 전류계를 정위치한다.

8. 점화스위치를 OFF시킨다.

9. 공구를 정리한 후 주변을 정리한다.

실기시험 주요 Point

자동차 고장 정비의 원칙
1. 고장 상황을 알기 위해 정보를 모은다.
2. 고객으로부터 자동차의 상황을 확인한다(문진).
3. 기본적인 점검에 충실한다.
4. 세부 점검 계획을 세운다.

답안지 작성

전기 1 와이퍼 모터 소모 전류 점검

		① 측정(또는 점검)		② 판정 및 정비(또는 조치) 사항		(H) 득점
측정 항목		(D) 측정값	(E) 규정(정비한계)값	(F) 판정(□에 'V' 표)	(G) 정비 및 조치할 사항	
소모 전류	LOW 모드	1.5 A	3.0~3.5 A	□ 양호 ☑ 불량	와이퍼 모터 링키지 탈거, 링키지 연결 후 재점검	
	HIGH 모드	2.7 A	4.0~4.5 A			

표 상단: (A) 자동차 번호 : (B) 비번호 (C) 감독위원 확 인

1. 답안지 공통 사항(감독위원 확인 및 기록 사항)

(C) 감독위원 확인 : 감독위원 확인란으로 수험자는 기록하지 않습니다.
(H) 득점 : 감독위원이 해당 항목 점수를 채점 기록하며 수험자는 기록하지 않습니다.

2. 수험자가 기록해야 할 답안 사항

(A) 자동차 번호 : 측정하는 자동차 번호를 기록합니다(시험용 자동차가 2대 이상일 때 해당).
(B) 비번호 : 책임관리위원(공단 본부)이 배부한 등번호(비번호)를 기록합니다.
① 측정(또는 점검)
  (D) 측정값 : 와이퍼 모터 소모 전류의 측정값을 기록합니다.
    • LOW 모드 : 1.5 A
    • HIGH 모드 : 2.7 A
  (E) 규정(정비한계)값 : 감독위원이 제시한 값이나 차종별 규정값을 기록합니다.
    • LOW 모드 : 3.0~3.5 A
    • HIGH 모드 : 4.0~4.5 A
② 판정 및 정비(또는 조치) 사항
  (F) 판정 : 측정값이 규정(정비한계)값 범위를 벗어났으므로 불량에 ☑ 표시를 합니다.
  (G) 정비 및 조치할 사항 : 판정이 불량이므로 와이퍼 모터 링키지 탈거, 링키지 연결 후 재점검을 기록합니다.
    판정이 양호일 때는 정비 및 조치할 사항 없음을 기록합니다.

전기 2
주어진 자동차에서 전조등 시험기로 전조등을 점검하여 기록표에 기록하시오.

 1안 참조 — 79쪽

전기 3
주어진 자동차의 에어컨 회로에서 외기온도 입력 신호값을 점검하고 이상 여부를 확인하여 기록표에 기록하시오.

 3안 참조 — 159쪽

실기시험 주요 Point

릴레이 및 퓨즈 박스(EF 쏘나타, 옵티마 차량) – 메인 퓨즈 박스(엔진 룸에 장착)

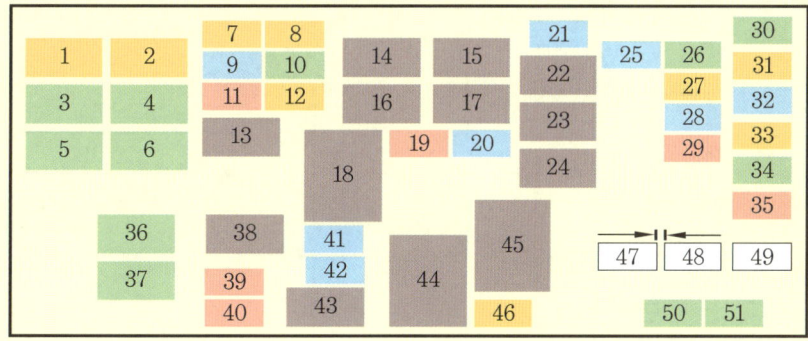

1. 20A 콘덴서 팬	18. 시동 릴레이
2. 퓨즈 플러	19. 경음기
3. 30A 파워윈도	20. 전조등 하이
4. 30A ABS2	21. DRL
5. 30A 이그니션 1	22. 전방 안개등
6. 30A ABS 1	23. 전조등 하이
7. 연료펌프	24. 와이퍼
8. ATM 릴레이	25. 전방 안개등
9. 전조등 로우	26. 예비 퓨즈
10. ECU 릴레이	27. 예비 퓨즈
11. ABS	28. 예비 퓨즈
12. 점화코일	29. 예비 퓨즈
13. 콘덴서 팬 하이	30. 파워 퓨즈 1
14. 라디에이터 팬 하이	31. 파워 앰프
15. 콘덴서 팬 하이	32. 선루프
16. 콘덴서 팬 로우	33. 미등
17. 전조등 로우	34. 파워 퓨즈 1

35. ECU
36. 30A 이그니션 2
37. 라디에이터 팬
38. HORN 경음기
39. 인젝터
40. 에어컨 컴프레서
41. 산소 센서
42. EGR
43. 에어컨
44. 라디에이터 팬 하이 2
45. 라디에이터 팬 로우
46. 전조등 와셔
47. 다이오드 1
48. 다이오드 2
49. 미사용 퓨즈
50. 블로어
51. 뒷유리 열선

전기 4. 주어진 자동차에서 미등 및 번호등 회로를 점검하여 이상개소(2곳)를 찾아서 수리하시오.

4-1 미등 및 번호등 회로 점검

(1) 미등 회로 및 번호등 회로도-1

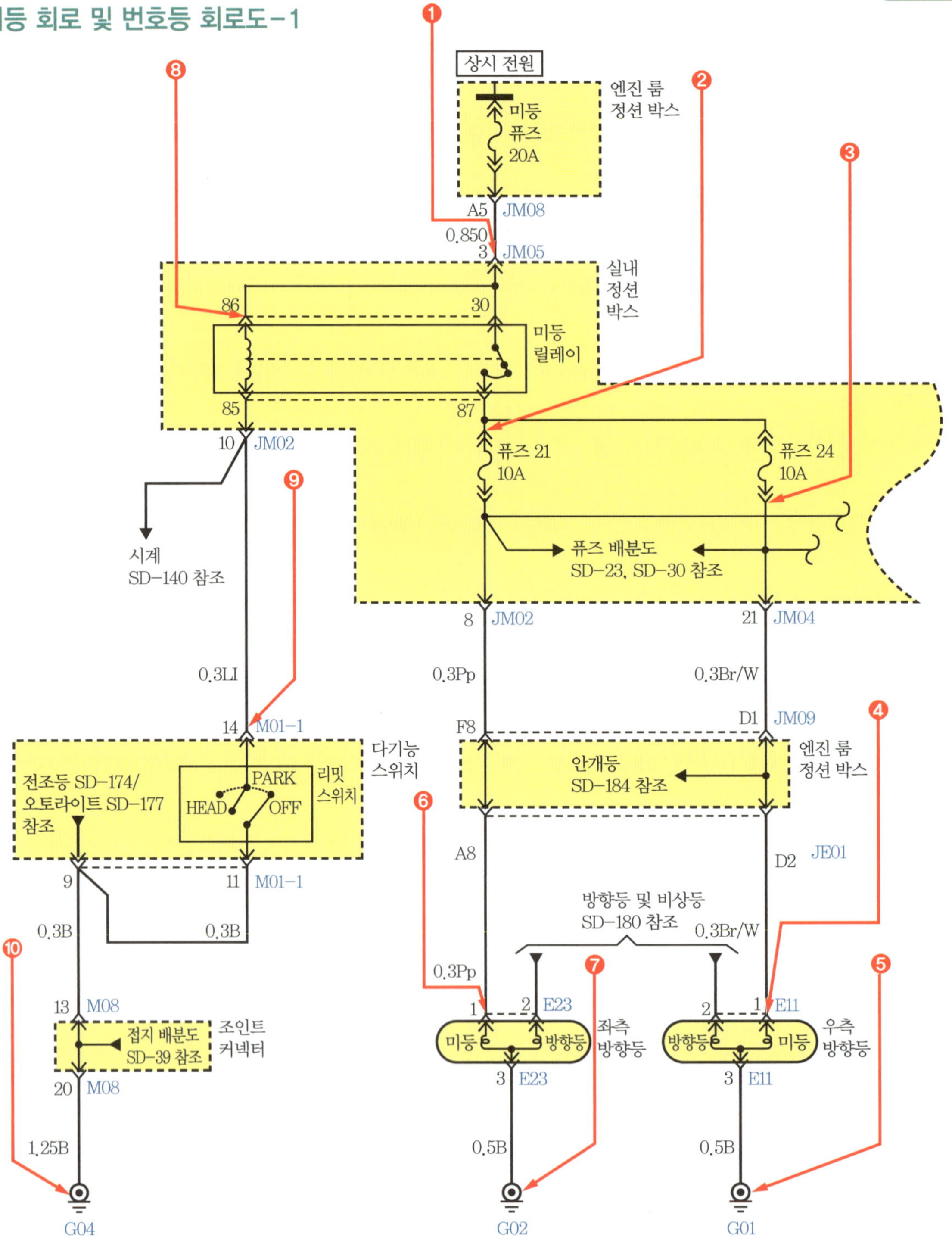

(2) 미등 회로 및 번호등 회로도-2

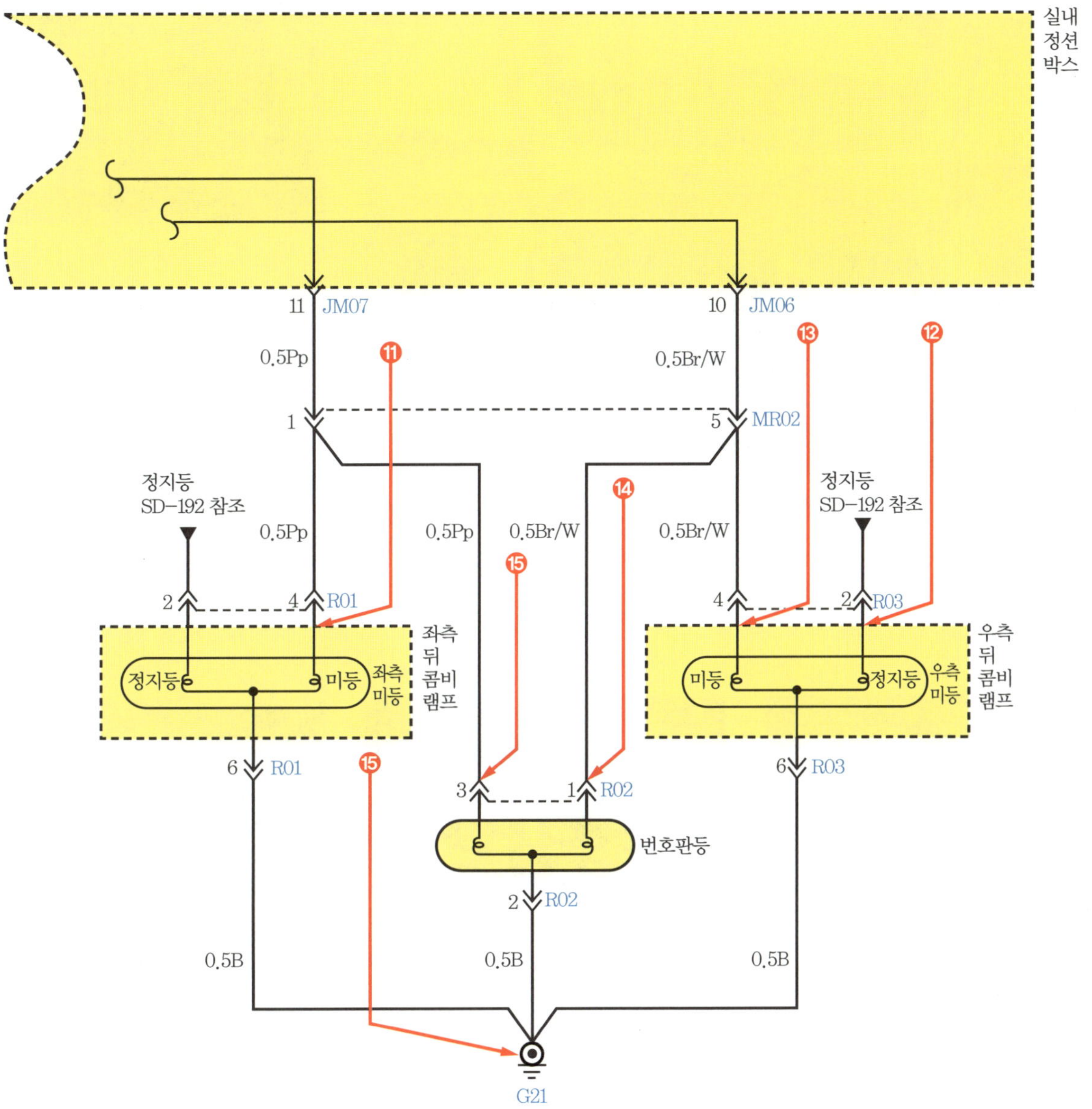

실기시험 주요 Point

미등이 작동하지 않는 원인

① 축전지 자체 불량
② 미등 퓨즈의 탈거
③ 미등 릴레이 탈거
④ 미등 릴레이 핀 부러짐
⑤ 미등 전구 단선
⑥ 미등 퓨즈의 단선
⑦ 미등 전구 탈거
⑧ 미등 릴레이 불량
⑨ 미등 라인 단선
⑩ 축전지 터미널 연결 상태 불량
⑪ 콤비네이션 스위치 커넥터 탈거
⑫ 콤비네이션 스위치 커넥터 불량
⑬ 콤비네이션 스위치 불량 교체

(3) 미등 및 번호등 회로 점검

미등 및 번호등 회로 점검

1. 축전지 전압을 확인한다(12.46 V).

2. 미등 스위치를 ON시키고 미등이 점등되는지 확인한다.

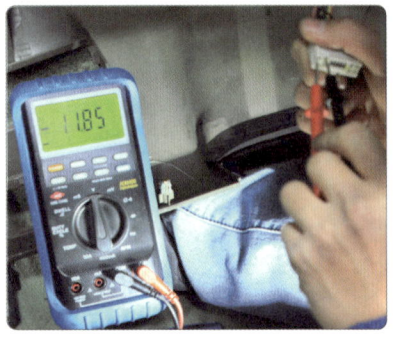

3. 커넥터에 축전지 전압이 인가되는지 확인한다.

4. 번호등이 들어오는지 확인한다.

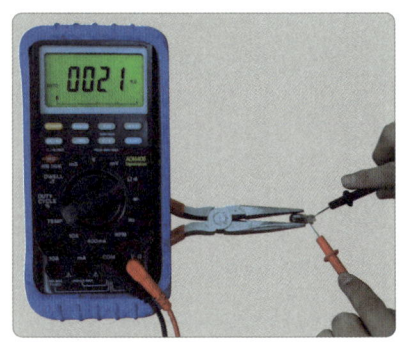

5. 번호등 단선 유무를 점검한다.

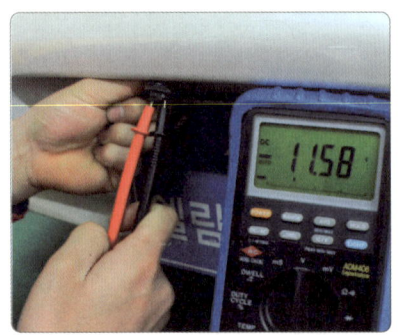

6. 번호판 커넥터에 축전지 전압이 인가되는지 확인한다.

7. 콤비네이션 미등 스위치 이상 유무를 확인한다.

8. 운전석 퓨즈 박스에서 퓨즈 단선과 탈거 상태를 확인한다.

자동차정비산업기사 실기

9안

파트별		안별 문제	9안
엔진	1	엔진 분해 조립/측정	엔진 분해 조립/ 크랭크축 메인저널 마모량 측정
	2	엔진 시동/작업	1가지 부품 탈·부착/ 엔진 시동(시동, 점화, 연료)
	3	엔진 작동 상태/측정	공회전 속도 점검/배기가스 측정
	4	파형 점검	스텝 모터 파형 분석(공회전 상태)
	5	부품 교환/측정	CRDI 연료 압력 센서 탈·부착/ 공회전 속도 점검
섀시	1	부품 탈·부착 작업	파워스티어링 오일펌프, 벨트 탈·부착 후 공기 빼기 작업/ 작동 상태 확인
	2	장치별 측정/부품 교환 조정	링 기어 백래시, 런 아웃 측정
	3	브레이크 부품 교환/ 작동 상태 점검	캘리퍼 탈·부착/ 브레이크 작동 상태 점검
	4	제동력 측정	전륜 또는 후륜 제동력 측정
	5	부품 탈·부착/ 이상 부위 측정	자동변속기 자기진단
전기	1	부품 탈·부착 작업/측정	다기능 스위치 탈·부착/ 경음기 음량 점검
	2	전조등 점검	전조등 시험기 점검/광도, 광축
	3	편의 안전장치 점검	도어 중앙 잠금장치 스위치 입력 신호 점검
	4	전기 회로 점검/측정	와이퍼 회로 점검

국가기술자격 실기시험문제 9안 (엔진)

자격종목	자동차정비산업기사	과제명	자동차정비작업

비번호 :   시험시간 : 5시간 30분(엔진 : 140분, 섀시 : 120분, 전기 : 70분)

엔진 1

주어진 엔진을 기록표의 측정 항목까지 분해하여 기록표의 요구 사항을 측정 및 점검하고 본래 상태로 조립하시오.

1-1 엔진 분해 조립

 1안 참조 — 22쪽

1-2 크랭크축 축 저널 측정

(1) 측정 방법

1. 감독위원이 지정한 크랭크축 메인 저널을 확인한다.

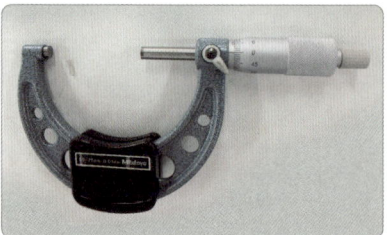

2. 마이크로미터 게이지가 0점이 맞는지 확인한다.

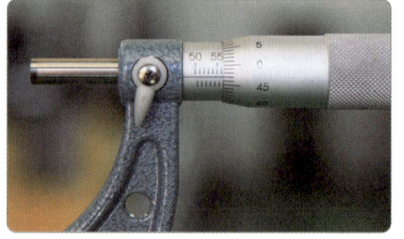

4. 마이크로미터 클램프를 앞으로 고정하고 측정값을 읽는다(56.97 mm).

3. 크랭크축 메인저널 바깥지름을 측정한다(4군데 중 최솟값).

답안지 작성

엔진 1 크랭크축 저널 측정

측정 항목	① 측정(또는 점검)		② 판정 및 정비(또는 조치) 사항		(H) 득점
(A) 엔진 번호 :			(B) 비번호	(C) 감독위원 확인	
측정 항목	(D) 측정값	(E) 규정(정비한계)값	(F) 판정 (□에 'V' 표)	(G) 정비 및 조치할 사항	(H) 득점
메인저널 마모량	56.97 mm	57.00 mm (한계값 0.05 mm)	☑ 양호 □ 불량	정비 및 조치할 사항 없음	

1. 답안지 공통 사항(감독위원 확인 및 기록 사항)

(C) 감독위원 확인 : 감독위원 확인란으로 수험자는 기록하지 않습니다.
(H) 득점 : 감독위원이 해당 항목 점수를 채점 기록하며 수험자는 기록하지 않습니다.

2. 수험자가 기록해야 할 답안 사항

(A) 엔진 번호 : 측정하는 엔진 번호를 기록합니다(시험용 엔진이 2대 이상일 때 해당).
(B) 비번호 : 책임관리위원(공단 본부)이 배부한 등번호(비번호)를 기록합니다.
① 측정(또는 점검)
 (D) 측정값 : 크랭크축 메인저널 바깥지름을 측정한 것 중 최솟값 56.97 mm를 기록합니다.
 (E) 규정(정비한계)값 : 감독위원이 제시한 값이나 정비지침서를 보고 57.00 mm(한계값 0.05 mm)를 기록합니다.
② 판정 및 정비(또는 조치) 사항
 (F) 판정 : 측정값이 규정(정비한계)값 범위 내에 있으므로 양호에 ☑ 표시를 합니다.
 (G) 정비 및 조치할 사항 : 판정이 양호이므로 정비 및 조치할 사항 없음을 기록합니다.
         판정이 불량일 때는 크랭크축 교체 후 재점검을 기록합니다.

3. 크랭크축 규정값 및 마모 한계값

차 종	메인저널 규정값 (mm)	한계값 (mm)	차 종		메인저널 규정값 (mm)	한계값 (mm)
엑센트/아반떼	50	—	크레도스(FE DOHC)		59.937~59.955	0.05
쏘나타Ⅲ	56.980~57.000	0.05	옵티마 리갈	2.0 DOHC	56.982~57.000	—
엑셀	48.00	0.05		2.5 DOHC	61.982~62.000	
세피아	49.938~49.956	0.05	아반떼	1.5 DOHC	50.00	
그랜저(2.4)	56.980~56.995	—		1.8 DOHC	57.00	

엔진 2

주어진 자동차의 전자제어 엔진에서 감독위원의 지시에 따라 1가지 부품을 탈거한 후(감독위원에게 확인) 다시 부착하고 시동에 필요한 관련 부분의 이상개소(시동회로, 점화회로, 연료장치 중 2개소)를 점검 및 수리하여 시동하시오.

1안 참조 — 31쪽

엔진 3

2항의 시동된 엔진에서 공회전 상태를 확인하고, 공회전 시 배기가스를 측정하여 기록표에 기록하시오(단, 시동이 정상적으로 되지 않은 경우 본 항의 작업은 할 수 없다).

3-1 엔진 공회전 속도 점검

1안 참조 — 40쪽

3-2 배기가스 측정

1안 참조 — 42쪽

엔진 4

주어진 자동차의 엔진에서 스텝 모터(또는 ISA)의 파형을 출력·분석하여 그 결과를 기록표에 기록하시오.

4안 참조 — 172쪽

엔진 5

주어진 전자제어 디젤 엔진에서 연료 압력 센서를 탈거한 후(감독위원에게 확인) 다시 부착하여 시동을 걸고, 공회전 속도를 점검하여 기록표에 기록하시오.

5-1 연료 압력 센서 탈·부착

2안 참조 — 104쪽

5-2 공회전 속도 점검

(1) 공회전 속도 측정

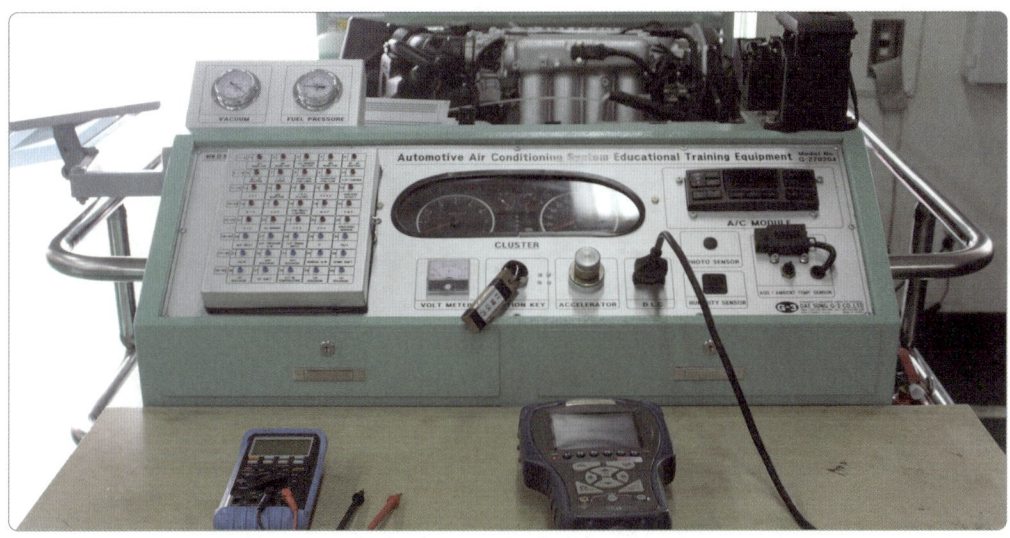

스캐너 전원 ON(점화스위치 KEY ON 또는 엔진 시동 ON 상태)

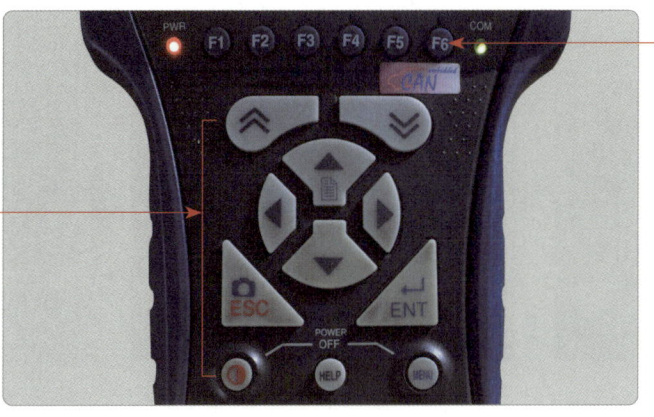

부가 기능 버튼
화면 하단 부가 기능 선택 시 사용

기능 버튼
시스템 작동 시 기능을 독립적으로 수행하기 위한 키

스캐너 작동 상태 확인

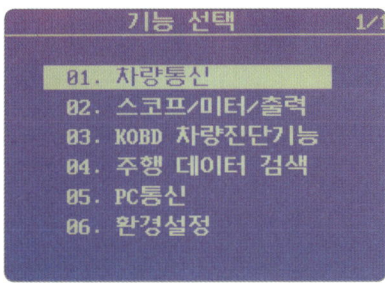

1. 기능 선택 메뉴에서 차량통신을 선택한다.

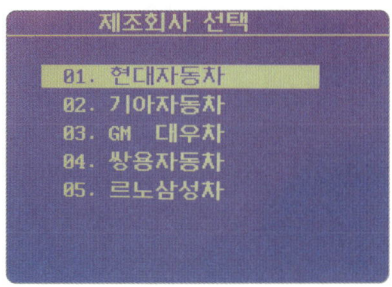

2. 제조회사에 해당되는 차종을 선택한다.

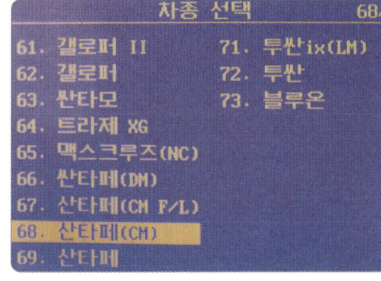

3. 대상 차량 차종을 선택한다(싼타페 CM).

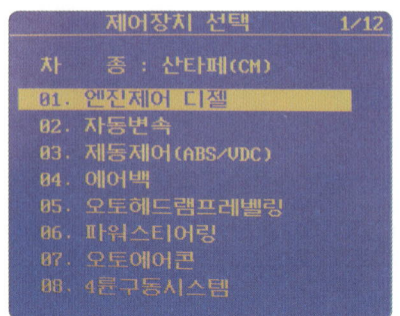

4. 엔진제어 디젤을 선택한다.

5. 사양을 선택한다.

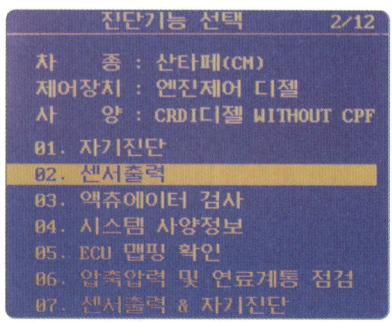

6. 센서출력을 선택한다.

7. 엔진 rpm을 확인한다(790 rpm).

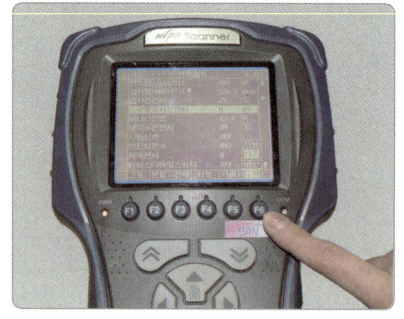

8. 도움 메뉴에서 기준값을 확인한다.

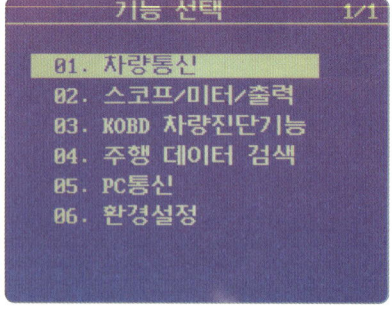

9. 측정이 끝나면 스캐너를 처음 위치로 놓는다.

10. 점화스위치를 OFF시킨다.

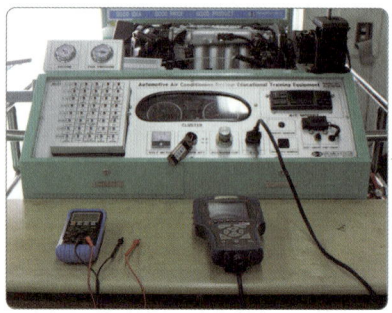

11. 스캐너와 멀티테스터를 정리한다.

엔진 공회전 상태에서 아이들 업 상태가 필요한 경우
❶ 에어컨을 작동할 때
❷ 전조등 작동으로 발전기 부하가 많이 걸릴 때
❸ 파워스티어링을 작동할 때

 **실기시험 주요 Point**

ISC 또는 IAC 밸브 점검시기 및 가능한 원인

❶ 엔진 회전수가 규정보다 높을 때 : 엔진 회전수가 그대로 유지되어 있으며, 스로틀 보디 이외의 다른 곳으로(흡입 매니폴드 개스킷) 공기가 누설되어 흡입될 경우

❷ 엔진 회전수가 규정보다 낮을 때 : ISC 또는 IAC 밸브가 불량이거나 ECU 제어 불량일 경우

❸ 주행에서 정지하려고 할 경우 엔진 시동이 꺼질 때(공회전 상태에서 엔진 rpm은 정상) : IAC 밸브 통로가 막혀 있는 것으로 IAC 밸브의 핀 틀과 스로틀 바이패스 통로를 청소하여 IAC 밸브의 위치를 정상 위치(정상 스텝)로 적용시킨다.

답안지 작성

엔진 5 · 공회전 속도 점검

	(A) 엔진 번호 :		(B) 비번호		(C) 감독위원 확 인	
측정 항목	① 측정(또는 점검)		② 판정 및 정비(또는 조치) 사항			(H) 득점
	(D) 측정값	(E) 규정(정비한계)값	(F) 판정 (□에 'V' 표)	(G) 정비 및 조치할 사항		
공회전 속도	790 rpm	750±50 rpm	☑ 양호 □ 불량	정비 및 조치 사항 없음		

1. 답안지 공통 사항(감독위원 확인 및 기록 사항)

(C) 감독위원 확인 : 감독위원 확인란으로 수험자는 기록하지 않습니다.
(H) 득점 : 감독위원이 해당 항목 점수를 채점 기록하며 수험자는 기록하지 않습니다.

2. 수험자가 기록해야 할 답안 사항

(A) 엔진 번호 : 측정하는 엔진 번호를 기록합니다(시험용 엔진이 2대 이상일 때 해당).
(B) 비번호 : 책임관리위원(공단 본부)이 배부한 등번호(비번호)를 기록합니다.
① 측정(또는 점검)
  (D) 측정값 : 공회전 속도의 측정값 **790 rpm**을 기록합니다.
  (E) 규정(정비한계)값 : 감독위원이 제시한 값이나 해당 차종 규정값을 기록합니다.
   750±50 rpm
② 판정 및 정비(또는 조치) 사항
  (F) 판정 : 측정값이 규정(정비한계)값 범위 내에 있으므로 **양호**에 ☑ 표시를 합니다.
  (G) 정비 및 조치할 사항 : 판정이 양호이므로 **정비 및 조치할 사항 없음**을 기록합니다.
   판정이 불량일 때는 **전자제어장치 및 연료장치 계통 재점검**을 기록합니다.

3. 공회전 rpm 규정값

차 종	엔진 형식	분사 시기	공회전 속도(rpm)
그레이스	D4BB	ATDC5°	850±100
	D4BH	ATDC9°	750±30
스타렉스	D4BB	ATDC5°	850±100
	D4BF	ATDC7°	750±30
무쏘/코란도	OM601	BTDC15±1°	700±50
	OM602	BTDC15±1°	750±50

● 공회전 속도가 규정값보다 작을 경우

엔진 번호 :			비번호		감독위원 확인	
측정 항목	측정(또는 점검)		판정 및 정비(또는 조치) 사항			득점
	측정값	규정(정비한계)값	판정(□에 'V'표)	정비 및 조치할 사항		
공회전 속도	500~600 rpm	750±50 rpm	□ 양호 ☑ 불량	전자제어장치 재점검		
※ 판정 및 정비(조치)사항 : 공회전 속도가 규정값 범위를 벗어났으므로 ☑ 불량에 표시하고, 전자제어장치를 재점검합니다.						

● 공회전 속도가 규정값보다 클 경우

엔진 번호 :			비번호		감독위원 확인	
측정 항목	측정(또는 점검)		판정 및 정비(또는 조치) 사항			득점
	측정값	규정(정비한계)값	판정(□에 'V'표)	정비 및 조치할 사항		
공회전 속도	1000~1100 rpm	750±50 rpm	□ 양호 ☑ 불량	연료장치 재점검		
※ 판정 및 정비(조치)사항 : 공회전 속도가 규정값 범위를 벗어났으므로 ☑ 불량에 표시하고, 연료장치를 재점검합니다.						

● 연료압력 상태에 따른 원인과 정비 및 조치할 사항 (엔진 공회전상태)

공회전 속도	원인	정비 및 조치할 사항
공회전 속도가 규정값보다 높거나 낮을 때	공회전 속도 밸브 불량	공회전 속도 밸브 교체
	ECU 제어 불량	전자제어장치나 연료장치 재점검
주행 중 정지 시 엔진 시동이 꺼질 때	공회전 속도 밸브 통로가 막힘	통로 청소
		공회전 속도 밸브 위치를 정상 위치 (정상 스텝)로 적용

국가기술자격 실기시험문제 9안(섀시)

자격종목	자동차정비산업기사	과제명	자동차정비작업

비번호 :   시험시간 : 5시간 30분(엔진 : 140분, 섀시 : 120분, 전기 : 70분)

섀시 1 주어진 자동차에서 파워스티어링 오일펌프 및 벨트를 탈거한 후(감독위원에게 확인) 다시 부착하고 공기빼기 작업을 하여 작동 상태를 확인하시오.

 8안 참조 — 296쪽

섀시 2 주어진 종감속 장치에서 링 기어의 백래시와 런 아웃을 측정하여 기록표에 기록한 후, 백래시가 규정값이 되도록 조정하시오.

 1안 참조 — 60쪽

섀시 3 주어진 자동차에서 전륜의 브레이크 캘리퍼를 탈거한 후(감독위원에게 확인) 다시 부착하고 브레이크 작동 상태를 점검하시오.

 6안 참조 — 246쪽

섀시 4 3항의 작업 자동차에서 감독위원의 지시에 따라 전(앞) 또는 후(뒤) 제동력을 측정하여 기록표에 기록하시오.

 1안 참조 — 64쪽

섀시 5 주어진 자동차의 자동변속기에서 자기진단기(스캐너)를 이용하여 각종 센서 및 시스템 작동 상태를 점검하고 기록표에 기록하시오.

 1안 참조 — 68쪽

국가기술자격 실기시험문제 9안 (전기)

자격종목	자동차정비산업기사	과제명	자동차정비작업

비번호 :   시험시간 : 5시간 30분(엔진 : 140분, 섀시 : 120분, 전기 : 70분)

전기 1

주어진 자동차에서 다기능(콤비네이션) 스위치를 교체(탈·부착)하여 스위치의 작동 상태를 확인하고 경음기 음량 상태를 점검하여 기록표에 기록하시오.

1-1 다기능 스위치 탈·부착

(1) 다기능 스위치(콤비네이션 SW) 탈·부착

1. 점화스위치를 OFF한 후 축전지 (−)를 탈거한다.

2. 핸들 고정 볼트를 분해한다(별각 렌치 사용).

3. 에어백 인슐레이터 커버를 분리한다.

4. 에어백 인슐레이터 커넥터를 분리한다.

5. 스티어링 휠을 탈거한다.

6. 조향 칼럼 틸티를 최대한 아래로 내린다.

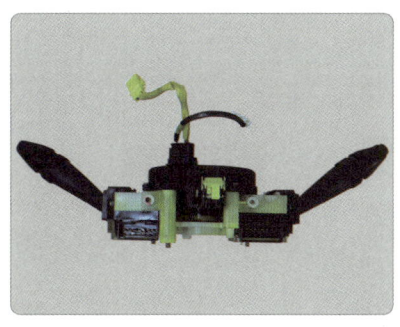
7. 조향 칼럼을 제거하고 콤비네이션 스위치를 탈거한다.

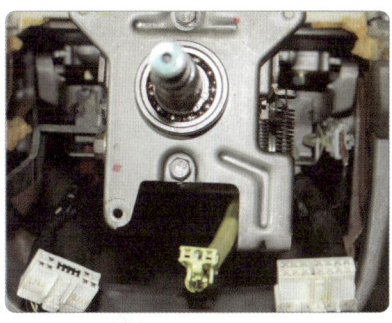
8. 콤비네이션 커넥터를 정리한 후 감독위원에게 확인을 받는다.

9. 콤비네이션 스위치를 조립한 후 조향축 칼럼을 조립한다.

10. 에어백 인슐레이터 커넥터를 체결한다.

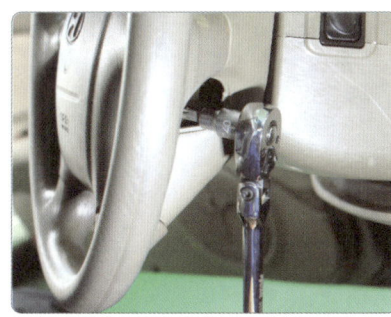
11. 조향축과 핸들 고정 볼트를 조립한다.

12. 축전지 (−)를 조립한다.

1-2 경음기 음량 점검

경음기 음량 측정(음량계 높이 1.2±0.05 m, 자동차 전방 2 m)

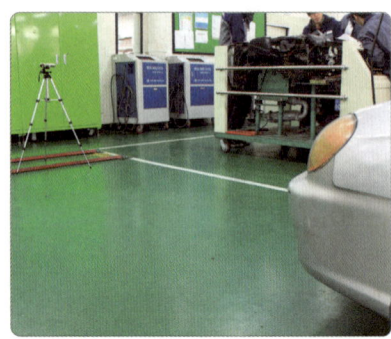 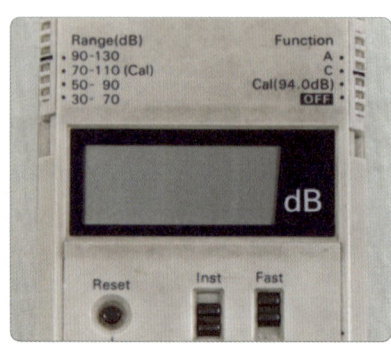 

1. 음량계 높이를 1.2±0.05 m, 자동차 전방 2 m가 되도록 설치한다.
2. 리셋 버튼을 눌러 초기화시킨 후 C 특성, Fast 90~130 dB을 선택한다.
3. 경음기를 5초 동안 작동시켜 그동안 경음기로부터 배출되는 소음의 크기의 최댓값을 측정한다. (측정값 : 99.0 dB)

 **실기시험 주요 Point**

경음기 음량 측정 방법

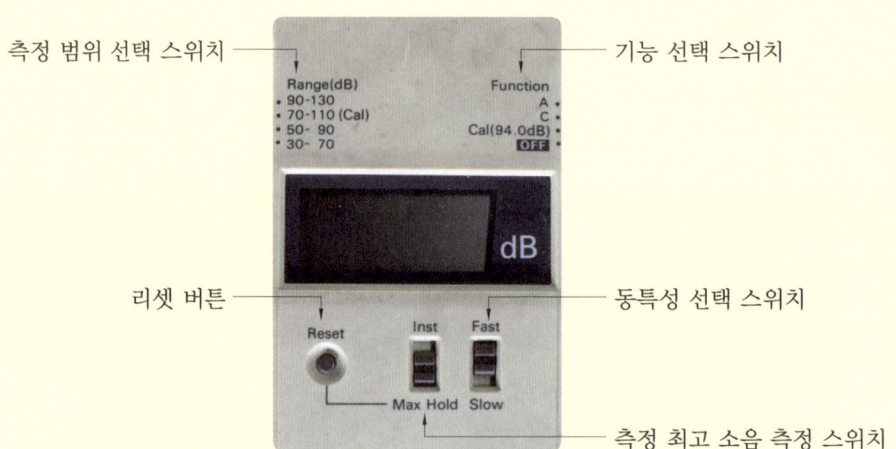

측정 범위 선택 스위치 / 기능 선택 스위치 / 리셋 버튼 / 동특성 선택 스위치 / 측정 최고 소음 측정 스위치

❶ 리셋 버튼을 눌러 초기화시킨 후 기능 버튼 스위치를 C 특성(음압 레벨)으로 위치한다.
❷ 측정·최고 소음 정지 스위치는 Inst 위치로 한다(도움 없이 혼자할 때는 Hold 위치로 측정 후 화면이 멈추면 그 값을 읽고 리셋 버튼을 눌러 초기화시킨다).
❸ 동특성 선택 스위치는 Fast 위치로 하고 측정 범위는 적당한(90~130 dB) 위치로 한다.
❹ 경음기를 5초 동안 작동시켜 그동안 경음기로부터 배출되는 소음 크기의 최댓값을 측정한다.
❺ 액정표시기에 초과 범위(OVER)나 이하 범위(UNDER)가 표시되면 선택 스위치를 재빨리 변환해야 하며 측정 항목별로 2회 이상 경음기음을 측정하여 측정값(보정한 것을 포함하여) 중에서 가장 큰 값을 최종 측정값으로 한다.

답안지 작성

전기 1 경음기 음량 점검

항목	① 측정(또는 점검)		② 판정 및 정비(또는 조치) 사항		(H) 득점
	(D) 측정값	(E) 기준값	(F) 판정(□에 'V' 표)	(G) 정비 및 조치할 사항	
경음기 음량	99.0 dB	90~110 dB	☑ 양호 □ 불량	정비 및 조치할 사항 없음	

(A) 자동차 번호 :   (B) 비번호   (C) 감독위원 확인

※ 감독위원이 제시한 자동차등록증(차대번호)을 활용하여 차종 및 연식을 적용합니다.
※ 자동차 검사기준 및 방법에 의하여 판정합니다.　※ 암소음은 무시합니다.

1. 답안지 공통 사항(감독위원 확인 및 기록 사항)

(C) 감독위원 확인 : 감독위원 확인란으로 수험자는 기록하지 않습니다.
(H) 득점 : 감독위원이 해당 항목 점수를 채점 기록하며 수험자는 기록하지 않습니다.

2. 수험자가 기록해야 할 답안 사항

(A) 자동차 번호 : 측정하는 자동차 번호를 기록합니다(시험용 자동차가 2대 이상일 때 해당).
(B) 비번호 : 책임관리위원(공단 본부)이 배부한 등번호(비번호)를 기록합니다.
① 측정(또는 점검)
(D) 측정값 : 경음기 음량 측정값 **99.0 dB**을 기록합니다.
(E) 기준값 : 경음기 음량 기준값 **90~110 dB**을 기록합니다(수험자 암기사항).

[기준값(2006년 1월 1일 이후)]

자동차 종류		소음 항목	경적 소음(dB(C))
경자동차			110 이하
승용 자동차		소형, 중형	110 이하
		중대형, 대형	112 이하
화물 자동차		소형, 중형	110 이하
		대형	112 이하

② 판정 및 정비(또는 조치) 사항
(F) 판정 : 측정값이 기준값 범위 내에 있으므로 **양호**에 ☑ 표시를 합니다.
(G) 정비 및 조치할 사항 : 판정이 양호이므로 **정비 및 조치할 사항 없음**을 기록합니다.
　　　　　　　판정이 불량일 때는 **경음기 교체 후 재점검**을 기록합니다.

전기 2 주어진 자동차에서 전조등 시험기로 전조등을 점검하여 기록표에 기록하시오.

 79쪽

전기 3 주어진 자동차에서 센트롤 도어 록킹(도어 중앙 잠금장치) 스위치 조작 시 편의장치(ETACS 또는 ISU) 및 운전석 도어 모듈(DDM) 커넥터에서 작동 신호를 측정하고 이상 여부를 확인하여 기록표에 기록하시오.

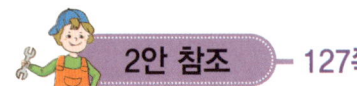 127쪽

전기 4 주어진 자동차에서 와이퍼 회로를 점검하여 이상개소(2곳)를 찾아서 수리하시오.

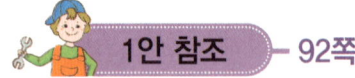 92쪽

실기시험 주요 Point

윈드실드 와이퍼 배선 점검 항목
1. 퓨즈의 상태를 점검한다.
2. 접속 부분에 녹이 슬었는지 점검한다.
3. 퓨즈가 끊어진 경우에는 윈드실드 와이퍼 회로에 단락된 곳이 있는지 점검한 다음 규정 용량의 퓨즈로 교체한다.
4. 윈드실드 와이퍼 회로의 배선이 절단되었거나 커넥터의 연결이 차단되었는지 회로 자체의 단선 여부를 점검한다.
5. 윈드실드 와이퍼 회로의 스위치 접점이 녹았거나 단자의 녹 발생에 의한 불량을 점검한다.
6. 윈드실드 와이퍼 회로의 절연 불량을 점검한다.

자동차정비산업기사 실기

10안

파트별		안별 문제	10안
엔진	1	엔진 분해 조립/측정	엔진 분해 조립/크랭크축 축 방향 유격 측정
	2	엔진 시동/작업	1가지 부품 탈·부착/엔진 시동(시동, 점화, 연료)
	3	엔진 작동 상태/측정	공회전 속도 점검/연료 압력 점검
	4	파형 점검	TDC(캠) 센서 파형 분석 (공회전 상태)
	5	부품 교환/측정	CRDI 인젝터 탈·부착 시동/매연 측정
섀시	1	부품 탈·부착 작업	전륜 허브 및 너클 탈·부착/작동 상태 확인
	2	장치별 측정/부품 교환 조정	휠 얼라인먼트 측정기(토) 측정/타이로드 엔드 교환
	3	브레이크 부품 교환/작동 상태 점검	브레이크 휠 실린더 탈·부착/브레이크 작동 상태 확인
	4	제동력 측정	전륜 또는 후륜 제동력 측정
	5	부품 탈·부착/이상 부위 측정	ABS 자기진단
전기	1	부품 탈·부착 작업/측정	파워윈도 레귤레이터 탈·부착/전류 소모 시험 점검
	2	전조등 점검	전조등 시험기 점검/광도, 광축
	3	편의 안전장치 점검	자동차 편의장치 컨트롤 유닛 기본 입력 전압 점검
	4	전기회로 점검/측정	실내등, 도어 오픈 경고등 회로 점검

국가기술자격 실기시험문제 10안 (엔진)

| 자격종목 | 자동차정비산업기사 | 과제명 | 자동차정비작업 |

비번호 :   시험시간 : 5시간 30분(엔진 : 140분, 섀시 : 120분, 전기 : 70분)

엔진 1 주어진 엔진을 기록표의 측정 항목까지 분해하여 기록표의 요구 사항을 측정 및 점검하고 본래 상태로 조립하시오.

1-1 엔진 분해 조립

 1안 참조 — 22쪽

1-2 크랭크축 축방향 간극(유격) 측정

 3안 참조 — 138쪽

엔진 2 주어진 자동차의 전자제어 엔진에서 감독위원의 지시에 따라 1가지 부품을 탈거한 후(감독위원에게 확인) 다시 부착하고 시동에 필요한 관련 부분의 이상개소(시동회로, 점화회로, 연료장치 중 2개소)를 점검 및 수리하여 시동하시오.

2-1 엔진 전기(시동회로, 점화회로, 연료회로) 점검 시동

 1안 참조 — 31쪽

엔진 3 2항의 시동된 엔진에서 공회전 상태를 확인하고, 감독위원의 지시에 따라 연료 공급 시스템의 연료 압력을 측정하여 기록표에 기록하시오(단, 시동이 정상적으로 되지 않은 경우 본 항의 작업은 할 수 없다).

3-1 엔진 공회전 속도 점검

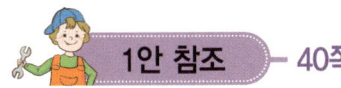 1안 참조 — 40쪽

3-2 연료 압력 점검

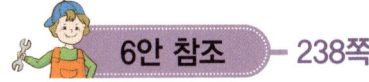 6안 참조 — 238쪽

실기시험 주요 Point

주요 부위 회로 점검

측정 결과	가능한 원인	조치할 사항
연료 압력이 낮을 때	연료 필터 막힘	연료 필터 교체
	연료 압력 조절기 밸브 미착 불량으로 구환구 쪽 연료 누설	연료펌프와 장착된 연료 압력 조절기 교체
	연료펌프 공급 압력 누설	연료펌프 교체
연료 압력이 높을 때	연료 압력 조절기 내 밸브 고착	연료펌프에 장착된 연료 압력 조절기 교체
		연료 호스 및 파이프 수리(교체)
엔진 정지 후 연료 압력이 서서히 저하될 때	연료 인젝터에서 연료 누설	인젝터 교체
엔진 정지 후 연료 압력이 급격히 저하될 때	연료펌프 내 체크 밸브 불량	연료펌프 교체

| 엔진 4 | 주어진 자동차의 엔진에서 TDC 센서(또는 캠각 센서)의 파형을 출력 · 분석하여 그 결과를 기록표에 기록하시오(측정 조건 : 공회전 상태). |

4-1 TDC 센서(캠각 센서) 파형 측정

(1) 측정

TDC 센서(캠각 센서) 측정

1. HI-DS 컴퓨터 전원을 ON시킨다.

2. 계측 모듈 스위치를 ON시킨다.

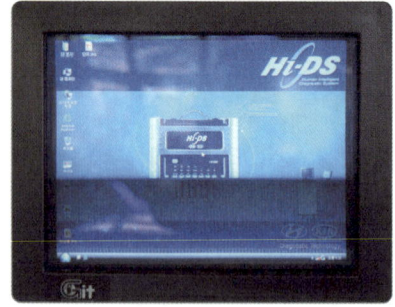

3. 모니터 전원이 ON 상태인지 확인한다.

4. HI-DS (+), (−) 클립을 축전지 단자에 연결한다.

5. CPS 출력선에 프로브를 연결한다.

6. 엔진을 시동한다.

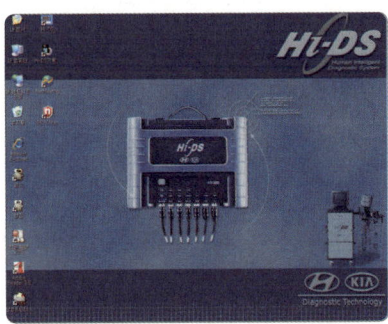

7. 바탕화면 HI-DS 아이콘을 클릭한다.

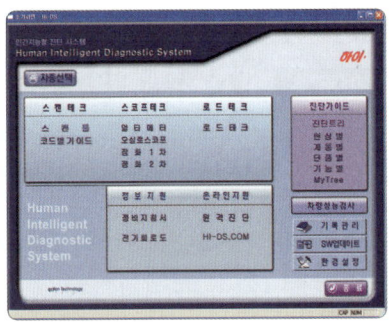

8. 차종을 선택한다.

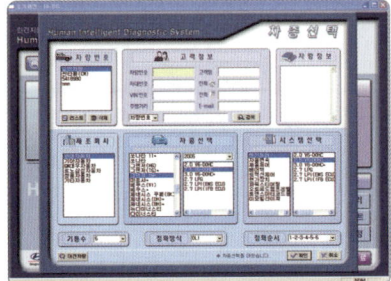

9. 차종 선택 : 제조사-차종 형식-시스템 선택을 클릭한다.

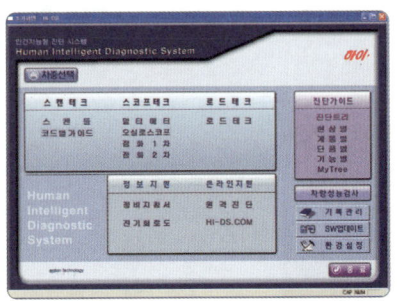

10. 스코프테크에서 오실로스코프를 클릭한다.

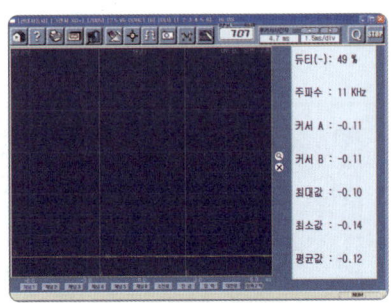

11. 환경설정에서 기준 파형에 맞는 전압과 시간을 선택한다.

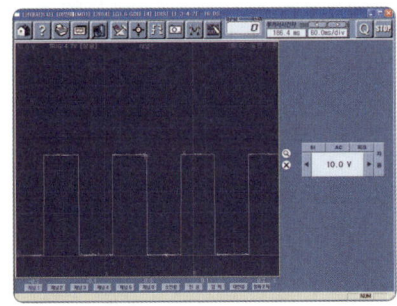

12. 출력된 화면에서 확인하기 좋은 형태의 파형이 출력되는지 확인한다(최고 출력, 최저 출력 전압).

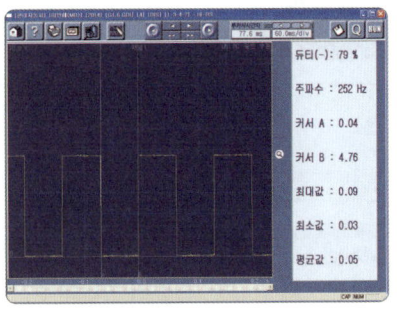

13. 최고 전압과 최저 전압의 노이즈 상태를 점검한다.

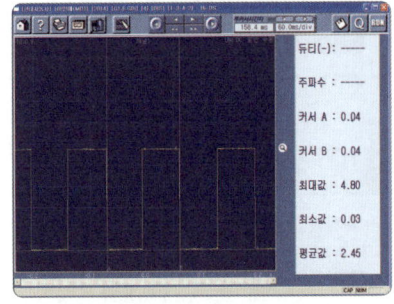

14. 펄스 파형(듀티)이 일정한 간격으로 지속적인 출력이 되는지 확인한다.

실기시험 주요 Point

캠각 센서 파형 측정

CKP(CPS) + CMP(NO.1 TDC) 동시 파형을 볼 경우 동시 신호 점검(타이밍 점검)
: CKP와 CMP가 크랭크축과 캠축에 따라 설치된 차량은 CKP 및 CMP 파형이 정상적인 모양으로 나오는지 확인하여 센서의 조립 불량이나 타이밍 벨트의 잘못 조립된 상태를 확인할 수 있다.

답안지 작성

엔진 4 — TDC 센서 파형 분석

측정 항목	자동차 번호 :	비번호		감독위원 확 인	
	파형 상태				득점
파형 측정	요구 사항 조건에 맞는 파형을 프린트하여 아래 사항을 분석 후 뒷면에 첨부합니다. ① 출력된 파형에 불량 요소가 있는 경우에는 반드시 표기 및 설명되어야 합니다. ② 파형의 주요 특징에 대하여 표기 및 설명되어야 합니다.				

1. TDC 센서 정상 파형

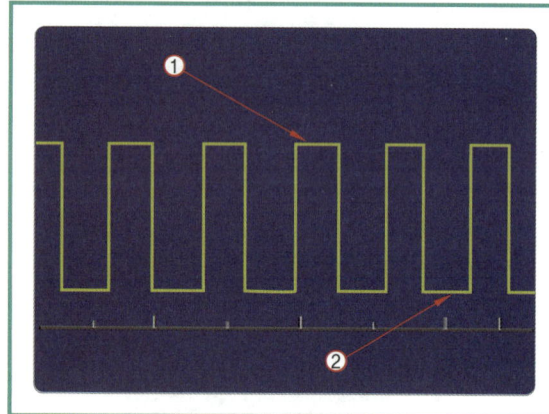

(1) ① 지점 : 파형이 빠지거나 노이즈 없이 일정하게 출력되고 있어야 합니다.
(2) ② 지점 : 파형의 아랫부분은 0.8 V 이하가 유지되어야 하며, 파형의 윗부분은 2.5 V 이상 출력되어야 합니다.

2. TDC 센서 측정 파형 분석

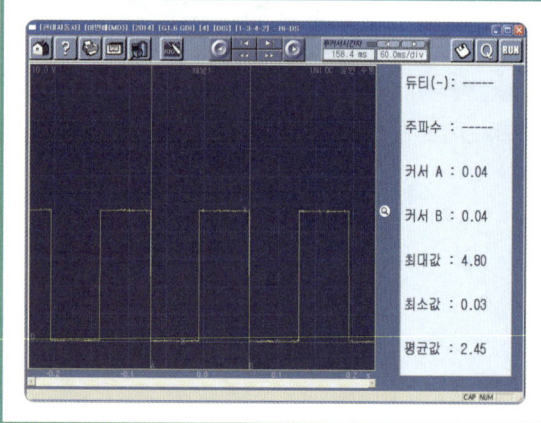

(1) 파형이 빠지거나 노이즈 없이 일정하게 출력되고 있어 양호합니다.
(2) 파형의 아랫부분은 0.03 V(규정값 : 0.8 V 이하)이고 파형의 윗부분은 4.80 V(규정값 : 2.5 V 이상)로 센서, 배선 및 커넥터의 이상 없이 양호합니다.

※ TDC 센서 파형이 불량일 경우 배선 및 커넥터를 점검하고 이상이 있으면 TDC 센서를 교체한 후 다시 점검합니다.

3. 분석 결과 및 판정

출력 펄스 파형이 빠지거나 상단부와 하단부에 노이즈 없이 일정하게 출력되고 있으며, 파형의 아랫부분은 0.03 V (규정값 : 0.8 V 이하), 파형의 윗부분은 4.80 V(규정값 2.5 V 이상)로 **양호**이므로 출력 파형은 정상 파형입니다.

엔진 5 주어진 전자제어 디젤 엔진에서 인젝터를 탈거한 후(감독위원에게 확인) 다시 부착하여 시동을 걸고 매연을 측정하여 기록표에 기록하시오.

5-1 디젤 엔진 커먼레일 인젝터 탈·부착

 1안 참조 — 51쪽

5-2 디젤 매연 측정

 2안 참조 — 105쪽

배기가스 제어 장치

(1) 배기가스의 배출 특성

이론 공연비(14.7 : 1)보다

① 농후한 혼합비를 공급하면 질소산화물은 감소하고, 일산화탄소와 탄화수소는 증가한다.
② 약간 희박한 혼합비를 공급하면 질소산화물은 증가하고, 일산화탄소와 탄화수소는 감소한다.
③ 매우 희박한 혼합비를 공급하면 질소산화물과 일산화탄소는 감소하고, 탄화수소는 증가한다.

(2) 피드백(feed back) 제어

① 피드백 제어에 필요한 주요 부품은 산소 센서, ECU, 인젝터로 이루어진다.
② 피드백 제어는 이론 공연비(14.7 : 1)가 되도록 인젝터 분사 시간을 제어하여 분사량을 조절한다.
③ 산소 센서의 기전력이 커지면 공연비가 농후하다고 판정하여 인젝터 분사 시간이 짧아지고, 기전력이 작아지면 공연비가 희박하다고 판정하여 인젝터 분사 시간이 길어진다.
④ 산소 센서의 기전력은 배기가스 중의 산소 농도가 증가(공연비 희박)하면 감소하고, 산소 농도가 감소(공연비 농후)하면 증가한다.

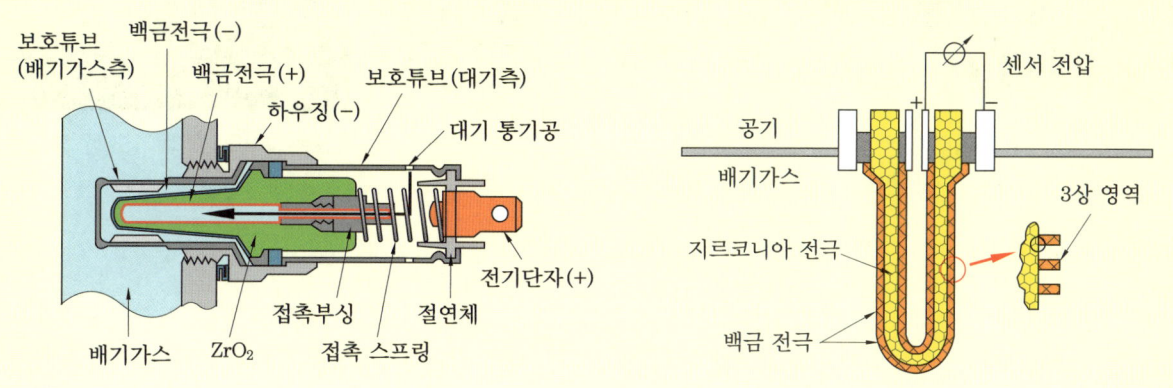

국가기술자격 실기시험문제 10안 (섀시)

자격종목	자동차정비산업기사	과제명	자동차정비작업

비번호 :   시험시간 : 5시간 30분(엔진 : 140분, 섀시 : 120분, 전기 : 70분)

섀시 1

주어진 자동차의 전륜에서 허브 및 너클을 탈거한 후(감독위원에게 확인) 다시 부착하여 작동 상태를 확인하시오.

1-1 앞 허브 너클 탈·부착

1. 타이어를 탈착한다.

2. 허브를 밖으로 돌리고 허브 너트를 제거한다.

3. 타이로드 엔드 로크 너트 고정핀을 제거한 후 너트를 1바퀴 푼다.

4. 타이로드 엔드 풀러를 이용하여 조향 너클에서 타이로드 엔드를 분리한다.

5. 로어 암 볼 조인트 고정 볼트를 분리한다.

6. 브레이크 캘리퍼 고정 볼트를 탈거한다.

7. 브레이크 캘리퍼를 분해한다.

8. 쇽업소버 고정 볼트를 탈거한다.

9. 엔드 풀러를 이용하여 로어 암 볼 조인트를 탈거한다.

10. 허브 너클 어셈블리를 탈거한다.

11. 분해된 허브 어셈블리를 감독위원에게 확인받는다.

12. 허브 어셈블리를 장착한 후 볼 조인트 고정 너트를 체결한다.

13. 쇽업소버 고정 볼트를 체결한다.

14. 브레이크 캘리퍼를 장착한다.

15. 타이로드 엔드를 장착한다.

16. 쇽업소버에 브레이크 호스를 체결한다.

17. 허브 너트를 장착하고 너트 고정 핀을 체결한다.

18. 타이어를 장착한 후 감독위원의 확인을 받는다.

| 섀시 2 | 주어진 자동차에서 휠 얼라인먼트 시험기(측정 전 준비사항이 완료된 상태)로 토(toe) 값을 측정하여 기록표에 기록한 후, 타이로드를 이용하여 규정에 맞도록 조정하시오. |

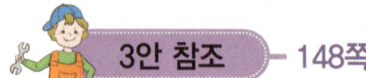 — 148쪽

| 섀시 3 | 주어진 자동차에서 후륜의 브레이크 휠 실린더를 탈거한 후(감독위원에게 확인) 다시 부착하고 브레이크의 작동 상태를 점검하시오. |

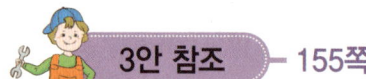 — 155쪽

| 섀시 4 | 3항의 작업 자동차에서 감독위원의 지시에 따라 전(앞) 또는 후(뒤) 제동력을 측정하여 기록표에 기록하시오. |

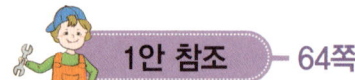 — 64쪽

| 섀시 5 | 주어진 자동차의 ABS에서 자기진단기(스캐너)를 이용하여 각종 센서 및 시스템 작동 상태를 점검하고 기록표에 기록하시오. |

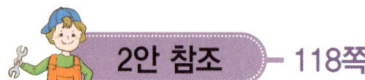 — 118쪽

실기시험 주요 Point

아이들 스피드 액추에이터(ISA : Idle Speed Actuator)

공회전 속도 조절 장치를 말하며, 스로틀 밸브가 닫혀 있는 동안이나 닫히기 전에 공기가 유입될 수 있도록 오픈시켜서 흡입 공기를 바이패스 시키는 장치이다. ISA는 공회전 속도를 조절하는 기능 이외에도 차량 운행 중 다양한 제어를 실시하는데 ECU가 ISA를 통해 제어한다.

국가기술자격 실기시험문제 10안 (전기)

자격종목	자동차정비산업기사	과제명	자동차정비작업

비번호 :   시험시간 : 5시간 30분(엔진 : 140분, 섀시 : 120분, 전기 : 70분)

전기 1
주어진 자동차에서 파워윈도 레귤레이터를 탈거한 후(감독위원에게 확인) 다시 부착하여 작동 상태를 확인 후 윈도 모터의 작동 전류 소모 시험을 하여 기록표에 기록하시오.

1-1 윈도 레귤레이터 탈·부착

1. 작업 대상 차량의 도어를 확인한다.

2. 델타 몰딩을 탈거한다.

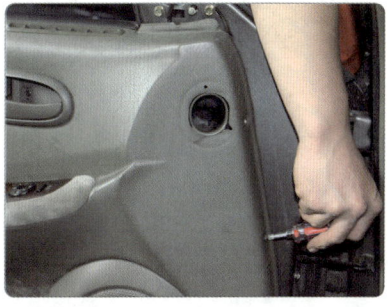

3. 트림 패널 인사이드 스크루를 탈거한다.

4. 핸들 고정 스크루를 탈거한다.

5. 핸들을 탈거한다.

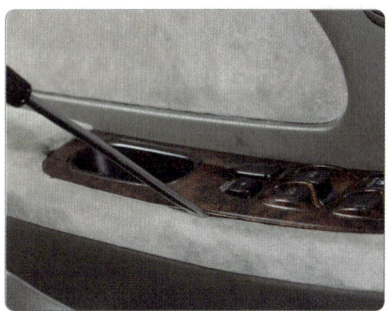

6. 파워윈도 유닛을 탈거한다.

7. 파워윈도 유닛을 탈거한 후 커넥터를 정렬한다.

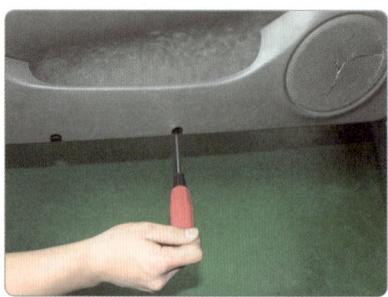
8. 트림 패널 하단 스크루를 탈거한다.

9. 트림 패널 아웃사이드 스크루를 탈거한다.

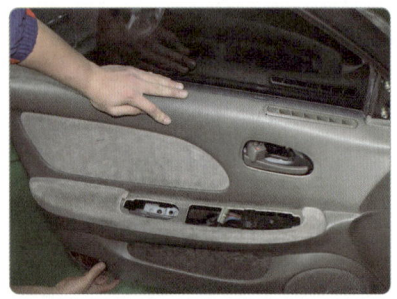
10. 트림 패널을 탈거한다.

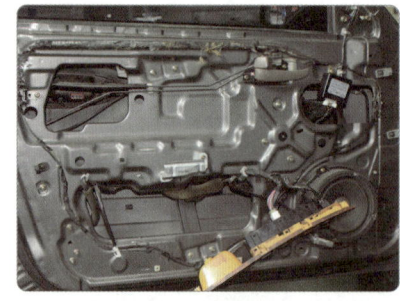
11. 도어 스위치를 연결하고 도어윈도 글라스를 내린다.

12. 그립을 탈거한다.

13. 도어윈도 글라스를 탈거한다(도어윈도 글라스가 떨어지지 않도록 주의한다).

14. 도어윈도 글라스를 정렬한다.

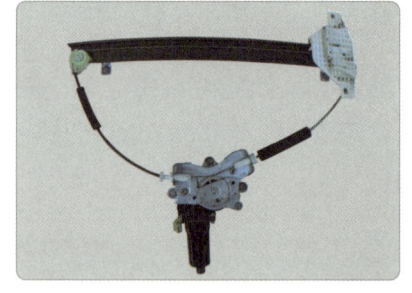
15. 파워윈도 레귤레이터를 정렬한 후 감독위원의 확인을 받는다.

16. 파워윈도 레귤레이터를 도어 패널 안으로 넣는다.

17. 파워윈도 레귤레이터 고정 볼트를 조립한다.

18. 도어윈도 글라스를 들어 올리며 조립한다.

19. 도어윈도 글라스 상단 고정 볼트를 조립한다.

20. 윈도 모터 커넥터를 고정한다.

21. 파워유닛 스위치를 연결하고 도어윈도 글라스를 올린다.

22. 그립을 조립한다.

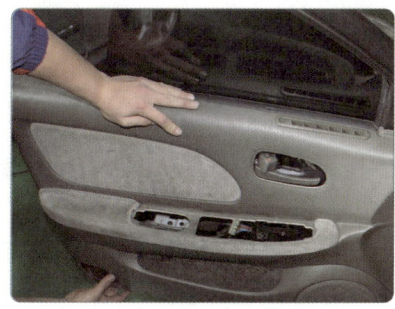

23. 트림 패널을 조립한다.

24. 트림 패널 고정 스크루 아웃사이드를 조립한다.

25. 트림 패널 고정 스크루 하단을 조립한다.

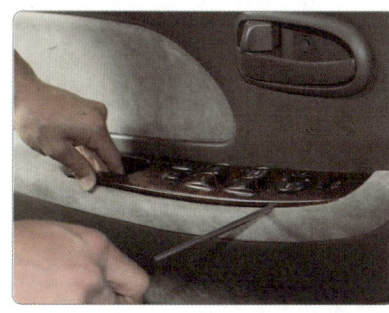

26. 파워유닛 스위치를 조립한다.

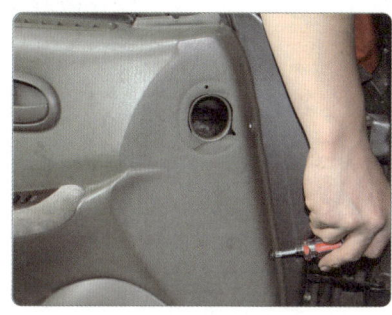

27. 트림 패널 고정 스크루 안쪽을 조립한다.

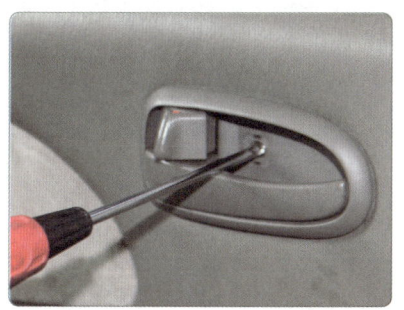

28. 핸들 고정 볼트를 조립한다.

29. 델타 몰딩을 조립한다.

30. 주변 정리 후 감독위원에게 확인을 받는다.

1-2 윈도 모터의 전류 소모 시험

(1) 윈도 모터의 전류 소모 측정 방법

파워윈도 모터 전류 소모 시험

1. 파워유닛 스위치를 연결하고 도어 윈도 글라스의 작동 상태를 확인한다.

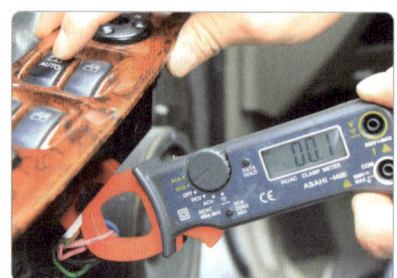

2. 파우윈도 입력선에 전류계를 설치한다.

3. 0점 조정기를 눌러 전류계를 세팅한다.

4. 메인 스위치 운전석 윈도를 UP시키며 전류 소모를 측정한다(5.1 A).

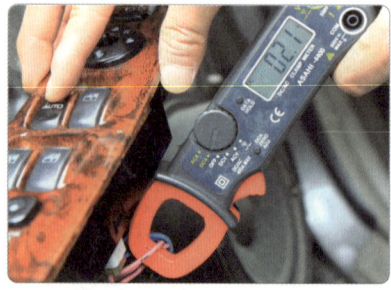

5. 메인 스위치 운전석 윈도를 DOWN시키며 전류 소모를 측정한다. (2.1 A)

6. 전류계를 탈거하고 정렬한다.

답안지 작성

전기 1 파워윈도 모터 점검

측정 항목	① 측정(또는 점검)		② 판정 및 정비(또는 조치) 사항		(H) 득점
	(A) 자동차 번호 :		(B) 비번호	(C) 감독위원 확 인	
	(D) 측정값	(E) 규정(정비한계)값	(F) 판정(□에 'V' 표)	(G) 정비 및 조치할 사항	
파워윈도 전류 소모	올림 : 5.1 A	5~6 A 이하	☑ 양호 □ 불량	정비 및 조치할 사항 없음	
	내림 : 2.1 A	2~3 A 이하			

1. 답안지 공통 사항(감독위원 확인 및 기록 사항)

(C) **감독위원 확인** : 감독위원 확인란으로 수험자는 기록하지 않습니다.
(H) **득점** : 감독위원이 해당 항목 점수를 채점 기록하며 수험자는 기록하지 않습니다.

2. 수험자가 기록해야 할 답안 사항

(A) **자동차 번호** : 측정하는 자동차 번호를 기록합니다(시험용 자동차가 2대 이상일 때 해당).
(B) **비번호** : 책임관리위원(공단 본부)이 배부한 등번호(비번호)를 기록합니다.
① **측정(또는 점검)**
  (D) **측정값** : 파워윈도 모터의 전류 소모 측정값을 기록합니다.
    • 올림 : 5.1 A   • 내림 : 2.1 A
  (E) **규정(정비한계)값** : 감독위원이 제시한 값이나 규정값을 기록합니다.
    • 올림 : 5~6 A 이하   • 내림 : 2~3 A 이하
② **판정 및 정비(또는 조치) 사항**
  (F) **판정** : 측정값이 규정(정비한계)값 범위 내에 있으므로 **양호**에 ☑ 표시를 합니다.
  (G) **정비 및 조치할 사항** : 판정이 양호이므로 **정비 및 조치할 사항 없음**을 기록합니다.
        판정이 불량일 때는 **파워윈도 모터 교체 후 재점검**을 기록합니다.

실기시험 주요 Point

파워윈도 뒤 한쪽(예 조수석 뒤)이 작동되지 않을 경우
① 퓨즈나 릴레이를 점검하여 이상이 있으면 해당 부품을 교체하고 이상이 없으면 다음을 점검한다.
② 뒷좌석 좌우 파워윈도 스위치를 교체하여 작동시켰을 때(파워윈도 스위치 탈거 후 스위치 커넥터는 체결 상태) 작동이 되면 스위치 불량이므로 교체한다.

● 파워윈도 모터 전류 소모 측정값이 규정값보다 클 경우

자동차 번호 :			비번호		감독위원 확 인	
측정 항목	측정(또는 점검)		판정 및 정비(또는 조치) 사항			득점
	측정값	규정(정비한계)값	판정(□에 'V'표)	정비 및 조치할 사항		
전류 소모	올림 : 8.3 A	6 A 이하	□ 양호 V 불량	파워윈도 모터 교체 후 재점검		
	내림 : 5.5 A	5 A 이하				

※ 판정 및 정비(조치)사항 : 파워윈도 모터 전류 소모 측정값이 규정값 범위를 벗어났으므로 V 불량에 표시하고, 파워윈도 모터 교체 후 재점검합니다.

● 파워윈도 모터 전류 소모 규정값

차 종	출력 전류		작동 온도
아반떼	올림	6 A 이하	-40~50°C
	내림	5 A 이하	

※ 파워윈도 모터 전류 소모 규정값은 올림 : 6 A 이하, 내림 : 5 A 이하의 일반적인 값을 제시하거나 감독위원이 제시한 값을 적용합니다.

실기시험 주요 Point

파워윈도 모터 전류 소모가 규정값 범위를 벗어난 경우 정비 및 조치할 사항
① 축전지 불량 → 축전지 교체
② 축전지 터미널 연결상태 불량 → 축전지 터미널 재장착
③ 파워윈도 레귤레이터 와이어 단선 → 파워윈도 레귤레이터 교체
④ 파워윈도 모터 불량 → 파워윈도 모터 교체
⑤ 파워윈도 스위치 불량 → 파워윈도 스위치 교체
⑥ 파워윈도 레일 마모 → 파워윈도 레일 교체
⑦ 유리창 가이드 실 마모 → 유리창 가이드 실 교체

파워윈도 뒤 한쪽(등조수석 뒤)이 작동되지 않는 경우
① 퓨즈나 릴레이를 점검하여 이상이 있으면 해당 부품을 교체한다.
② 뒷좌석 좌우 파워윈도 스위치를 교체하여 작동시켰을 때 작동이 되면 스위치 불량이므로 파워윈도 스위치를 교체한다.

전기 2

주어진 자동차에서 전조등 시험기로 전조등을 점검하여 기록표에 기록하시오.

 1안 참조 — 79쪽

전기 3

주어진 자동차의 편의장치(ETACS 또는 ISU) 커넥터에서 전원전압을 점검하여 기록표에 기록하시오.

3-1 컨트롤 유닛의 기본 입력 전압 점검

에탁스 컨트롤 유닛 기본 전압 점검

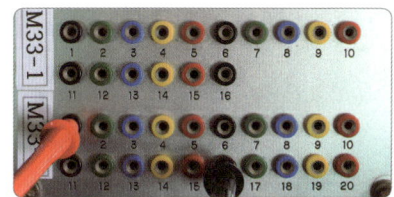

1. 에탁스 커넥터 : M33-3 커넥터 1번 단자에 멀티테스터 (+) 프로브를, (-)는 차체(M33-3 커넥터 16번 단자)에 접지시킨다.

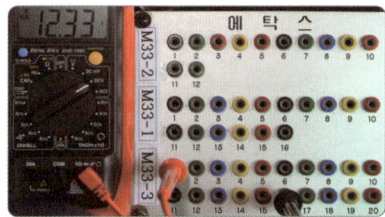

2. 출력 전압을 확인한다(12.33 V).

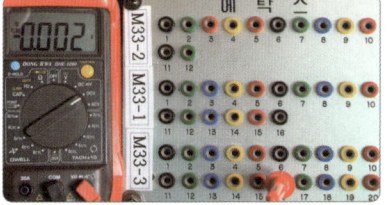

3. 에탁스 커넥터 : M33-3 커넥터 16번 단자에 멀티테스터 (+) 프로브를, (-)는 차체에 접지시킨다.

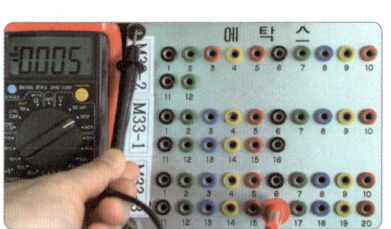

4. 멀티테스터 출력 전압을 확인한다. (0.005 V)

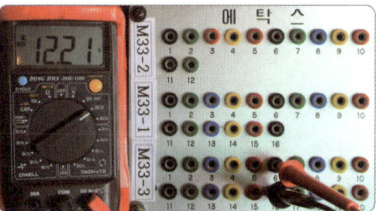

5. 에탁스 커넥터 : M33-3 커넥터 6번 단자에 멀티테스터 (+) 프로브를, (-)는 차체(M33-3 커넥터 16번 단자)에 접지시킨다(12.21 V).

답안지 작성

전기 3 컨트롤 유닛 회로 점검

점검 항목	① 측정(또는 점검)		② 판정 및 정비(또는 조치) 사항		(H) 득점
(A) 자동차 번호 :		(B) 비번호		(C) 감독위원 확 인	
점검 항목	(D) 측정값	(E) 규정(정비한계)값	(F) 판정(□에 'V' 표)	(G) 정비 및 조치할 사항	(H) 득점
컨트롤 유닛의 기본 입력 전압 +	12.33 V	12 V(축전지 전압)	☑ 양호 □ 불량	정비 및 조치할 사항 없음	
−	0.005 V	0 V			
IG	12.21 V	12 V(축전지 전압)			

1. 공통 사항(감독위원 확인 및 기록 사항)

(C) 감독위원 확인 : 감독위원 확인란으로 수험자는 기록하지 않습니다.
(H) 득점 : 감독위원이 해당 항목 점수를 채점 기록하며 수험자는 기록하지 않습니다.

2. 수험자 기록해야 할 답안 사항

(A) 자동차 번호 : 측정하는 자동차 번호를 기록합니다(시험용 자동차가 2대 이상일 때 해당).
(B) 비번호 : 책임관리위원(공단 본부)이 배부한 등번호(비번호)를 기록합니다.
① 측정(또는 점검)
  (D) 측정값 : 축전지 (+), (−) 전압과 IG 전압의 측정값을 기록합니다.
    • (+) : 12.33 V   • (−) : 0.005 V   • IG : 12.21 V
  (E) 규정(정비한계)값 : 감독위원이 제시한 값이나 규정값을 기록합니다.
    • (+) : 12 V   • (−) : 0 V   • IG : 12 V
② 판정 및 정비(또는 조치) 사항
  (F) 판정 : 측정값이 규정(정비한계)값 범위 내에 있으므로 양호에 ☑ 표시를 합니다.
  (G) 정비 및 조치할 사항 : 판정이 양호이므로 정비 및 조치할 사항 없음을 기록합니다.
    판정이 불량일 때는 에탁스 교체 후 재점검을 기록합니다.

실기시험 주요 Point
• 기본 전압은 전기회로 접지 상태를 측정하는 것으로 전압이 0 V~1.5 V 이내로 계측되는 것이 좋다.

● 컨트롤 유닛의 기본 입력 전압이 규정값 범위를 벗어날 경우

점검 항목	측정(또는 점검)		판정 및 정비(또는 조치) 사항		득점
	측정값	규정(정비한계)값	판정(□에 'V'표)	정비 및 조치할 사항	
컨트롤 유닛의 기본 입력 전압	+ 0 V	12 V(축전지 전압)	□ 양호 ☑ 불량	에탁스 입력 배선 및 접지회로 재점검	
	− 0 V	0 V			
	IG 12 V	12 V(축전지 전압)			

자동차 번호 :　　　비번호　　　감독위원 확인

※ 판정 및 정비(조치)사항 : 컨트롤 유닛 기본 입력 전압이 규정값 범위를 벗어났으므로 ☑ 불량에 표시하고, 에탁스 입력 배선 및 접지회로를 재점검합니다.

● 컨트롤 유닛의 기본 입력 전압이 규정값 범위를 벗어날 경우

점검 항목	측정(또는 점검)		판정 및 정비(또는 조치) 사항		득점
	측정값	규정(정비한계)값	판정(□에 'V'표)	정비 및 조치할 사항	
컨트롤 유닛의 기본 입력 전압	+ 12 V	12 V(축전지 전압)	□ 양호 ☑ 불량	에탁스 교체 후 재점검	
	− 0 V	0 V			
	IG 0 V	12 V(축전지 전압)			

자동차 번호 :　　　비번호　　　감독위원 확인

※ 판정 및 정비(조치)사항 : 컨트롤 유닛의 기본 입력 전압이 규정값 범위를 벗어났으므로 ☑ 불량에 표시하고, 에탁스 교체 후 재점검합니다.

● 컨트롤 유닛 기본 입력 전압 규정값

입력 및 출력 요소			전압 규정값
기본 입력 전압	축전지 B단자	점화스위치 ON	12 V(축전지 전압)
		점화스위치 OFF	12 V(축전지 전압)
	IG단자	점화스위치 ON	12 V(축전지 전압)
		점화스위치 OFF	0 V(축전지 전압)

전기 4
주어진 자동차에서 실내등 및 도어 오픈 경고등 회로를 점검하여 이상개소(2개)를 찾아서 수리 후 작동하시오.

4-1 실내등 및 도어 오픈 경고등 회로

(1) 자동차 실내등 회로

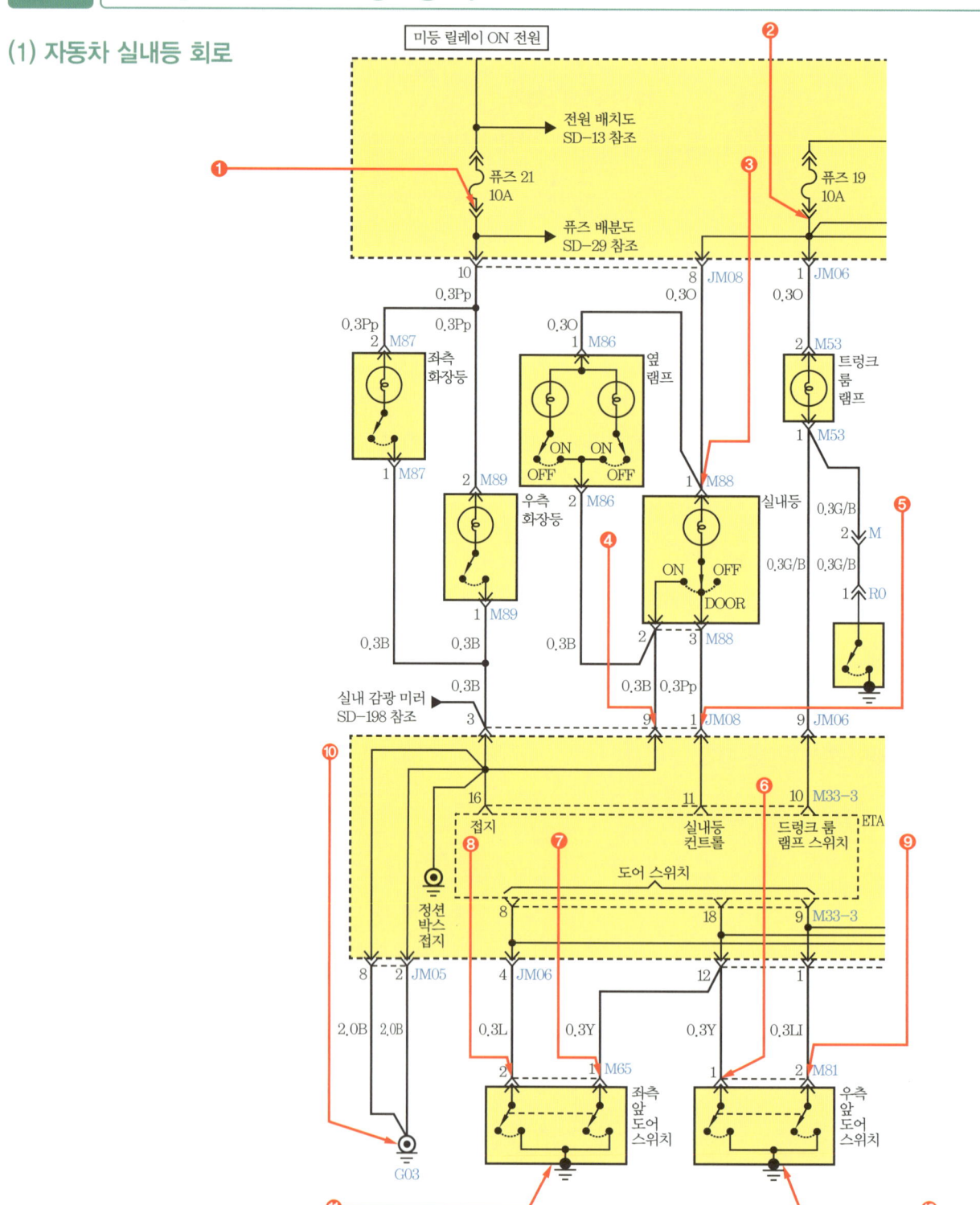

(2) 실내등 및 도어 오픈 경고등 점검

실내등 회로 및 열선 회로 점검

1. 축전지 전압을 확인한다.

2. 열선 퓨즈 및 공급 전압을 확인한다.

3. 열선 스위치 공급 전원을 확인한다.

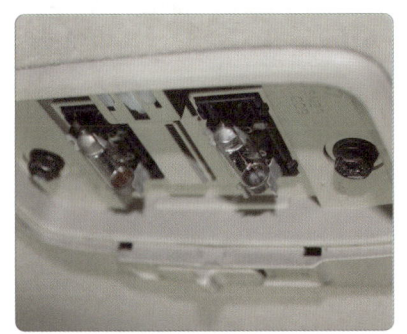

4. 실내등 박스를 탈거한다.

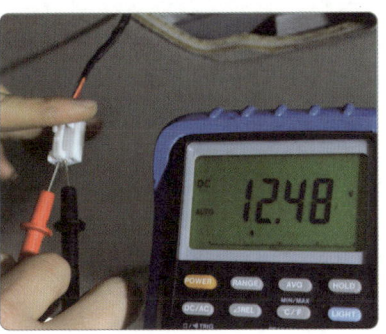

5. 실내등 공급 전압을 확인한다.

6. 실내등 전구를 점검한다.

7. 도어 스위치 작동 상태를 점검한다. **8.** 실내등 작동 상태를 확인한다.

실기시험 주요 Point

점화스위치

시동 스위치와 겸하고 있으며 1단 약한 전기 부하, 2단 점화스위치 ON 시 주요 전원 공급, 3단 시동 스위치가 작동하며 엔진 시동이 걸리게 된다(자동차 주행에 따른 장치별 전원 공급).

전원 단자	사용 단자	전원 내용	장치
B+	Battery plus	IG/Key 전원 공급 없는 상시 전원	비상등, 제동등, 실내등, 혼, 안개등 등
ACC	Accessory	IG/Key 1단 전원 공급	약한 전기부하 오디오 및 미등
IG 1	Ignition 1 (ON단자)	IG/Key 2단 전원 공급 (Accessory 포함)	(엔진 시동 중 전원 ON) 클러스터, 엔진 센서, 에어백, 방향지시등, 후진등 등
IG 2	Ignition 2 (ON단자)	IG/Key Start 시 전원 공급 OFF	전조등, 와이퍼, 히터, 파워윈도 등 각종 유닛류 전원 공급
ST	Start	IG/Key St에 흐르는 전원	기동전동기

자동차용 전등의 종류 및 용량

번호	전등	용량(W)	번호	전등	용량(W)
1	헤드라이트	55	8	도어 커티시 램프	5
2	방향 지시등/미등	28/8	9	보조 제동등	16
3	실내 룸 램프	10	10	정지등/후미등	27/8
4	실내 맵 램프	10×2	11	트렁크등	5
5	화장 거울등	5	12	방향 지시등(뒤)	17
6	안개등	27	13	후진등	16
7	보조 방향 지시등	5	14	번호판등	5

자동차정비산업기사 실기 11안

파트별		안별 문제	11안
엔진	1	엔진 분해 조립/측정	엔진 분해 조립/핀 저널 오일 간극 측정
	2	엔진 시동/작업	1가지 부품 탈·부착/엔진 시동(시동, 점화, 연료)
	3	엔진 작동 상태/측정	공회전 속도 점검/인젝터 파형 분석 점검
	4	파형 점검	AFS 파형(급가·감속 시)
	5	부품 교환/측정	CRDI 인젝터 탈·부착 시동/매연 측정
섀시	1	부품 탈·부착 작업	종감속 기어(어셈블리 탈·부착 교환)/링 기어 백래시, 접촉면 상태 점검
	2	장치별 측정/부품 교환 조정	타이로드 엔드 교환/휠 얼라인먼트 시험기 셋백, 토(toe)값 점검
	3	브레이크 부품 교환/작동 상태 점검	캘리퍼 탈·부착/브레이크 작동 상태 점검
	4	제동력 측정	전륜 또는 후륜 제동력 측정
	5	부품 탈·부착/이상 부위 측정	자동변속기 자기진단
전기	1	부품 탈·부착 작업/측정	에어컨 벨트, 블로어 모터 탈·부착/에어컨 라인 압력 확인 점검
	2	전조등 점검	전조등 시험기 점검/광도, 광축
	3	편의 안전장치 점검	와이퍼 간헐 시간 조정 스위치 입력 신호 점검/이상 부위 점검
	4	전기회로 점검/측정	파워윈도 회로 점검

국가기술자격 실기시험문제 11안 (엔진)

자격종목	자동차정비산업기사	과제명	자동차정비작업

비번호 :   시험시간 : 5시간 30분(엔진 : 140분, 섀시 : 120분, 전기 : 70분)

엔진 1

주어진 엔진을 기록표의 측정 항목까지 분해하여 기록표의 요구 사항을 측정 및 점검하고 본래 상태로 조립하시오.

1-1 엔진 분해 조립

 1안 참조 — 22쪽

1-2 크랭크축 핀 저널 오일(유막) 간극 측정

(1) 측정(플라스틱 게이지 측정)

1. 실린더 블록 메인 베어링을 깨끗이 닦고 크랭크축을 올려놓는다.

2. 크랭크축 핀 저널 위에 측정용 플라스틱 게이지를 저널 방향으로 올려놓는다.

3. 크랭크축 핀 저널 캡 볼트를 스피드 핸들을 사용하여 조립한다.

4. 토크 렌치를 세팅한다.

5. 규정 토크로 조인다.
(2.5~4.0 kgf·m)

6. 크랭크축 핀 저널 캡 볼트를 분해한다.

7. 핀 저널 캡 볼트를 스피드 핸들을 사용하여 신속하게 분해한다.

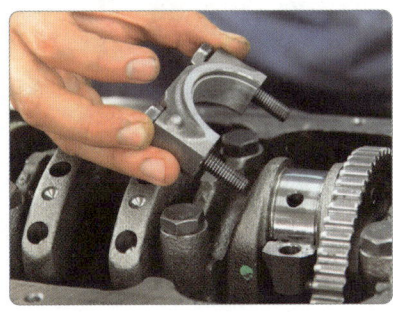

8. 핀 저널 캡을 분해한다.

9. 분해 후 정렬한다.

10. 측정용 플라스틱 게이지 외관에 표기된 게이지를 확인한다.

11. 크랭크축 핀 저널에 압착된 플라스틱 게이지를 측정한다.
(0.051 mm)

12. 크랭크축 저널을 깨끗이 닦는다.

실기시험 주요 Point

크랭크축 오일 간극이 크거나 작을 때 일어나는 현상

❶ 오일 간극이 적을 때 : 베어링 마멸 촉진, 베어링 고착(스틱) 현상이 발생한다.

❷ 오일 간극이 클 때 : 엔진 작동 시 소음 및 진동이 발생하며 유압이 저하된다.

(2) 측정(텔레스코핑 게이지와 마이크로미터 측정)

텔레스코핑 게이지와 마이크로미터에 의한 핀 저널 유막 간극 측정

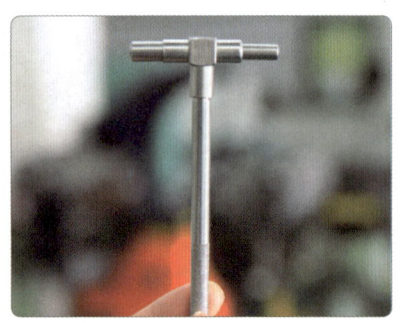

1. 안지름에 맞는 텔레스코핑 게이지를 선정한다.

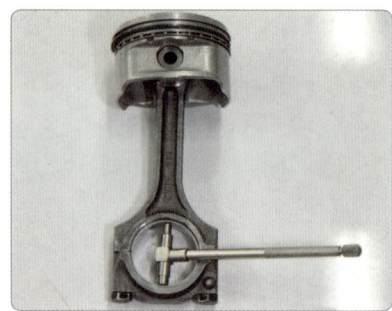

2. 피스톤 핀 저널 안지름(최솟값)을 측정한다.

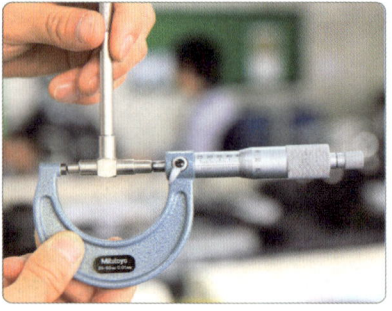

3. 측정된 텔레스코핑 게이지를 마이크로미터로 측정한다.

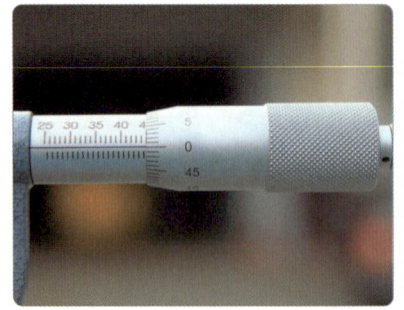

4. 핀 저널 안지름 측정(최댓값) : 45.00 mm

5. 핀 저널 바깥지름을 측정한다.

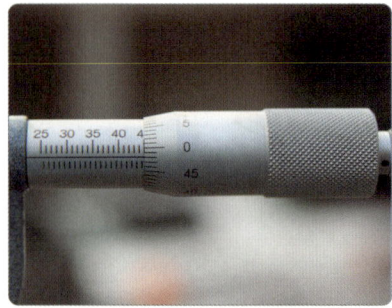

6. 핀 저널 바깥지름 측정(최솟값) : 44.98 mm

답안지 작성

엔진 1 크랭크축 점검

측정 항목	① 측정(또는 점검)		② 판정 및 정비(또는 조치) 사항		(H) 득점
(A) 엔진 번호 :			(B) 비번호	(C) 감독위원 확 인	
	(D) 측정값	(E) 규정(정비한계)값	(F) 판정 (□에 'V' 표)	(G) 정비 및 조치할 사항	
핀 저널 오일 간극	0.02 mm	0.019~0.063 mm	☑ 양호 □ 불량	정비 및 조치할 사항 없음	

1. 답안지 공통 사항(감독위원 확인 및 기록 사항)

(C) 감독위원 확인 : 감독위원 확인란으로 수험자는 기록하지 않습니다.
(H) 득점 : 감독위원이 해당 항목 점수를 채점 기록하며 수험자는 기록하지 않습니다.

2. 수험자가 기록해야 할 답안 사항

(A) 엔진 번호 : 측정하는 엔진 번호를 기록합니다(시험용 엔진이 2대 이상일 때 해당).
(B) 비번호 : 책임관리위원(공단 본부)이 배부한 등번호(비번호)를 기록합니다.
① 측정(또는 점검)
 (D) 측정값 : 크랭크축 핀 저널 오일 간극의 측정값 **0.02 mm**를 기록합니다.
 (E) 규정(정비한계)값 : 감독위원이 제시한 값 또는 정비지침서를 보고 기록합니다(반드시 단위를 기입합니다).
  0.019~0.063 mm
② 판정 및 정비(또는 조치) 사항
 (F) 판정 : 측정값이 규정(정비한계)값 범위 내에 있으므로 **양호**에 ☑ 표시를 합니다.
 (G) 정비 및 조치할 사항 : 판정이 양호이므로 **정비 및 조치할 사항 없음**을 기록합니다.
  판정이 불량일 때는 **핀 저널 베어링 교체 후 재점검**을 기록합니다.

3. 크랭크축 핀 저널 오일 간극 규정값

차 종	핀 저널 지름(오일 간극) 규정값	차 종	핀 저널 지름(오일 간극) 규정값
레간자	48.981~48.987 mm (0.019~0.063 mm)	쏘나타Ⅱ·Ⅲ	44.980~45.000 mm (0.022~0.05 mm)
아반떼	45 mm (0.024~0.042 mm)	엑셀	44.000 mm (0.014~0.044 mm)

● 크랭크축 핀 저널 오일 간극이 규정값보다 클 경우

항목	측정(또는 점검)		판정 및 정비(또는 조치) 사항		득점
	측정값	규정(정비한계)값	판정(□에 'V'표)	정비 및 조치할 사항	
핀 저널 오일 간극	0.051 mm	0.022~0.050 mm	□ 양호 ☑ 불량	핀 저널 베어링 교체 후 재점검	

엔진 번호 :   비번호   감독위원 확인

※ 판정 및 정비(조치)사항 : 크랭크축 핀 저널 오일 간극이 규정값 범위를 벗어났으므로 ☑ 불량에 표시하고, 핀 저널 베어링 교체 후 재점검합니다.

● 크랭크축 오일 간극이 규정값 범위를 벗어난 경우 일어나는 현상

크랭크축 오일 간극	일어나는 현상
크랭크축 오일 간극이 작을 때	베어링 마멸이 촉진됩니다.
	베어링 고착 현상이 발생합니다.
크랭크축 오일 간극이 클 때	엔진 작동 시 소음 및 진동이 발생합니다.
	유압이 저하됩니다.

실기시험 주요 Point

크랭크축 오일 간극 측정 시 유의사항

❶ 일회용 소모성 측정 게이지인 플라스틱 게이지로 측정하며, 수험자 한 사람씩 측정하도록 게이지가 주어진다.

❷ 플라스틱 게이지는 크랭크축 위에 놓고 저널 베어링 캡을 규정 토크로 조립한 후, 다시 분해하여 압착된 게이지 폭이 외관 게이지 수치에 가장 근접한 것을 측정값으로 한다.

❸ 시험장에 따라 실납으로 측정하는 경우도 있으며, 실납으로 측정 시 압착된 실납 두께를 마이크로미터로 측정한다.

엔진 2

주어진 자동차의 전자제어 엔진에서 감독위원의 지시에 따라 1가지 부품을 탈거한 후(감독위원에게 확인) 다시 부착하고 시동에 필요한 관련 부분의 이상개소(시동회로, 점화회로, 연료장치 중 2개소)를 점검 및 수리하여 시동하시오.

 **1안 참조** — 31쪽

엔진 3

2항의 시동된 엔진에서 공회전 속도를 확인하고 감독위원의 지시에 따라 인젝터 파형을 측정 및 분석하여 기록표에 기록하시오(단, 시동이 정상적으로 되지 않은 경우 본 항의 작업은 할 수 없다).

3-1 엔진 공회전 속도 점검

 **1안 참조** — 40쪽

3-2 인젝터 파형 측정 분석

 2안 참조 — 99쪽

 **실기시험 주요 Point**

밸브 스프링(valve spring)

밸브가 닫혀 있는 동안 기밀 유지 규정의 장력이 유지되어야 한다. 장력이 크면 밀봉 및 냉각이 양호하나 시트가 침하할 수 있으며 장력이 작으면 밸브의 기밀 및 냉각이 불량하게 된다.

❶ 밸브 스프링의 종류
- 등피치형
- 부등피치형
- 원뿔형

❷ 스프링 점검
(스프링 장력 시험기 및 정반과 직각자)
- 자유고 : 표준의 3% 이내
- 직각도 : 3% 이내
- 장력 : 15% 이내

밸브 스프링 장력 테스터

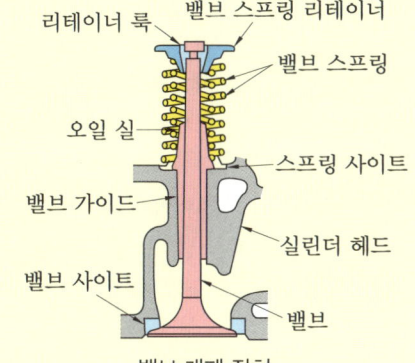

밸브 개폐 장치

엔진 4

주어진 자동차의 엔진에서 흡입공기유량센서의 파형을 출력·분석하여 그 결과를 기록표에 기록하시오(측정 조건 : 급가·감속 시).

4-1 흡입 공기 유량 센서 파형 점검

 7안 참조 — 267쪽

엔진 5

주어진 전자제어 디젤 엔진에서 인젝터를 탈거한 후(감독위원에게 확인) 다시 조립하여 시동을 걸고 매연을 측정하여 기록표에 기록하시오.

5-1 디젤 엔진 커먼레일 인젝터 탈·부착

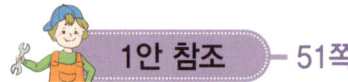 1안 참조 — 51쪽

5-2 디젤 매연 측정

 2안 참조 — 105쪽

 **실기시험 주요 Point**

예열 장치
1. 흡기 가열식 : 흡입되는 공기를 흡입 다기관에서 가열하는 형식이다.
2. 예열 플러그식 : 연소실 내의 압축 공기를 직접 예열하는 형식이다.

공회전 속도 조절 장치
1. ISC-서보 방식 : ISC-서보 모터, 웜 기어, 웜 휠, 모터 위치 센서(MPS), 공회전 스위치 등으로 구성되어 있다. 작동은 ISC-서보 모터 축에 설치되어 있는 모터가 컴퓨터의 신호에 의해 회전하면 모터의 회전 방향에 따라 웜 휠이 회전하여 플런저를 상하 직선 운동으로 바꾸고 ISC-서보 레버를 작동시켜 스로틀 밸브의 열림 정도를 조절함으로써 공회전 속도를 조절한다.
2. 스텝 모터 방식(step motor type)
   - 피드백 제어가 필요 없어 제어 계통이 단순하고 컴퓨터로의 제어가 매우 쉽다.
   - 회전 오차 각도가 누적되지 않고 정지할 때 큰 정지 회전력을 갖는다. 브러시가 없어 신뢰성이 높다.
   - 직류 전동기보다 능률이 낮고 출력당 중량이 크다. 특정 주파수에서 공진, 진동 현상이 발생한다.

국가기술자격 실기시험문제 11안 (섀시)

자격종목	자동차정비산업기사	과제명	자동차정비작업

비번호 :　　　　시험시간 : 5시간 30분(엔진 : 140분, 섀시 : 120분, 전기 : 70분)

섀시 1 주어진 후륜 차량의 종감속 기어 어셈블리에서 사이드 기어의 시임 및 스페이서를 탈거한 후 (감독위원에게 확인) 다시 부착하여 링 기어 백래시와 접촉면 상태를 바르게 조정 및 확인하시오.

1-1 차동 기어 탈·부착

1. 차동 기어 캐리어 캡을 분해한다.

2. 캐리어 캡을 정렬한다(좌, 우가 바뀌지 않도록 주의한다).

3. 차동 기어 케이스를 분리한다.

4. 링 기어 고정 볼트를 분해한다.

5. 링 기어를 분해하여 정렬한다.

6. 차동장치 고정핀을 분해한다.

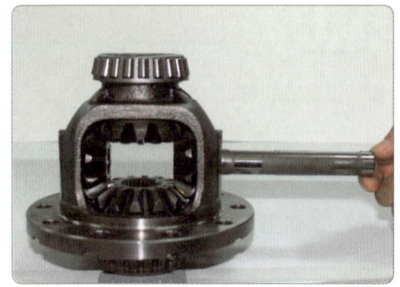
7. 차동 기어 피니언축을 빼낸다.

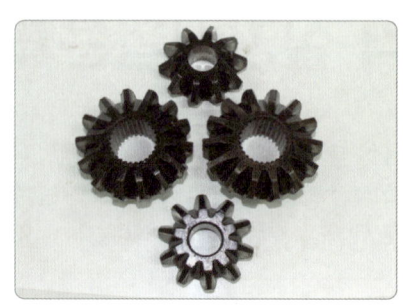
8. 피니언 기어 및 사이드 기어를 분해한다.

9. 종감속 기어 하우징을 바이스에 물린다.

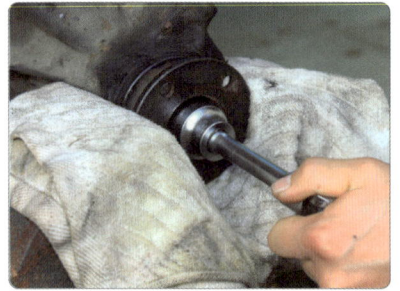
10. 구동 피니언 플랜지 고정 너트를 분해한다.

11. 구동 피니언 기어를 분해하고 정렬한다.

12. 플랜지를 정렬하고 감독위원의 확인을 받는다.

13. 차동 기어 케이스를 정렬한다.

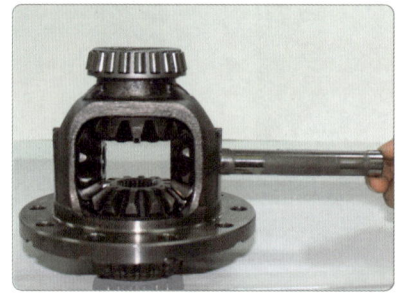
14. 사이드 기어와 피니언 기어를 조립하고 차동 피니언축을 조립한다.

15. 차동 피니언축 고정핀을 조립한다.

16. 링 기어를 조립한다.

17. 구동 피니언 하우징에 구동 피니언과 플랜지를 조립한다.

18. 차동 기어 캐리어 캡과 링 기어 백래시 조정 볼트를 조립한 후 감독위원에게 확인받는다.

1-2 링 기어 백래시와 접촉면 상태 점검

1. 링 기어에 다이얼 게이지 스핀들을 링 기어와 직각이 되도록 설치한 후 다이얼 게이지를 0점 조정한다.

2. 구동 피니언 기어를 고정하고 링 기어를 앞뒤로 움직여 백래시를 측정한다.

3. 측정용 링 기어면을 닦아낸다.

4. 기어 접촉면에 인주를 고르게 바른다.

5. 링 기어와 구동 피니언 기어를 접촉시킨다.

6. 접촉된 기어면을 확인한다.

섀시 2 주어진 자동차에서 휠 얼라인먼트 시험기로 셋백과 토(toe)값을 측정하여 기록표에 기록하고, 타이로드 엔드를 탈거한 후(감독위원에게 확인) 다시 부착하여 토(toe)가 규정값이 되도록 조정하시오.

 4안 참조 — 179쪽

섀시 3 주어진 자동차에서 전륜의 브레이크 캘리퍼를 탈거한 후(감독위원에게 확인) 다시 부착하여 브레이크 작동 상태를 점검하시오.

 6안 참조 — 246쪽

섀시 4 — 3항 작업 자동차에서 감독위원의 지시에 따라 전(앞) 또는 후(뒤) 제동력을 측정하여 기록표에 기록하시오.

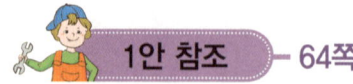 1안 참조 — 64쪽

섀시 5 — 주어진 자동차의 자동변속기에서 자기진단기(스캐너)를 이용하여 각종 센서 및 시스템 작동 상태를 점검하고 기록표에 기록하시오.

 1안 참조 — 68쪽

실기시험 주요 Point

자기진단 점검 요령
① 변속 레버가 P 또는 중립 상태에 위치하고 있는지 확인한다.
② 차량은 정지 상태로 하며 필요시 엔진을 ON시키거나 Key ON 상태를 유지한다.

고장 코드 표시 순서
① 페일 세이프 항목(TCU로부터 변속 고정에 대한 코드), 자기진단 항목 순으로 표시되며, 각 항목의 고장이 복수일 경우 코드순으로 반복한다.
② 고장 항목 기억 : 자기진단 항목은 8개, 페일 세이프 항목은 3개가 기억된다.
③ 기억 가능 개수를 초과했을 때는 페일 세이프 항목, 자기진단 항목 중 발생순서가 오래된 것을 소거하여 새로운 코드를 기억한다.
④ 동일 코드의 기억은 1회만 한다.

국가기술자격 실기시험문제 11안(전기)

자격종목	자동차정비산업기사	과제명	자동차정비작업

비번호 :　　　　　시험시간 : 5시간 30분(엔진 : 140분, 섀시 : 120분, 전기 : 70분)

전기 1

자동차에서 에어컨 벨트와 블로어 모터를 탈거한 후(감독위원에게 확인), 다시 부착하여 작동 상태를 확인하고, 에어컨의 압력을 측정하여 기록표에 기록하시오.

1-1 에어컨 벨트 탈·부착

5안 참조 — 221쪽

에어컨 벨트 탈·부착

1-2 블로어 모터 탈·부착

 5안 참조 — 223쪽

1-3 에어컨 라인 압력 점검

 5안 참조 — 224쪽

전기 2
주어진 자동차에서 전조등 시험기로 전조등을 점검하여 기록표에 기록하시오.

 1안 참조 — 79쪽

 **실기시험 주요 Point**

에어컨 냉방 사이클(TXV : Thermal Expansion Valve) 방식

❶ 컴프레서 → 콘덴서 → 리시버 드라이어 → 팽창 밸브 → 이배퍼레이터 → 컴프레서의 기본 사이클로 이루어져 있다.

❷ 팽창 밸브에서 교축작용이 이루어지며, 팽창 밸브를 지나면서 냉매는 급격히 압력이 저하되고 차가워지기 시작한다.

❸ 리시버 드라이어는 고압 라인에 장착되어 냉매의 수분 및 불순물을 걸러주고 냉매의 맥동을 흡수하며, 듀얼 압력 또는 트리플 스위치가 장착되어 냉매 압력에 따라 컴프레서의 작동을 제어한다.

| 전기 | **3** | 주어진 자동차에서 와이퍼 간헐(INT) 시간 조정 스위치 조작 시 편의장치(ETACS 또는 ISU) 커넥터에서 스위치 신호(전압)를 측정하고 이상 여부를 확인하여 기록표에 기록하시오. |

3-1 와이퍼 스위치 신호 점검

ETACS 와이퍼 스위치 점검

1. 시험 차량에서 에탁스의 위치를 확인한다.

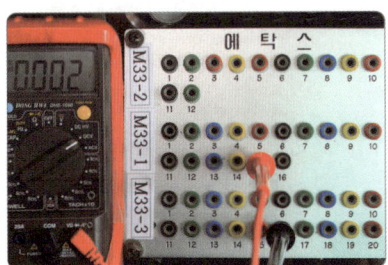

2. 에탁스 커넥터(M33-1 커넥터 15번 단자)에 멀티테스터 (+) 프로브를, (-) 프로브는 차체(M33-3 커넥터 16번 단자)에 접지시킨다.

3. 점화스위치를 ON시킨다(스위치 점등 상태 확인).

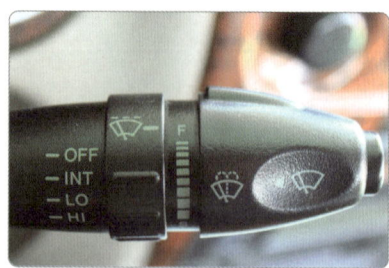
4. 와이퍼 스위치를 INT(ON) 위치로 놓는다.

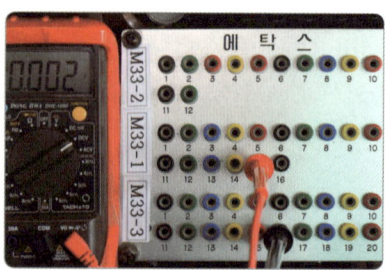
5. 출력된 전압을 확인한다(0.002 V).

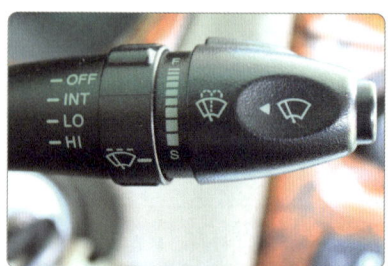
6. 와이퍼 스위치를 INT(OFF) 위치로 놓는다.

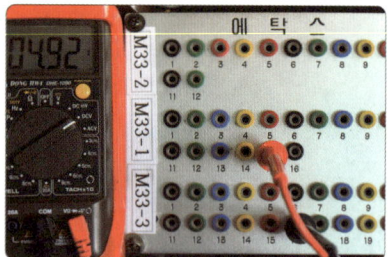
7. 출력 전압을 확인한다(4.92 V).

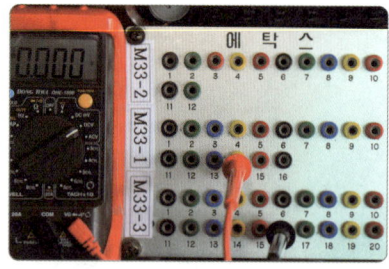
8. 에탁스 커넥터(M33-1 커넥터 14번 단자)에 멀티테스터 (+) 프로브를, (-) 프로브는 차체(M33-3 커넥터 16번 단자)에 접지시킨다.

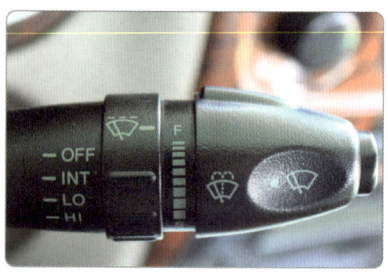
9. 와이퍼 스위치 INT TIME을 FAST로 놓는다.

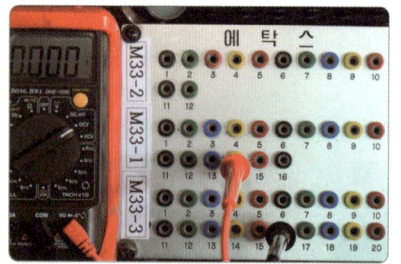
10. 출력 전압을 확인한다(0 V).

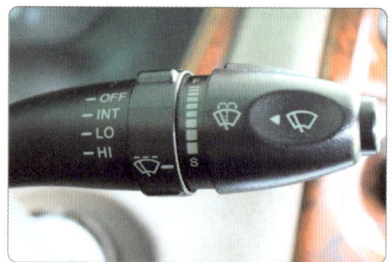
11. 와이퍼 스위치 INT TIME을 SLOW로 놓는다.

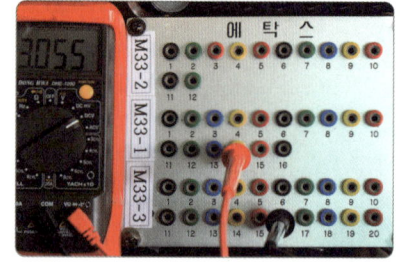
12. 출력 전압을 확인한다(3.055 V).

실기시험 주요 Point

CRDI 인젝터 분사
① 예비 분사 : 주 분사 전 예비 분사(파일럿 분사)로 연소효율 향상과 소음 및 진동을 저감한다.
② 주 분사 : 실제 엔진 출력을 내기 위한 분사이다.
③ 사후 분사 : 디젤 엔진의 특성으로 많이 발생하는 매연을 줄이고, 배기가스 후 처리장치의 재생을 활성화시키기 위한 분사이다.

답안지 작성

전기 3 와이퍼 스위치 신호 점검

	(A) 자동차 번호 :		(B) 비번호	(C) 감독위원 확인	
점검 항목	① (D) 측정(또는 점검)		② 판정 및 정비(또는 조치) 사항		(G) 득점
			(E) 판정	(F) 정비 및 조치할 사항	
와이퍼 간헐 시간 조정 스위치 위치별 작동 신호	INT S/W 전압	ON : 0.002 V OFF : 4.92 V	☑ 양호 ☐ 불량	정비 및 조치할 사항 없음	
	INT S/W 위치별 전압	FAST(빠름)~SLOW(느림) 전압 기록 : 0~3.05 V			

1. 답안지 공통 사항(감독위원 확인 및 기록 사항)

(C) 감독위원 확인 : 감독위원 확인란으로 수험자는 기록하지 않습니다.
(G) 득점 : 감독위원이 해당 항목 점수를 채점 기록하며 수험자는 기록하지 않습니다.

2. 수험자가 기록해야 할 답안 사항

(A) **자동차 번호** : 측정하는 자동차 번호를 기록합니다(시험용 자동차가 2대 이상일 때 해당).
(B) **비번호** : 책임관리위원(공단 본부)이 배부한 등번호(비번호)를 기록합니다.
① 측정(또는 점검)
  (D) **측정(또는 점검)** : 작동 신호의 측정값을 기록합니다.
    • INT S/W 전압 : ON-0.002 V, OFF-4.92 V
    • INT S/W 위치별 전압 : 0~3.05 V
② 판정 및 정비(또는 조치) 사항
  (E) **판정** : 와이퍼 작동 조건에서 측정값이 규정(한계)값 범위 내에 있으므로 **양호**에 ☑ 표시를 합니다.
  (F) **정비 및 조치할 사항** : 판정이 양호이므로 **정비 및 조치할 사항 없음**을 기록합니다.
    판정이 불량일 때는 **에탁스 교체 후 재점검** 또는 **와이퍼 스위치 교체 후 재점검**을 기록합니다.

● 와이퍼 신호 측정 전압이 출력되지 않을 경우

측정 항목	측정(또는 점검)		판정 및 정비(또는 조치) 사항		득점
			자동차 번호 : 비번호 감독위원 확 인		
			판정(□에 'V'표)	정비 및 조치할 사항	
와이퍼 간헐 시간 조정 스위치 위치별 작동신호	INT S/W 전압	ON : 0 V OFF : 0 V	□ 양호 V 불량	에탁스 교체 후 재점검	
	INT 스위치 위치별 전압	FAST(빠름)~SLOW(느림) 전압 기록 : 0~0 V			

※ 판정 및 정비(조치) 사항 : 와이퍼 신호 측정 전압이 없으므로 V 불량에 표시하고, 에탁스 교체 후 재점검합니다.

● 와이퍼 신호 측정 전압이 규정값보다 클 경우

점검 항목	측정(또는 점검)		판정 및 정비(또는 조치) 사항		득점
			자동차 번호 : 비번호 감독위원 확 인		
			판정(□에 'V'표)	정비 및 조치할 사항	
와이퍼 간헐 시간조정 스위치 위치별 작동신호	INT S/W 전압	ON : 0 V OFF : 8 V	□ 양호 V 불량	와이퍼 스위치 교체 후 재점검	
	INT 스위치 위치별 전압	FAST(빠름)~SLOW(느림) 전압 기록 : 0~3.5 V			

※ 판정 및 정비(조치) 사항 : 와이퍼 신호 측정 전압이 규정값을 벗어났으므로 V 불량에 표시하고, 와이퍼 스위치 교체 후 재점검합니다.

● 와이퍼 간헐시간 조정 작동 전압 규정값

입출력 요소	항목	조 건	전 압
입력	INT(간헐) 스위치	OFF	5 V
		INT 선택	0 V
출력	INT 가변 볼륨	FAST(빠름)	0 V
		SLOW(느림)	3.8 V

전기 4

주어진 자동차에서 파워윈도 회로를 점검하여 이상개소(2곳)를 찾아서 수리하시오.

4-1 파워윈도 전기 회로도

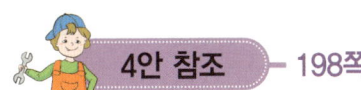 198쪽

4-2 파워윈도 회로 점검

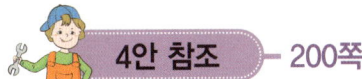 200쪽

실기시험 주요 Point

파워윈도 릴레이 회로 진단

파워윈도 릴레이에서 회로 진단은 파워윈도 회로에서 윈도 제어의 역할보다는 전원 공급의 역할을 하므로 회로의 진단에 있어서 전원 공급에 중점을 두어 점검을 해야 한다.

① 릴레이 솔레노이드의 작동 단자에 접지 공급 여부는 멀티테스터나 전구 시험기를 활용한다.
② 릴레이 솔레노이드의 작동 단자에 접지 공급 여부는 제어장치에서 역할을 하므로 제어장치의 IG ON 상태에서 접지 공급을 하는지 전구 시험기를 활용하여 확인한다.
③ 릴레이 스위치의 전원 공급 단자에 전원 공급 여부는 전구 시험기를 활용하여 확인한다.
④ 릴레이의 파워윈도 작동 단자에 전원을 공급하여 파워윈도가 작동하는지 확인한다.

파워윈도가 작동하지 않는 원인

① 축전지 불량
② 파워윈도 퓨즈의 탈거
③ 파워윈도 릴레이 탈거
④ 파워윈도 릴레이 핀 부러짐
⑤ 파워윈도 스위치 커넥터 탈거
⑥ 파워윈도 스위치 커넥터 불량
⑦ 파워윈도 모터 커넥터 불량
⑧ 축전지 터미널 연결 상태 불량
⑨ 파워윈도 퓨즈의 단선
⑩ 파워윈도 릴레이 불량
⑪ 파워윈도 스위치 불량
⑫ 파워윈도 라인 단선
⑬ 파워윈도 모터 불량

자동차정비산업기사 실기 12안

파트별		안별 문제	12안
엔진	1	엔진 분해 조립/측정	엔진 분해 조립/크랭크축 메인저널 오일 간극 측정
	2	엔진 시동/작업	1가지 부품 탈·부착/ 엔진 시동(시동, 점화, 연료)
	3	엔진 작동 상태/측정	공회전 속도 점검/ 배기가스 측정
	4	파형 점검	점화 1차 파형 분석(공회전 상태)
	5	부품 교환/측정	CRDI 연료 압력 조절기 탈·부착 시동/연료 압력 점검
섀시	1	부품 탈·부착 작업	후륜 쇽업소버 스프링 탈·부착
	2	장치별 측정/부품 교환 조정	휠 얼라인먼트 시험기(캐스터, 토) 측정/타이로드 엔드 교환
	3	브레이크 부품 교환/ 작동 상태 점검	ABS 브레이크 패드 교환/ 브레이크 작동 상태 확인
	4	제동력 측정	전륜 또는 후륜 제동력 측정
	5	부품 탈·부착/ 이상 부위 측정	ABS 자기진단
전기	1	부품 탈·부착 작업/측정	기동모터 탈·부착/ 전류 소모, 전압 강하 점검
	2	전조등 점검	전조등 시험기 점검/광도, 광축
	3	편의 안전장치 점검	열선 스위치 입력 신호 점검
	4	전기회로 점검	전조등 회로 점검

국가기술자격 실기시험문제 12안 (엔진)

자격종목	자동차정비산업기사	과제명	자동차정비작업

비번호 :　　　　　시험시간 : 5시간 30분(엔진 : 140분, 섀시 : 120분, 전기 : 70분)

엔진 1
주어진 엔진을 기록표의 측정 항목까지 분해하여 기록표의 요구사항을 측정 및 점검하고 본래 상태로 조립하시오.

1-1 엔진 분해 조립

1안 참조 — 22쪽

1-2 크랭크축 오일 간극 측정

1안 참조 — 27쪽

엔진 2
주어진 자동차의 전자제어 엔진에서 감독위원의 지시에 따라 1가지 부품을 탈거한 후(감독위원에게 확인), 다시 부착하고 시동에 필요한 관련 부분의 이상 개소(시동회로, 점화회로, 연료장치 중 2개소)를 점검 및 수리하여 시동하시오.

1안 참조 — 31쪽

엔진 3
2항의 시동된 엔진에서 공회전 속도를 확인하고, 감독위원의 지시에 따라 공회전 시 배기가스를 측정하여 기록표에 기록하시오(단, 시동이 정상적으로 되지 않은 경우 본 항의 작업은 할 수 없다).

| 3-1 | 엔진 공회전 속도 점검 |

1안 참조 — 40쪽

| 3-2 | 배기가스 측정 |

1안 참조 — 42쪽

| 엔진 4 | 주어진 자동차의 엔진에서 점화코일의 1차 파형을 측정하고 그 결과를 분석하여 출력물에 기록·판정하시오(측정 조건 : 공회전 상태). |

| 4-1 | 점화 1차 파형 점검 |

5안 참조 — 204쪽

| 엔진 5 | 주어진 전자제어 디젤 엔진에서 연료 압력 조절 밸브를 탈거한 후(감독위원에게 확인) 다시 부착하여 시동을 걸고, 공회전 시 연료 압력을 점검하여 기록표에 기록하시오. |

| 5-1 | 연료 압력 조절 밸브 탈·부착 |

3안 참조 — 146쪽

| 5-2 | 연료 압력 점검 |

1안 참조 — 53쪽

국가기술자격 실기시험문제 12안 (섀시)

자격종목	자동차정비산업기사	과제명	자동차정비작업

비번호 :   시험시간 : 5시간 30분(엔진 : 140분, 섀시 : 120분, 전기 : 70분)

섀시 1 주어진 자동차에서 후륜 현가장치의 쇽업소버 스프링을 탈거한 후(감독위원에게 확인), 다시 부착하여 작동 상태를 확인하시오.

1-1 뒤 쇽업소버 탈·부착

 2안 참조 — 113쪽

1-2 뒤 쇽업소버 스프링 탈·부착

 1안 참조 — 58쪽

섀시 2 주어진 자동차에서 휠 얼라인먼트 시험기로 캐스터와 토 값을 측정하여 기록표에 기록한 후 타이로드 엔드를 교환하여 토(toe)가 규정값이 되도록 조정하시오.

 5안 참조 — 213쪽

섀시 3 ABS가 설치된 주어진 자동차에서 브레이크 패드를 탈거한 후(감독위원에게 확인), 다시 부착하여 브레이크 작동상태를 점검하시오.

 1안 참조 — 63쪽

섀시 4
3항의 작업 자동차에서 감독위원 지시에 따라 전(앞) 또는 후(뒤) 제동력을 측정하여 기록표에 기록하시오.

1안 참조 — 64쪽

섀시 5
주어진 자동차의 ABS에서 자기진단기(스캐너)를 이용하여 각종 센서 및 시스템 작동 상태를 점검하고 기록표에 기록하시오.

2안 참조 — 118쪽

실기시험 주요 Point

휠 얼라인먼트 측정 준비 작업
① 4주식 리프트에 측정하고자 하는 차량을 정렬한다.
② 1단 리프트를 측정하기 쉬운 높이만큼 리프트 업시킨다.
③ 2단 리프트는 자동차 하체부의 부품에 파손되지 않게 고임목을 이용하여 1단 리프트와 자동차의 휠이 10cm 정도 떨어지도록 자동차를 수평으로 올린다.
④ 전, 후 각각의 휠 헤드에 장착된 플램프를 이용하여 타이어 휠에 정확히 장착한다.
⑤ 각 헤드에 케이블을 연결한다(유선으로 점검 시).
⑥ 휠이 중심과 일치하도록 전, 후륜의 턴테이블을 맞추어 설치 후 각 헤드의 수평을 맞춘다.
⑦ 측정하고자 하는 메뉴를 선택하여 런 아웃 화면이 나타나면 각각의 휠을 순차적으로 후륜부터 보정한다.

휠 얼라인먼트의 기능
① 조향 휠의 조작을 확실하게 하고 안전성을 준다. ➡ 캐스터의 작용
② 조향 휠에 복원성을 주며 조작력을 경감시킬 수 있다. ➡ 캐스터와 킹핀 경사각의 작용
③ 타이어 마모를 최소로 한다. ➡ 토 인의 작용

국가기술자격 실기시험문제 12안 (전기)

자격종목	자동차정비산업기사	과제명	자동차정비작업

비번호 :　　　　　시험시간 : 5시간 30분(엔진 : 140분, 섀시 : 120분, 전기 : 70분)

전기 1
주어진 자동차에서 시동모터를 탈거한 후(감독위원에게 확인), 다시 부착하여 작동상태를 확인하고, 크랭킹 시 전류 소모 및 전압 강하 시험을 하여 기록표에 기록하시오.

1-1 시동모터 탈·부착

 1안 참조 — 73쪽

1-2 크랭킹 전류 소모, 전압 강하 시험

 1안 참조 — 75쪽

전기 2
주어진 자동차에서 전조등 시험기로 전조등을 점검하여 기록표에 기록하시오.

2-1 전조등 점검

 1안 참조 — 79쪽

전기 3
주어진 자동차에서 열선 스위치 조작 시 편의장치(ETACS 또는 ISU) 커넥터에서 스위치 입력 신호(전압)를 측정하고 이상여부를 확인하여 기록표에 기록하시오.

3-1 열선 스위치 입력 신호(전압) 측정

 4안 참조 — 194쪽

전기 4

주어진 자동차에서 전조등 회로를 점검하여 이상개소(2곳)를 찾아서 수리하시오.

4-1 전조등 회로 점검

 3안 참조 — 162쪽

실기시험 주요 Point

전조등 회로 점검 방법

① 전조등 상향 퓨즈(15 A)와 하향 퓨즈(15 A) 및 IG1 퓨즈(10 A)를 점검한다.
② 헤드라이트 전구에 연결되는 커넥터의 공급 전원(12 V)을 확인한다.
③ 콤비네이션(다기능) 스위치의 헤드라이트 연결 커넥터를 점검한다.
④ 전조등 릴레이의 상향, 하향 장착 상태 및 통전 시험을 하여 점검한다.
⑤ 축전지 (−) 단자를 분리하고 조향 휠에 있는 혼 커버를 분리한다. 에어백 차량의 경우 에어백 모듈을 분리한다.
⑥ 혼 커넥터를 분리한다. 에어백 차량의 경우 에어백 모듈 커넥터를 분리한다.
⑦ 스티어링 휠 로크너트를 분리한다.
⑧ 콤비네이션(다기능) 스위치의 장착 스크루를 풀고 스위치를 분리한다.
⑨ 스티어링 컬럼 상부와 하부의 슈라우드(시라우드)를 분리한다.
⑩ 콤비네이션(다기능) 스위치를 작동하면서 단자 사이의 통전을 시험한다.
⑪ 전구의 필라멘트 부분이 단선되었는지 점검한다.

자동차정비산업기사 실기 13안

파트별		안별 문제	13안
엔진	1	엔진 분해 조립/측정	엔진 분해 조립/크랭크축 축방향 유격 측정
	2	엔진 시동/작업	1가지 부품 탈·부착/엔진 시동(시동, 점화, 연료)
	3	엔진 작동 상태/측정	공회전 속도 점검/인젝터 파형 분석 점검(공회전 상태)
	4	파형 점검	맵 센서 파형 분석(급가감속 시)
	5	부품 교환/측정	연료 압력 탈·부착 시동/매연 측정
섀시	1	부품 탈·부착 작업	전륜 쇽업소버 코일 스프링 탈·부착 확인
	2	장치별 측정/부품 교환 조정	브레이크 페달 자유 간극/자유 간극과 페달 높이 측정
	3	브레이크 부품 교환/작동 상태 점검	후륜 휠 실린더(캘리퍼) 교환/브레이크 작동 상태 확인
	4	제동력 측정	전륜 또는 후륜 제동력 측정
	5	부품 탈·부착/이상 부위 측정	자동변속기 자기진단
전기	1	부품 탈·부착 작업/측정	발전기 분해 조립/다이오드, 로터 코일 점검
	2	전조등 점검	전조등 시험기 점검/광도, 광축
	3	편의 안전장치 점검	열선 스위치 입력 신호 점검
	4	전기 회로 점검	방향지시등 회로 점검

국가기술자격 실기시험문제 13안 (엔진)

자격종목	자동차정비산업기사	과제명	자동차정비작업

비번호 :   시험시간 : 5시간 30분(엔진 : 140분, 섀시 : 120분, 전기 : 70분)

엔진 1
주어진 엔진을 기록표의 측정 항목까지 분해하여 기록표의 요구사항을 측정 및 점검하고 본래 상태로 조립하시오.

1-1 엔진 분해 조립

 1안 참조 — 22쪽

1-2 크랭크축 축방향 간극(유격) 측정

 3안 참조 — 138쪽

엔진 2
주어진 자동차의 전자제어 엔진에서 감독위원의 지시에 따라 1가지 부품을 탈거한 후(감독위원에게 확인), 다시 부착하고 시동에 필요한 관련 부분의 이상개소(시동회로, 점화회로, 연료장치 중 2개소)를 점검 및 수리하여 시동하시오.

2-1 엔진 전기(시동회로, 점화회로, 연료회로) 점검 시동

 1안 참조 — 31쪽

엔진 3
2항의 시동된 엔진에서 공회전 속도를 확인하고 감독위원의 지시에 따라 인젝터 파형을 측정 및 분석하여 기록표에 기록하시오(단, 시동이 정상적으로 되지 않은 경우 본 항의 작업은 할 수 없다).

| 3-1 | 엔진 공회전 속도 점검 |

 1안 참조 — 40쪽

| 3-2 | 인젝터 파형 측정 분석 |

2안 참조 — 99쪽

| 엔진 4 | 주어진 자동차의 엔진에서 맵 센서의 파형을 분석하여 그 결과를 기록표에 기록하시오(측정 조건 : 급가감속 시). |

| 4-1 | 맵 센서 파형 측정 분석 |

 1안 참조 — 48쪽

| 엔진 5 | 주어진 전자제어 디젤 엔진에서 연료 압력 센서를 탈거한 후(감독위원에게 확인), 다시 부착하여 시동을 걸고, 매연을 측정하여 기록표에 기록하시오. |

| 5-1 | 연료 압력 센서 탈·부착 |

 2안 참조 — 104쪽

| 5-2 | 디젤 매연 측정 |

 2안 참조 — 105쪽

국가기술자격 실기시험문제 13안 (섀시)

자격종목	자동차정비산업기사	과제명	자동차정비작업

비번호 :   시험시간 : 5시간 30분(엔진 : 140분, 섀시 : 120분, 전기 : 70분)

섀시 1
주어진 자동차에서 전륜 현가장치의 스트럿 어셈블리(또는 코일 스프링)를 탈거한 후(감독위원에게 확인), 다시 부착하여 작동 상태를 확인하시오.

1-1 앞 쇽업소버 탈·부착

 1안 참조 — 57쪽

1-2 쇽업소버 스프링 탈·부착

 1안 참조 — 58쪽

섀시 2
주어진 자동차의 브레이크에서 페달 자유 간극을 측정하여 기록표에 기록한 후, 페달 자유 간극과 페달 높이가 규정값이 되도록 조정하시오.

2-1 브레이크 페달 높이 및 자유 간극 측정
 6안 참조 — 244쪽

섀시 3
주어진 자동차에서 브레이크 휠 실린더(또는 캘리퍼)를 탈거한 후(감독위원에게 확인), 다시 부착하여 브레이크 작동 상태를 점검하시오.

3-1 휠 실린더 탈·부착

 3안 참조 — 155쪽

섀시 4 3항의 작업 자동차에서 감독위원 지시에 따라 전(앞) 또는 후(뒤) 제동력을 측정하여 기록표에 기록하시오.

4-1 제동력 측정

 1안 참조 — 64쪽

섀시 5 주어진 자동차의 자동변속기에서 자기진단기(스캐너)를 이용하여 각종 센서 및 시스템 작동 상태를 점검하고 기록표에 기록하시오.

5-1 자동변속기 자기진단

 1안 참조 — 68쪽

 실기시험 주요 Point

휠 스피드 센서

하이드롤릭 컨트롤 유닛(HCU)

국가기술자격 실기시험문제 13안 (전기)

자격종목	자동차정비산업기사	과제명	자동차정비작업

비번호 :   시험시간 : 5시간 30분(엔진 : 140분, 섀시 : 120분, 전기 : 70분)

전기 1
주어진 발전기를 분해한 후 정류 다이오드 및 로터 코일의 상태를 점검하여 기록표에 기록하고, 다시 본래대로 조립하여 작동 상태를 확인하시오.

1-1 발전기 분해 조립

 4안 참조 — 187쪽

1-2 다이오드와 로터 코일 점검

 4안 참조 — 189쪽

전기 2
주어진 자동차에서 전조등 시험기로 전조등을 점검하여 기록표에 기록하시오.

2-1 전조등 점검

 1안 참조 — 79쪽

전기 3
주어진 자동차에서 열선 스위치 조작 시 편의장치(ETACS 또는 ISU) 커넥터에서 스위치 입력 신호(전압)를 측정하고 이상 여부를 확인하여 기록표에 기록하시오.

3-1 열선 스위치 입력 신호(전압) 측정

 4안 참조 — 194쪽

전기 4
주어진 자동차에서 방향지시등 회로를 점검하여 이상개소(2곳)를 찾아서 수리하시오.

4-1 방향지시등 회로 점검

 7안 참조 — 285쪽

실기시험 주요 Point

방향지시등 회로 점검
방향지시등 스위치를 좌측 또는 우측으로 선택해도 전혀 점등되지 않는다.

방향지시등이 점등되지 않는 원인
❶ 방향지시등 퓨즈 단선 시
❷ 방향지시등 릴레이 불량으로 인한 작동 불량
❸ 비상등 스위치 불량 : 방향지시등 작동 시 비상등 스위치를 통해 전기가 공급되도록 되어 있으므로 비상등 스위치가 고장이 나면 방향지시등은 작동되지 않는다.
❹ 방향지시등 스위치(다기능 스위치) 불량
❺ 방향지시등 작동 전기회로의 고장(전기배선이 끊어짐, 커넥터 탈거)

방향지시등이 작동되지 않을 때 비상등 스위치를 한번 눌러주면 정상 작동이 되는 경우
비상등 스위치 내부 접촉 불량에 의해 발생되는 현상이므로 이러한 현상이 자주 발생될 때는 비상등 스위치를 교체해야 한다.

자동차정비산업기사 실기 14안

파트별		안별 문제	14안
엔진	1	엔진 분해 조립/측정	엔진 분해 조립/캠축 휨 측정
	2	엔진 시동/작업	1가지 부품 탈·부착/엔진 시동(시동, 점화, 연료)
	3	엔진 작동 상태/측정	공회전 속도 점검/배기가스 측정
	4	파형 점검	산소 센서 파형 분석(공회전 상태)
	5	부품 교환/측정	CRDI 연료 압력 조절 밸브 탈·부착/매연 측정
섀시	1	부품 탈·부착 작업	드라이브 액슬축 탈거/부트 탈·부착
	2	장치별 측정/부품 교환 조정	타이로드 엔드 탈·부착/최소회전반지름 측정
	3	브레이크 부품 교환/작동 상태 점검	브레이크 라이닝 슈(패드) 교환/브레이크 작동 상태 확인
	4	제동력 측정	전륜 또는 후륜 제동력 측정
	5	부품 탈·부착/이상 부위 측정	ABS 자기진단
전기	1	부품 탈·부착 작업/측정	시동모터 탈·부착/전류 소모, 전압 강하 점검
	2	전조등 점검	전조등 시험기 점검/광도, 광축
	3	편의 안전장치 점검	와이퍼 간헐 시간 조정 스위치 입력 신호 점검
	4	전기 회로 점검	미등, 제동등 회로 점검

국가기술자격 실기시험문제 14안 (엔진)

자격종목	자동차정비산업기사	과제명	자동차정비작업

비번호 :   시험시간 : 5시간 30분(엔진 : 140분, 섀시 : 120분, 전기 : 70분)

엔진 1
주어진 엔진을 기록표의 측정 항목까지 분해하여 기록표의 요구사항을 측정 및 점검하고 본래 상태로 조립하시오.

1-1 엔진 분해 조립

 1안 참조 — 22쪽

1-2 캠축 휨 측정

 2안 참조 — 96쪽

엔진 2
주어진 자동차의 전자제어 엔진에서 감독위원의 지시에 따라 1가지 부품을 탈거한 후(감독위원에게 확인) 다시 부착하고 시동에 필요한 관련 부분의 이상개소(시동회로, 점화회로, 연료장치 중 2개소)를 점검 및 수리하여 시동하시오.

 1안 참조 — 31쪽

엔진 3
2항의 시동된 엔진에서 공회전 속도를 확인하고, 감독위원의 지시에 따라 공회전 시 배기가스를 측정하여 기록표에 기록하시오(단, 시동이 정상적으로 되지 않은 경우 본 항의 작업은 할 수 없다).

3-1 엔진 공회전 속도 점검

 1안 참조 — 40쪽

3-2 배기가스 측정

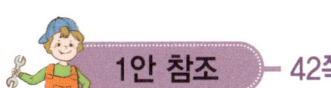
1안 참조 — 42쪽

엔진 4 주어진 자동차의 엔진에서 산소 센서의 파형을 출력·분석하여 그 결과를 기록표에 기록하시오(측정 조건 : 공회전 상태).

3안 참조 — 141쪽

엔진 5 주어진 전자제어 디젤 엔진에서 연료 압력 조절 밸브를 탈거한 후(감독위원에게 확인), 다시 부착하여 시동을 걸고, 공회전 시 연료 압력을 점검하여 기록표에 기록하시오.

5-1 연료 압력 조절 밸브 탈·부착

3안 참조 — 146쪽

5-2 연료 압력 점검

3안 참조 — 147쪽

실기시험 주요 Point

연료 압력 조절 밸브
❶ 레일 압력 조절기는 커먼레일 끝단부에 설치되어 고압 펌프에서 송출된 고압 연료의 리턴 양을 조절하여 커먼레일의 연료 압력을 조절한다.
❷ RPS, RPM, APS 정보를 입력받은 ECM을 이용하여 현재 운행 조건에 맞는 연료 압력으로 조절하기 위해 레일 압력 조절기의 듀티를 제어한다.
❸ 레일 압력 조절기는 100 bar의 스프링 장력에 의해 볼 밸브 시트를 막고 있는 구조로, 고압의 연료가 듀티 제어를 통해 연료 리턴 양을 줄이게 되어 연료 압력이 상승된다.

국가기술자격 실기시험문제 14안 (섀시)

자격종목	자동차정비산업기사	과제명	자동차정비작업

비번호 :   시험시간 : 5시간 30분(엔진 : 140분, 섀시 : 120분, 전기 : 70분)

섀시 1
주어진 전륜구동 자동차에서 드라이브 액슬축을 탈거하여 액슬축 부트를 탈거한 후(감독위원에게 확인), 다시 부착하여 작동 상태를 확인하시오.

1-1 등속축 탈·부착

 4안 참조 — 176쪽

섀시 2
주어진 자동차에서 최소회전반경을 측정하여 기록표에 기록하고, 타이로드 엔드를 탈거한 후(감독위원에게 확인), 다시 부착하여 토(toe)가 규정값이 되도록 조정하시오.

2-1 타이로드 엔드 탈·부착

 2안 참조 — 115쪽

2-2 최소회전반지름 측정

 2안 참조 — 116쪽

섀시 3
주어진 자동차에서 브레이크 라이닝 슈 및 패드를 탈거한 후(감독위원에게 확인), 다시 부착하여 브레이크 작동 상태를 점검하시오.

| 3-1 | 브레이크 라이닝(슈) 탈·부착 |  |

 4안 참조 — 184쪽

| 섀시 4 | 3항의 작업 자동차에서 감독위원 지시에 따라 전(앞) 또는 후(뒤) 제동력을 측정하여 기록표에 기록하시오. |

| 4-1 | 제동력 측정 |  |

 1안 참조 — 64쪽

| 섀시 5 | 주어진 자동차의 ABS에서 자기진단기(스캐너)를 이용하여 각종 센서 및 시스템 작동 상태를 점검하고 기록표에 기록하시오. |

| 5-1 | ABS 자기진단 |

 2안 참조 — 118쪽

실기시험 주요 Point

브레이크 오일 관리
① 브레이크 오일은 주행거리 40,000~60,000 km를 주기로 교체한다.
② 마스터 실린더 및 휠 실린더 브레이크 파이프 등 제동장치 정비 및 수리가 있을 때 반드시 공기 빼기 작업을 실시한다.
③ 브레이크액에는 산이 있으므로 작업할 때 자동차 도장이나 차체 표면 및 피부에 묻지 않도록 주의한다.

국가기술자격 실기시험문제 14안 (전기)

| 자격종목 | 자동차정비산업기사 | 과제명 | 자동차정비작업 |

비번호 :   시험시간 : 5시간 30분(엔진 : 140분, 섀시 : 120분, 전기 : 70분)

전기 1
주어진 자동차에서 시동모터를 탈거한 후(감독위원에게 확인), 다시 부착하여 작동 상태를 확인하고, 크랭킹 시 전류 소모 및 전압 강하 시험하여 기록표에 기록하시오.

1-1 시동모터 탈·부착

 1안 참조 — 73쪽

1-2 크랭킹 전류 소모, 전압 강하 시험

 1안 참조 — 75쪽

전기 2
주어진 자동차에서 전조등 시험기로 전조등을 점검하여 기록표에 기록하시오.

2-1 전조등 점검

 1안 참조 — 79쪽

전기 3
주어진 자동차에서 와이퍼 간헐(INT)시간 조정 스위치 조작 시 편의장치(ETACS 또는 ISU) 커넥터에서 스위치 신호(전압)를 측정하고 이상 여부를 확인하여 기록표에 기록하시오.

3-1 와이퍼 회로도

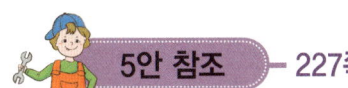 — 227쪽

3-2 와이퍼 스위치 신호 점검

 — 228쪽

전기 4

주어진 자동차에서 미등 및 제동등(브레이크) 회로를 점검하여 이상개소(2곳)를 찾아서 수리하시오.

4-1 미등, 제동등 회로 점검

 — 231쪽

실기시험 주요 Point

정지등 회로 점검

축전지, 퓨즈, 정지등, 전구를 육안으로 먼저 점검한 후 테스터 램프 또는 회로 시험기를 사용하여 정지등 회로를 점검한다.

❶ 퓨즈의 단선 유무를 점검한다.
❷ 배선 연결 커넥터 및 스위치 단자의 접속 부분에 녹이 슬었는지 점검한다.
❸ 퓨즈가 끊어진 경우 제동등 회로에 단락된 곳이 있는지 점검한 후 규정 용량의 퓨즈로 교체한다.
❹ 정지등 회로의 배선이 절단되었거나 커넥터 연결이 차단되어 회로 자체의 단선 여부를 점검한다.
❺ 정지등 회로의 스위치 접점이 녹았거나 단자의 녹 발생에 의한 접촉 불량을 점검한다.
❻ 정지등 회로의 절연 불량을 점검한다.

자동차정비산업기사

부록

국가기술자격 실기시험문제

자동차정비산업기사 실기시험은
1~14안에서 엔진, 섀시, 전기 중 세부 항목을 조합하여 출제되며 일부 내용이 변경될 수 있습니다.
1~14안으로 충분한 시험 대비가 가능하므로 성실하게 실기시험을 준비하시기 바랍니다.

국가기술자격 실기시험문제 1안

자격종목	자동차정비산업기사	과제명	자동차정비작업

비번호 :   시험시간 : 5시간 30분(엔진 : 140분, 섀시 : 120분, 전기 : 70분)

[시험 안 및 요구 사항 일부 내용이 변경될 수 있음]

1 엔진

① 주어진 엔진을 기록표의 측정 항목까지 분해하여 기록표의 요구사항을 측정 및 점검하고 본래 상태로 조립하시오.

② 주어진 자동차의 전자제어 엔진에서 감독위원의 지시에 따라 1가지 부품을 탈거한 후(감독위원에게 확인), 다시 부착하고 시동에 필요한 관련 부분의 이상개소(시동회로, 점화회로, 연료장치 중 2개소)를 점검 및 수리하여 시동하시오.

③ ②항의 시동된 엔진에서 공회전 속도를 확인하고 감독위원의 지시에 따라 배기가스를 측정하여 기록표에 기록하시오(단, 시동이 정상적으로 되지 않은 경우 본 항의 작업은 할 수 없다).

④ 주어진 자동차의 엔진에서 맵 센서의 파형을 분석하여 그 결과를 기록표에 기록하시오(측정 조건 : 급가감속 시).

⑤ 주어진 전자제어 디젤 엔진에서 인젝터를 탈거한 후(감독위원에게 확인), 다시 부착하여 시동을 걸고, 공회전 시 연료 압력을 점검하여 기록표에 기록하시오.

2 섀시

① 주어진 자동차에서 전륜 현가장치의 쇽업소버를 탈거한 후(감독위원에게 확인), 다시 부착하여 작동 상태를 확인하시오.

② 주어진 종감속 장치에서 링 기어의 백래시와 런 아웃을 측정하여 기록표에 기록한 후, 백래시가 규정값이 되도록 조정하시오.

③ ABS가 설치된 주어진 자동차에서 브레이크 패드를 탈거한 후(감독위원에게 확인), 다시 부착하여 브레이크 작동 상태를 점검하시오.

④ ③항의 작업 자동차에서 감독위원 지시에 따라 전(앞) 또는 후(뒤) 제동력을 측정하여 기록표에 기록하시오.

⑤ 주어진 자동차의 자동변속기에서 자기진단기(스캐너)를 이용하여 각종 센서 및 시스템 작동 상태를 점검하고 기록표에 기록하시오.

3 전기

① 주어진 자동차에서 시동모터를 탈거한 후(감독위원에게 확인), 다시 부착하여 작동 상태를 확인하고, 크랭킹 시 전류 소모 및 전압 강하를 시험하여 기록표에 기록하시오.

② 주어진 자동차에서 전조등시험기로 전조등을 점검하여 기록표에 기록하시오.

③ 주어진 자동차에서 감광식 룸 램프 기능이 작동 시 편의장치(ETACS 또는 ISU) 커넥터에서 작동 전압의 변화를 측정하고 이상 여부를 확인하여 기록표에 기록하시오.

④ 주어진 자동차에서 와이퍼 회로를 점검하여 이상개소(2곳)를 찾아서 수리하시오.

국가기술자격 실기시험 결과기록표 1안

| 자격종목 | 자동차정비산업기사 | 과제명 | 자동차정비작업 |

● 기록표는 문항별 구분 절단하여 배부하고, 각 문항별로 종료 시 회수합니다.

엔진 1 크랭크축 오일 간극 측정

엔진 번호 :			비번호		감독위원 확인	
측정 항목	측정(또는 점검)		판정 및 정비(또는 조치) 사항			득점
	측정값	규정(정비한계)값	판정(□에 'v' 표)	정비 및 조치할 사항		
크랭크축 메인저널 오일 간극			□ 양호 □ 불량			

엔진 3 배기가스 측정

자동차 번호 :			비번호	감독위원 확인	
측정 항목	측정(또는 점검)		판정(□에 'v'표)		득점
	측정값	기준값			
CO			□ 양호 □ 불량		
HC					

※ 감독위원이 제시한 자동차등록증(또는 차대번호)을 활용하여 차종 및 연식을 적용합니다.
※ 자동차 검사 기준 및 방법에 의하여 기록·판정합니다.
※ CO 측정값은 소수 첫째 자리까지만 기입하고 HC 측정값은 소수점 자리를 기록하지 않습니다.

엔진 4 맵 센서 파형 분석

자동차 번호 :	비번호	감독위원 확인	
측정 항목	파형 상태		득점
파형 측정	요구 사항 조건에 맞는 파형을 프린트하여 아래 사항을 분석 후 뒷면에 첨부합니다. • 출력된 파형에 불량 요소가 있는 경우에는 반드시 표기 및 설명되어야 합니다. • 파형의 주요 특징에 대하여 표기 및 설명되어야 합니다.		

엔진 5 전자제어 디젤 엔진 점검

측정 항목	측정(또는 점검)		판정 및 정비(또는 조치) 사항		득점
	측정값	규정(정비한계)값	판정(□에 'V' 표)	정비 및 조치할 사항	
			엔진 번호: / 비번호 / 감독위원 확인		
연료 압력			□ 양호 □ 불량		

섀시 2 링 기어 점검

측정 항목	측정(또는 점검)		판정 및 정비(또는 조치) 사항		득점
	측정값	규정(정비한계)값	판정(□에 'V' 표)	정비 및 조치할 사항	
백래시			□ 양호 □ 불량		
런 아웃					

엔진 번호: / 비번호 / 감독위원 확인

섀시 4 제동력 측정

자동차 번호: / 비번호 / 감독위원 확인

항목	구분	측정(또는 점검)			산출 근거 및 판정		득점
		측정값 (kgf)	기준값 (□에 'V' 표)		산출 근거	판정 (□에 'V' 표)	
제동력 위치 (□에 'V' 표) □ 앞 □ 뒤	좌		□ 앞 □ 뒤	축중의	편차	□ 양호 □ 불량	
			편차				
	우		합		합		

※ 측정 위치는 감독위원이 지정하는 위치의 □에 'V' 표시합니다.
※ 측정값의 단위는 시험장비 기준으로 기록합니다.
※ 자동차 검사기준 및 방법에 의하여 기록·판정합니다.
※ 산출 근거에는 단위를 기록하지 않아도 됩니다.

섀시 5 자동변속기 자기진단

자동차 번호: / 비번호 / 감독위원 확인

항목	측정(또는 점검)		정비 및 조치할 사항	득점
	고장 부분	내용 및 상태		
자기진단				

전기 1 시동모터 점검

자동차 번호 :			비번호		감독위원 확 인	
측정 항목	측정(또는 점검)		판정 및 정비(또는 조치) 사항			득점
	측정값	규정(정비한계)값	판정(□에 'V' 표)	정비 및 조치할 사항		
전압 강하			□ 양호 □ 불량			
전류 소모		산출근거 기록				

※ 규정값은 감독위원이 제시한 값으로 작성하고 측정·판정합니다.

전기 2 전조등 점검

자동차 번호 :			비번호		감독위원 확 인	
측정(또는 점검)				판정 (□에 'V' 표)	득점	
측정 항목		측정값	기준값			
(□에 'V' 표) 위치 : □ 좌 □ 우 설치 높이 : □ ≤1.0 m □ >1.0 m	광도		_____ 이상	□ 양호 □ 불량		
	진폭			□ 양호 □ 불량		

※ 측정 위치는 감독위원이 지정하는 위치의 □에 'V' 표시합니다.
※ 자동차 검사기준 및 방법에 의하여 기록·판정합니다.

전기 3 감광식 룸 램프 점검

자동차 번호 :			비번호		감독위원 확 인	
점검 항목	측정(또는 점검)		판정 및 정비(또는 조치) 사항			득점
	감광 시간	전압(V) 변화	판정(□에 'V' 표)	정비 및 조치할 사항		
작동 변화		→	□ 양호 □ 불량			

국가기술자격 실기시험문제 2안

자격종목	자동차정비산업기사	과제명	자동차정비작업

비번호 :   시험시간 : 5시간 30분(엔진 : 140분, 섀시 : 120분, 전기 : 70분)

[시험 안 및 요구 사항 일부 내용이 변경될 수 있음]

1 엔진

❶ 주어진 엔진을 기록표의 측정 항목까지 분해하여 기록표의 요구사항을 측정 및 점검하고 본래 상태로 조립하시오.

❷ 주어진 자동차의 전자제어 엔진에서 감독위원의 지시에 따라 1가지 부품을 탈거한 후(감독위원에게 확인), 다시 부착하고 시동에 필요한 관련 부분의 이상개소(시동회로, 점화회로, 연료장치 중 2개소)를 점검 및 수리하여 시동하시오.

❸ ❷항의 시동된 엔진에서 공회전 속도를 확인하고 감독위원의 지시에 따라 인젝터 파형을 측정 및 분석하여 기록표에 기록하시오(단, 시동이 정상적으로 되지 않은 경우 본 항의 작업은 할 수 없다).

❹ 주어진 자동차의 엔진에서 맵 센서의 파형을 분석하여 그 결과를 기록표에 기록하시오(측정 조건 : 급가감속 시).

❺ 주어진 전자제어 디젤 엔진에서 연료 압력 센서를 탈거한 후(감독위원에게 확인), 다시 부착하여 시동을 걸고, 매연을 측정하여 기록표에 기록하시오.

2 섀시

❶ 주어진 자동차에서 후륜 현가장치의 쇽업소버 스프링을 탈거한 후(감독위원에게 확인), 다시 부착하여 작동 상태를 확인하시오.

❷ 주어진 자동차에서 최소회전반경을 측정하여 기록표에 기록하고, 타이로드 엔드를 탈거한 후(감독위원에게 확인), 다시 부착하여 토(toe)가 규정값이 되도록 조정하시오.

❸ ABS가 설치된 주어진 자동차에서 브레이크 패드를 탈거한 후(감독위원에게 확인), 다시 부착하여 브레이크 작동 상태를 점검하시오.

❹ ❸항의 작업 자동차에서 감독위원 지시에 따라 전(앞) 또는 후(뒤) 제동력을 측정하여 기록표에 기록하시오.

❺ 주어진 자동차의 ABS에서 자기진단기(스캐너)를 이용하여 각종 센서 및 시스템 작동 상태를 점검하고 기록표에 기록하시오.

3 전기

❶ 주어진 자동차에서 발전기를 탈거한 후(감독위원에게 확인), 다시 부착하여 작동 상태를 확인하고, 출력 전압 및 출력 전류를 점검하여 기록표에 기록하시오.

❷ 주어진 자동차에서 전조등 시험기로 전조등을 점검하여 기록표에 기록하시오.

❸ 주어진 자동차에서 센트롤 도어 록킹(도어 중앙 잠금장치) 스위치 조작 시 편의장치(ETACS 또는 ISU) 및 운전석 도어모듈(DDM) 커넥터에서 작동 신호를 측정하고 이상 여부를 확인하여 기록표에 기록하시오.

❹ 주어진 자동차에서 에어컨 작동회로를 점검하여 이상개소(2곳)를 찾아서 수리하시오.

국가기술자격 실기시험 결과기록표 2안

자격종목	자동차정비산업기사	과제명	자동차정비작업

● 기록표는 문항별 구분 절단하여 배부하고, 각 문항별로 종료 시 회수합니다.

엔진 1 캠축 점검

	엔진 번호 :		비번호		감독위원 확 인	
측정 항목	측정(또는 점검)		판정 및 정비(또는 조치) 사항			득점
	측정값	규정(정비한계)값	판정(□에 'V' 표)	정비 및 조치할 사항		
캠축 휨			□ 양호 □ 불량			

엔진 3 인젝터 점검

	자동차 번호 :		비번호		감독위원 확 인	
측정 항목	측정(또는 점검)		판정 및 정비(또는 조치) 사항			득점
	측정값	규정(정비한계)값	판정(□에 'V' 표)	정비 및 조치할 사항		
분사 시간			□ 양호 □ 불량			
서지 전압						

※ 공회전 상태에서 측정하고 규정값은 정비지침서를 찾아 판정합니다.

엔진 4 맵 센서 파형 분석

	자동차 번호 :	비번호		감독위원 확 인	
측정 항목	파형 상태				득점
파형 측정	요구 사항 조건에 맞는 파형을 프린트하여 아래 사항을 분석 후 뒷면에 첨부합니다. • 출력된 파형에 불량 요소가 있는 경우에는 반드시 표기 및 설명되어야 합니다. • 파형의 주요 특징에 대하여 표기 및 설명되어야 합니다.				

엔진 5 매연 측정

엔진 번호 :					비번호		감독위원 확 인	
측정(또는 점검)					산출 근거 및 판정			득점
차종	연식	기준값	측정값	측정	산출 근거(계산) 기록	판정(□에 'V' 표)		
				1회 : 2회 : 3회 :		□ 양호 □ 불량		

※ 23년부터 과급기 부착차량에 대한 매연검사(무부하급가속)의 5% 가산 기준은 미적용합니다.
※ 감독위원이 제시한 자동차등록증(차대번호)을 활용하여 차종 및 연식을 적용합니다.
※ 자동차 검사 기준 및 방법에 의하여 기록·판정합니다.   ※ 측정 및 판정은 무부하 조건으로 합니다.
※ 측정 및 산출근거란은 소수점 값을 기입합니다.
※ 측정값란은 매연 농도를 산술평균하여 소수점 이하는 버린 값으로 기입합니다.

섀시 2 최소회전반지름 측정

자동차 번호 :					비번호		감독위원 확 인	
항목	측정(또는 점검)			기준값 (최소회전반지름)	산출 근거 및 판정			득점
	측정값				산출 근거	판정 (□에 'V' 표)		
회전 방향 (□에 'V' 표) □ 좌 □ 우	r		cm			□ 양호 □ 불량		
	축거							
	최대 조향 시 각도	좌(바퀴)						
		우(바퀴)						
	최소회전반지름							

※ 회전 방향 및 바퀴의 접지면 중심과 킹핀과의 거리(r)는 감독위원이 제시합니다.
※ 자동차 검사 기준 및 방법에 의하여 기록·판정합니다.   ※ 산출 근거에는 단위를 표시하지 않아도 됩니다.

섀시 4 제동력 측정

자동차 번호 :					비번호		감독위원 확 인	
측정(또는 점검)					산출 근거 및 판정			득점
항목	구분	측정값 (kgf)	기준값 (□에 'V' 표)		산출 근거	판정 (□에 'V' 표)		
제동력 위치 (□에 'V' 표) □ 앞 □ 뒤	좌		□ 앞 □ 뒤	축중의	편차	□ 양호 □ 불량		
			편차					
	우		합		합			

※ 측정 위치는 감독위원이 지정하는 위치의 □에 'V' 표시합니다.   ※ 자동차 검사기준 및 방법에 의하여 기록·판정합니다.
※ 측정값의 단위는 시험장비 기준으로 기록합니다.   ※ 산출 근거에는 단위를 기록하지 않아도 됩니다.

섀시 5 · ABS 자기진단

	자동차 번호 :		비번호		감독위원 확 인	
항목	측정(또는 점검)		정비 및 조치할 사항			득점
	고장 부분	내용 및 상태				
자기진단						

전기 1 · 발전기 점검

	자동차 번호 :		비번호		감독위원 확 인	
측정 항목	측정(또는 점검)		판정 및 정비(또는 조치) 사항			득점
	측정값	규정(정비한계)값	판정(□에 'V' 표)	정비 및 조치할 사항		
출력 전류			□ 양호 □ 불량			
출력 전압						

전기 2 · 전조등 점검

	자동차 번호 :		비번호		감독위원 확 인	
측정(또는 점검)				판정 (□에 'V' 표)		득점
측정 항목		측정값	기준값			
(□에 'V' 표) 위치 : □ 좌 □ 우 설치 높이 : □ ≤1.0 m □ >1.0 m	광도		_____ 이상	□ 양호 □ 불량		
	진폭			□ 양호 □ 불량		

※ 측정 위치는 감독위원이 지정하는 위치의 □에 'V' 표시합니다.   ※ 자동차 검사기준 및 방법에 의하여 기록 · 판정합니다.

전기 3 · 센트럴 도어 록킹 스위치 회로 점검

	자동차 번호 :			비번호		감독위원 확 인	
점검 항목	측정(또는 점검)			판정 및 정비(또는 조치) 사항			득점
		측정값	규정(정비한계)값	판정(□에 'V' 표)	정비 및 조치할 사항		
도어 중앙 잠금 장치 신호(전압)	잠김	ON :		□ 양호 □ 불량			
		OFF :					
	풀림	ON :					
		OFF :					

국가기술자격 실기시험문제 3안

자격종목	자동차정비산업기사	과제명	자동차정비작업

비번호 :　　　　시험시간 : 5시간 30분(엔진 : 140분, 섀시 : 120분, 전기 : 70분)

[시험 안 및 요구 사항 일부 내용이 변경될 수 있음]

① 주어진 엔진을 기록표의 측정 항목까지 분해하여 기록표의 요구사항을 측정 및 점검하고 본래 상태로 조립하시오.

② 주어진 자동차의 전자제어 엔진에서 감독위원의 지시에 따라 1가지 부품을 탈거한 후(감독위원에게 확인), 다시 부착하고 시동에 필요한 관련 부분의 이상개소(시동회로, 점화회로, 연료장치 중 2개소)를 점검 및 수리하여 시동하시오.

③ ❷항의 시동된 엔진에서 공회전 속도를 확인하고, 감독위원의 지시에 따라 공회전 시 배기가스를 측정하여 기록표에 기록하시오(단, 시동이 정상적으로 되지 않은 경우 본 항의 작업은 할 수 없다).

④ 주어진 자동차의 엔진에서 산소 센서의 파형을 출력·분석하여 그 결과를 기록표에 기록하시오. (측정 조건 : 공회전 상태)

⑤ 주어진 전자제어 디젤 엔진에서 연료 압력 조절 밸브를 탈거한 후(감독위원에게 확인), 다시 부착하여 시동을 걸고, 공회전 시 연료 압력을 점검하여 기록표에 기록하시오.

① 주어진 자동차에서 전륜 현가장치의 스트럿 어셈블리(또는 코일 스프링)를 탈거한 후(감독위원에게 확인), 다시 부착하여 작동 상태를 확인하시오.

② 주어진 자동차에서 휠 얼라인먼트 시험기로 캠버와 토(toe)값을 측정하여 기록표에 기록한 후, 타이로드 엔드를 탈거한 다음(감독위원에게 확인), 다시 부착하여 토(toe)가 규정값이 되도록 조정하시오.

③ 주어진 자동차에서 브레이크 휠 실린더(또는 캘리퍼)를 탈거한 후(감독위원에게 확인), 다시 부착하여 브레이크 작동 상태를 점검하시오.

④ ❸항의 작업 자동차에서 감독위원 지시에 따라 전(앞) 또는 후(뒤) 제동력을 측정하여 기록표에 기록하시오.

⑤ 주어진 자동차의 자동변속기에서 자기진단기(스캐너)를 이용하여 각종 센서 및 시스템 작동 상태를 점검하고 기록표에 기록하시오.

① 주어진 자동차에서 시동모터를 탈거한 후(감독위원에게 확인), 다시 부착하여 작동 상태를 확인하고, 크랭킹 시 전류 소모 및 전압 강하를 시험하여 기록표에 기록하시오.

② 주어진 자동차에서 전조등 시험기로 전조등을 점검하여 기록표에 기록하시오.

③ 주어진 자동차의 에어컨 회로에서 외기온도 입력 신호값을 점검하고 이상 여부를 확인하여 기록표에 기록하시오.

④ 주어진 자동차에서 전조등 회로를 점검하여 이상개소(2곳)를 찾아서 수리하시오.

국가기술자격 실기시험 결과기록표 3안

자격종목	자동차정비산업기사	과제명	자동차정비작업

● 기록표는 문항별 구분 절단하여 배부하고, 각 문항별로 종료 시 회수합니다.

엔진 1 크랭크축 축방향 유격 측정

	엔진 번호 :		비번호		감독위원 확인	
측정 항목	측정(또는 점검)		판정 및 정비(또는 조치) 사항			득점
	측정값	규정(정비한계)값	판정(□에 'V' 표)	정비 및 조치할 사항		
크랭크축 축방향 유격			□ 양호 □ 불량			

엔진 3 배기가스 측정

	자동차 번호 :		비번호		감독위원 확인	
측정 항목	측정(또는 점검)		판정(□에 'V'표)			득점
	측정값	기준값				
CO			□ 양호 □ 불량			
HC						

※ 감독위원이 제시한 자동차등록증(또는 차대번호)을 활용하여 차종 및 연식을 적용합니다.
※ 자동차 검사 기준 및 방법에 의하여 기록 · 판정합니다.
※ CO 측정값은 소수 첫째 자리까지만 기입하고 HC 측정값은 소수점 자리를 기록하지 않습니다.

엔진 4 산소 센서 파형 분석

	자동차 번호 :	비번호		감독위원 확인	
측정 항목	파형 상태				득점
파형 측정	요구 사항 조건에 맞는 파형을 프린트하여 아래 사항을 분석 후 뒷면에 첨부합니다. • 출력된 파형에 불량 요소가 있는 경우에는 반드시 표기 및 설명되어야 합니다. • 파형의 주요 특징에 대하여 표기 및 설명되어야 합니다.				

엔진 5   연료 압력 점검

엔진 번호 :			비번호		감독위원 확 인	
점검 항목	측정(또는 점검)		판정 및 정비(또는 조치) 사항			득점
	측정값	규정(정비한계)값	판정(□에 'V' 표)	정비 및 조치할 사항		
연료 압력			□ 양호 □ 불량			

섀시 2   휠 얼라인먼트 점검

자동차 번호 :			비번호		감독위원 확 인	
점검 항목	측정(또는 점검)		판정 및 정비(또는 조치) 사항			득점
	측정값	규정(정비한계)값	판정(□에 'V' 표)	정비 및 조치할 사항		
캠버			□ 양호 □ 불량			
토(toe)						

섀시 4   제동력 측정

자동차 번호 :					비번호		감독위원 확 인	
측정(또는 점검)					산출 근거 및 판정			득점
항목	구분	측정값 (kgf)	기준값 (□에 'V' 표)		산출 근거		판정 (□에 'V' 표)	
제동력 위치 (□에 'V' 표) □ 앞 □ 뒤	좌		□ 앞 □ 뒤	축중의	편차		□ 양호 □ 불량	
	우		편차		합			
			합					

※ 측정 위치는 감독위원이 지정하는 위치의 □에 'V' 표시합니다.   ※ 자동차 검사기준 및 방법에 의하여 기록·판정합니다.
※ 측정값의 단위는 시험장비 기준으로 기록합니다.   ※ 산출 근거에는 단위를 기록하지 않아도 됩니다.

섀시 5   자동변속기 자기진단

자동차 번호 :			비번호	감독위원 확 인	
항목	측정(또는 점검)		정비 및 조치할 사항		득점
	고장 부분	내용 및 상태			
자기진단					

전기 1   시동모터 점검

자동차 번호 :			비번호		감독위원 확 인	
측정 항목	측정(또는 점검)		판정 및 정비(또는 조치) 사항			득점
	측정값	규정(정비한계)값	판정(□에 'V' 표)	정비 및 조치할 사항		
전압 강하		산출근거 기록	□ 양호 □ 불량			
전류 소모						

※ 규정값은 감독위원이 제시한 값으로 작성하고 측정·판정합니다.

전기 2   전조등 점검

자동차 번호 :			비번호		감독위원 확 인	
측정(또는 점검)				판정 (□에 'V' 표)	득점	
측정 항목		측정값	기준값			
(□에 'V' 표) 위치 : □ 좌 □ 우 설치 높이 : □ ≤1.0 m □ >1.0 m	광도		_____ 이상	□ 양호 □ 불량		
	진폭			□ 양호 □ 불량		

※ 측정 위치는 감독위원이 지정하는 위치의 □에 'V' 표시합니다.
※ 자동차 검사기준 및 방법에 의하여 기록·판정합니다.

전기 3   전자동 에어컨 회로 점검

자동차 번호 :			비번호		감독위원 확 인	
측정 항목	측정(또는 점검)		판정 및 정비(또는 조치) 사항			득점
	측정값	규정(정비한계)값	판정(□에 'V' 표)	정비 및 조치할 사항		
외기 온도 입력 신호값			□ 양호 □ 불량			

국가기술자격 실기시험문제 4안

자격종목	자동차정비산업기사	과제명	자동차정비작업

비번호 :   시험시간 : 5시간 30분(엔진 : 140분, 섀시 : 120분, 전기 : 70분)

[시험 안 및 요구 사항 일부 내용이 변경될 수 있음]

 **1 엔진**

① 주어진 엔진을 기록표의 측정 항목까지 분해하여 기록표의 요구사항을 측정 및 점검하고 본래 상태로 조립하시오.

② 주어진 자동차의 전자제어 엔진에서 감독위원의 지시에 따라 1가지 부품을 탈거한 후(감독위원에게 확인), 다시 부착하고 시동에 필요한 관련 부분의 이상개소(시동회로, 점화회로, 연료장치 중 2개소)를 점검 및 수리하여 시동하시오.

③ ②항의 시동된 엔진에서 공회전 상태를 확인하고, 감독위원의 지시에 따라 인젝터 파형을 분석하여 기록표에 기록하시오(단, 시동이 정상적으로 되지 않은 경우 본 항의 작업은 할 수 없다).

④ 주어진 자동차의 엔진에서 스텝 모터(또는 ISA)의 파형을 출력·분석하여 그 결과를 기록표에 기록하시오(측정 조건 : 공회전 상태).

⑤ 주어진 전자제어 디젤 엔진에서 연료 압력 센서를 탈거한 후(감독위원에게 확인), 다시 부착하여 시동을 걸고, 매연을 점검하여 기록표에 기록하시오.

 **2 섀시**

① 주어진 전륜 구동 자동차에서 드라이브 액슬축을 탈거하고 액슬축 부트를 탈거한 후(감독위원에게 확인), 다시 부착하여 작동 상태를 확인하시오.

② 주어진 자동차에서 휠 얼라인먼트 시험기로 셋백(setback)과 토(toe) 값을 측정하여 기록표에 기록하고, 타이로드 엔드를 탈거한 후(감독위원에게 확인), 다시 부착하여 토(toe)가 규정값이 되도록 조정하시오.

③ 주어진 자동차에서 브레이크 라이닝 슈(또는 패드)를 탈거한 후(감독위원에게 확인), 다시 부착하여 브레이크 작동 상태를 점검하시오.

④ ③항의 작업 자동차에서 감독위원 지시에 따라 전(앞) 또는 후(뒤) 제동력을 측정하여 기록표에 기록하시오.

⑤ 주어진 자동차의 ABS에서 자기진단기(스캐너)를 이용하여 각종 센서 및 시스템 작동 상태를 점검하고 기록표에 기록하시오.

 **3 전기**

① 주어진 발전기를 분해한 후 정류 다이오드 및 로터 코일의 상태를 점검하여 기록표에 기록하고, 다시 본래대로 조립하여 작동 상태를 확인하시오.

② 주어진 자동차에서 전조등 시험기로 전조등을 점검하여 기록표에 기록하시오.

③ 주어진 자동차에서 열선 스위치 조작 시 편의장치(ETACS 또는 ISU) 커넥터에서 스위치 입력신호(전압)를 측정하고 이상 여부를 확인하여 기록표에 기록하시오.

④ 주어진 자동차에서 파워윈도 회로를 점검하여 이상개소(2곳)를 찾아서 수리하시오.

국가기술자격 실기시험 결과기록표 4안

자격종목	자동차정비산업기사	과제명	자동차정비작업

● 기록표는 문항별 구분 절단하여 배부하고, 각 문항별로 종료 시 회수합니다.

엔진 1 피스톤 링 이음간극 측정

엔진 번호 :			비번호		감독위원 확 인	
측정 항목	측정(또는 점검)		판정 및 정비(또는 조치) 사항			득점
	측정값	규정(정비한계)값	판정(□에 'V' 표)	정비 및 조치할 사항		
피스톤 링 엔드 갭 (이음간극)			□ 양호 □ 불량			

※ 감독위원이 지정하는 부위를 측정합니다.

엔진 3 인젝터 점검

자동차 번호 :			비번호		감독위원 확 인	
측정 항목	측정(또는 점검)		판정 및 정비(또는 조치) 사항			득점
	측정값	규정(정비한계)값	판정(□에 'V' 표)	정비 및 조치할 사항		
분사 시간			□ 양호 □ 불량			
서지 전압						

※ 공회전 상태에서 측정하고 기준값은 정비지침서를 찾아 판정합니다.

엔진 4 스텝 모터 파형 분석

자동차 번호 :		비번호		감독위원 확 인	
측정 항목	파형 상태				득점
파형 측정	요구 사항 조건에 맞는 파형을 프린트하여 아래 사항을 분석 후 뒷면에 첨부합니다. • 출력된 파형에 불량 요소가 있는 경우에는 반드시 표기 및 설명되어야 합니다. • 파형의 주요 특징에 대하여 표기 및 설명되어야 합니다.				

엔진 5 　매연 측정

	엔진 번호 :				비번호		감독위원 확 인		
측정(또는 점검)					산출 근거 및 판정				득점
차종	연식	기준값	측정값	측정	산출 근거(계산) 기록		판정(□에 'V' 표)		
				1회 : 2회 : 3회 :			□ 양호 □ 불량		

※ 23년부터 과급기 부착차량에 대한 매연검사(무부하급가속)의 5% 가산 기준은 미적용합니다.
※ 감독위원이 제시한 자동차등록증(차대번호)을 활용하여 차종 및 연식을 적용합니다.
※ 자동차 검사 기준 및 방법에 의하여 기록·판정합니다.　※ 측정 및 판정은 무부하 조건으로 합니다.
※ 측정 및 산출근거란은 소수점 값을 기입합니다.
※ 측정값란은 매연 농도를 산술평균하여 소수점 이하는 버린 값으로 기입합니다.

섀시 2 　휠 얼라인먼트 점검

	자동차 번호 :		비번호		감독위원 확 인		
점검 항목	측정(또는 점검)		판정 및 정비(또는 조치) 사항				득점
	측정값	규정(정비한계)값	판정(□에 'V' 표)		정비 및 조치할 사항		
셋백			□ 양호 □ 불량				
토(toe)							

섀시 4 　제동력 측정

	자동차 번호 :				비번호		감독위원 확 인		
측정(또는 점검)					산출 근거 및 판정				득점
항목	구분	측정값 (kgf)	기준값 (□에 'V' 표)		산출 근거		판정 (□에 'V' 표)		
제동력 위치 (□에 'V' 표) □ 앞 □ 뒤	좌		□ 앞 □ 뒤 축중의		편차		□ 양호 □ 불량		
			편차						
	우		합		합				

※ 측정 위치는 감독위원이 지정하는 위치의 □에 'V' 표시합니다.　※ 자동차 검사기준 및 방법에 의하여 기록·판정합니다.
※ 측정값의 단위는 시험장비 기준으로 기록합니다.　※ 산출 근거에는 단위를 기록하지 않아도 됩니다.

섀시 5 　ABS 자기진단

	자동차 번호 :		비번호		감독위원 확 인	
항목	측정(또는 점검)		정비 및 조치할 사항			득점
	고장 부분	내용 및 상태				
자기진단						

전기 1 발전기 점검

측정 항목	측정(또는 점검)		판정 및 정비(또는 조치) 사항		득점
	측정값	규정(정비한계)값	판정(□에 'V' 표)	정비 및 조치할 사항	
엔진 번호 :			비번호	감독위원 확 인	
(+) 다이오드	(양 : 개), (부 : 개)		□ 양호 □ 불량		
(−) 다이오드	(양 : 개), (부 : 개)				
로터 코일 저항					

전기 2 전조등 점검

자동차 번호 :			비번호	감독위원 확 인	
측정(또는 점검)			판정 (□에 'V' 표)	득점	
측정 항목	측정값	기준값			
(□에 'V' 표) 위치 : □ 좌 □ 우 설치 높이 : □ ≤1.0 m □ >1.0 m	광도		_____ 이상	□ 양호 □ 불량	
	진폭			□ 양호 □ 불량	

※ 측정 위치는 감독위원이 지정하는 위치의 □에 'V' 표시합니다.
※ 자동차 검사기준 및 방법에 의하여 기록 · 판정합니다.

전기 3 열선 스위치 회로 점검

측정 항목	측정(또는 점검)		판정 및 정비(또는 조치) 사항		득점
	측정값	내용 및 상태	판정(□에 'V' 표)	정비 및 조치할 사항	
자동차 번호 :			비번호	감독위원 확 인	
열선 스위치	ON :		□ 양호 □ 불량		
작동 시 전압	OFF :				

국가기술자격 실기시험문제 5안

자격종목	자동차정비산업기사	과제명	자동차정비작업

비번호 : 시험시간 : 5시간 30분(엔진 : 140분, 섀시 : 120분, 전기 : 70분)

[시험 안 및 요구 사항 일부 내용이 변경될 수 있음]

1 엔진

① 주어진 엔진을 기록표의 측정 항목까지 분해하여 기록표의 요구사항을 측정 및 점검하고 본래 상태로 조립하시오.

② 주어진 자동차의 전자제어 엔진에서 감독위원의 지시에 따라 1가지 부품을 탈거한 후(감독위원에게 확인), 다시 부착하고 시동에 필요한 관련 부분의 이상개소(시동회로, 점화회로, 연료장치 중 2개소)를 점검 및 수리하여 시동하시오.

③ ②항의 시동된 엔진에서 공회전 상태를 확인하고, 감독위원의 지시에 따라 배기가스를 측정하고 기록표에 기록하시오(단, 시동이 정상적으로 되지 않은 경우 본 항의 작업은 할 수 없다).

④ 주어진 자동차의 엔진에서 점화코일의 1차 파형을 측정하고, 그 결과를 분석하여 출력물에 기록 · 판정하시오(측정 조건 : 공회전 상태).

⑤ 주어진 전자제어 디젤 엔진에서 연료 압력 센서를 탈거한 후(감독위원에게 확인), 다시 부착하여 시동을 걸고, 인젝터 리턴(백리크)양을 측정하여 기록표에 기록하시오.

2 섀시

① 주어진 자동차의 유압클러치에서 클러치 마스터 실린더를 탈거한 후(감독위원에게 확인), 다시 부착하여 작동 상태를 확인하시오.

② 주어진 자동차에서 휠 얼라인먼트 시험기로 캐스터와 토(toe) 값을 측정하여 기록표에 기록한 후, 타이로드 엔드를 교환하여 토(toe)가 규정값이 되도록 조정하시오.

③ 주어진 자동차에서 후륜의 브레이크 휠 실린더를 교환(탈 · 부착)하고, 브레이크 및 허브 베어링 작동 상태를 점검하시오.

④ ③항의 작업 자동차에서 감독위원 지시에 따라 전(앞) 또는 후(뒤) 제동력을 측정하여 기록표에 기록하시오.

⑤ 주어진 자동차의 자동변속기에서 자기진단기(스캐너)를 이용하여 각종 센서 및 시스템 작동 상태를 점검하고 기록표에 기록하시오.

3 전기

① 자동차에서 에어컨 벨트와 블로어 모터를 탈거한 후(감독위원에게 확인), 다시 부착하여 작동 상태를 확인하고, 에어컨 압력을 측정하여 기록표에 기록하시오.

② 주어진 자동차에서 전조등 시험기로 전조등을 점검하여 기록표에 기록하시오.

③ 주어진 자동차에서 와이퍼 간헐(INT) 시간 조정 스위치 조작 시 편의장치(ETACS 또는 ISU) 커넥터에서 스위치 신호(전압)를 측정하고 이상 여부를 확인하여 기록표에 기록하시오.

④ 주어진 자동차에서 미등 및 제동등(브레이크) 회로를 점검하여 이상개소(2곳)를 찾아서 수리하시오.

국가기술자격 실기시험 결과기록표 5안

자격종목	자동차정비산업기사	과제명	자동차정비작업

● 기록표는 문항별 구분 절단하여 배부하고, 각 문항별로 종료 시 회수하시오.

엔진 1 오일펌프 점검

엔진 번호 :			비번호		감독위원 확인	
측정 항목	측정(또는 점검)		판정 및 정비(또는 조치) 사항			득점
	측정값	규정(정비한계)값	판정(□에 'V' 표)	정비 및 조치할 사항		
오일 펌프 사이드 간극			□ 양호 □ 불량			

※ 감독위원이 지정하는 부위를 측정합니다.

엔진 3 배기가스 측정

자동차 번호 :			비번호		감독위원 확인	
측정 항목	측정(또는 점검)		판정(□에 'V'표)			득점
	측정값	기준값				
CO			□ 양호 □ 불량			
HC						

※ 감독위원이 제시한 자동차등록증(또는 차대번호)을 활용하여 차종 및 연식을 적용합니다.
※ 자동차 검사 기준 및 방법에 의하여 기록·판정합니다.
※ CO 측정값은 소수 첫째 자리까지만 기입하고 HC 측정값은 소수점 자리를 기록하지 않습니다.

엔진 4 점화코일(DLIS) 1차 파형 분석

자동차 번호 :	비번호		감독위원 확인	
측정 항목	파형 상태			득점
파형 측정	요구 사항 조건에 맞는 파형을 프린트하여 아래 사항을 분석 후 뒷면에 첨부합니다. • 파형에 불량 요소가 있는 경우에는 반드시 표기 및 설명 되어야 합니다. • 파형의 주요 특징에 대하여 표기 및 설명 되어야 합니다.			

엔진 5 · 인젝터 리턴(백리크) 양 점검

측정 항목	측정(또는 점검)							판정 및 정비(또는 조치) 사항		득점
	측정값						규정(정비한계)값	판정(□에 'V' 표)	정비 및 조치할 사항	
	1	2	3	4	5	6				
인젝터 리턴(백리크) 양								□ 양호 □ 불량		

엔진 번호 : / 비번호 / 감독위원 확인

※ 실린더 수에 맞게 측정합니다.

섀시 2 · 휠 얼라인먼트 점검

자동차 번호 : / 비번호 / 감독위원 확인

점검 항목	측정(또는 점검)		판정 및 정비(또는 조치) 사항		득점
	측정값	규정(정비한계)값	판정(□에 'V' 표)	정비 및 조치할 사항	
캐스터			□ 양호 □ 불량		
토(toe)					

섀시 4 · 제동력 측정

자동차 번호 : / 비번호 / 감독위원 확인

항목	구분	측정값 (kgf)	기준값 (□에 'V' 표)		산출 근거	판정 (□에 'V' 표)	득점
제동력 위치 (□에 'V' 표) □ 앞 □ 뒤	좌		□ 앞 □ 뒤	축중의	편차	□ 양호 □ 불량	
			편차				
	우		합		합		

※ 측정 위치는 감독위원이 지정하는 위치의 □에 'V' 표시합니다. ※ 자동차 검사기준 및 방법에 의하여 기록·판정합니다.
※ 측정값의 단위는 시험장비 기준으로 기록합니다. ※ 산출 근거에는 단위를 기록하지 않아도 됩니다.

섀시 5 · 자동변속기 자기진단

자동차 번호 : / 비번호 / 감독위원 확인

항목	측정(또는 점검)		정비 및 조치할 사항	득점
	고장 부분	내용 및 상태		
자기진단				

전기 1   에어컨 라인 압력 점검

	자동차 번호 :		비번호		감독위원 확 인	
점검 항목	측정(또는 점검)		판정 및 정비(또는 조치) 사항			득점
	측정값	규정(정비한계)값	판정(□에 'V' 표)	정비 및 조치할 사항		
저압			□ 양호 □ 불량			
고압						

전기 2   전조등 점검

	자동차 번호 :		비번호		감독위원 확 인	
측정(또는 점검)				판정 (□에 'V' 표)	득점	
측정 항목		측정값	기준값			
(□에 'V' 표) 위치 : □ 좌 □ 우 설치 높이 : □ ≤1.0 m □ >1.0 m	광도		_____ 이상	□ 양호 □ 불량		
	진폭			□ 양호 □ 불량		

※ 측정 위치는 감독위원이 지정하는 위치의 □에 'V' 표시합니다.
※ 자동차 검사기준 및 방법에 의하여 기록 · 판정합니다.

전기 3   와이퍼 스위치 신호 점검

	자동차 번호 :		비번호		감독위원 확 인	
점검 항목	측정(또는 점검)		판정 및 정비(또는 조치) 사항			득점
			판정(□에 'V' 표)	정비 및 조치할 사항		
와이퍼 간헐 시간 조정 스위치 위치별 작동 신호	INT S/W 전압	ON : OFF :	□ 양호 □ 불량			
	INT 스위치 위치별 전압	FAST(빠름)~SLOW(느림) 전압 기록 : _____				

국가기술자격 실기시험문제 6안

자격종목	자동차정비산업기사	과제명	자동차정비작업

비번호 :　　시험시간 : 5시간 30분(엔진 : 140분, 섀시 : 120분, 전기 : 70분)

[시험 안 및 요구 사항 일부 내용이 변경될 수 있음]

① 주어진 엔진을 기록표의 측정 항목까지 분해하여 기록표의 요구사항을 측정 및 점검하고 본래 상태로 조립하시오.

② 주어진 자동차의 전자제어 엔진에서 감독위원의 지시에 따라 1가지 부품을 탈거한 후(감독위원에게 확인), 다시 부착하고 시동에 필요한 관련 부분의 이상개소(시동회로, 점화회로, 연료장치 중 2개소)를 점검 및 수리하여 시동하시오.

③ ②항의 시동된 엔진에서 공회전 상태를 확인하고, 감독위원의 지시에 따라 연료 공급 시스템의 연료 압력을 측정하여 기록표에 기록하시오(단, 시동이 정상적으로 되지 않은 경우 본 항의 작업은 할 수 없다).

④ 주어진 자동차의 엔진에서 점화코일의 1차 파형을 측정하고, 그 결과를 분석하여 출력물에 기록·판정하시오(측정 조건 : 공회전 상태).

⑤ 주어진 전자제어 디젤 엔진에서 연료 압력 조절 밸브를 탈거한 후(감독위원에게 확인), 다시 부착하여 시동을 걸고, 매연을 측정하여 기록표에 기록하시오.

① 주어진 자동변속기에서 밸브 보디의 변속조절 솔레노이드 밸브, 오일펌프 및 필터를 탈거한 후(감독위원에게 확인), 다시 부착하고 자기진단기(스캐너)를 이용하여 변속 레버의 작동 상태를 확인하시오.

② 주어진 자동차의 브레이크에서 페달 자유 간극을 측정하여 기록표에 기록한 후, 페달 자유 간극과 페달 높이가 규정값이 되도록 조정하시오.

③ 주어진 자동차에서 전륜의 브레이크 캘리퍼를 탈거한 후(감독위원에게 확인), 다시 부착하여 브레이크 작동 상태를 점검하시오.

④ ③항의 작업 자동차에서 감독위원 지시에 따라 전(앞) 또는 후(뒤) 제동력을 측정하여 기록표에 기록하시오.

⑤ 주어진 자동차의 ABS에서 자기진단기(스캐너)를 이용하여 각종 센서 및 시스템 작동 상태를 점검하고 기록표에 기록하시오.

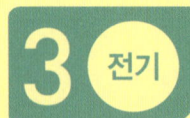

① 주어진 기동모터를 분해한 후 전기자 코일과 솔레노이드(풀인, 홀드인) 상태를 점검하여 기록표에 기록하고, 본래 상태로 조립하여 작동 상태를 확인하시오.

② 주어진 자동차에서 전조등 시험기로 전조등을 점검하여 기록표에 기록하시오.

③ 주어진 자동차에서 점화 키 홀 조명 기능이 작동 시 편의장치(ETACS 또는 ISU) 커넥터에서 출력신호(전압)를 측정하고 이상 여부를 확인하여 기록표에 기록하시오.

④ 주어진 자동차에서 경음기 회로를 점검하여 이상개소(2곳)를 찾아서 수리하시오.

국가기술자격 실기시험 결과기록표 6안

자격종목	자동차정비산업기사	과제명	자동차정비작업

● 기록표는 문항별 구분 절단하여 배부하고, 각 문항별로 종료 시 회수합니다.

엔진 1 ▪ 캠축 측정

	엔진 번호 :		비번호		감독위원 확인	
측정 항목	측정(또는 점검)		판정 및 정비(또는 조치) 사항			득점
	측정값	규정(정비한계)값	판정(□에 'V' 표)	정비 및 조치할 사항		
캠축 양정			□ 양호 □ 불량			

※ 감독위원이 지정하는 부위를 측정합니다.

엔진 3 ▪ 연료 공급 시스템 점검

	자동차 번호 :		비번호		감독위원 확인	
측정 항목	측정(또는 점검)		판정 및 정비(또는 조치) 사항			득점
	측정값	규정(정비한계)값	판정(□에 'V' 표)	정비 및 조치할 사항		
연료 압력			□ 양호 □ 불량			

※ 공회전 상태에서 측정합니다.

엔진 4 ▪ 점화코일(DLIS) 1차 파형 분석

	자동차 번호 :	비번호		감독위원 확인	
측정 항목	파형 상태				득점
파형 측정	요구 사항 조건에 맞는 파형을 프린트하여 아래 사항을 분석 후 뒷면에 첨부합니다. • 출력된 파형에 불량 요소가 있는 경우에는 반드시 표기 및 설명되어야 합니다. • 파형의 주요 특징에 대하여 표기 및 설명되어야 합니다.				

엔진 5 — 매연 측정

엔진 번호 :						비번호		감독위원 확 인	
측정(또는 점검)						산출 근거 및 판정			득점
차종	연식	기준값	측정값	측정		산출 근거(계산) 기록	판정(□에 'V' 표)		
				1회 : 2회 : 3회 :			□ 양호 □ 불량		

※ 23년부터 과급기 부착차량에 대한 매연검사(무부하급가속)의 5% 가산 기준은 미적용합니다.
※ 감독위원이 제시한 자동차등록증(차대번호)을 활용하여 차종 및 연식을 적용합니다.
※ 자동차 검사 기준 및 방법에 의하여 기록·판정합니다.   ※ 측정 및 판정은 무부하 조건으로 합니다.
※ 측정 및 산출근거란은 소수점 값을 기입합니다.
※ 측정값란은 매연 농도를 산술평균하여 소수점 이하는 버린 값으로 기입합니다.

섀시 2 — 브레이크 페달 점검

자동차 번호 :			비번호		감독위원 확 인	
점검 항목	측정(또는 점검)		판정 및 정비(또는 조치) 사항			득점
	측정값	규정(정비한계)값	판정(□에 'V' 표)	정비 및 조치 사항		
브레이크 페달 높이			□ 양호 □ 불량			
브레이크 페달 자유 간극						

섀시 4 — 제동력 측정

자동차 번호 :					비번호		감독위원 확 인	
측정(또는 점검)					산출 근거 및 판정			득점
항목	구분	측정값 (kgf)	기준값 (□에 'V' 표)		산출 근거	판정 (□에 'V' 표)		
제동력 위치 (□에 'V' 표) □ 앞 □ 뒤	좌		□ 앞 □ 뒤 축중의		편차	□ 양호 □ 불량		
	우		편차		합			
			합					

※ 측정 위치는 감독위원이 지정하는 위치의 □에 'V' 표시합니다.   ※ 자동차 검사기준 및 방법에 의하여 기록·판정합니다.
※ 측정값의 단위는 시험장비 기준으로 기록합니다.   ※ 산출 근거에는 단위를 기록하지 않아도 됩니다.

섀시 5   ABS 자기진단

	자동차 번호 :		비번호		감독위원 확 인	
항목	측정(또는 점검)		정비 및 조치할 사항			득점
	고장 부분	내용 및 상태				
자기진단						

전기 1   기동모터 점검

	엔진 번호 :			비번호		감독위원 확 인	
점검 항목		측정(또는 점검)	판정 및 정비(또는 조치) 사항				득점
			판정(□에 'V' 표)		정비 및 조치할 사항		
전기자 코일 (단선, 단락, 접지)			□ 양호 □ 불량				
솔레노이드	풀인						
	홀드인						

전기 2   전조등 점검

	자동차 번호 :		비번호		감독위원 확 인	
측정(또는 점검)					판정 (□에 'V' 표)	득점
측정 항목		측정값	기준값			
(□에 'V' 표) 위치 : □ 좌 □ 우	광도		_____ 이상		□ 양호 □ 불량	
설치 높이 : □ ≤1.0 m □ >1.0 m	진폭				□ 양호 □ 불량	

※ 측정 위치는 감독위원이 지정하는 위치의 □에 'V' 표시합니다.   ※ 자동차 검사기준 및 방법에 의하여 기록·판정합니다.

전기 3   점화키 홀 조명 회로 점검

	자동차 번호 :		비번호		감독위원 확 인	
점검 항목	측정(또는 점검)		판정 및 정비(또는 조치) 사항			득점
			판정(□에 'V' 표)	정비 및 조치할 사항		
점화키 홀 조명 출력 신호(전압)	작동 : 비작동 :		□ 양호 □ 불량			

국가기술자격 실기시험문제 7안

자격종목	자동차정비산업기사	과제명	자동차정비작업

비번호 :   시험시간 : 5시간 30분(엔진 : 140분, 섀시 : 120분, 전기 : 70분)

[시험 안 및 요구 사항 일부 내용이 변경될 수 있음]

① 주어진 엔진을 기록표의 측정 항목까지 분해하여 기록표의 요구사항을 측정 및 점검하고 본래 상태로 조립하시오.

② 주어진 자동차의 전자제어 엔진에서 감독위원의 지시에 따라 1가지 부품을 탈거한 후(감독위원에게 확인), 다시 부착하고 시동에 필요한 관련 부분의 이상개소(시동회로, 점화회로, 연료장치 중 2개소)를 점검 및 수리하여 시동하시오.

③ ②항의 시동된 엔진에서 공회전 상태를 확인하고, 감독위원의 지시에 따라 공회전 시 배기가스를 측정하여 기록표에 기록하시오(단, 시동이 정상적으로 되지 않은 경우 본 항의 작업은 할 수 없다).

④ 주어진 자동차의 엔진에서 흡입 공기 유량 센서의 파형을 출력·분석하여 그 결과를 기록표에 기록하시오(측정 조건 : 공회전 상태).

⑤ 주어진 전자제어 디젤 엔진에서 연료 압력 조절 밸브를 탈거한 후(감독위원에게 확인), 다시 부착하여 시동을 걸고, 인젝터 리턴(백리크) 양을 측정하여 기록표에 기록하시오.

① 주어진 엔진에서 클러치 어셈블리를 탈거한 후(감독위원에게 확인), 다시 부착하여 클러치 디스크의 장착 상태를 확인하시오.

② 주어진 자동차에서 최소회전반경을 측정하여 기록표에 기록하고, 타이로드 엔드를 탈거한 후(감독위원에게 확인), 다시 부착하여 토(toe)가 규정값이 되도록 조정하시오.

③ 주어진 자동차에서 감독위원의 지시에 따라 브레이크 마스터 실린더를 탈거한 후(감독위원에게 확인), 다시 부착하여 브레이크 작동 상태를 점검하시오.

④ ③항의 작업 자동차에서 감독위원 지시에 따라 전(앞) 또는 후(뒤) 제동력을 측정하여 기록표에 기록하시오.

⑤ 주어진 자동차의 자동변속기에서 자기진단기(스캐너)를 이용하여 각종 센서 및 시스템 작동 상태를 점검하고 기록표에 기록하시오.

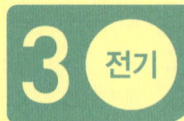

① 주어진 발전기를 분해한 후 다이오드 및 브러시의 상태를 점검하여 기록표에 기록하고, 다시 본래대로 조립하여 작동 상태를 확인하시오.

② 주어진 자동차에서 전조등 시험기로 전조등을 점검하여 기록표에 기록하시오.

③ 주어진 자동차의 에어컨 컴프레서가 작동 중일 때 이배퍼레이터(증발기) 온도 센서 출력값을 점검하고 이상 여부를 확인하여 기록표에 기록하시오.

④ 주어진 자동차에서 방향지시등 회로를 점검하여 이상개소(2곳)를 찾아서 수리하시오.

국가기술자격 실기시험 결과기록표 7안

자격종목	자동차정비산업기사	과제명	자동차정비작업

● 기록표는 문항별 구분 절단하여 배부하고, 각 문항별로 종료 시 회수합니다.

엔진 1 실린더 헤드 변형도 측정

엔진 번호 :			비번호		감독위원 확 인	
측정 항목	측정(또는 점검)		판정 및 정비(또는 조치) 사항			득점
	측정값	규정(정비한계)값	판정(□에 'V' 표)	정비 및 조치할 사항		
실린더 헤드 변형도			□ 양호 □ 불량			

※ 감독위원이 지정하는 부위를 측정합니다.

엔진 3 배기가스 측정

자동차 번호 :			비번호		감독위원 확 인	
측정 항목	측정(또는 점검)		판정(□에 'V'표)			득점
	측정값	기준값				
CO			□ 양호 □ 불량			
HC						

※ 감독위원이 제시한 자동차등록증(또는 차대번호)을 활용하여 차종 및 연식을 적용합니다.
※ 자동차 검사 기준 및 방법에 의하여 기록·판정합니다.
※ CO 측정값은 소수 첫째 자리까지만 기입하고 HC 측정값은 소수점 자리를 기록하지 않습니다.

엔진 4 공기 유량 센서 파형 분석

자동차 번호 :		비번호		감독위원 확 인	
측정 항목	파형 상태				득점
파형 측정	요구 사항 조건에 맞는 파형을 프린트하여 아래 사항을 분석 후 뒷면에 첨부합니다. • 출력된 파형에 불량 요소가 있는 경우에는 반드시 표기 및 설명되어야 합니다. • 파형의 주요 특징에 대하여 표기 및 설명되어야 합니다.				

엔진 5 　인젝터 리턴(백리크) 양 측정

엔진 번호 :								비번호		감독위원 확 인	
측정 항목	측정(또는 점검)						규정(정비한계)값	판정 및 정비(또는 조치) 사항			득점
	측정값							판정(□에 'V' 표)	정비 및 조치할 사항		
인젝터 리턴(백리크) 양	1	2	3	4	5	6		□ 양호 □ 불량			

※ 실린더 수에 맞게 측정합니다.

섀시 2 　최소회전반지름 측정

자동차 번호 :				비번호		감독위원 확 인	
항목	측정(또는 점검)		기준값 (최소회전반지름)	산출 근거 및 판정			득점
	측정값			산출 근거		판정 (□에 'V' 표)	
회전 방향 (□에 'V'표) □ 좌 □ 우	r		cm			□ 양호 □ 불량	
	축거						
	최대 조향 시 각도	좌(바퀴)					
		우(바퀴)					
	최소회전반지름						

※ 회전 방향 및 바퀴의 접지면 중심과 킹핀과의 거리(r)는 감독위원이 제시합니다.
※ 자동차 검사 기준 및 방법에 의하여 기록·판정합니다. 　※ 산출 근거에는 단위를 표시하지 않아도 됩니다.

섀시 4 　제동력 측정

자동차 번호 :				비번호		감독위원 확 인	
항목	구분	측정값 (kgf)	기준값 (□에 'V' 표)	산출 근거 및 판정			득점
				산출 근거		판정 (□에 'V' 표)	
제동력 위치 (□에 'V' 표) □ 앞 □ 뒤	좌		□ 앞 축중의 □ 뒤	편차		□ 양호 □ 불량	
			편차				
	우		합	합			

※ 측정 위치는 감독위원이 지정하는 위치의 □에 'V' 표시합니다. 　※ 자동차 검사기준 및 방법에 의하여 기록·판정합니다.
※ 측정값의 단위는 시험장비 기준으로 기록합니다. 　※ 산출 근거에는 단위를 기록하지 않아도 됩니다.

섀시 5 자동변속기 자기진단

자동차 번호 :		비번호		감독위원 확 인	
항목	측정(또는 점검)		정비 및 조치할 사항		득점
	고장 부분	내용 및 상태			
자기진단					

전기 1 발전기 점검

엔진 번호 :		비번호		감독위원 확 인	
점검 항목	측정(또는 점검)	판정 및 정비(또는 조치) 사항			득점
		판정(□에 'V' 표)	정비 및 조치할 사항		
다이오드 (+)	(양 : 개), (부 : 개)	□ 양호 □ 불량			
다이오드 (−)	(양 : 개), (부 : 개)				
다이오드 (여자)	(양 : 개), (부 : 개)				
브러시 마모					

전기 2 전조등 점검

자동차 번호 :		비번호		감독위원 확 인	
측정(또는 점검)				판정 (□에 'V' 표)	득점
측정 항목	측정값	기준값			
(□에 'V' 표) 위치 : □ 좌 □ 우 설치 높이 : □ ≤1.0 m □ >1.0 m	광도		_____ 이상	□ 양호 □ 불량	
	진폭			□ 양호 □ 불량	

※ 측정 위치는 감독위원이 지정하는 위치의 □에 'V' 표시합니다.　　※ 자동차 검사기준 및 방법에 의하여 기록 · 판정합니다.

전기 3 에어컨 이배퍼레이터 회로 점검

자동차 번호 :		비번호		감독위원 확 인	
점검 항목	측정(또는 점검)		판정 및 정비(또는 조치) 사항		득점
	측정값	규정(정비한계)값	판정(□에 'V' 표)	정비 및 조치할 사항	
이배퍼레이터 온도 센서 출력값			□ 양호 □ 불량		

국가기술자격 실기시험문제 8안

자격종목	자동차정비산업기사	과제명	자동차정비작업

비번호 : 시험시간 : 5시간 30분(엔진 : 140분, 섀시 : 120분, 전기 : 70분)

[시험 안 및 요구 사항 일부 내용이 변경될 수 있음]

❶ 주어진 엔진을 기록표의 측정 항목까지 분해하여 기록표의 요구사항을 측정 및 점검하고 본래 상태로 조립하시오.

❷ 주어진 자동차의 전자제어 엔진에서 감독위원의 지시에 따라 1가지 부품을 탈거한 후(감독위원에게 확인), 다시 부착하고 시동에 필요한 관련 부분의 이상개소(시동회로, 점화회로, 연료장치 중 2개소)를 점검 및 수리하여 시동하시오.

❸ ❷항의 시동된 엔진에서 증발가스 제어장치의 퍼지 컨트롤 솔레노이드 밸브를 점검하여 기록표에 기록하시오(단, 시동이 정상적으로 되지 않은 경우 본 항의 작업은 할 수 없다).

❹ 주어진 자동차의 엔진에서 점화코일의 1차 파형을 측정하고, 그 결과를 분석하여 출력물에 기록·판정하시오(측정 조건 : 공회전 상태).

❺ 주어진 전자제어 디젤 엔진에서 인젝터를 탈거한 후(감독위원에게 확인), 다시 부착하여 시동을 걸고 매연을 측정하여 기록표에 기록하시오.

❶ 주어진 자동차에서 파워 스티어링 오일펌프 및 벨트를 탈거한 후(감독위원에게 확인), 다시 부착하고 공기빼기 작업을 하여 작동 상태를 확인하시오.

❷ 주어진 종감속 장치에서 링 기어의 백래시와 런 아웃을 측정하여 기록표에 기록한 후, 백래시가 규정값이 되도록 조정하시오.

❸ 주어진 자동차에서 후륜의 주차 브레이크 레버(또는 브레이크 슈)를 탈거한 후(감독위원에게 확인), 다시 부착하여 작동 상태를 점검하시오.

❹ ❸항의 작업 자동차에서 감독위원 지시에 따라 전(앞) 또는 후(뒤) 제동력을 측정하여 기록표에 기록하시오.

❺ 주어진 자동차의 ABS에서 자기진단기(스캐너)를 이용하여 각종 센서 및 시스템 작동 상태를 점검하고 기록표에 기록하시오.

❶ 주어진 자동차에서 와이퍼 모터를 탈거한 후(감독위원에게 확인), 다시 부착하여 와이퍼 브러시의 작동 상태를 확인하고, 와이퍼 작동 시 소모 전류를 점검하여 기록표에 기록하시오.

❷ 주어진 자동차에서 전조등 시험기로 전조등을 점검하여 기록표에 기록하시오.

❸ 주어진 자동차의 에어컨 회로에서 외기온도 입력 신호값을 점검하여 이상 여부를 확인하여 기록표에 기록하시오.

❹ 주어진 자동차에서 미등 및 번호등 회로를 점검하여 이상개소(2곳)를 찾아서 수리하시오.

국가기술자격 실기시험 결과기록표 8안

자격종목	자동차정비산업기사	과제명	자동차정비작업

● 기록표는 문항별 구분 절단하여 배부하고, 각 문항별로 종료 시 회수합니다.

엔진 1 실린더 마모량 점검

엔진 번호 :			비번호		감독위원 확 인	
측정 항목	측정(또는 점검)		판정 및 정비(또는 조치) 사항			득점
	측정값	규정(정비한계)값	판정(□에 'ˇ' 표)	정비 및 조치할 사항		
실린더 마모량			□ 양호 □ 불량			

※ 감독위원이 지정하는 부위를 측정합니다.

엔진 3 증발가스 제어장치 점검

자동차 번호 :			비번호		감독위원 확 인	
측정 항목	측정(또는 점검)		판정 및 정비(또는 조치) 사항			득점
	공급 전압	진공 유지 또는 진공 해제 기록	판정(□에 'ˇ' 표)	정비 및 조치할 사항		
퍼지 컨트롤 솔레노이드 밸브	작동 시 :		□ 양호 □ 불량			
	비작동 시 :					

엔진 4 점화코일(DLIS) 1차 파형 분석

자동차 번호 :		비번호		감독위원 확 인	
측정 항목	파형 상태				득점
파형 측정	요구 사항 조건에 맞는 파형을 프린트하여 아래 사항을 분석 후 뒷면에 첨부합니다. • 파형에 불량 요소가 있는 경우에는 반드시 표기 및 설명되어야 합니다. • 파형의 주요 특징에 대하여 표기 및 설명되어야 합니다.				

엔진 5   매연 측정

엔진 번호 :					비번호		감독위원 확 인	
측정(또는 점검)					산출 근거 및 판정			득점
차종	연식	기준값	측정값	측정	산출 근거(계산) 기록	판정(□에 'V' 표)		
				1회 : 2회 : 3회 :		□ 양호 □ 불량		

※ 23년부터 과급기 부착차량에 대한 매연검사(무부하급가속)의 5% 가산 기준은 미적용합니다.
※ 감독위원이 제시한 자동차등록증(차대번호)을 활용하여 차종 및 연식을 적용합니다.
※ 자동차 검사 기준 및 방법에 의하여 기록·판정합니다.   ※ 측정 및 판정은 무부하 조건으로 합니다.
※ 측정 및 산출근거란은 소수점 값을 기입합니다.
※ 측정값란은 매연 농도를 산술평균하여 소수점 이하는 버린 값으로 기입합니다.

섀시 2   링 기어 점검

엔진 번호 :			비번호		감독위원 확 인	
측정 항목	측정(또는 점검)		판정 및 정비(또는 조치) 사항			득점
	측정값	규정(정비한계)값	판정(□에 'V' 표)	정비 및 조치할 사항		
백래시			□ 양호 □ 불량			
런 아웃						

섀시 4   제동력 측정

자동차 번호 :					비번호		감독위원 확 인	
측정(또는 점검)					산출 근거 및 판정			득점
항목	구분	측정값 (kgf)	기준값 (□에 'V' 표)		산출 근거	판정 (□에 'V' 표)		
제동력 위치 (□에 'V' 표) □ 앞 □ 뒤	좌		□ 앞 □ 뒤 축중의		편차	□ 양호 □ 불량		
	우		편차		합			
			합					

※ 측정 위치는 감독위원이 지정하는 위치의 □에 'V' 표시합니다.   ※ 자동차 검사기준 및 방법에 의하여 기록·판정합니다.
※ 측정값의 단위는 시험장비 기준으로 기록합니다.   ※ 산출 근거에는 단위를 기록하지 않아도 됩니다.

섀시 5 — ABS 자기진단

항목	측정(또는 점검)		정비 및 조치할 사항	득점
	고장 부분	내용 및 상태		
자기진단				

자동차 번호: / 비번호 / 감독위원 확인

전기 1 — 와이퍼 모터 소모 전류 점검

측정 항목		측정(또는 점검)		판정 및 정비(또는 조치) 사항		득점
		측정값	규정(정비한계)값	판정(□에 'V' 표)	정비 및 조치할 사항	
소모 전류	LOW			☐ 양호 ☐ 불량		
	HIGH					

전기 2 — 전조등 점검

측정 항목	측정(또는 점검)			판정 (□에 'V' 표)	득점
		측정값	기준값		
(□에 'V' 표) 위치 : ☐ 좌 ☐ 우 설치 높이 : ☐ ≤1.0 m ☐ >1.0 m	광도		_____ 이상	☐ 양호 ☐ 불량	
	진폭			☐ 양호 ☐ 불량	

※ 측정 위치는 감독위원이 지정하는 위치의 □에 'V' 표시합니다.   ※ 자동차 검사기준 및 방법에 의하여 기록·판정합니다.

전기 3 — 전자동 에어컨 회로 점검

측정 항목	측정(또는 점검)		판정 및 정비(또는 조치) 사항		득점
	측정값	규정(정비한계)값	판정(□에 'V' 표)	정비 및 조치할 사항	
외기 온도 입력 신호값			☐ 양호 ☐ 불량		

국가기술자격 실기시험문제 9안

자격종목	자동차정비산업기사	과제명	자동차정비작업

비번호 :   시험시간 : 5시간 30분(엔진 : 140분, 섀시 : 120분, 전기 : 70분)

[시험 안 및 요구 사항 일부 내용이 변경될 수 있음]

① 주어진 엔진을 기록표의 측정 항목까지 분해하여 기록표의 요구사항을 측정 및 점검하고 본래 상태로 조립하시오.

② 주어진 자동차의 전자제어 엔진에서 감독위원의 지시에 따라 1가지 부품을 탈거한 후(감독위원에게 확인), 다시 부착하고 시동에 필요한 관련 부분의 이상개소(시동회로, 점화회로, 연료장치 중 2개소)를 점검 및 수리하여 시동하시오.

③ ②항의 시동된 엔진에서 공회전 상태를 확인하고, 공회전 시 배기가스를 측정하여 기록표에 기록하시오(단, 시동이 정상적으로 되지 않은 경우 본 항의 작업은 할 수 없다).

④ 주어진 자동차의 엔진에서 스텝 모터(또는 ISA)의 파형을 출력·분석하여 그 결과를 기록표에 기록하시오(측정 조건 : 공회전 상태).

⑤ 주어진 전자제어 디젤 엔진에서 연료 압력 센서를 탈거한 후(감독위원에게 확인), 다시 부착하여 시동을 걸고, 공회전 속도를 점검하여 기록표에 기록하시오.

① 주어진 자동차에서 파워 스티어링 오일펌프 및 벨트를 탈거한 후(감독위원에게 확인), 다시 부착하고 공기빼기 작업을 하여 작동 상태를 확인하시오.

② 주어진 종감속 장치에서 링 기어의 백래시와 런 아웃을 측정하여 기록표에 기록한 후, 백래시가 규정값이 되도록 조정하시오.

③ 주어진 자동차에서 전륜의 브레이크 캘리퍼를 탈거한 후(감독위원에게 확인), 다시 부착하고 브레이크 작동 상태를 점검하시오.

④ ③항의 작업 자동차에서 감독위원 지시에 따라 전(앞) 또는 후(뒤) 제동력을 측정하여 기록표에 기록하시오.

⑤ 주어진 자동차의 자동변속기에서 자기진단기(스캐너)를 이용하여 각종 센서 및 시스템 작동 상태를 점검하고 기록표에 기록하시오.

① 주어진 자동차에서 다기능(컴비네이션) 스위치를 교환(탈·부착)하여 스위치 작동 상태를 확인하고, 경음기 음량 상태를 점검하여 기록표에 기록하시오.

② 주어진 자동차에서 전조등 시험기로 전조등을 점검하여 기록표에 기록하시오.

③ 주어진 자동차에서 센트럴 도어 록킹(도어 중앙 잠금장치) 스위치 조작 시 편의장치(ETACS 또는 ISU) 및 운전석 도어 모듈(DDM) 커넥터에서 작동 신호를 측정하고 이상 여부를 확인하여 기록표에 기록하시오.

④ 주어진 자동차에서 와이퍼 회로를 점검하여 이상개소(2곳)를 찾아서 수리하시오.

국가기술자격 실기시험 결과기록표 9안

자격종목	자동차정비산업기사	과제명	자동차정비작업

● 기록표는 문항별 구분 절단하여 배부하고, 각 문항별로 종료 시 회수합니다.

엔진 1 　크랭크축 저널 측정

측정 항목	엔진 번호 :		비번호	감독위원 확인	득점
	측정(또는 점검)		판정 및 정비(또는 조치) 사항		
	측정값	규정(정비한계)값	판정(□에 'V'표)	정비 및 조치할 사항	
메인저널 마모량			□ 양호 □ 불량		

※ 감독위원이 지정하는 부위를 측정합니다.

엔진 3 　배기가스 측정

측정 항목	자동차 번호 :		비번호	감독위원 확인	득점
	측정(또는 점검)		판정(□에 'V'표)		
	측정값	기준값			
CO			□ 양호 □ 불량		
HC					

※ 감독위원이 제시한 자동차등록증(또는 차대번호)을 활용하여 차종 및 연식을 적용합니다.
※ 자동차 검사 기준 및 방법에 의하여 기록·판정합니다.
※ CO 측정값은 소수 첫째 자리까지만 기입하고 HC 측정값은 소수점 자리를 기록하지 않습니다.

엔진 4 　스텝 모터 파형 분석

측정 항목	자동차 번호 : 　　　　비번호 　　　감독위원 확인	득점
	파형 상태	
파형 측정	요구 사항 조건에 맞는 파형을 프린트하여 아래 사항을 분석 후 뒷면에 첨부합니다. • 출력된 파형에 불량 요소가 있는 경우에는 반드시 표기 및 설명되어야 합니다. • 파형의 주요 특징에 대하여 표기 및 설명되어야 합니다.	

엔진 5 · 공회전 속도 점검

엔진 번호 :			비번호		감독위원 확 인	
측정 항목	측정(또는 점검)		판정 및 정비(또는 조치) 사항			득점
	측정값	규정(정비한계)값	판정(□에 'V' 표)	정비 및 조치할 사항		
공회전 속도			□ 양호 □ 불량			

섀시 2 · 링 기어 점검

엔진 번호 :			비번호		감독위원 확 인	
측정 항목	측정(또는 점검)		판정 및 정비(또는 조치) 사항			득점
	측정값	규정(정비한계)값	판정(□에 'V' 표)	정비 및 조치할 사항		
백래시			□ 양호 □ 불량			
런 아웃						

섀시 4 · 제동력 측정

자동차 번호 :					비번호		감독위원 확 인	
측정(또는 점검)					산출 근거 및 판정			득점
항목	구분	측정값 (kgf)	기준값 (□에 'V' 표)		산출 근거		판정 (□에 'V' 표)	
제동력 위치 (□에 'V' 표) □ 앞 □ 뒤	좌		□ 앞 □ 뒤	축중의	편차		□ 양호 □ 불량	
	우		편차		합			
			합					

※ 측정 위치는 감독위원이 지정하는 위치의 □에 'V' 표시합니다.　　※ 자동차 검사기준 및 방법에 의하여 기록·판정합니다.
※ 측정값의 단위는 시험장비 기준으로 기록합니다.　　※ 산출 근거에는 단위를 기록하지 않아도 됩니다.

섀시 5 · 자동변속기 자기진단

자동차 번호 :			비번호	감독위원 확 인	
항목	측정(또는 점검)		정비 및 조치할 사항		득점
	고장 부분	내용 및 상태			
자기진단					

전기 1 경음기 음량 점검

자동차 번호 :			비번호		감독위원 확 인	
측정 항목	측정(또는 점검)		판정 및 정비(또는 조치) 사항			득점
	측정값	기준값	판정(□에 'V' 표)	정비 및 조치할 사항		
경음기 음량			□ 양호 □ 불량			

※ 감독위원이 제시한 자동차등록증(차대번호)을 활용하여 차종 및 연식을 적용합니다.
※ 자동차 검사기준 및 방법에 의하여 판정합니다.   ※ 암소음은 무시합니다.

전기 2 전조등 점검

자동차 번호 :				비번호		감독위원 확 인	
측정(또는 점검)					판정 (□에 'V' 표)	득점	
측정 항목		측정값		기준값			
(□에 'V' 표) 위치 : □ 좌 □ 우 설치 높이 : □ ≤1.0 m □ >1.0 m	광도			_____ 이상	□ 양호 □ 불량		
	진폭				□ 양호 □ 불량		

※ 측정 위치는 감독위원이 지정하는 위치의 □에 'V' 표시합니다.   ※ 자동차 검사기준 및 방법에 의하여 기록 · 판정합니다.

전기 3 센트롤 록킹 스위치 회로 점검

자동차 번호 :				비번호		감독위원 확 인	
측정 항목	측정(또는 점검)			판정 및 정비(또는 조치) 사항			득점
			측정값	규정(정비한계)값	판정(□에 'V' 표)	정비 및 조치할 사항	
도어 중앙 잠금 장치 신호(전압)	잠김 (Lock)	ON :			□ 양호 □ 불량		
		OFF :					
	풀림 (Unlock)	ON :					
		OFF :					

국가기술자격 실기시험문제 10안

자격종목	자동차정비산업기사	과제명	자동차정비작업

비번호 :   시험시간 : 5시간 30분(엔진 : 140분, 섀시 : 120분, 전기 : 70분)

[시험 안 및 요구 사항 일부 내용이 변경될 수 있음]

1. 주어진 엔진을 기록표의 측정 항목까지 분해하여 기록표의 요구사항을 측정 및 점검하고 본래 상태로 조립하시오.
2. 주어진 자동차의 전자제어 엔진에서 감독위원의 지시에 따라 1가지 부품을 탈거한 후(감독위원에게 확인), 다시 부착하고 시동에 필요한 관련 부분의 이상개소(시동회로, 점화회로, 연료장치 중 2개소)를 점검 및 수리하여 시동하시오.
3. ❷항의 시동된 엔진에서 공회전 상태를 확인하고, 감독위원의 지시에 따라 연료 공급 시스템의 연료 압력을 측정하여 기록표에 기록하시오(단, 시동이 정상적으로 되지 않은 경우 본 항의 작업은 할 수 없다).
4. 주어진 자동차의 엔진에서 TDC 센서(또는 캠각 센서)의 파형을 출력·분석하여 그 결과를 기록표에 기록하시오(측정 조건 : 공회전 상태).
5. 주어진 전자제어 디젤 엔진에서 인젝터를 탈거한 후(감독위원에게 확인), 다시 부착하여 시동을 걸고, 매연을 측정하여 기록표에 기록하시오.

1. 주어진 자동차의 전륜에서 허브 및 너클을 탈거한 후(감독위원에게 확인), 다시 부착하여 작동 상태를 확인하시오.
2. 주어진 자동차에서 휠 얼라인먼트 시험기 측정 전 준비사항이 완료된 상태로 토(toe) 값을 측정하여 기록표에 기록한 후, 타이로드를 이용하여 규정에 맞도록 조정하시오.
3. 주어진 자동차에서 후륜의 브레이크 휠 실린더를 탈거한 후(감독위원에게 확인), 다시 부착하여 브레이크 작동 상태를 점검하시오.
4. ❸항의 작업 자동차에서 감독위원 지시에 따라 전(앞) 또는 후(뒤) 제동력을 측정하여 기록표에 기록하시오.
5. 주어진 자동차의 ABS에서 자기진단기(스캐너)를 이용하여 각종 센서 및 시스템 작동 상태를 점검하고 기록표에 기록하시오.

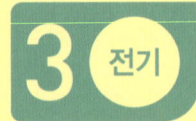

1. 주어진 자동차에서 파워윈도 레귤레이터를 탈거한 후(감독위원에게 확인), 다시 부착하여 작동 상태를 확인한 후 윈도 모터의 작동 전류 소모 시험을 하여 기록표에 기록하시오.
2. 주어진 자동차에서 전조등 시험기로 전조등을 점검하여 기록표에 기록하시오.
3. 주어진 자동차의 편의장치(ETACS 또는 ISU) 커넥터에서 전원전압을 점검하여 기록표에 기록하시오.
4. 주어진 자동차에서 실내등 및 도어 오픈 경고등 회로를 점검하여 이상개소(2곳)를 찾아서 수리 후 작동시험하시오.

국가기술자격 실기시험 결과기록표 10안

자격종목	자동차정비산업기사	과제명	자동차정비작업

● 기록표는 문항별 구분 절단하여 배부하고, 각 문항별로 종료 시 회수합니다.

엔진 1 　크랭크축 축방향 유격 측정

	엔진 번호 :		비번호		감독위원 확 인	
측정 항목	측정(또는 점검)		판정 및 정비(또는 조치) 사항			득점
	측정값	규정(정비한계)값	판정(□에 'V' 표)	정비 및 조치할 사항		
축방향 유격			□ 양호 □ 불량			

※ 감독위원이 지정하는 부위를 측정합니다.

엔진 3 　연료 공급 시스템 점검

	자동차 번호 :		비번호		감독위원 확 인	
측정 항목	측정(또는 점검)		판정 및 정비(또는 조치) 사항			득점
	측정값	규정(정비한계)값	판정(□에 'V' 표)	정비 및 조치할 사항		
연료압력			□ 양호 □ 불량			

※ 공회전 상태에서 측정합니다.

엔진 4 　TDC 센서 파형 분석

	자동차 번호 :	비번호		감독위원 확 인	
측정 항목	파형 상태				득점
파형 측정	요구 사항 조건에 맞는 파형을 프린트하여 아래 사항을 분석 후 뒷면에 첨부합니다. • 출력된 파형에 불량 요소가 있는 경우에는 반드시 표기 및 설명되어야 합니다. • 파형의 주요 특징에 대하여 표기 및 설명되어야 합니다.				

엔진 5 　매연 측정

엔진 번호 :						비번호		감독위원 확 인	
측정(또는 점검)						산출 근거 및 판정			득점
차종	연식	기준값	측정값	측정		산출 근거(계산) 기록	판정(□에 'V' 표)		
				1회 : 2회 : 3회 :			□ 양호 □ 불량		

※ 23년부터 과급기 부착차량에 대한 매연검사(무부하급가속)의 5% 가산 기준은 미적용합니다.
※ 감독위원이 제시한 자동차등록증(차대번호)을 활용하여 차종 및 연식을 적용합니다.
※ 자동차 검사 기준 및 방법에 의하여 기록·판정합니다.　※ 측정 및 판정은 무부하 조건으로 합니다.
※ 측정 및 산출근거란은 소수점 값을 기입합니다.
※ 측정값란은 매연 농도를 산술평균하여 소수점 이하는 버린 값으로 기입합니다.

섀시 2 　휠 얼라인먼트 점검

자동차 번호 :			비번호		감독위원 확 인	
점검 항목	측정(또는 점검)		판정 및 정비(또는 조치) 사항			득점
	측정값	규정(정비한계)값	판정(□에 'V' 표)	정비 및 조치할 사항		
토(toe)			□ 양호 □ 불량			

섀시 4 　제동력 측정

자동차 번호 :					비번호		감독위원 확 인	
측정(또는 점검)					산출 근거 및 판정			득점
항목	구분	측정값(kgf)	기준값(□에 'V' 표)		산출 근거	판정(□에 'V' 표)		
제동력 위치 (□에 'V' 표) □ 앞 □ 뒤	좌		□ 앞　축중의 □ 뒤		편차	□ 양호 □ 불량		
			편차					
	우		합		합			

※ 측정 위치는 감독위원이 지정하는 위치의 □에 'V' 표시합니다.　※ 자동차 검사기준 및 방법에 의하여 기록·판정합니다.
※ 측정값의 단위는 시험장비 기준으로 기록합니다.　※ 산출 근거에는 단위를 기록하지 않아도 됩니다.

섀시 5 　ABS 자기진단

자동차 번호 :			비번호		감독위원 확 인	
항목	측정(또는 점검)		정비 및 조치할 사항			득점
	고장 부분	내용 및 상태				
자기진단						

전기 1 — 파워윈도 모터 점검

자동차 번호 :			비번호		감독위원 확 인	
점검 항목	측정(또는 점검)		판정 및 정비(또는 조치) 사항			득점
	측정값	규정(정비한계)값	판정(□에 'V' 표)	정비 및 조치할 사항		
파워윈도 전류 소모	올림 시 :		□ 양호 □ 불량			
	내림 시 :					

전기 2 — 전조등 점검

자동차 번호 :			비번호		감독위원 확 인	
측정(또는 점검)				판정 (□에 'V' 표)	득점	
측정 항목		측정값	기준값			
(□에 'V' 표) 위치 : □ 좌 □ 우 설치 높이 : □ ≤1.0 m □ >1.0 m	광도		_____ 이상	□ 양호 □ 불량		
	진폭			□ 양호 □ 불량		

※ 측정 위치는 감독위원이 지정하는 위치의 □에 'V' 표시합니다.
※ 자동차 검사기준 및 방법에 의하여 기록·판정합니다.

전기 3 — 컨트롤 유닛 회로 점검

자동차 번호 :				비번호		감독위원 확 인	
점검 항목		측정(또는 점검)		판정 및 정비(또는 조치) 사항			득점
		측정값	규정값	판정(□에 'V' 표)	정비 및 조치할 사항		
컨트롤 유닛의 기본 입력 전압	+			□ 양호 □ 불량			
	−						
	IG						

국가기술자격 실기시험문제 11안

자격종목	자동차정비산업기사	과제명	자동차정비작업

비번호 :　　　　　　시험시간 : 5시간 30분(엔진 : 140분, 섀시 : 120분, 전기 : 70분)

[시험 안 및 요구 사항 일부 내용이 변경될 수 있음]

1 엔진

① 주어진 엔진을 기록표의 측정 항목까지 분해하여 기록표의 요구사항을 측정 및 점검하고 본래 상태로 조립하시오.

② 주어진 자동차의 전자제어 엔진에서 감독위원의 지시에 따라 1가지 부품을 탈거한 후(감독위원에게 확인), 다시 부착하고 시동에 필요한 관련 부분의 이상개소(시동회로, 점화회로, 연료장치 중 2개소)를 점검 및 수리하여 시동하시오.

③ ②항의 시동된 엔진에서 공회전 속도를 확인하고 감독위원의 지시에 따라 인젝터 파형을 측정 및 분석하여 기록표에 기록하시오(단, 시동이 정상적으로 되지 않은 경우 본 항의 작업은 할 수 없다).

④ 주어진 자동차의 엔진에서 흡입유량센서 파형을 출력·분석하여 그 결과를 기록표에 기록하시오. (측정 조건 : 급가·감속 시)

⑤ 주어진 전자제어 디젤 엔진에서 인젝터를 탈거한 후(감독위원에게 확인), 다시 조립하여 시동을 걸고, 매연을 측정하여 기록표에 기록하시오.

2 섀시

① 주어진 후륜 차량의 종 감속기어 어셈블리에서 사이드 기어의 시임 및 스페이서를 탈거한 후(감독위원에게 확인), 다시 부착하여 링 기어 백래시와 접촉면 상태를 바르게 조정 및 확인하시오.

② 주어진 자동차에서 휠 얼라인먼트 시험기로 셋백(setback)과 토(toe) 값을 측정하여 기록표에 기록하고, 타이로드 엔드를 탈거한 후(감독위원에게 확인), 다시 부착하여 토(toe)가 규정값이 되도록 조정하시오.

③ 주어진 자동차에서 전륜의 브레이크 캘리퍼를 탈거한 후(감독위원에게 확인), 다시 부착하여 브레이크 작동 상태를 점검하시오.

④ ③항의 작업 자동차에서 감독위원 지시에 따라 전(앞) 또는 후(뒤) 제동력을 측정하여 기록표에 기록하시오.

⑤ 주어진 자동차의 자동변속기에서 자기진단기(스캐너)를 이용하여 각종 센서 및 시스템 작동 상태를 점검하고 기록표에 기록하시오.

3 전기

① 자동차에서 에어컨 벨트와 블로어 모터를 탈거한 후(감독위원에게 확인), 다시 부착하여 작동 상태를 확인하고, 에어컨 압력을 측정하여 기록표에 기록하시오.

② 주어진 자동차에서 전조등 시험기로 전조등을 점검하여 기록표에 기록하시오.

③ 주어진 자동차에서 와이퍼 간헐(INT)시간 조정 스위치 조작 시 편의장치(ETACS 또는 ISU) 커넥터에서 스위치 신호(전압)를 측정하고 이상 여부를 확인하여 기록표에 기록하시오.

④ 주어진 자동차에서 파워윈도 회로를 점검하여 이상개소(2곳)를 찾아서 수리하시오.

국가기술자격 실기시험 결과기록표 11안

자격종목	자동차정비산업기사	과제명	자동차정비작업

● 기록표는 문항별 구분 절단하여 배부하고, 각 문항별로 종료 시 회수합니다.

엔진 1 크랭크축 점검

엔진 번호 :			비번호		감독위원 확 인	
측정 항목	측정(또는 점검)		판정 및 정비(또는 조치) 사항			득점
	측정값	규정(정비한계)값	판정(□에 'V' 표)	정비 및 조치할 사항		
핀 저널 오일 간극			□ 양호 □ 불량			

엔진 3 인젝터 점검

자동차 번호 :			비번호		감독위원 확 인	
측정 항목	측정(또는 점검)		판정 및 정비(또는 조치) 사항			득점
	측정값	규정(정비한계)값	판정(□에 'V' 표)	정비 및 조치할 사항		
분사 시간			□ 양호 □ 불량			
서지 전압						

※ 공회전 상태에서 측정하고 규정값은 정비지침서를 찾아 판정합니다.

엔진 4 공기 유량 센서 파형 분석

자동차 번호 :		비번호		감독위원 확 인	
측정 항목	파형 상태				득점
파형 측정	요구 사항 조건에 맞는 파형을 프린트하여 아래 사항을 분석 후 뒷면에 첨부합니다. • 출력된 파형에 불량 요소가 있는 경우에는 반드시 표기 및 설명되어야 합니다. • 파형의 주요 특징에 대하여 표기 및 설명되어야 합니다.				

엔진 5 매연 측정

엔진 번호 :					비번호		감독위원 확 인	
측정(또는 점검)					산출 근거 및 판정			득점
차종	연식	기준값	측정값	측정	산출 근거(계산) 기록	판정(□에 'V' 표)		
				1회 : 2회 : 3회 :		□ 양호 □ 불량		

※ 23년부터 과급기 부착차량에 대한 매연검사(무부하급가속)의 5% 가산 기준은 미적용합니다.
※ 감독위원이 제시한 자동차등록증(차대번호)을 활용하여 차종 및 연식을 적용합니다.
※ 자동차 검사 기준 및 방법에 의하여 기록ㆍ판정합니다.   ※ 측정 및 판정은 무부하 조건으로 합니다.
※ 측정 및 산출근거란은 소수점 값을 기입합니다.
※ 측정값란은 매연 농도를 산술평균하여 소수점 이하는 버린 값으로 기입합니다.

섀시 2 휠 얼라인먼트 점검

자동차 번호 :			비번호		감독위원 확 인	
점검 항목	측정(또는 점검)		판정 및 정비(또는 조치) 사항			득점
	측정값	규정(정비한계)값	판정(□에 'V' 표)	정비 및 조치할 사항		
셋백			□ 양호 □ 불량			
토(toe)						

섀시 4 제동력 측정

자동차 번호 :					비번호		감독위원 확 인	
측정(또는 점검)					산출 근거 및 판정			득점
항목	구분	측정값 (kgf)	기준값 (□에 'V' 표)		산출 근거		판정 (□에 'V' 표)	
제동력 위치 (□에 'V' 표) □ 앞 □ 뒤	좌		□ 앞 □ 뒤 축중의		편차		□ 양호 □ 불량	
			편차					
	우		합		합			

※ 측정 위치는 감독위원이 지정하는 위치에 □에 'V' 표시합니다.   ※ 자동차 검사기준 및 방법에 의하여 기록ㆍ판정합니다.
※ 측정값의 단위는 시험장비 기준으로 기록합니다.   ※ 산출 근거에는 단위를 기록하지 않아도 됩니다.

섀시 5 자동변속기 자기진단

자동차 번호 :			비번호		감독위원 확 인	
항목	측정(또는 점검)		정비 및 조치할 사항			득점
	고장 부분	내용 및 상태				
자기진단						

전기 1   에어컨 라인 압력 점검

자동차 번호 :			비번호		감독위원 확 인	
점검 항목	측정(또는 점검)		판정 및 정비(또는 조치) 사항			득점
	측정값	규정(정비한계)값	판정(□에 'V' 표)	정비 및 조치할 사항		
저압			☐ 양호 ☐ 불량			
고압						

전기 2   전조등 점검

자동차 번호 :			비번호		감독위원 확 인	
측정(또는 점검)				판정 (□에 'V' 표)		득점
측정 항목		측정값	기준값			
(□에 'V' 표) 위치 : ☐ 좌 ☐ 우 설치 높이 : ☐ ≤1.0 m ☐ >1.0 m	광도		_____ 이상	☐ 양호 ☐ 불량		
	진폭			☐ 양호 ☐ 불량		

※ 측정 위치는 감독위원이 지정하는 위치의 □에 'V' 표시합니다.
※ 자동차 검사기준 및 방법에 의하여 기록·판정합니다.

전기 3   와이퍼 스위치 신호 점검

자동차 번호 :			비번호		감독위원 확 인	
점검 항목	측정(또는 점검)		판정 및 정비(또는 조치) 사항			득점
			판정(□에 'V' 표)	정비 및 조치할 사항		
와이퍼 간헐 시간 조정 스위치 위치별 작동 신호	INT S/W 전압	ON : OFF :	☐ 양호 ☐ 불량			
	INT S/W 위치별 전압	FAST(빠름)~SLOW(느림) 전압 기록 :　～				

국가기술자격 실기시험문제 12안

| 자격종목 | 자동차정비산업기사 | 과제명 | 자동차정비작업 |

비번호 :   시험시간 : 5시간 30분(엔진 : 140분, 섀시 : 120분, 전기 : 70분)

[시험 안 및 요구 사항 일부 내용이 변경될 수 있음]

 **엔진**

1. 주어진 엔진을 기록표의 측정 항목까지 분해하여 기록표의 요구사항을 측정 및 점검하고 본래 상태로 조립하시오.
2. 주어진 자동차의 전자제어 엔진에서 감독위원의 지시에 따라 1가지 부품을 탈거한 후(감독위원에게 확인), 다시 부착하고 시동에 필요한 관련 부분의 이상개소(시동회로, 점화회로, 연료장치 중 2개소)를 점검 및 수리하여 시동하시오.
3. ❷항의 시동된 엔진에서 공회전 속도를 확인하고, 감독위원의 지시에 따라 공회전 시 배기가스를 측정하여 기록표에 기록하시오(단, 시동이 정상적으로 되지 않은 경우 본 항의 작업은 할 수 없다).
4. 주어진 자동차의 엔진에서 점화코일의 1차 파형을 측정하고, 그 결과를 분석하여 출력물에 기록·판정하시오(측정 조건 : 공회전 상태).
5. 주어진 전자제어 디젤 엔진에서 연료 압력 조절 밸브를 탈거한 후(감독위원에게 확인), 다시 부착하여 시동을 걸고, 공회전 시 연료 압력을 점검하여 기록표에 기록하시오.

 **섀시**

1. 주어진 자동차에서 후륜 현가장치의 쇽업소버 스프링을 탈거한 후(감독위원에게 확인), 다시 부착하여 작동 상태를 확인하시오.
2. 주어진 자동차에서 휠 얼라인먼트 시험기로 캐스터와 토(toe) 값을 측정하여 기록표에 기록한 후, 타이로드 엔드를 교환하여 토(toe)가 규정값이 되도록 조정하시오.
3. ABS가 설치된 주어진 자동차에서 브레이크 패드를 탈거한 후(감독위원에게 확인), 다시 부착하여 브레이크 작동 상태를 점검하시오.
4. ❸항의 작업 자동차에서 감독위원 지시에 따라 전(앞) 또는 후(뒤) 제동력을 측정하여 기록표에 기록하시오.
5. 주어진 자동차의 ABS에서 자기진단기(스캐너)를 이용하여 각종 센서 및 시스템 작동 상태를 점검하고 기록표에 기록하시오.

 **전기**

1. 주어진 자동차에서 시동모터를 탈거한 후(감독위원에게 확인), 다시 부착하여 작동 상태를 확인하고, 크랭킹 시 전류 소모 및 전압 강하 시험을 하여 기록표에 기록하시오.
2. 주어진 자동차에서 전조등 시험기로 전조등을 점검하여 기록표에 기록하시오.
3. 주어진 자동차에서 열선 스위치 조작 시 편의장치(ETACS 또는 ISU) 커넥터에서 스위치 입력신호(전압)를 측정하고 이상 여부를 확인하여 기록표에 기록하시오.
4. 주어진 자동차에서 전조등 회로를 점검하여 이상개소(2곳)를 찾아서 수리하시오.

국가기술자격 실기시험 결과기록표 12안

자격종목	자동차정비산업기사	과제명	자동차정비작업

● 기록표는 문항별 구분 절단하여 배부하고, 각 문항별로 종료 시 회수합니다.

엔진 1 크랭크축 오일 간극 측정

엔진 번호 :			비번호		감독위원 확 인	
측정 항목	측정(또는 점검)		판정 및 정비(또는 조치) 사항			득점
	측정값	규정(정비한계)값	판정(□에 'V'표)	정비 및 조치할 사항		
크랭크축 메인저널 오일 간극			□ 양호 □ 불량			

엔진 3 배기가스 측정

자동차 번호 :			비번호		감독위원 확 인	
측정 항목	측정(또는 점검)		판정(□에 'V'표)			득점
	측정값	기준값				
CO			□ 양호 □ 불량			
HC						

※ 감독위원이 제시한 자동차등록증(또는 차대번호)을 활용하여 차종 및 연식을 적용합니다.
※ 자동차 검사 기준 및 방법에 의하여 기록·판정합니다.
※ CO 측정값은 소수 첫째 자리까지만 기입하고 HC 측정값은 소수점 자리를 기록하지 않습니다.

엔진 4 점화코일(DLIS) 1차 파형 분석

자동차 번호 :		비번호		감독위원 확 인	
측정 항목	파형 상태				득점
파형 측정	요구 사항 조건에 맞는 파형을 프린트하여 아래 사항을 분석 후 뒷면에 첨부합니다. • 출력된 파형에 불량 요소가 있는 경우에는 반드시 표기 및 설명되어야 합니다. • 파형의 주요 특징에 대하여 표기 및 설명되어야 합니다.				

엔진 5 연료 압력 점검

엔진 번호 :			비번호		감독위원 확 인	
측정 항목	측정(또는 점검)		판정 및 정비(또는 조치) 사항			득점
	측정값	규정(정비한계)값	판정(□에 'V' 표)	정비 및 조치할 사항		
연료 압력			□ 양호 □ 불량			

섀시 2 휠 얼라인먼트 점검

자동차 번호 :			비번호		감독위원 확 인	
점검 항목	측정(또는 점검)		판정 및 정비(또는 조치) 사항			득점
	측정값	규정(정비한계)값	판정(□에 'V' 표)	정비 및 조치할 사항		
캐스터			□ 양호 □ 불량			
토(toe)						

섀시 4 제동력 측정

자동차 번호 :				비번호		감독위원 확 인	
측정(또는 점검)				산출 근거 및 판정			득점
항목	구분	측정값 (kgf)	기준값 (□에 'V' 표)	산출 근거		판정 (□에 'V' 표)	
제동력 위치 (□에 'V' 표) □ 앞 □ 뒤	좌		□ 앞 축중의 □ 뒤	편차		□ 양호 □ 불량	
			편차				
	우		합	합			

※ 측정 위치는 감독위원이 지정하는 위치의 □에 'V' 표시합니다.　※ 자동차 검사기준 및 방법에 의하여 기록·판정합니다.
※ 측정값의 단위는 시험장비 기준으로 기록합니다.　※ 산출 근거에는 단위를 기록하지 않아도 됩니다.

섀시 5 ABS 자기진단

자동차 번호 :			비번호		감독위원 확 인	
항목	측정(또는 점검)		정비 및 조치할 사항			득점
	고장 부분	내용 및 상태				
자기진단						

전기 1   시동모터 점검

측정 항목	자동차 번호 :		비번호		감독위원 확 인	
	측정(또는 점검)		판정 및 정비(또는 조치) 사항			득점
	측정값	규정(정비한계)값	판정(□에 'V' 표)	정비 및 조치할 사항		
전압 강하			☐ 양호 ☐ 불량			
소모 전류		산출근거 기록				

※ 규정값은 감독위원이 제시한 값으로 작성하고 측정·판정합니다.

전기 2   전조등 점검

자동차 번호 :				비번호		감독위원 확 인		
측정(또는 점검)						판정 (□에 'V' 표)	득점	
측정 항목		측정값		기준값				
(□에 'V' 표) 위치 : ☐ 좌 ☐ 우	광도			_____ 이상		☐ 양호 ☐ 불량		
설치 높이 : ☐ ≤1.0 m ☐ >1.0 m	진폭					☐ 양호 ☐ 불량		

※ 측정 위치는 감독위원이 지정하는 위치의 □에 'V' 표시합니다.
※ 자동차 검사기준 및 방법에 의하여 기록·판정합니다.

전기 3   열선 스위치 회로 점검

측정 항목	자동차 번호 :		비번호		감독위원 확 인	
	측정(또는 점검)		판정 및 정비(또는 조치) 사항			득점
	측정값	내용 및 상태	판정(□에 'V' 표)	정비 및 조치할 사항		
열선 스위치	ON :		☐ 양호 ☐ 불량			
작동 시 전압	OFF :					

국가기술자격 실기시험문제 13안

자격종목	자동차정비산업기사	과제명	자동차정비작업

비번호 :   시험시간 : 5시간 30분(엔진 : 140분, 섀시 : 120분, 전기 : 70분)

[시험 안 및 요구 사항 일부 내용이 변경될 수 있음]

❶ 주어진 엔진을 기록표의 측정 항목까지 분해하여 기록표의 요구사항을 측정 및 점검하고 본래 상태로 조립하시오.

❷ 주어진 자동차의 전자제어 엔진에서 감독위원의 지시에 따라 1가지 부품을 탈거한 후(감독위원에게 확인), 다시 부착하고 시동에 필요한 관련 부분의 이상개소(시동회로, 점화회로, 연료장치 중 2개소)를 점검 및 수리하여 시동하시오.

❸ ❷항의 시동된 엔진에서 공회전 속도를 확인하고 감독위원의 지시에 따라 인젝터 파형을 측정 및 분석하여 기록표에 기록하시오(단, 시동이 정상적으로 되지 않은 경우 본 항의 작업은 할 수 없다).

❹ 주어진 자동차의 엔진에서 맵 센서의 파형을 분석하여 그 결과를 기록표에 기록하시오(측정 조건 : 급가감속 시).

❺ 주어진 전자제어 디젤 엔진에서 연료 압력 센서를 탈거한 후(감독위원에게 확인), 다시 부착하여 시동을 걸고, 매연을 측정하여 기록표에 기록하시오.

❶ 주어진 자동차에서 전륜 현가장치의 스트럿 어셈블리(또는 코일 스프링)를 탈거한 후(감독위원에게 확인), 다시 부착하여 작동 상태를 확인하시오.

❷ 주어진 자동차의 브레이크에서 페달 자유 간극을 측정하여 기록표에 기록한 후, 페달 자유 간극과 페달 높이가 규정값이 되도록 조정하시오.

❸ 주어진 자동차에서 브레이크 휠 실린더(또는 캘리퍼)를 탈거한 후(감독위원에게 확인), 다시 부착하여 브레이크 작동 상태를 점검하시오.

❹ ❸항의 작업 자동차에서 감독위원 지시에 따라 전(앞) 또는 후(뒤) 제동력을 측정하여 기록표에 기록하시오.

❺ 주어진 자동차의 자동변속기에서 자기진단기(스캐너)를 이용하여 각종 센서 및 시스템 작동 상태를 점검하고 기록표에 기록하시오.

❶ 주어진 발전기를 분해한 후 정류 다이오드 및 로터 코일의 상태를 점검하여 기록표에 기록하고, 다시 본래대로 조립하여 작동 상태를 확인하시오.

❷ 주어진 자동차에서 전조등 시험기로 전조등을 점검하여 기록표에 기록하시오.

❸ 주어진 자동차에서 열선 스위치 조작 시 편의장치(ETACS 또는 ISU) 커넥터에서 스위치 입력 신호(전압)를 측정하고 이상 여부를 확인하여 기록표에 기록하시오.

❹ 주어진 자동차에서 방향지시등 회로를 점검하여 이상개소(2곳)를 찾아서 수리하시오.

국가기술자격 실기시험 결과기록표 13안

자격종목	자동차정비산업기사	과제명	자동차정비작업

● 기록표는 문항별 구분 절단하여 배부하고, 각 문항별로 종료 시 회수합니다.

엔진 1 크랭크축 축방향 유격 측정

엔진 번호 :		비번호		감독위원 확 인	
측정 항목	측정(또는 점검)		판정 및 정비(또는 조치) 사항		득점
	측정값	규정(정비한계)값	판정(□에 'ˇ'표)	정비 및 조치할 사항	
축방향 유격			□ 양호 □ 불량		

엔진 3 인젝터 점검

자동차 번호 :		비번호		감독위원 확 인	
측정 항목	측정(또는 점검)		판정 및 정비(또는 조치) 사항		득점
	측정값	규정(정비한계)값	판정(□에 'ˇ'표)	정비 및 조치할 사항	
분사 시간			□ 양호 □ 불량		
서지 전압					

※ 공회전 상태에서 측정하고 규정값은 정비지침서를 찾아 판정합니다.

엔진 4 맵 센서 파형 분석

자동차 번호 :		비번호		감독위원 확 인	
측정 항목	파형 상태				득점
파형 측정	요구 사항 조건에 맞는 파형을 프린트하여 아래 사항을 분석 후 뒷면에 첨부합니다. • 출력된 파형에 불량 요소가 있는 경우에는 반드시 표기 및 설명되어야 합니다. • 파형의 주요 특징에 대하여 표기 및 설명되어야 합니다.				

엔진 5 — 매연 측정

엔진 번호 :					비번호		감독위원 확 인	
측정(또는 점검)					산출 근거 및 판정			득점
차종	연식	기준값	측정값	측정	산출 근거(계산) 기록	판정(□에 'V' 표)		
				1회 : 2회 : 3회 :		□ 양호 □ 불량		

※ 23년부터 과급기 부착차량에 대한 매연검사(무부하급가속)의 5% 가산 기준은 미적용합니다.
※ 감독위원이 제시한 자동차등록증(차대번호)을 활용하여 차종 및 연식을 적용합니다.
※ 자동차 검사 기준 및 방법에 의하여 기록 · 판정합니다.   ※ 측정 및 판정은 무부하 조건으로 합니다.
※ 측정 및 산출근거란은 소수점 값을 기입합니다.
※ 측정값란은 매연 농도를 산술평균하여 소수점 이하는 버린 값으로 기입합니다.

섀시 2 — 브레이크 페달 점검

	자동차 번호 :		비번호		감독위원 확 인	
항목	측정(또는 점검)		판정 및 정비(또는 조치) 사항			득점
	측정값	규정(정비한계)값	판정(□에 'V' 표)	정비 및 조치 사항		
브레이크 페달 높이			☑ 양호 □ 불량			
브레이크 페달 자유 간극						

섀시 4 — 제동력 측정

		자동차 번호 :			비번호		감독위원 확 인	
측정(또는 점검)					산출 근거 및 판정			득점
항목	구분	측정값 (kgf)	기준값 (□에 'V' 표)		산출 근거		판정 (□에 'V' 표)	
제동력 위치 (□에 'V' 표) □ 앞 □ 뒤	좌		□ 앞 □ 뒤	축중의	편차		□ 양호 □ 불량	
	우		편차		합			
			합					

※ 측정 위치는 감독위원이 지정하는 위치에 □에 'V' 표시합니다.   ※ 자동차 검사기준 및 방법에 의하여 기록 · 판정합니다.
※ 측정값의 단위는 시험장비 기준으로 기록합니다.   ※ 산출 근거에는 단위를 기록하지 않아도 됩니다.

섀시 5   자동변속기 자기진단

자동차 번호 :			비번호		감독위원 확 인	
항목	측정(또는 점검)		정비 및 조치할 사항			득점
	고장 부분	내용 및 상태				
자기진단						

전기 1   발전기 점검

자동차 번호 :			비번호		감독위원 확 인	
측정 항목	측정(또는 점검)		판정 및 정비(또는 조치) 사항			득점
	측정값	규정(정비한계)값	판정(□에 'V' 표)	정비 및 조치할 사항		
발전 전압			□ 양호 □ 불량			
발전 전류						

전기 2   전조등 점검

자동차 번호 :				비번호		감독위원 확 인	
측정(또는 점검)					판정 (□에 'V' 표)		득점
측정 항목		측정값		기준값			
(□에 'V' 표) 위치 : □ 좌 □ 우 설치 높이 : □ ≤1.0 m □ >1.0 m	광도			_____ 이상	□ 양호 □ 불량		
	진폭				□ 양호 □ 불량		

※ 측정 위치는 감독위원이 지정하는 위치의 □에 'V' 표시합니다.   ※ 자동차 검사기준 및 방법에 의하여 기록·판정합니다.

전기 3   열선 스위치 회로 점검

자동차 번호 :				비번호		감독위원 확 인	
측정 항목	측정(또는 점검)			판정 및 정비(또는 조치) 사항			득점
	측정값		내용 및 상태	판정(□에 'V' 표)	정비 및 조치할 사항		
열선 스위치	ON :			□ 양호 □ 불량			
작동 시 전압	OFF :						

국가기술자격 실기시험문제 14안

| 자격종목 | 자동차정비산업기사 | 과제명 | 자동차정비작업 |

비번호 :   시험시간 : 5시간 30분(엔진 : 140분, 섀시 : 120분, 전기 : 70분)

[시험 안 및 요구 사항 일부 내용이 변경될 수 있음]

① 주어진 엔진을 기록표의 측정 항목까지 분해하여 기록표의 요구사항을 측정 및 점검하고 본래 상태로 조립하시오.

② 주어진 자동차의 전자제어 엔진에서 감독위원의 지시에 따라 1가지 부품을 탈거한 후(감독위원에게 확인), 다시 부착하고 시동에 필요한 관련 부분의 이상개소(시동회로, 점화회로, 연료장치 중 2개소)를 점검 및 수리하여 시동하시오.

③ ②항의 시동된 엔진에서 공회전 속도를 확인하고, 감독위원의 지시에 따라 공회전 시 배기가스를 측정하여 기록표에 기록하시오(단, 시동이 정상적으로 되지 않은 경우 본 항의 작업은 할 수 없다).

④ 주어진 자동차의 엔진에서 산소 센서의 파형을 출력·분석하여 그 결과를 기록표에 기록하시오. (측정 조건 : 공회전 상태)

⑤ 주어진 전자제어 디젤 엔진에서 연료 압력 조절 밸브를 탈거한 후(감독위원에게 확인), 다시 부착하여 시동을 걸고, 공회전 시 연료 압력을 점검하여 기록표에 기록하시오.

① 주어진 전륜 구동 자동차에서 드라이브 액슬축을 탈거하여 액슬축 부트를 탈거한 후(감독위원에게 확인), 다시 부착하여 작동 상태를 확인하시오.

② 주어진 자동차에서 최소회전반경을 측정하여 기록표에 기록하고, 타이로드 엔드를 탈거한 후(감독위원에게 확인), 다시 부착하여 토(toe)가 규정값이 되도록 조정하시오.

③ 주어진 자동차에서 브레이크 라이닝 슈 및 패드를 탈거한 후(감독위원에게 확인), 다시 부착하여 브레이크 작동 상태를 점검하시오.

④ ③항의 작업 자동차에서 감독위원 지시에 따라 전(앞) 또는 후(뒤) 제동력을 측정하여 기록표에 기록하시오.

⑤ 주어진 자동차의 ABS에서 자기진단기(스캐너)를 이용하여 각종 센서 및 시스템 작동 상태를 점검하고 기록표에 기록하시오.

① 주어진 자동차에서 시동모터를 탈거한 후(감독위원에게 확인), 다시 부착하여 작동 상태를 확인하고, 크랭킹 시 전류 소모 및 전압 강하 시험하여 기록표에 기록하시오.

② 주어진 자동차에서 전조등 시험기로 전조등을 점검하여 기록표에 기록하시오.

③ 주어진 자동차에서 와이퍼 간헐(INT)시간 조정 스위치 조작 시 편의장치(ETACS 또는 ISU) 커넥터에서 스위치 신호(전압)를 측정하고 이상 여부를 확인하여 기록표에 기록하시오.

④ 주어진 자동차에서 미등 및 제동등(브레이크) 회로를 점검하여 이상개소(2곳)를 찾아서 수리하시오.

국가기술자격 실기시험 결과기록표 14안

자격종목	자동차정비산업기사	과제명	자동차정비작업

● 기록표는 문항별 구분 절단하여 배부하고, 각 문항별로 종료 시 회수합니다.

엔진 1 캠축 점검

	엔진 번호 :		비번호		감독위원 확 인	
측정 항목	측정(또는 점검)		판정 및 정비(또는 조치) 사항			득점
	측정값	규정(정비한계)값	판정(□에 'V'표)	정비 및 조치할 사항		
캠축 휨			□ 양호 □ 불량			

엔진 3 배기가스 측정

	자동차 번호 :		비번호		감독위원 확 인	
측정 항목	측정(또는 점검)		판정(□에 'V'표)			득점
	측정값	기준값				
CO			□ 양호 □ 불량			
HC						

※ 감독위원이 제시한 자동차등록증(또는 차대번호)을 활용하여 차종 및 연식을 적용합니다.
※ 자동차 검사 기준 및 방법에 의하여 기록 · 판정합니다.
※ CO 측정값은 소수 첫째 자리까지만 기입하고 HC 측정값은 소수점 자리를 기록하지 않습니다.

엔진 4 산소 센서 파형 분석

	엔진 번호 :	비번호		감독위원 확 인	
측정 항목	파형 상태				득점
파형 측정	요구 사항 조건에 맞는 파형을 프린트하여 아래 사항을 분석 후 뒷면에 첨부합니다. • 출력된 파형에 불량 요소가 있는 경우에는 반드시 표기 및 설명되어야 합니다. • 파형의 주요 특징에 대하여 표기 및 설명되어야 합니다.				

엔진 5 연료 압력 점검

	엔진 번호 :		비번호		감독위원 확 인	
점검 항목	측정(또는 점검)		판정 및 정비(또는 조치) 사항			득점
	측정값	규정(정비한계)값	판정(□에 'V' 표)	정비 및 조치할 사항		
연료 압력			□ 양호 □ 불량			

섀시 2 최소회전반지름 측정

	자동차 번호 :				비번호		감독위원 확 인	
항목	측정(또는 점검)				산출 근거 및 판정			득점
	측정값			기준값 (최소회전반지름)	산출 근거		판정 (□에 'V' 표)	
회전 방향 (□에 'V'표) □ 좌 □ 우	r		cm				□ 양호 □ 불량	
	축거							
	최대 조향 시 각도	좌(바퀴)						
		우(바퀴)						
	최소회전반지름							

※ 회전 방향 및 바퀴의 접지면 중심과 킹핀과의 거리(r)는 감독위원이 제시합니다.
※ 자동차 검사 기준 및 방법에 의하여 기록·판정합니다.   ※ 산출 근거에는 단위를 표시하지 않아도 됩니다.

섀시 4 제동력 측정

	자동차 번호 :				비번호		감독위원 확 인	
측정(또는 점검)					산출 근거 및 판정			득점
항목	구분	측정값 (kgf)	기준값 (□에 'V' 표)		산출 근거		판정 (□에 'V' 표)	
제동력 위치 (□에 'V' 표) □ 앞 □ 뒤	좌		□ 앞 □ 뒤	축중의	편차		□ 양호 □ 불량	
			편차					
	우		합		합			

※ 측정 위치는 감독위원이 지정하는 위치에 □에 'V' 표시합니다.   ※ 자동차 검사기준 및 방법에 의하여 기록·판정합니다.
※ 측정값의 단위는 시험장비 기준으로 기록합니다.   ※ 산출 근거에는 단위를 기록하지 않아도 됩니다.

섀시 5 자동변속기 자기진단

자동차 번호 :		비번호		감독위원 확 인	
항목	측정(또는 점검)		정비 및 조치할 사항		득점
	고장 부분	내용 및 상태			
자기진단					

전기 1 시동모터 점검

자동차 번호 :		비번호		감독위원 확 인	
측정 항목	측정(또는 점검)		판정 및 정비(또는 조치) 사항		득점
	측정값	규정(정비한계)값	판정(□에 'V' 표)	정비 및 조치할 사항	
전압 강하			☐ 양호 ☐ 불량		
소모 전류		산출근거 기록			

※ 규정값은 감독위원이 제시한 값으로 작성하고 측정·판정합니다.

전기 2 전조등 점검

자동차 번호 :		비번호		감독위원 확 인	
측정(또는 점검)				판정 (□에 'V' 표)	득점
측정 항목		측정값	기준값		
(□에 'V' 표) 위치 : ☐ 좌 ☐ 우	광도		_____ 이상	☐ 양호 ☐ 불량	
설치 높이 : ☐ ≤1.0 m ☐ >1.0 m	진폭			☐ 양호 ☐ 불량	

※ 측정 위치는 감독위원이 지정하는 위치의 □에 'V' 표시합니다. ※ 자동차 검사기준 및 방법에 의하여 기록·판정합니다.

전기 3 와이퍼 스위치 신호 점검

자동차 번호 :			비번호		감독위원 확 인	
점검 항목	측정(또는 점검)		판정 및 정비(또는 조치) 사항			득점
			판정(□에 'V' 표)	정비 및 조치할 사항		
와이퍼 간헐 시간 조정 스위치 위치별 작동 신호	INT S/W 전압	ON : OFF :	☐ 양호 ☐ 불량			
	IN 스위치 위치별 전압	FAST(빠름)~SLOW(느림) 전압 기록 :				

자동차 정비
산업기사 실기

2016년 1월 15일 1판 1쇄
2025년 1월 10일 3판 1쇄
(개정)

저자 : 임춘무
펴낸이 : 이정일

펴낸곳 : 도서출판 **일진사**
www.iljinsa.com
04317 서울시 용산구 효창원로 64길 6
대표전화 : 704-1616, 팩스 : 715-3536
이메일 : webmaster@iljinsa.com
등록번호 : 제1979-000009호(1979.4.2)

값 32,000원

ISBN : 978-89-429-1987-1

* 이 책에 실린 글이나 사진은 문서에 의한 출판사의
동의 없이 무단 전재·복제를 금합니다.